MATLAB 仿真应用精品丛书

MATLAB R2016a 通信系统仿真

王宇华　编著

电子工业出版社·

Publishing House of Electronics Industry

北京·BEIJING

内 容 简 介

本书以 MATLAB R2016a 为平台,以应用建模仿真为导线,通过专业技术与实例相结合的形式,详细、全面地介绍了 MATLAB 通信系统建模与仿真的内容。全书共分 10 章,主要包括 MATLAB R2016a 简述、Simulink 的介绍、通信系统、信源、信道、通信系统基本模块、模拟调制系统、模拟信号数字化、数字调制系统及编码与系统仿真等内容。

本书语言通俗易懂,内容丰富翔实,突出了以实例为中心的特点,做到理论与实践相结合,可使读者轻松、快捷地掌握 MATLAB 通信系统建模与仿真。

本书可作为高等院校通信系统仿真等相关专业的学习用书,也可作为广大科研人员、学者、通信工程技术人员的参考用书。

图书在版编目(CIP)数据

MATLAB R2016a 通信系统仿真/王宇华编著. —北京:电子工业出版社,2018.1
(MATLAB 仿真应用精品丛书)
ISBN 978-7-121-33541-9

Ⅰ. ①M… Ⅱ. ①王… Ⅲ. ①Matlab 软件-应用-通信系统-系统仿真 Ⅳ. ①TN914

中国版本图书馆 CIP 数据核字(2018)第 013640 号

策划编辑:陈韦凯
责任编辑:徐 萍
印   刷:北京七彩京通数码快印有限公司
装   订:北京七彩京通数码快印有限公司
出版发行:电子工业出版社
　　　　北京市海淀区万寿路 173 信箱　邮编　100036
开   本:787×1 092　1/16　印张:27.5　字数:704 千字
版   次:2018 年 1 月第 1 版
印   次:2022 年 1 月第 4 次印刷
定   价:69.00 元

凡所购买电子工业出版社图书有缺损问题,请向购买书店调换。若书店售缺,请与本社发行部联系,联系及邮购电话:(010)88254888,88258888。

质量投诉请发邮件至 zlts@phei.com.cn,盗版侵权举报请发邮件至 dbqq@phei.com.cn。

本书咨询联系方式:(010)88254441;chenwk@phei.com.cn。

前　　言

　　MATLAB/Simulink 是用于动态系统和嵌入式系统的多领域仿真和模型的设计工具。Simulink 是 MATLAB 中的一种可视化仿真工具，是一种基于 MATLAB 的框图设计环境，是实现系统建模、仿真和分析的一个软件包，被广泛应用于各个领域中。

　　随着科学技术的发展，计算机仿真技术呈现出越来越强大的活力，它大大节省了人力、物力和时间成本，在当今教学、科研、生产等各个领域发挥着巨大的作用。而 MATLAB 凭借其强大的功能在众多的计算机软件中脱颖而出，成为国际上最流行的科学与工程计算的工具软件。MATLAB 不仅功能强大而且易于操作，使用户能集中精力于所研究的问题上，而不必在编程上花费过多的时间。而系统建模和仿真技术已经日益成为现代理工科各专业进行科学探索、系统可行性研究和工程设计不可缺少的重要环节。随着 MATLAB/Simulink 通信、信号处理专业函数库和专业工具箱的成熟，它们逐渐为广大通信技术领域的专家学者和工程技术人员所熟悉，在通信理论研究、算法设计、系统设计、建模仿真和性能分析验证等方面的应用也更加广泛。

　　本书主要介绍应用 MATLAB 软件对通信系统进行建模与仿真实例的研究方法，在内容上不追求对 MATLAB 软件的完整和系统描述，而是针对教学、科研开发的实际，选择通信系统中最基本同时也是最重要的内容作为仿真试验的研究对象。还结合数字通信系统的基本技术介绍了 MATLAB 软件在仿真试验建模中的应用。本书的编写具有如下几个特色：

　　（1）循序渐进，深入浅出

　　本书以 MATLAB R2016a 为平台，由基础到应用，一步一步深入地介绍 MATLAB/Simulink 及通信系统的建模与仿真等内容，让读者可以轻松、快速地掌握 MATLAB 及利用 MATLAB 解决通信系统建模与仿真的问题。

　　（2）应用典型，细致全面

　　本书以 MATLAB/Simulink 为基础，详尽、细致地介绍 MATLAB/Simulink 解决通信系统建模与仿真中的各种实际问题，并且每介绍一个函数、理论、模块等都给出典型的应用实例，培养读者的动手动脑能力，做到理论与实践相结合。

　　（3）快速有效，轻松易学

　　结合 MATLAB 自身的特点，在 MATLAB/Simulink 基础上介绍通信系统的建模与仿真，让读者轻松有效地掌握 MATLAB 及通信系统，使其能够在最短的时间内，以最佳的效率解决实际通信系统中遇到的问题，提升工作效率。

　　全书共分为 10 章，主要内容如下：

　　第 1 章介绍 MATLAB R2016a，主要包括 MATLAB 的平台组成、MATLAB 的语言特点、MATLAB 的工作环境、MATLAB 的数值计算及 MATLAB 的绘图等内容。

　　第 2 章介绍 Simulink 软件，主要包括 Simulink 仿真环境、Simulink 模块库、Simulink 子系统、Simulink 封装子系统及 Simulink 命令行仿真等内容。

　　第 3 章介绍通信系统，主要包括通信系统的组成、模拟/数字通信、系统类型及通信系统仿真技术等内容。

　　第 4 章介绍信源，主要包括通信仿真函数、信号产生器、信源类型及信号与系统分析等内容。

第 5 章介绍信道，主要包括信道模型、恒参信道、随参信道及其对信号的影响、加性噪声等内容。

第 6 章介绍通信系统基本模块，主要包括信源模块、信道模块、信号观察模块等内容。

第 7 章介绍模拟调制系统，主要包括模拟调制的基本概念、线性调制、模拟调制系统性能的比较等内容。

第 8 章介绍模拟信号数字化，主要包括模拟信号数字化概述、抽样、脉冲振幅调制、量化、脉冲编码调制及差分脉冲等内容。

第 9 章介绍数字调制系统，主要包括数字基带传输概述、二进制基带传输、数字信号载波等内容。

第 10 章介绍编码与系统仿真，主要包括编码概述、线性分组码、扩频通信、扩频通信系统等内容。

本书可作为高等院校通信系统仿真等相关专业的教材，也可作为广大科研人员、学者、通信工程技术人员的参考用书。

本书主要由王宇华编写，此外参加编写的还有赵书兰、刘志为、栾颖、张德丰、吴茂、方清城、李晓东、何正风、丁伟雄、李娅、辛焕平、杨文茵、顾艳春和邓奋发。

由于时间仓促，加之作者水平有限，所以错误和疏漏之处在所难免。在此，诚恳地期望得到各领域的专家和广大读者的批评指正。

编著者

目　　录

第 1 章　MATLAB R2016a 简述

MATLAB 是 Matrix & Laboratory 两个词的组合，意为矩阵工厂（矩阵实验室），是由美国 MathWorks 公司发布的主要面对科学计算、可视化及交互式程序设计的高科技计算环境。

1.1　MATLAB 概述

MATLAB 最初主要用于方便矩阵的存取，其基本元素是无须定义维数的矩阵。经过 30 多年的扩充和完善，MATLAB 现已发展成为包含大量实现工具箱的综合应用软件，不仅成为线性代数课程的标准工具，而且适合具有不同专业研究方向及工程应用需求的用户使用。同时，MATLAB 允许用户自行建立完成指定功能的扩展 MATLAB 函数（称为 M 文件），从而构成适合于其他领域的工具箱，大大扩展了应用范围。

1.1.1　MATLAB 的平台组成

MATLAB 不仅是一门编程语言，还是一个集成的软件平台，它包含以下几个主要部分。

1．MATLAB 语言

MATLAB 语言是一种高级编程语言，它提供了多种数据类型、丰富的运算符和程序控制语句供用户使用。用户可以根据需求，按照 MATLAB 语言的约定，编程完成特定的工作。

2．MATLAB 集成工作环境

MATLAB 集成工作环境包括程序编辑器、变量查看器、系统仿真器和帮助系统等。用户在集成工作环境中可以完成程序的编辑、运行和调试，输出和打印程序的运行结果。

3．MATLAB 图形系统

用 MATLAB 的句柄图形可以实现二维、三维数据的可视化、图像处理，也可以完全或局部修改图形窗口，还可以方便地设计图形界面。

4．MATLAB 数学函数库

MATLAB 提供了丰富的数值计算函数库，既包括常用的数学函数，又包含了各个专业领域独有的数值计算实现，用户通过简单的函数调用就可以完成复杂的数学计算任务。

5．Simulink 交互式仿真环境

通过交互式的仿真环境 Simulink，用户可以采用图形化的数学模型，完成对各类系统的模型建立和系统仿真，仿真结果也能够以直观的图形方式显示。Simulink 可以接收用户的键盘、鼠标输入，也可以通过程序语句来实现数据交换，应用方便灵活。

6．MATLAB 编译器

通过编译器，用户可以将用 MATLAB 语言编写的程序编译成脱离 MATLAB 环境的 C 语言源代码、动态链接库或可以独立运行的可执行文件。

7．应用程序接口 API

API 是 MATLAB 的应用程序接口，它提供了 MATLAB 和 C、Fortran、VB、VC 等多种语言之间的接口程序库，使用户可以在这些语言的程序中调用 MATLAB 程序。

8．MATLAB 工具箱

MATLAB 包含了各种可选的工具箱。工具箱是由各个领域的高水平专家编写的，所以用户不必编写该领域的基础程序就可以直接进行更高层次的研究。

1.1.2　MATLAB 的语言特点

MATLAB 被称为第四代计算机语言，利用其丰富的函数资源，可使编程人员从烦琐的代码中解脱出来。MATLAB 用更直观、更符合人们思维习惯的代码，代替了 C 语言的冗长代码，给用户带来的是最直观、最简洁的程序开发环境。MATLAB 语言的主要特点如下。

（1）语言简洁紧凑，语法限制不严格，程序设计自由度大，使用方便灵活。在 MATLAB 中不用先定义或声明变量就可以使用它们，MATLAB 程序的书写格式自由，数据的输入、输出语句简洁，很短的代码就可以完成其他语言要经过大量代码才能完成的复杂工作。

（2）数据算法稳定可靠，库函数十分丰富。MATLAB 的一个最大特点是强大的数值计算能力，它提供了许多调用十分方便的数学计算的函数，可以随意使用而不必考虑数值的稳定性。

（3）运算符丰富。MATLAB 是用 C 语言编写的，所以 MATLAB 提供了和 C 语言几乎一样多的丰富的运算符，而且还重载了一些运算符，并给它们赋予了新的含义。

（4）MATLAB 既具有结构化的控制语句，又支持面向对象的程序设计。

（5）程序的可移植性好。MATLAB 程序几乎不用修改就可以移植到其他机型和操作

系统中运行。

（6）MATLAB 的图形功能强大，支持数据的可视化操作，方便地显示程序的运行结果。

（7）源程序的开发性、系统的可扩充能力强。除了内部函数外，所有的 MATLAB 核心文件和工具箱文件都提供了 MATLAB 源文件，用户可通过对源文件的修改生成自己所需要的工具箱。

（8）MATLAB 的解释执行语言。MATLAB 程序不用编译生成可执行文件就可以运行，程序是解释执行的。解释执行的程序执行速度较慢，效率比 C 语言等高级语言要低，而且无法脱离 MATLAB 环境运行，这是 MATLAB 的缺点。但是 MATLAB 编程效率远远高于一般的高级语言，这使我们可以把大量的时间花费在算法研究上，而不是浪费在大量的基础代码上，这是 MATLAB 能够被广泛应用于科学计算和系统仿真的主要原因。

1.1.3　MATLAB R2016a 的新功能

1. MATLAB 产品系列

MATLAB R2016a 在 MATLAB 产品系列的更新主要有以下几方面。

（1）实时编辑器，用于：

- 开发包含结果和图形以及相关代码的实时脚本；
- 创建用于分享的交互式描述，包括代码、结果和图形以及格式化文本、超链接、图像及方程式。

（2）MATLAB方面：

- App Designer，使用增强的设计环境和扩展的 UI 组件集构建带有线条图和散点图的 MATLAB 应用；
- 全新多 y-轴图、极坐标图和等式可视化；
- 暂停、调试和继续 MATLAB 执行。

（3）Neural Network Toolbox：使用 Parallel Computing Toolbox 中的 GPU 加速深度学习图像分类任务的卷积神经网络（CNN）。

（4）Symbolic Math Toolbox：与 MATLAB 实时编辑器集成，以便编辑符号代码和可视化结果，并将 MuPAD 笔记本转换为实时脚本。

（5）Statistics and Machine Learning Toolbox：Classification Learner 应用，可以自动培训多个模型，按照级别标签对结果进行可视化处理，并执行逻辑回归分类。

（6）Control System Toolbox：新建及重新设计的应用，用于设计 SISO 控制器、自动整定 MIMO 系统和创建降阶模型。

（7）Image Acquisition Toolbox：支持 Kinect for Windows v2 和 USB 3 Vision。

（8）Computer Vision System Toolbox：光学字符识别（OCR）训练程序应用、行人侦测和来自针对 3-D 视觉的动作和光束平差的结构体。

（9）Trading Toolbox：对交易、灵敏性和交易后执行的交易成本进行分析。

2．Simulink 产品系列

MATLAB R2016a 在 Simulink 产品系列的更新主要有以下几方面。

（1）Simulink：

- 通过访问模板、最近模型和精选示例更快开始或继续工作的起始页；
- 自动求解器选项可更快速地设置和仿真模型；
- 针对异构设备的系统模型仿真，如 Xilin 和 Altera SoC 架构；
- Simulink 单位，可在 Simulink、Stateflow 和 Simscape 组件的接口指定单位对其进行可视化处理并检查；
- 变量源和接收器模块，用于定义变量条件并使用生成代码中的编译器指令将其传播至连接的功能。

（2）Aerospace Blockset：标准座舱仪器，用于显示飞行条件。

（3）SimEvents：全新离散事件仿真和建模引擎，包括事件响应、MATLAB 离散事件系统对象制作以及 Simulink 和 Stateflow 自动域转换。

（4）Simscape：全新方程简化和仿真技术，用于生成代码的快速仿真和运行时参数调整。

（5）Simscape Fluids：Thermal Liquid 库，用于对属性随温度而变化的液体的系统建模。

（6）Simulink Design Optimization：用于实验设计、Monte Carlo 仿真和相关性分析的灵敏度分析工具。

（7）Simulink Report Generator：三向模型合并，以图形方式解决 Simulink 项目各修订版之间的冲突。

3．信号处理和通信

MATLAB R2016a 在信号处理和通信方面的更新主要表现在以下几方面。

（1）Antenna Toolbox：电介质建模，用于分析天线和有限天线阵列中的基质效果。

（2）RF Toolbox：RF Budget Analyzer，用于为级联的射频组件计算增益、噪声系数和 IP3。

（3）SimRF：自动射频测试工作台生成。

（4）Audio System Toolbox：一款用于设计和测试音频处理系统的新产品。

（5）WLAN System Toolbox：一款用于对 WLAN 通信系统的物理层进行仿真、分析和测试的新产品。

4．代码生成

MATLAB R2016a 在代码生成方面的更新主要表现在以下几方面。

（1）Embedded Coder：编译器指令生成，将信号维度作为#define 进行实施。

（2）HDL Coder：针对 HDL 优化的 FFT 和 IFFT，支持每秒 G 字节采样（GSPS）设计的帧输入。

（3）HDL Verifier：PCIe FPGA 在环，用于通过 PCI Express 接口仿真 Xilinx KC705/VC707 和 Altera Cyclone V GT/Stratix V DSP 开发板上的算法。

5. 验证和确认

MATLAB R2016a 在验证和确认方面的更新主要表现在以下几方面。

（1）Polyspace Code Prover：支持 long-double 浮点，并且改进了对无穷大和 NaN 的支持。

（2）Simulink Design Verifier：对 C 代码 S-function 自动生成测试。

（3）IEC Certification Kit：对 Simulink Verification and Validation™提供 IEC 62304 医学标准支持。

（4）Simulink Test：使用 Simulink Real-Time 制作和执行实时测试。

1.2　MATLAB 的安装与激活

在使用 MATLAB 进行计算及绘图前，首先要在计算机上安装与激活 MATLAB，MATLAB R2016a 的安装与激活主要有以下步骤。

（1）将 MATLAB R2016a 的安装盘放入 CD-ROM 驱动器，系统将自动运行程序，进入初始化界面。

（2）启动安装程序后显示的 MathWorks 安装对话框如图 1-1 所示，选择"使用文件安装密钥"单选按钮，单击"下一步"按钮。

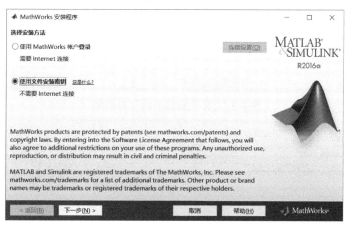

图 1-1　MathWorks 安装对话框

（3）弹出如图 1-2 所示的"许可协议"对话框，如果同意 MathWorks 公司的安装许可协议，选择"是"单选按钮，单击"下一步"按钮。

（4）弹出如图 1-3 所示的"文件安装密钥"对话框，选择"我已有我的许可证的文件安装密钥"单选按钮，单击"下一步"按钮。

（5）如果输出正确的钥匙，系统将弹出如图 1-4 所示的"文件夹选择"对话框，可以将 MATLAB 安装在默认路径中，也可以自定义路径。如果需要自定义路径，可单击"选择安装文件夹"下面文本框右侧的"浏览（R）"按钮，即可选择所需要的路径实现安装，再单击"下一步"按钮。

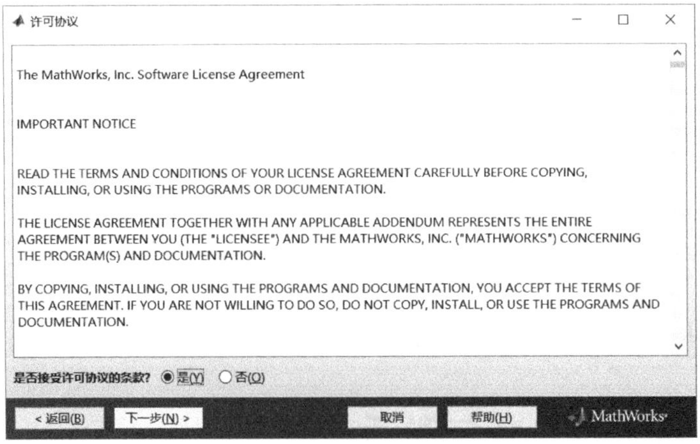

图 1-2　"许可协议"对话框

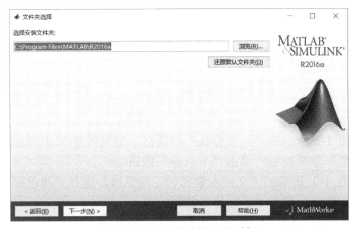

图 1-3　"文件安装密钥"对话框

图 1-4　"文件夹选择"对话框

（6）确定安装路径后，系统将弹出如图 1-5 所示的"产品选择"对话框，可以看到用户默认安装的 MATLAB 组件、安装文件夹等相关信息，单击"下一步"按钮。

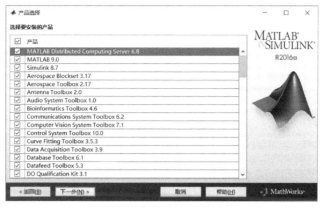

图 1-5　"产品选择"对话框

（7）在完成对安装文件的选择后，即弹出如图 1-6 所示的"确认"对话框，在该界面中列出了前面所选择的内容，包括路径、安装文件的大小、安装的产品等，如果无误，可单击"安装"按钮进行安装。

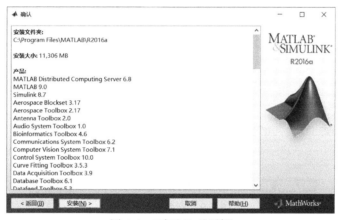

图 1-6　"确认"对话框

（8）软件在安装过程中将显示安装进度条，如图 1-7 所示。用户需要等待产品组件安装完成。安装完成后弹出"安装完毕"对话框。

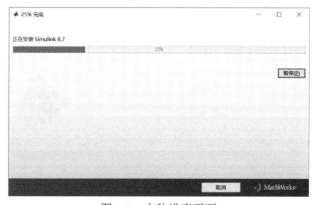

图 1-7　安装进度页面

（9）软件安装完成后，将进入产品配置说明页面，在该页面中列出了安装 MATLAB 后需要设置哪些配置软件才可正常运行，如图 1-8 所示。

图 1-8　产品配置说明页面

（10）单击图 1-8 所示页面中的"下一步"按钮，即可完成 MATLAB R2016a 的安装，效果如图 1-9 所示。

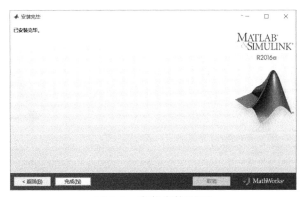

图 1-9　安装完毕页面

（11）单击图 1-9 中的"完成"按钮，完成安装。MATLAB R2016a 安装完成后，它会自动关闭，如果要激活该软件，需返回安装目录路径下的 \bin 文件，双击 MATLAB 图标，即弹出软件的激活页面，效果如图 1-10 所示。

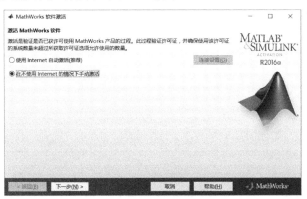

图 1-10　MathWorks 软件激活页面

（12）在弹出的"离线激活"对话框中，选择"输入许可证文件的完整路径（包括文件名）"，单击右侧的"浏览"按钮，找到许可文件的完整路径，如图 1-11 所示。

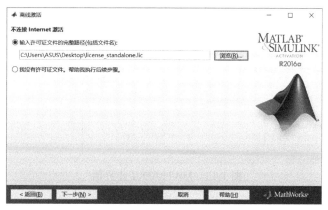

图 1-11　"离线激活"对话框

（13）单击"下一步"按钮，弹出如图 1-12 所示的"激活完成"对话框，单击右下角的"完成"按钮，完成 MATLAB R2016a 的安装与激活。

至此，即可正常运行 MATLAB R2016a 软件了。

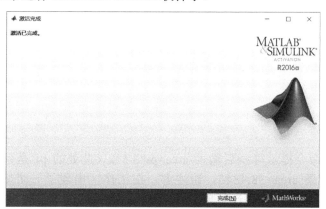

图 1-12　"激活完成"对话框

1.3　MATLAB 的工作环境

安装好 MATLAB 后，其启动的初始界面如图 1-13 所示，包括菜单栏、工具栏、命令窗口（Command Window）、工作空间（Workspace）、当前文件夹（Current Folder）等。

退出 MATLAB 系统有以下不同的方式：

（1）单击窗口右上角的×；

（2）单击窗口左上角的 ，在弹出的菜单中选择"关闭"；

（3）在命令窗口输入 quit 或 exit 命令并运行。

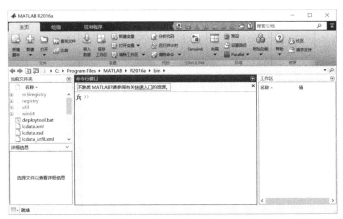

图 1-13　MATLAB 工作界面

1.3.1　命令窗口

在命令提示符>>后输入合法命令并按 Enter 键，MATLAB 会自动执行所输入命令并给出执行结果。命令窗口提供了输入命令及输出结果的场所。

【例 1-1】　计算一个半径为 3.5 的圆的面积。

```
>>clear all;          %清空工作空间中所有变量
>> area=pi*3.5^2      %将运算结果赋值给 area
```

运行程序，输出如下：

```
area =
    38.4845
```

输入过程是在命令提示符>>后输入 area=pi*3.5^2（此处的 pi 是系统预定义好的），系统即给出运算结果 area=38.4845。请注意，在工作区出现了一个新的变量 area（见图 1-14）。事实上，这正是系统运算后产生的结果在内存中的存储情况。

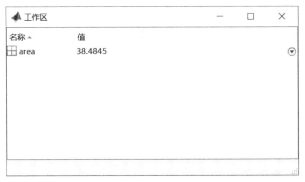

图 1-14　工作区的结果

在 MATLAB 中，如果命令行长，或不止一个命令，而是要求执行多个命令，可通过续行符号 "…" 示意，该符号用于将断开的命令连起来。

【例 1-2】 计算 $1+\dfrac{1}{2}+\dfrac{1}{3}+\dfrac{1}{4}+\dfrac{1}{5}+\dfrac{1}{6}+\dfrac{1}{7}+\dfrac{1}{8}+\dfrac{1}{9}$ 的和。

```
>> s=1+1/2+1/3+1/4 ...
+1/5+1/6+1/7+1/8+1/9
```

运行程序，输出如下：

```
s =
    2.8290
```

使用续行符号 "…" 时需要特别注意的是，单引号内的字符串必须在一行完全引起来，否则报错；此外，在同一行内续行符号 "…" 后的字符不再被识别。

对于多行语句的情况，最好使用 M 脚本文件或函数保存再运行。

在命令窗口还有以下值得注意的一些操作可供参考：

（1）调用并执行之前输入过的语句。使用↑和↓键选定语句并按 Enter 键执行。如果想快速定位到所需语句，可在命令窗口中输入其字母，然后使用↑和↓。此时可直接选定命令窗口中已存在的语句，再单击右键弹出菜单，选择"执行所选内容"项，即可全部运行。

（2）执行语句的一部分。可选定一行或多条语句中的部分，回车即可运行。

（3）自动补完输入命令。在命令窗口输入命令的前几个字母，按 Tab 键后，即弹出所有以这几个字母开头的命令。可通过↑和↓键选择，并再次使用 Tab 键完成输入。默认情况下，系统在用户输入函数但还未输入参数时，也会给出参数提示列表。

1.3.2　命令历史记录窗口

默认窗口的命令历史记录窗口是关闭的。可以通过"主页|布局|命令历史窗口记录|弹出"选项打开，效果如图 1-15 所示。

命令历史记录窗口显示最近命令窗口运行过的函数日志，并可以按照命令使用时间聚合。左侧括号用于标识其内包含的几个命令是作为一组同时执行的，而命令之前的颜色标记则表明这条命令在运行时曾报错。

默认情况下，命令历史记录窗口可以保存 25 000 条历史命令。

对命令历史记录窗口的命令条目，可执行如下操作。

（1）选定一条或几条历史命令，单击右键并在弹出的菜单中选择"创建脚本"选项,此时脚本编辑器（Editor）将自动打开一个新建脚本文件，而选定的命令即包含在该文件中。

图 1-15　命令历史记录窗口

（2）重复运行以前的命令记录。双击窗口中的历史命令，或选中历史命令并回车，都可完成执行历史命令的任务。如想选择多条命令，可以使用 Shift+↑组合键。

（3）复制命令记录到其他窗口。选定命令并右击，在弹出的菜单中选择"复制"选项，在编辑器或其他应用程序（如 Word）已打开的文件中粘贴即可。也可以直接将命令从历史窗口拖放到其他文件中。

图 1-16　创建命令快捷键窗口

（4）创建命令快捷键。选定命令并右击，在弹出的菜单中选择"创建快捷方式"选项。也可以直接将选定的命令拖移到工具条上，系统将自动打开创建命令快捷方式窗口，如图 1-16 所示。选定的命令出现在"回调"字段中。

默认窗口中，快捷选项卡是关闭的。用户可以通过选择"主页|布局|快捷方式选项卡"打开快捷选项卡。之前创建的快捷方式即列在其中。

（5）删除命令记录。选择待删除的命令，使用 Delete 键，或右击，在弹出的快捷菜单中选择"删除"选项。如想删除全部记录，也可在"命令历史记录"窗口右击，在弹出的快捷菜单中选择"清空命令历史记录"选项。删除命令不可恢复。

1.3.3　工作区

在工作区窗口中，用户可以对所选定的变量进行观察、修改，或使用变量进行图形绘制。

1. 工作区窗口的打开

系统默认窗口中工作区是打开的。如果工作区空间为关闭状态，可通过以下方式重新打开：选择"主页|布局|工作区"选项，或在命令窗口中输入 workspace。

2. 工作区中变量的编辑与查看

工作区中变量的编辑与查看可以采用命令交互方式，也可采用图形化的方式。

（1）命令交互方式：用 who 或 whos 命令。

使用命令 who 将列出所有变量名；使用命令 whos 将列出包含了变量大小和类型的详细变量信息。

【例 1-3】　用 who 和 whos 命令查看当前工作区。

```
>> who
```

则变量为：

```
area   s
>> whos
  Name      Size            Bytes  Class     Attributes
  area      1x1                 8  double
  s         1x1                 8  double
```

在以上操作的基础上，也可以在命令窗口输入已有的变量名直接查看。如查看 area 的值，代码为：

```
>> area
area =
    38.4845
```

（2）图形化方式。

在命令窗口使用函数 openvar，如 openvar('b')，或在工作区窗口中双击变量，则会打开变量编辑器。此时在系统窗口中出现"主页|打开变量"，其中提供了多个操作项供编辑变量使用，如修改变量的元素值、改变其维数等。

3．工作区变量的清除

清除工作区的变量有如下几种情况。

（1）清除工作区的全部变量。有两种方式：

① 选择"主页"标签下的"所有函数和变量"；

② 在命令窗口中使用 clear 命令。

（2）清除工作区的指定变量。有两种方式：

① 在工作区窗口中选择待清除的变量，右击，在弹出的菜单中选择"删除"选项。

② 在命令窗口中使用 clear 命令，如 clear a,b；也可使用反选清除命令 clearvars –except a，表示只保留变量 a，其他变量全部清除。

4．工作区变量的统计分析

工作区窗口还提供了变量的简单统计功能。单击工作区窗口标题栏 ⊙，在弹出的菜单中选择"选择列"选项，可以选择相应的统计任务，如"值"、"最大值"、"平均值"等。因这些统计要实时计算，如果统计项目太多、变量元素或维数太多，会影响到软件的运算速度。因此，可只保留自己感兴趣的统计项，或在配置文件中设定对大变量不进行统计。

1.4　MATLAB 帮助文档的使用

MATLAB 函数都有详尽的实例及函数输入/输出参数、调用语法的文档支持，熟悉帮助文档能对学习 MATLAB 起到事半功倍的作用。以下是几种打开帮助文档的方法。

（1）打开函数的参考页面。

在命令窗口中输入 doc+函数名可以调用帮助文档；也可以在编辑器窗口、命令窗口选择输入的函数名，并单击右键，在弹出的快捷菜单中选择"关于所选内容的帮助"选项，打开函数的帮助文档。

（2）打开函数语法提示。

在命令窗口中输入命令，并在输入"（"后暂停一下，就会显示该函数的详细用法的链接，也可以使用 Ctrl+F 组合键。

（3）打开命令窗口的简要帮助文档。

使用 help+函数名的形式可打开函数的简要帮助文档。

（4）在帮助浏览器中打开详细的帮助文档。

单击快捷工具栏或"主页"选项卡中的 ⑦，或在 搜索文档 栏中输入要查询的函数名，都可以打开详细的帮助文档。

（5）查阅 MATLAB 提供的例程。

MATLAB 及其所有的工具箱都包含了相应的例程，这些例程也是很好的帮助资料。如果查看 MATLAB 的例程，可以通过任一产品主页面右侧的"Examples"链接，或在左侧产品名的右侧单击 ❶ 图标，在其下拉菜单中再单击"Examples"链接即可查阅产品的全部例程，如图 1-17 所示。

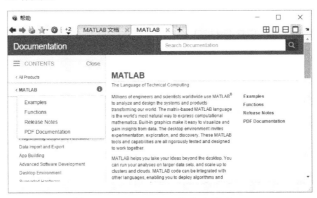

图 1-17　MATLAB 帮助文档窗口

单击例程下面每一条目右侧的 📋，即可在编辑器打开例程的程序，以供分析或运行。

帮助文档中有不少内嵌例程（Inline Examples），可以选中例程并右击，在弹出的快捷菜单中选择"执行所选内容"直接运行例程。

【例 1-4】　演示 help 命令的使用，并查询矩阵求逆函数的帮助文档。

（1）help 命令的使用演示。

① 直接使用 help：

```
>> help    %列出所有帮助主题
```

帮助主题：

matlab\datafun	- Data analysis and Fourier transforms.
matlab\datatypes	- Data types and structures.
matlab\elfun	- Elementary math functions.
matlab\elmat	- Elementary matrices and matrix manipulation.
matlab\funfun	- Function functions and ODE solvers.
matlab\general	- General purpose commands.
matlab\iofun	- File input and output.
matlab\lang	- Programming language constructs.
matlab\matfun	- Matrix functions - numerical linear algebra.
...	...

② help+函数名的方式：

```
>> help inv
inv     Matrix inverse.
    inv(X) is the inverse of the square matrix X.
    A warning message is printed if X is badly scaled or
    nearly singular.
      See also slash, pinv, cond, condest, lsqnonneg, lscov.
    inv 的参考页
    名为 inv 的其他函数
```

③ help+path 的方式：

```
>> help matlab\general        %查看 MATLAB 某一类函数信息
General purpose commands.
MATLAB Version 9.0 (R2016a) 10-Feb-2016
General information.
    syntax        - Help on MATLAB command syntax.
    demo          - Run demonstrations.
    ver           - MATLAB, Simulink and toolbox version information.
    version       - MATLAB version information.
    verLessThan   - Compare version of toolbox to specified version string.
    logo          - Plot the L-shaped membrane logo with MATLAB lighting.
    membrane      - Generates the MATLAB logo.
    bench         - MATLAB Benchmark.
    ...           ...
    java          - Using Java from within MATLAB.
    usejava       - True if the specified Java feature is supported in MATLAB.

See also lang, datatypes, iofun, graphics, ops, strfun, timefun,
matfun, demos, graphics, datafun, uitools, doc, punct, arith.
```

（2）查询矩阵求逆函数的帮助文档。

```
>> help inverse
```

未找到 inverse。

请使用帮助浏览器的搜索字段搜索文档，或者输入 "help help" 获取有关帮助命令选项的信息，例如方法的帮助。

从结果可看出，inverse 并不是矩阵求逆函数，尝试：

```
>> lookfor inverse
ifft          - Inverse discrete Fourier transform.
ifft2         - Two-dimensional inverse discrete Fourier transform.
ifftn         - N-dimensional inverse discrete Fourier transform.
ifftshift     - Inverse FFT shift.
acos          - Inverse cosine, result in radians.
```

```
    acosd                    - Inverse cosine, result in degrees.
    ...                      ...
```

从中可发现完成矩阵求逆的函数 inv，可用 help 命令进行精确查询：

```
>> help inv
 inv      Matrix inverse.
    inv(X) is the inverse of the square matrix X.
    A warning message is printed if X is badly scaled or
    nearly singular.
     See also slash, pinv, cond, condest, lsqnonneg, lscov.
    inv 的参考页
    名为 inv 的其他函数
```

help 命令可用于查询具体确定的函数帮助文档。与 help 命令不同，lookfor 命令则是就帮助文档中的 H1 行，即帮助文档的第一行进行关键字查询。从中可以看出，lookfor 命令的查询结果可能不够精确，但在不能确定函数时却大有用处。

1.5 MATLAB 的数值计算

数值计算功能是 MATLAB 的基础，MATLAB 强大的数值计算功能使其在众多数学计算软件中脱颖而出，MATLAB 中有 15 种基本数据类型，包括整型、浮点、逻辑、字符、日期和时间、结构数组、单元数组及函数句柄等。在此只介绍常用的几种。

1.5.1 变量与常量

与其他常规程序设计语言一样，变量是 MATLAB 语言的基本元素之一。但是，与其他常规程序语言不同的是，MATLAB 会自动根据所赋予变量的值或对变量所进行的操作来确定变量的类型，也就意味着 MATLAB 语言并不需要对使用的变量进行事先声明，更不需要指定变量类型。

在变量的赋值过程中，如变量已经被定义，MATLAB 就会自动用新值代替旧值，同时以新的变量类型代替旧的变量类型。

MATLAB 语言中的变量命名方式应遵循以下规则：

（1）变量名必须以字母开头，可包含数字和下画线；

（2）变量名中的字母是区分大小写的；

（3）变量名长度不超过 31 位。

另外，MATLAB 预定义了一些特殊变量，如常用的虚数单位 i,j，无穷大 Inf，圆周率 pi 等，这些特殊变量通常称为常量。MATLAB 中一些常用的特殊变量如表 1-1 所示。

表 1-1　MATLAB 的一些常用特殊变量

特殊变量名	说　　明	特殊变量名	说　　明
i,j	虚数单位	intmax/intmin	所用计算机能表示的最大/最小整数
pi	圆周率	realmin	最小的正浮点数
eps	浮点运算相对精度	realmax	最大的正浮点数
Inf	无穷大	NaN	不定值

在定义变量时，应避免与常量名重复，以防错误地改变这些常量的值。

与其他高级语言相比，MATLAB 语言具有更强大的字符处理能力，字符与字符串运算是其不可缺少的组成部分。

在 MATLAB 语言中，关于字符串的约束为：

（1）所有字符串必须用单引号括起来；

（2）字符串中的每个字符（包括空格）都是字符串的一个元素；

（3）在 MATLAB 语言中，字符串和字符数组（矩阵）基本是等价的。

1.5.2　运算符

类似于其他高级语言，如 C 语言，MATLAB 也有不同的运算符。下面分别介绍。

1．算术运算符

算术运算符用来处理两个运算之间的数学运算。算术运算符及其意义如表 1-2 所示。

表 1-2　算术运算符及其意义

运　算　符	意　　义	运　算　符	意　　义
+	矩阵/数组相加	‘	矩阵转置。对复数矩阵，A'是共轭转置
−	矩阵/数值相减	.’	数组转置。对复数矩阵，A.'不是共轭转置
*	矩阵乘	.*	数组乘
^	矩阵幂	.^	数组乘方
\	矩阵左除	.\	数组左除
/	矩阵右除	./	数组右除

表 1-2 中的点运算是针对同阶数组中逐个元素进行的算术运算。但由于矩阵和数组的加减操作一致，所以数组的加减运算符与矩阵加减运算符相同，而不必使用点运算。

2．关系运算符

关系运算符用来比较两个运算元之间的关系。关系运算符及其意义如表 1-3 所示。

表 1-3　关系运算符及其意义

关系运算符	意　义
<	小于
<=	小于或等于
>	大于
>=	大于或等于
==	等于（请注意与赋值符号的区别）
~=	不等于

3. 逻辑运算符

逻辑运算符及相关函数用来处理运算元之间的逻辑关系。逻辑运算符及其意义如表 1-4 所示。还有一些相关的逻辑函数，如 xor，all，any 等，与逻辑运算符一样，使用起来均十分方便。

表 1-4　逻辑运算符及其意义

逻辑运算符	意　义
&	逻辑与
		逻辑或
~	逻辑非

1.5.3　矩阵运算

1. 矩阵的创建

直接处理向量或矩阵是 MATLAB 的强大功能之一，当然首先要输入向量或矩阵。在 MATLAB 中，矩阵的输入必须以方括号 "[]" 作为其开始与结束标志，矩阵的行与行之间要用回车符或分号 ";" 分开，矩阵的元素之间要用空格或逗号 "," 分隔；矩阵的大小可以不必预先定义，而且矩阵元素的值也可以用表达式表示。

在 MATLAB 中，可以通过以下几种方法创建矩阵。

（1）直接输入法。

使用直接输入法要注意以下几点：

- 必须使用方括号将所有元素括起来；
- 行与行之间用分号或回车符分隔；
- 同行元素用空格或逗号分隔；
- 该方法只适合创建小型矩阵。

（2）通过函数创建矩阵。

对于一些特殊矩阵，可利用 MATLAB 的函数运算创建。

（3）导入数据创建矩阵。

实验中没得到的或通过其他方法得到的数据，可以使用 MATLAB 数据导入向导（Import Wizard）将数据导入工作空间，创建矩阵。

（4）生成特殊矩阵。

对于一些比较特殊的矩阵，MATLAB 提供了用于生成这些矩阵的一些函数，常用的函数有以下几个。

- ones(m)：生成 m 阶全 1 矩阵。
- eye(m)：生成 m 阶单位矩阵。
- zeros(m)：生成 m 阶全 0 矩阵。
- rand(m)：生成 m 阶均匀分布的随机矩阵。
- randn(m)：生成 m 阶正态分布的随机矩阵。
- magic(m)：生成 m 阶魔术矩阵。

【例 1-5】　实现用几种方法创建矩阵。

```
>> clear all;
A=[1 4 7;2 5 8;3 6 9]              %直接法
A =
     1      4      7
     2      5      8
     3      6      9
>> x=[0,pi/6,pi/3;pi/2,2*pi/3,5*pi/6];
>> y=cos(x)                        %函数创建法
y =
    1.0000     0.8660     0.5000
    0.0000    -0.5000    -0.8660
%特殊矩阵法：
>> ones(3,2)
ans =
     1      1
     1      1
     1      1
>> rand(2,3)
ans =
    0.8147     0.1270     0.6324
    0.9058     0.9134     0.0975
>> magic(3)                        %必须为正阶
ans =
     8      1      6
     3      5      7
     4      9      2
```

2．矩阵、数组运算

关于矩阵、数组的基本运算符在前面已介绍，下面直接通过实例来演示其用法。

【例 1-6】 矩阵与数组的运算。

```
>> A=[1 2 1;1 2 3;3 3 6];
>> B=[3 2 5;3 6 9;4 9 1];
>> S1=A+B                        %矩阵、数组加运算
S1 =
     4      4      6
     4      8     12
     7     12      7
>> S21=A.*B                      %数组运算
S21 =
     3      4      5
     3     12     27
    12     27      6
>> S22=A*B                       %矩阵运算
S22 =
    13     23     24
    21     41     26
    42     78     48
>> S31=A./B                      %数组右除
S31 =
    0.3333    1.0000    0.2000
    0.3333    0.3333    0.3333
    0.7500    0.3333    6.0000
>> S32=A/B                       %矩阵右除
S32 =
    0.0417    0.0694    0.1667
         0    0.3333         0
    0.7500    0.2500         0
>> S41=A^3                       %矩阵乘方
S41 =
    54     69    111
   102    129    207
   198    252    402
>> S42=A.^3                      %数组乘方
S42 =
     1      8      1
     1      8     27
    27     27    216
>> A>B                           %矩阵的关系运算
```

```
ans =
     0    0    0
     0    0    0
     0    0    1
>> A|B                          %矩阵的逻辑运算
ans =
     1    1    1
     1    1    1
     1    1    1
```

1.5.4　符号运算

MATLAB 的符号数学工具箱将符号运算结合到 MATLAB 的数值运算环境中。符号数学工具箱与其他工具箱不同，它不针对特殊专业或专业分支，而适用于广泛的用途；它使用字符串来进行符号分析，而不是数值分析。它涉及微积分、简化、复合、求解代数方程及微分方程等，有丰富的线性代数工具，支持 Fourier、Laplace、Z 变换及其逆变换。

1. 符号对象的创建

符号对象的创建命令包括两个：sym 和 syms。

（1）sym 用来创建单个符号变量，调用格式为：

符号变量=sym('符号变量')。

（2）syms 用来创建多个符号变量，调用格式为：

syms 符号变量 1, 符号变量 2, 符号变量 3, ... , 符号变量 n

【例 1-7】　符号对象的创建。

```
>> f=sym('a*x^2=b*x+c')         %创建符号表达式
f =
a*x^2 == c + b*x
>> f-a                          %不可运算
```

未定义函数或变量'a'。

```
>> syms a b c x                 %创建符号变量
>> f1=a*x^2+b*x+c               %创建符号表达式
f1 =
a*x^2 + b*x + c
>> f-a                          %可进行运算
ans =
a*x^2 - a == c - a + b*x
>> C1=[a b;c x]                 %使用符号变量生成数组
C1 =
```

[a, b]
[c, x]

2．符号对象的基本运算

在 MATLAB 中，提供了相关函数用于实现符号对象的各种运算，下面予以介绍。

1）conj 函数

该函数用于求符号复数的共轭。函数的调用格式为：

conj(x)：返回符号复数 x 的共轭复数。

2）real 函数

该函数用于求符号复数的实数部分。函数的调用格式为：

real(z)：返回符号复数 z 的实数部分。

3）imag 函数

该函数用于求符号复数的虚数部分。函数的调用格式为：

imag(z)：返回符号复数 z 的虚数部分。

4）digits 函数

该函数用于设置变量的精度。函数的调用格式为：

digits(d)：设置当前的可变算术精度的位数为整数 d。

d=digits：返回当前的可变算术精度位数给 d。

digits：显示当前可变算术精度的位数。

5）factor 函数

函数 factor 可用于对符号表达式进行因式分解，同时也可对某一整数进行因式分解。其调用格式为：

f = factor(n)：n 是多项式或多项式矩阵，系数是有理数，MATLAB 还会将表达式 n 表示成系数为有理数的低阶多项式相乘的形式，如果多项式 n 不能在有理数范围内进行因式分解，该函数会返回 n 本身，默认 x 为第一变量。

6）numden 函数

函数 numden 用于提取符号表达式的分子与分母。函数的调用格式为：

[N,D] = numden(A)：提取符号表达式 A 的分子与分母，并把其存放在 N 与 D 中。

7）simplify 函数

MATLAB 提供了 simplify 函数用于化简符号表达式，可以方便用户阅读符号表达式。函数 simplify 的调用格式为：

B = simplify(A)：将符号表达式 A 中的每一个元素都进行简化。

B = simplify(A,S)：对表达式 A 化简 S 步，参数 S 的默认值为 50。

8）poly 函数

在 MATLAB 中，可采用 poly 函数建立多项式。poly 函数的调用格式为：

p = poly(A)：其中 A 为由多项式的根组成的向量（矩阵），p 为输出的多项式的系数向量（矩阵）。

9）poly2sym 函数

poly2sym 函数用于将向量转换为多项式，函数的调用格式为：

r = poly2sym(c)：返回一个多项式系数向量 c，其默认符号变量为 x。

r = poly2sym(c, 'v')：返回一个多项式系数向量 c，'v'为指定的符号变量。

10）finverse 函数

finverse 函数用于求函数的反函数。函数的调用格式为：

g = finverse(f)：g 为符号函数 f 的反函数。f 为一符号函数表达式，单变量为'x'，则函数 g 为一符号函数使得 g(f(x))=x。

g = finverse(f,v)：返回的符号函数表达式的自变量为 v，这里 v 为一符号，是表达式的向量变量，则 g 的表达式要使得 g(f(v))=v。当 f 包括不止一个变量时最好使用此型。

11）subs 函数

subs 函数实现在符号表达式或矩阵中进行符号替换。函数的调用格式为：

R = subs(S, new)：用新的符号变量 new 代替原来的符号表达式 S 中的默认变量。

R = subs(S, old, new)：用新的符号变量 new 替换原来符号表达式 S 中的变量 old，当 new 是数值形式的符号时，实际上是用数值替换原来的符号计算表达式的值，结果仍为字符串形式。

【例 1-8】　符号对象的基本运算。

```
>> syms a b c d x
subs(a + b, a, 4)                    %实现符号替换
ans =
b + 4
>> [n,d]=numden(sym(cos(4/5)))       %求取符号表达式的分子与分母
n =
6275376153204837
d =
9007199254740992
p = poly2sym([a, b, c, d])           %转化为符号变量多项式
p =
a*x^3 + b*x^2 + c*x + d
f(x) = 1/tan(x);
g = finverse(f)                      %函数的反函数
g(x) =
atan(1/x)
```

3．符号微积分运算

在 MATLAB 中，也提供了相关函数用于实现符号的微积分运算，下面予以介绍。

1）limit 函数

在 MATLAB 中，提供了 limit 函数用于求符号表达式的极限。函数的调用格式为：

limit(expr, x, a)：求符号函数 expr(x) 的极限值。即计算当变量 x 趋近于常数 a 时，expr(x) 函数的极限值。

limit(expr, a)：求符号函数 expr(x) 的极限值。由于没有指定符号函数 expr(x) 的自变量，因此使用该格式时，符号函数 expr(x) 的变量为函数 findsym(expr) 确定的默认自变量，即变量 x 趋近于 a。

limit(expr)：求符号函数 expr(x) 的极限值。符号函数 expr(x) 的变量为函数 findsym(expr) 确定的默认变量；没有指定变量的目标值时，系统默认变量趋近于 0，即 a=0 的情况。

limit(expr, x, a, 'left')：求符号函数 expr 的极限值，left 表示变量 x 从左边趋近于 a。

limit(expr, x, a, 'right')：求符号函数 expr 的极限值，right 表示变量 x 从右边趋近于 a。

2）diff 函数

在 MATLAB 中，提供了 diff 函数用于求符号表达式的导数。函数的调用格式为：

diff(X)：若 X 为一矢量，则 diff(X) 的结果为插值，即 [X(2)-X(1)，X(3)-X(2)，…，X(n)-X(n-1)]；若 X 为一矩阵，则 diff(X) 的结果是对矩阵 X 各列求插分所得到的矩阵，即 X[X(2:n,:)-X(1:n-1,:)]；若 X 为 N 维的数组，则 diff(X) 将按第一个非单元集合的维进行插分计算。

diff(X, N)：按第一个非单元集合的维计算 X 的 N 阶导数。

diff(X,N,DIM)：按维数 DIM 计算 X 的 N 阶导数。若 N≥size(X,DIM) 则返回一个空矩阵。

3）int 函数

在 MATLAB 中，提供了 int 函数用于求符号表达式的积分。函数的调用格式为：

int(f)：没有指定积分变量和积分阶数时，系统按 findsym 函数指示的默认变量对被积函数或符号表达式 f 求不定积分。

int(f,v)：以 v 为自变量，对被积函数或符号表达式 f 求不定积分。

int(f, a, b)：符号表达式采用默认变量，该函数求默认变量从 a 到 b 时符号表达式 f 的定积分数值。如果 f 为符号矩阵，则积分对各个元素分别进行积分。

int(f, v, a, b)：a、b 分别表示定积分的下限和上限。该函数求被积函数 f 在区间 [a, b] 上的定积分。a 和 b 可以是两个具体的数，也可以是一个符号表达式，还可以是无穷（inf）。当函数 f 关于变量 x 在闭区间 [a, b] 上可积时，函数返回一个定积分结果。当 a、b 中有一个是 inf 时，函数返回一个广义积分。当 a、b 中有一个符号表达式时，函数返回一个符号函数。

4）taylor 函数

在 MATLAB 中，提供了 taylor 函数用于求符号表达式的泰勒级数。函数的调用格式为：

taylor(f)：用于求 f 关于默认变量的 5 阶近似麦克劳林多项式。

taylor(f,n)：用于求 f 关于默认变量的 n-1 阶近似麦克劳林多项式。

taylor(f,n,v)：同上，只不过自变量为指定变量 v。

taylor(f,a)：前三种格式求出的结果均是关于自变量等于 0 时的展开式，而该格式可以求解函数 f 在自变量等于 a 处的泰勒展开式。

5）laplace 函数

在 MATLAB 中，提供了 laplace 函数实现拉普拉斯变换。函数的调用格式为：

Fs=laplace(f,trans_var,eval_point)：求时域上函数 f 的拉普拉斯变换 Fs，其中 f 是以 trans_var 为自变量的时域函数，Fs 是以复频率 eval_point 为自变量的频域函数。

f=ilaplace(Fs,trans_var,eval_point)：求频域上函数 Fs 的拉普拉斯反变换 f，其中 f 是以 trans_var 为自变量的时域函数，Fs 是以复频率 eval_point 为自变量的频域函数。

6）ilaplace 函数

在 MATLAB 中，提供了 ilaplace 函数实现逆拉普拉斯变换，函数的调用格式与 laplace 函数类似。

【例 1-9】 求符号微积分运算实例。

```
>> syms x a y t              %定义符号变量
>> v = [(1 + a/x)^x, exp(-x)];
>> limit(v, x, inf)          %求极限
ans =
[ exp(a), 0]
>> D1=diff(sin(x^2)*y,2)     %求导
D1 =
2*y*cos(x^2) - 4*x^2*y*sin(x^2)
>> I=int(-4*x/(1+x^2)^2)     %求积分
I =
2/(x^2 + 1)
>> f1=sqrt(x);
>> L=laplace(f1)             %拉普拉斯变换
L =
pi^(1/2)/(2*s^(3/2))
>> f2=exp(x/t^2);
>> L2=ilaplace(f2)           %逆拉普拉斯变换
L2 =
ilaplace(exp(x/t^2), x, t)
```

4．符号方程求解

在 MATLAB 符号工具箱中，也提供了相关函数用于实现符号方程的求解，下面予以介绍。

1）solve 函数

solve 函数用于求代数方程（组）的解。函数的调用格式为：

g=solve(eq)：函数的输入参数 eq 可以是符号表达式或字符串。如果 eq 是符号表达式或没有等号的字符串，则 solve(eq)对方程 eq 中的默认变量求解方程 eq=0。

g=solve(eq,v)：对符号表达式或没有符号的字符串 eq 中指定的变量 v 求解方程 eq(v)=0。

g=solve(eq1,eq2,...,eqn)：函数的输入参量 eq1,eq2,...,eqn 可以是符号表达式或字符串，该命令对方程组 eq1,eq2,...,eqn 中的 n 个变量求解。

【例 1-10】 利用 solve 求解一元二次方程 $f = ax^2 + bx + c$ 的实根。

```
>> syms a b c x
>> f=a*x^2+b*x+c;
>> solve(f,x)
```

运行程序，输出如下：

```
ans =
 -(b + (b^2 - 4*a*c)^(1/2))/(2*a)
 -(b - (b^2 - 4*a*c)^(1/2))/(2*a)
```

2）常微分方程（组）

在 MATLAB 中，提供了 dsolve 函数求常微分方程（组）的解。函数的调用格式为：

r=dsolve('eq1,eq2,...','cond1,cond2,...','v')：对常微分方程（组）eq1,eq2,...中指定的符号自变量 v，在给定的初始条件 cond1,cond2,...下求符号解 r；如果函数没有指定变量 v，则默认变量为 t。在微分方程（组）的表达式 eq 中，用大写字母 D 表示对自变量（此处设为 x）的微分算子：D=d/dx，D2=d2/dx2……微分算子 D 后面的字母则表示为因变量，即待求解的未知函数。

【例 1-11】 利用 dsolve 函数求在初值 $x(0) = x'(0) = x''(0) = 0$ 条件下，微分方程 $\dfrac{d^3 x}{dt^3} +$ $25\dfrac{dx}{dt} + 6 = 0$ 的解。

```
>> clear all;
>> syms D
>> D=dsolve('D3x+25*Dx+6=0','x(0)=0,Dx(0)=0,D2x(0)=0')
```

运行程序，输出如下：

```
D =
(6*sin(5*t))/125 - (6*t)/25
```

1.6　MATLAB 的绘图

MATLAB 不仅提供了强大的数值分析功能，还提供了使用方便的绘图功能。用户只需要指定绘图方式，并提供充足的绘图数据，就可以得到所需的图形。此外，用户也可根据需要应用 MATLAB 的图形修饰功能对图形进行适当的修饰。

1.6.1　图形窗口

图形窗口是 MATLAB 用于图形输出的界面。图形窗口操作具有如下几个特点。

（1）MATLAB 图形窗口是绘制或输出图形的界面。

（2）图形窗口的管理通过句柄管理来实现。在 MATLAB 中，每个图形窗口有区别于其他图形窗口的唯一序号 h，也就是句柄。

（3）由 MATLAB 函数 gcf 获得当前窗口（也称活跃窗口）的句柄。

（4）有三种方法可以打开图形窗口。

① 利用相关的绘图函数实现；

② 利用 fiugre 命令和 close 命令分别实现打开和关闭图形窗口；

③ 菜单实现，即单击"主页|新建|图形"。

（5）当前的图形窗口只能有一个，运行过程中最后一个产生或使用过的图形窗口是活跃窗口，也可以通过 figure 函数来设置当前窗口。

（6）如果 MATLAB 在运行绘图程序前已经有图形窗口打开，则绘图函数自动直接把图形绘制在已打开的图形窗口上。

（7）窗口中的图形复制：单击"编辑|复制图形"把图形复制到剪贴板上。

（8）除了通过图形句柄来完成图形对象参数的设置或修改之外，另外一种更为简便的方法是对已经绘制出来的图形进行参数的修改，其方法是：单击图形窗口的编辑菜单项"编辑|图形属性"，打开参数设置对话框，修改对象的参数。

1.6.2　坐标系

坐标系具有如下特点：

（1）在 MATLAB 中，每个图形都有一个坐标系作为其定位系统。

（2）虽然一个图形窗口允许有多个坐标系，但是与当前图形窗口只能有一个一样，每个图形窗口的当前坐标系也只有一个。

（3）通过对句柄值进行管理来实现对图形坐标系的管理。在 MATLAB 中，每个图形窗口的坐标系有区别于其他坐标系的唯一的坐标标识符，即句柄值。

（4）当前坐标系为最后产生或使用的坐标系，也可以用函数 axes 来指定当前坐标系。

（5）可以通过 MATLAB 中的 gca 函数获得当前坐标系的句柄。

1.6.3　二维绘图

MATLAB 提供了许多绘制二维图形的函数，它们的函数名称不同，但是函数的参数定义和 plot 函数完全相同。

plot 函数是最基本的二维图形命令，它是以 MATLAB 的内部函数形式出现的。函数常用的调用格式为：

plot(X1,Y1,...,Xn,Yn)：若 Xi、Yi 均为实数向量，且为同维向量（可以不是同型向量），则 plot 先描出点（X(i),Y(i)），然后用直线依次相连；若 Xi、Yi 为复数向量，则不考虑虚数部分。若 Xi、Yi 均为同型实数矩阵，则 plot(Xi,Yi) 依次画出矩阵的几条线段；若 Xi、Yi 中的一个为向量而另一个为矩阵，且向量的维数等于矩阵的行数或列数，则矩阵按向量的方向分解成几个向量，再与向量配对分别画出，矩阵可分解成几个向量就有几条线。在上述的几种使用形式中，若有复数出现，则复数的虚数部分将不被考虑。

plot(X1,Y1,LineSpec,...,Xn,Yn,LineSpec)：LineSpec 为选项（开关量）字符串，用于设置曲线颜色、线型、数据点等；LineSpec 的标准设定值见表 1-5 所列的前 7 种颜色（蓝、绿、红、青、洋红、黄、黑）依次自动着色。

表 1-5　常用的绘图选项

选　项	含　义	选　项	含　义
-	实线	.	用点号标出数据点
--	虚线	O	用圆圈标出数据点
:	点线	x	用叉号标出数据点
-.	点画线	+	用加号标出数据点
r	红色	s	用小正方形标出数据点
g	绿色	D	用菱形标出数据点
b	蓝色	V	用下三角标出数据点
y	黄色	^	用上三角标出数据点
m	洋红	<	用左三角标出数据点
c	青色	>	用右三角标出数据点
k	黑色	H	用六角形标出数据点
*	用星号标出数据点	P	用五角形标出数据点

plot(X1,Y1,LineSpec,'PropertyName',PropertyValue)：对所有用 plot 函数创建的图形进行属性值设置，常用属性如表 1-6 所示。

表 1-6　常用属性

属　性　名	含　　义	属　性　名	含　　义
LineWidth	设置线的宽度	MarkerEdgeColor	设置标记点的边缘颜色
MarkerSize	设置标记点的大小	MarkerFaceColor	设置标记点的填充颜色

【例 1-12】　用不同的线型和颜色在同一坐标内绘制曲线及其包络线。

```
>> clear all;
x=(0:pi/100:2*pi)';
y1=2*exp(-0.5*x)*[1,-1];
y2=2*exp(-0.5*x).*sin(2*pi*x);
x1=(0:12)/2;
y3=2*exp(-0.5*x1).*sin(2*pi*x1);
plot(x,y1,'r:',x,y2,'k--',x1,y3,'r+');
```

运行程序，效果如图 1-18 所示。

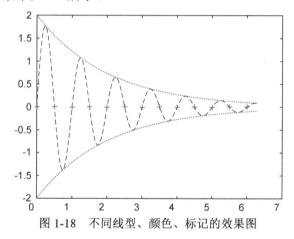

图 1-18　不同线型、颜色、标记的效果图

1.6.4　图形的辅助操作

初步绘制完图形后，有时还需要对图形进行辅助操作，这些辅助操作包括以下几个。

1. 图形标注

绘制图形时可以加上一些说明，包括图形的名称、坐标轴的说明及图形含义的说明等，主要有：

- title（图形名称）；
- xlabel（x 轴说明）；
- ylabel（y 轴说明）；
- text（x,y，图形说明）；
- legend（图例 1，图例 2，…）。

其中，title 和 xlabel、ylabel 函数分别用于说明图形和坐标轴的名称，text 函数在(x,y)坐标处添加图形说明。也可用 gtext 函数添加文本说明，调用该函数时，十字光标自动随鼠标移动，单击鼠标即可将文本放置在十字光标处。如命令 gtext('sin(x)')，可放置字符串'sin(x)'。legend 函数用于绘制曲线所用线型、颜色或数据点标记图例，图例放置在图形空白处，用户还可以通过鼠标移动图例，将其放到所希望的位置。

2．坐标控制

MATLAB 绘图会自动选择合适的坐标刻度，如果用户对坐标刻度不满意，可以利用函数 axis 对其重新设置。常用的调用格式为：

axis([xmin xmax ymin ymax zmin zmax cmin cmax])：设置当前坐标的 x 轴、y 轴与 z 轴的范围。

axis square：设置当前图形为正方形（或立方体形），系统将调整 x 轴、y 轴与 z 轴，使它们有相同的长度，同时相应地自动调整数据单位之间的增加量。

axis off：关闭所用坐标轴上的标记、格栅和单位标记，但保留由 text 和 gtext 设置的对象。

axis on：显示坐标轴上的标记、单位和格栅。

3．图形保持

在默认情况下，MATLAB 每执行一次绘图命令，将刷新图形窗口，原有图形也就没有了，如果想在原来的图形窗口上继续绘制新的图形，可使用 hold 函数实现。函数的常用调用格式为：

hold on：启动图形保持功能，允许在同一坐标轴上绘制多个图形。

hold off：关闭图形保持功能，不能在当前坐标轴上再绘制图形。

hold：在 hold on 与 hold off 这两种状态之间进行切换。

hold all：实现 hold on 功能，并且使新的绘图函数依然按顺序循环使用当前坐标系中 ColorOrder 和 LineStyleOrder 两个属性。

4．图形窗口分割

在 MATLAB 中，通过 subplot 函数可以实现把当前窗口分割成几个窗口。函数的常用格式为：

subplot(m,n,p)：将当前图形窗口分成 m×n 个绘图区，即共 m 行，每行 n 个，子绘图区的编号按行优先从左到右编号。该函数选定第 p 个区为当前活动区。在每一个子绘图区允许以不同的坐标系单独绘制图形。

【例 1-13】 利用 subplot 函数绘制多个子图。

```
>> clear all;
t=(0:10:360)*pi/180;
y=sin(t);
subplot(2,1,1),plot(t,y)              %把绘图窗口分为上下两个，绘制第一个
xlabel('时间');ylabel('幅值')
subplot(2,2,3),stem(t,y)              %把绘图窗口分为四个，绘制左下角的一个
```

```
xlabel('时间');ylabel('幅值')
subplot(2,2,4),polar(t,y)                %把绘图窗口分为四个，绘制右下角的一个
y2=cos(t);y3=y.*y2;
plot(t,y,'-or',t,y2,'-.h',t,y3,'-xb')
xlabel('时间');ylabel('幅值')
axis([-1,8,-1.2,1.2]);
```

运行程序，效果如图 1-19 所示。

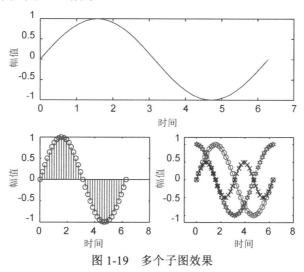

图 1-19　多个子图效果

1.6.5　三维绘图

1. 基本三维图形

在 MATLAB 中，plot3 函数把 plot 函数的功能扩展到三维空间，进行三维曲线的绘制。plot3 是三维图形中最基本的函数。

plot3(X1,Y1,Z1,...)：以默认线型属性绘制三维点集（Xi,Yi,Zi）确定的曲线。Xi,Yi,Zi 为相同大小的向量或矩阵。

plot3(X1,Y1,Z1,LineSpec,...)：以参数 LineSpec 确定的线型属性绘制三维点集（Xi,Yi,Zi）确定的曲线。Xi,Yi,Zi 为相同大小的向量或矩阵。

plot3(...,'PropertyName',PropertyValue,...)：绘制三维曲线，根据指定的属性值设定曲线的属性。

h = plot3(...)：返回绘制的曲线图的句柄值向量 h。

【例 1-14】　利用 plot3 函数绘制以下参数方程的三维曲线。

$$\begin{cases} x = t \\ y = \cos t \\ z = \sin 2t \end{cases}$$

其实现的 MATLAB 代码如下：

```
>> clear all;
x=0:0.01:50;
y=cos(x);
z=sin(2*x);
plot3(x,y,z,'g-.');
grid on;
title('三维曲线');
```

运行程序，效果如图 1-20 所示。

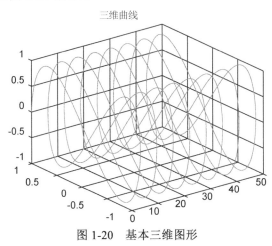

图 1-20　基本三维图形

2．三维曲面图

三维曲面图的绘制有以下两个步骤：

（1）可以使用 meshgrid 函数生成平面网格坐标矩阵；

（2）使用 mesh 函数生成三维网格或使用 surf 函数生成三维曲面图。

三维网格图形与三维曲面图形的区别在于：三维网格图形的线条是有颜色的，网格是没有颜色的，而三维曲面图形的线条是黑色的，网格是有颜色的。下面通过一个实例来演示它们的区别。

【例 1-15】　绘制 $z = f(x, y)$ 的三维图形，其中，$z = \dfrac{\sin(x^2 + y^2)}{x^2 + y^2}$。

```
>> clear all;
x=-4:0.2:4;
y=x;
[X,Y]=meshgrid(x,y);          %生成平面网格坐标矩阵
R=X.^2+Y.^2+eps;              %加入 eps 以防止出现 0/0
Z=sin(R)./R;
figure;surf(X,Y,Z)           %生成曲面图
figure;mesh(X,Y,Z);          %生成网格图
```

运行程序，效果如图 1-21 及图 1-22 所示。

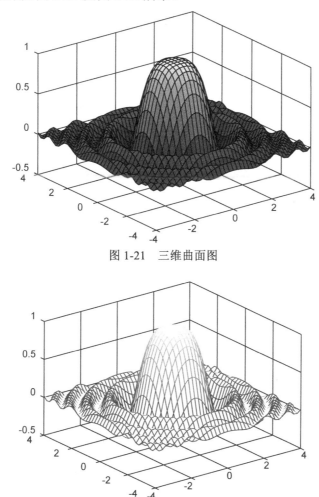

图 1-21　三维曲面图

图 1-22　三维网格图

1.7　程序设计

MATLAB 是一款适用于科学计算的工具软件。除了具有强大的矩阵运算、数组运算、符号运算和丰富的绘图功能外，也像许多计算机高级语言（如 C 语言、FORTRAN 语言）一样，它还具有程序设计的功能。

1.7.1　分支结构

分支结构根据给定的条件的真假，选择执行不同的语句。MATLAB 用 if 条件语句和switch 条件语句来实现选择结构。

1. if 语句

if 条件语句主要有三种调用格式，分别如下所述。

（1）最简单的 if-else-end 语句格式为：

```
if expression
    statements
end
```

如果在上述表达式中的所有元素为真，那么就执行 if 和 end 语句之间的 statements 语句；如果条件为假，则不执行下面的表达式语句。在表达式包含几个逻辑子表达式时，即使前一个子表达式决定了表达式的最终逻辑状态，仍要计算所有的子表达式。

（2）假如有两个选择，if-else-end 结构如下：

```
if expression
    statements1
else
    statements2
end
```

此时，如果表达式为真，则执行第一组语句 statements1；如果表达式为假，则执行第二组语句 statements2。

（3）当有 3 个或更多的选择时，if-else-end 结构采用的形式如下：

```
if expression
    statements1
elseif expression
    statements2
    …
else
    statementsn
end
```

在这种选择结构中，程序执行到某一表达式为真时，执行其后的相关语句，此时将不再检验其他的关系表达式，跳出此选择结构，而且最后的 else 命令可有可无。

【例 1-16】 计算 $f(x) = \begin{cases} x^2 & x > 1 \\ 1 & -1 < x \leq 1 \\ 3 + 2x & x \leq -1 \end{cases}$。

```
>>n=length(x);              %获取数组长度
for i=1:n
    if x(i)>1
        y(i)=x(i)^2;
    elseif x(i)>-1
        y(i)=1;
    else
```

```
                y(i)=3+2*x(1);
            end
    end
```

2．switch 语句

switch 语句和 C 语言中的 switch 分支结构类似，在 MATLAB 中适用于条件多而且比较单一的情况，类似于一个数控的多个开关。其一般的语法格式为：

```
switch switch_expression
    case case_expression
        statements
    case case_expression
        statements
    ...
    otherwise
        statements
end
```

在以上语法结构中，expression 为一个标量或字符串，MATLAB 可以将表达式中的数值依次和各个 case 命令后的数值进行比较。如果比较结果为假，MATLAB 会自取下一个数值进行比较，一旦比较结果为真，MATLAB 就会执行相应的命令，然后跳出该分支结构。如果所有的比较结果都为假，也就是表达式的数值和所有的检测值都不相等，则 MATLAB 会执行 otherwise 部分的语句。

【例 1-17】　试用 switch 语句查询奥运会举办城市及对应的年份。

```
>>c=input('输入国家名称：');          % c 为一字符串
switch c
    case 'Atlanta'
        disp('2000 年');
    case 'Sydney'
        disp('2004 年');
    case 'China'
        disp('2008 年');
    otherwise
        disp('2000 年前');
end
```

1.7.2　循环结构

循环结构根据设置的条件重复执行指定语句，并按条件退出循环。在 MATLAB 中，循环结构有两种，分别为 for 循环与 while 循环。

1. for 循环

for 循环允许一组命令以固定的和预定的次数重复。for 循环的一般形式为:

```
for index = values
    program statements
        ...
end
```

在 for 和 end 语句之间的 program statements 按数组中的每一列执行一次。在每一次迭代中,x 被指定为数组的下一列,即在第 n 次循环中,x=array(:,n)。如果增量缺省则系统默认为 1。

【例 1-18】 已知 $y = 1 + \dfrac{1}{3} + \dfrac{1}{5} + \cdots + \dfrac{1}{2n-1}$,用 for 循环语句计算当 $n = 200$ 时 y 的值。

```
>> clear all;
y=0;n=200;
for k=1:n
    y=y+1/(2*k-1);
end
y
```

运行程序,输出如下:

```
y =
    3.6309
```

2. while 循环

与 for 循环以固定次数求一组命令的值相反,while 循环以不定的次数求一组语句的值。while 循环的一般形式为:

```
while expression
    statements
end
```

只要表达式中的所有元素为真,就执行 while 和 end 语句之间的 statements。通常,表达式的求值给出一个标量值,但数组值也同样有效。在数值情况下,所得数组的所有元素必须都为真。

【例 1-19】 用 while 循环语句计算例 1-18 的结果。

```
>> clear all;
y=0;k=1;
while(k<=200)
    y=y+1/(2*k-1);
    k=k+1;
end
y
```

运行程序，输出如下：

```
y =
    3.6309
```

第2章 Simulink 的介绍

Simulink 是 MATLAB 最重要的组件之一，它提供了一个动态系统建模、仿真和综合分析的集成环境。在该环境中，无须大量书写程序，而只需要通过简单直观的鼠标操作就可以构造出复杂的系统。Simulink 具有适应面广、结构和流程清晰及仿真精细、贴近实际、效率高、灵活等优点，Simulink 已被广泛应用于控制理论和数字信号处理的复杂仿真和设计中。同时有大量的第三方软件和硬件可应用于或被要求应用于 Simulink。

2.1 Simulink 仿真环境

Simulink 仿真环境包括 Simulink 模块库和 Simulink 仿真平台。启动 Simulink 模块库浏览器有如下两种方法。

（1）在 MATLAB 的命令窗口中输入 simulink，回车可弹出如图 2-1 所示的"Simulink Start Page"界面，在界面中选择"Blank Model"项即可新建一个空白的编辑窗口（仿真平台），如图 2-2 所示。在 Simulink 编辑窗口中选择菜单"Tools|Library Browser"，即可打开 Simulink 模块库浏览器窗口，如图 2-3 所示。

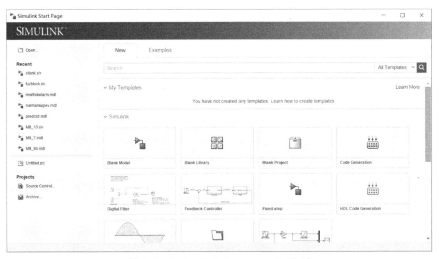

图 2-1 "Simulink Start Page"界面

（2）单击工具栏上"主页"项中的按钮，可以打开"Simulink Start Page"界面，再按（1）中的操作也可打开 Simulink 模块库浏览器窗口。

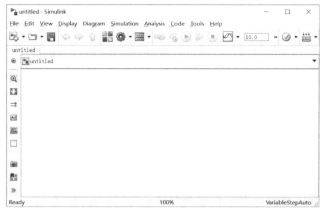

图 2-2　Simulink 仿真平台

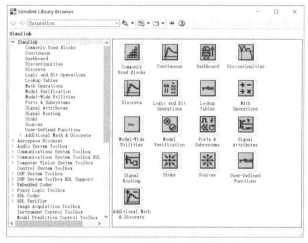

图 2-3　Simulink 模块库浏览器窗口

2.2　Simulink 模块库

Simulink 的特点之一就是提供了很多基本模块，可以让用户把更多的精力投入到系统模型本身的结构和算法研究上。

Simulink 模块库包括标准 Simulink 模块库和 Simulink 专业模块库两大类。

2.2.1　Simulink 标准模块库

Simulink 标准模块库在 Libraries 窗口中名为 Simulink，单击该选项，在模块窗口中展开该模块库，如图 2-3 左侧所示。标准 Simulink 模块库共包括 17 个子库。

（1）Commonly Used Blocks（常用模块库）：该模块库将各模块库中最常使用的模块放在一起，目的是方便用户使用。

（2）Continuous（连续模块库）：该模块库提供了用于构建连续控制系统仿真模型的模块，目的是方便用户使用。

（3）Dashboard（仪表模块库）：该模块库提供了一些常用的仪表模块。

（4）Discontinuities（非连续系统模块库）：该模块库用于模拟各种非线性环节。

（5）Discrete（离散系统模块库）：该模块库的功能基本与连续系统模块库相对应，但它是对离散信号进行处理，所包含的模块较丰富。

（6）Logic and Bit Operations（逻辑和位操作模块库）：该模块库提供了用于完成各种逻辑与位操作（包括逻辑比较、位设置等）的模块。

（7）Lookup Tables（查表模块库）：该模块库提供了一维查表模块、n 维查表模块等模块，主要功能是利用查表法近似拟合函数值。

（8）Math Operations（数学运算模块库）：该模块库提供了用于完成各种数学运算（包括加、减、乘、除以及复数计算、函数计算等）的模块。

（9）Model Verification（模块声明库）：该模块库提供了显示模块声明的模块，如 Assertion 声明模块和 Check Dynamic Range 检查动态范围模块。

（10）Model-Wide Utilities（模块扩充功能库）：该模块库提供了支持模块扩充操作的模块，如 DocBlock 文档模块等。

（11）Ports & Subsystems（端口和子系统模块库）：该模块库提供了许多按条件判断执行的使能和触发模块，还包括重要的子系统模块。

（12）Signal Attributes（信号属性模块库）：该模块库提供了支持信号属性的模块，如 Data Type Conversion 数据类型转换模块等。

（13）Signal Routing（信号数据流模块库）：该模块库提供了用于仿真系统中信号和数据各种流向控制操作（包括合并、分离、选择、数据读/写）的模块。

（14）Sinks（接收器模块库）：该模块库提供了 9 种常用的显示和记录仪表，用于观察信号波形或记录信号数据。

（15）Sources（信号源模块库）：该模块库提供了 20 多种常用的信号发生器，用于产生系统的激励信号，并且可以从 MATLAB 工作空间及.mat 文件中读入信号数据。

（16）User-Defined Functions（用户自定义函数库）：该模块库中的模块可以在系统模型中插入 M 函数、S 函数以及自定义函数等，使系统的仿真功能更强大。

（17）Additional Math & Discrete（附加的数学与离散函数库）：该模块库提供了附加的数学与离散函数模块，如 Fixed-Point State Space 修正点状态空间模块。

2.2.2 Simulink 专业模块库

在如图 2-3 所示的 Libraries 窗口中标准 Simulink 模块库下面还有许多其他的模块库，这些就是专业模块库。它们是各领域专家为满足特殊需要在 Simulink 模块库基础上开发出来的，如电力系统模块库、通信系统模块库等。

Simpower Systems（电力系统模块库）：专用于 RLC 电路、电力电子电路、电机传动控制系统，为线和电力系统仿真的模块库。该模块库中包含了各种交、直流电源，大量电气元器件和电工测量仪表以及分析工具等。利用这些模块可以模拟电力系统运行和故障的各种状态，并进行仿真和分析。

Communication Systems（通信系统模块库）：用于提供实现通信系统的模块。

各专业模块库涉及较深的专业知识，如果想了解，可以查看 MATLAB 帮助文档。

2.3　一个简单的 Simulink 仿真实例

本节通过一个简单的 Simulink 仿真实例，演示如何实现 Simulink 仿真系统。

1．添加模块

其实现步骤为：

（1）根据 2.1 节中的操作步骤新建一个空白的模型窗口，如图 2-2 所示。

（2）选择 Sine Wave 信号源。选择图 2-3 左侧的 Sources 模块库，然后在右侧窗口中选择 Sine Wave 模块，将其拖到新建模型窗口中，并放置到合适的位置，松开左键，在对应的位置就会显示用户添加的信号模块，效果如图 2-4 所示。

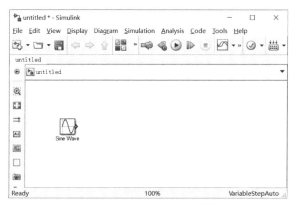

图 2-4　添加 Sine Wave 模块

2．设置模块属性

在 Simulink 中，除了可以添加模块，还可以设置模块的外观和运算属性。外观属性很好理解，是指模块的外表颜色或文本标志等。运算属性是指仿真的各种参数等。

其实现步骤为：

（1）编辑 Sine Wave 模块的外观属性。选中 Sine Wave 模块，当模块出现对应的模块柄后，按下鼠标并拖动，改变模块的大小；然后选择菜单"Diagram|Format|Background Color|Yellow"，将模块的背景颜色设置为黄色，如图 2-5 所示。

（2）设置 Sine Wave 模块的参数。双击模块窗口的 Sine Wave 模块，打开 Block Parameters: Sine Wave 参数设置窗口，设置模块的相关参数，如图 2-6 所示。

（3）根据需要在模型窗口中添加 Chirp Signal 模块，并设置其外观。双击 Chirp Signal 模块窗口，打开参数设置窗口，设置效果如图 2-7 所示。在打开的模块参数设置窗口中，单击 Help 按钮，可查看相关阶跃函数的帮助文档，如图 2-8 所示。

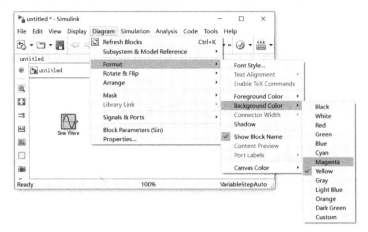

图 2-5　模块的外观属性设置

图 2-6　Sine Wave 模块参数设置

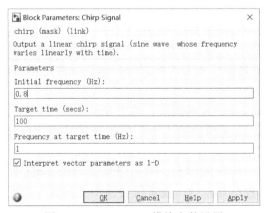

图 2-7　Chirp Signal 模块参数设置

图 2-8 模块帮助文档窗口

（4）添加数学运算符模块，并设置相应的属性。选择 Simulink 库浏览器左侧的 Math Operations 模块库，然后在右边窗格中选择 Add 模块，并将模块添加到模型窗口，对其进行外观属性设置。

（5）添加显示屏模块，并设置其相应的属性。选择 Simulink 库浏览器左侧的 Sinks 模块库，然后在右边窗格中选择 Scope 模块，并将模块添加到模型窗口中，对其进行外观属性设置，效果如图 2-9 所示。

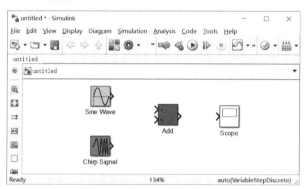

图 2-9 添加模块效果

3．连接模块

在 Simulink 中，各个模块之间都需要相互关联，一个孤立的模块不能完成仿真。同时，在 Simulink 中，模块之间的连接关系就相当于运算关系。

具体实现步骤为：

（1）连接程序模块。将鼠标指向 Sine Wave 模块的右侧输出端，当光标变成十字形时，按住左键，将其移到 Add 模块左侧的输入端。

（2）连接其他模块。使用以上的方法，连接其他的程序模块，然后单击模型窗口中的 按钮，模块即自动调整位置，得到的效果如图 2-10 所示。

此外，如果要对模块进行删除，选中需要删除的模块，然后按键盘上的 Delete 键，或选中模块后，选择 Edit 菜单下的 Delete 或 Cut 选项即可。

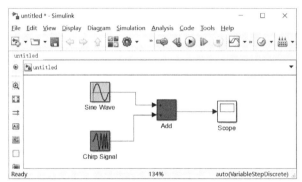

图 2-10　模块完成连接的模型窗口

如果要翻转模块，选中模块，选择菜单"Diagram|Roate & Flip|Flip Block"，可以将模块旋转 180°。如果选中 Rotate Block 选项则可将模块旋转 90°。

4．仿真器设置

在模型窗口中选择菜单"Simulation|Model Configuration Parameters"，直接在"主页"中单击 ⚙ 按钮，即可打开参数设置对话框，如图 2-11 所示。

图 2-11　Solver 页的参数设置

（1）Solver 页的参数设置。

① 仿真的起始和结束时间。包括仿真的起始时间（Start time）和仿真的结束时间（Stop time）。

② 仿真步长。仿真的过程一般是求解微分方程组，Solver options 的内容是针对解微分方程组的设置。

③ 仿真解法。Type 的右边：设置仿真解法的具体算法类型。

④ 输出模式。根据需要选择输出模式（Output options），可以达到不同的输出效果。

（2）Data Import/Export 的设置。

如图 2-12 所示，可以设置 Simulink 从工作空间输入数据、初始化状态模块，也可以把仿真的结果、状态模块数据保存到当前工作空间。

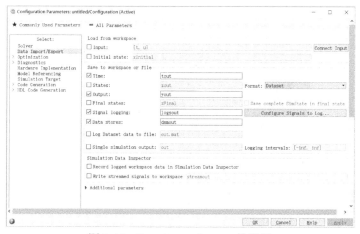

图 2-12　Data Import/Export 的设置

① 从工作空间装载数据（Load from workspace）。

② 保存数据到工作空间（Save to workspace or file）。

③ Time 栏：勾选 Time 栏后，模型将把（时间）变量在右边空白栏填写的变量名（默认名为 tout）存放于工作空间。

④ States 栏：勾选 States 栏后，模型将把其状态变量在右边空白栏填写的变量名（默认名为 xout）存放于工作空间。

⑤ Output 栏：如果模型窗口中使用输出模块 Out，那么就必须勾选 Output 栏，并填写工作空间中的输出数据变量名（默认名为 yout）。

⑥ Final states 栏：Final states 栏的勾选，将向工作空间左右边空白栏填写名称（默认名为 xFinal），存放最终状态值。

⑦ 变量存放选项（Save options）：Save options 必须与 Save to workspace or file 配合使用。

在该实例中，打开仿真器设置对话框，仿真的起始时间为 0，终止时间为 10s，求解器 Solver 默认为 ode45。

5. 运行仿真

Simulink 仿真的最后一步是运行前的仿真模型。其实现步骤为：

（1）查看仿真结果。单击模型窗口中的"运行"按钮 ⊙，或选择菜单"Simulink|Run"，运行仿真，然后双击模块窗口中的 Scope 图标，得到如图 2-13 所示的信号波形图。

（2）添加说明。在图 2-13 所示界面中右击，在弹出的快捷菜单中选择"Configuration Properties"选项，弹出如图 2-14 所示的"Configuration Properties: Scope"对话框，在"Display"页面下，在对话框的"Title"文本框中可为仿真窗口添加标注，在"Y-limits（Minimum）"及"Y-limits（Maximum）"右侧的文本框中可修改仿真窗口的 Y 轴坐标大小。

（3）修改仿真参数。在默认情况下，模型的仿真时间为 10s，可以修改该仿真时间。例如，改为 30s，重新运行，效果如图 2-15 所示。

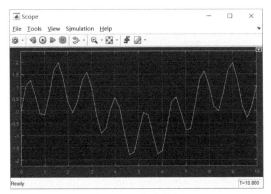

图 2-13　仿真结果

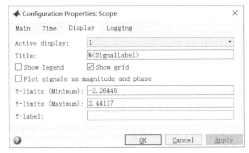

图 2-14　"Configuration Properties: Scope"对话框

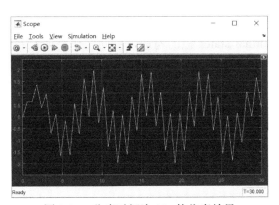

图 2-15　仿真时间为 30s 的仿真效果

2.4　Simulink 子系统

　　子系统类似于编程语言中的子函数。建立子系统有两种方法：在模型中新建子系统和在已有的子系统基础上建立。

　　打开 Simulink 模型库，建立相应的模型，并创建一个子系统。

　　在模型窗口中，将控制的中间模块连接部分用鼠标拖出的虚线框框住并右击，在弹出的菜单中选择"Create Subsystem from Selection"命令，则系统如图 2-16 所示。

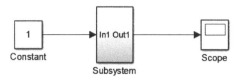

图 2-16　子系统创建

双击子系统模块 Subsystem，则会出现 Subsystem 模型窗口，如图 2-17 所示。

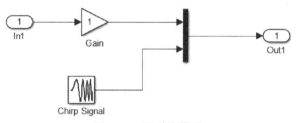

图 2-17　子系统模型

可以看到子系统模型除了用鼠标框住的两个环节，还自动添加了一个输入模块 In1 和一个输出模块 Out1。该输入模块和输出模块将应用在主模型中作为用户的输入和输出接口。

运行仿真，效果如图 2-18 所示。

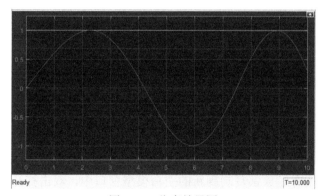

图 2-18　仿真结果图

新建一个 PID 控制器，在图 2-16 所示的模型基础上建立新子系统，利用 Simulink 模型库中的模块搭建 PID 控制器，如图 2-19 所示。

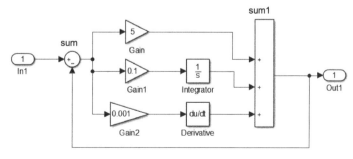

图 2-19　PID 子系统

在图 2-19 所示模型窗口中,两个 Sum 模块的参数设置分别如图 2-20 及图 2-21 所示。

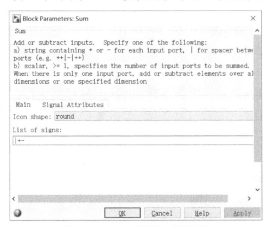

图 2-20 Sum 模块参数设置

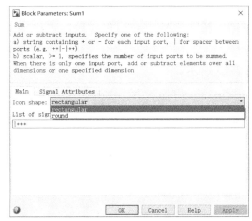

图 2-21 Sum1 模块参数设置

将图 2-19 中的所有对象都复制到新的空白模型窗口中,双击打开子系统 Subsystem,则出现与图 2-19 中一样的子系统模型窗口,子系统创建好后,复制、粘贴都是整体进行的。

添加模型构成反馈环,形成闭环系统,如图 2-22 所示。

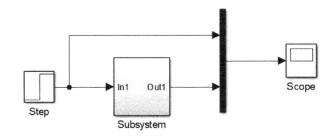

图 2-22 PID 闭环系统

运行仿真文件,得到仿真效果如图 2-23 所示。

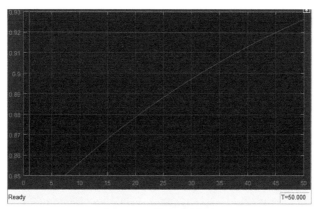

图 2-23　仿真效果图

2.5　Simulink 封装子系统

封装子系统的步骤如下。

（1）选中子系统并双击打开，给需要赋值的参数指定一个变量名。

（2）选择菜单"Diagram|Mask|Create Mask"，或选中需要封装的模块并右击，在弹出的菜单中选择"Mask|Create Mask"项，出现封装对话框。

（3）在封装对话框中设置参数，主要有 Icon & Ports、Parameters & Dialog、Initialization 和 Documentation 四个选项卡。

1．Icon & Ports 选项卡

Icon & Ports 选项卡用于设定封装模块的名字和外观，如图 2-24 所示。

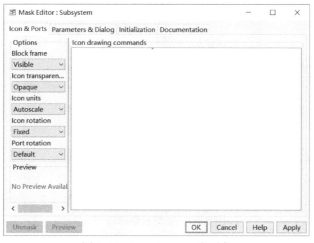

图 2-24　Icon & Ports 选项卡

其中，Icon drawing commands 栏用来建立用户化的图标，可以在图标中显示文本、图像、图形或传递函数等。

2．Parameters & Dialog 选项卡

Parameters & Dialog 选项卡用于输入变量名称和相应的提示，如图 2-25 所示。

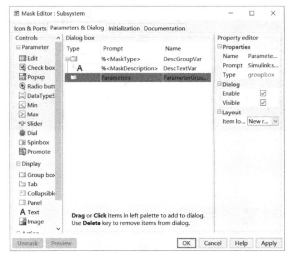

图 2-25　Parameters & Dialog 选项卡

用户可以从左侧添加功能进入 Dialog box 中，然后单击鼠标右键，可以对该模块进行删除、复制、剪切等操作，具体如图 2-26 所示。

（1）Prompt：输入变量的含义，其内容会显示在输入提示中。

（2）Name：输入变量的名称。

（3）Type：给用户提供设计编辑区的选择。Edit 提供一个编辑框；Checkbox 提供一个复选框；Popup 提供一个弹出式菜单。

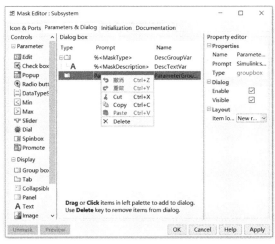

图 2-26　复制和删除功能

（4）Evaluate：用于配合 Type 的不同选项提供不同的变量值，有两个选项分别为 on 和 off。其含义如表 2-1 所示。

表 2-1　Assignment 选项的不同含义

Type ＼ Evaluate	on	off
Edit	输入的文字是程序执行时所用的变量值	将输入的内容作为字符串
Checkbox	输出 1 和 0	输出为 on 或 off
Popup	将选择的序号作为数值，第一项为 1	将选择的内容当作字符串

3．Initialization 选项卡

Initialization 选项卡用于初始化封装子系统，具体如图 2-27 所示。该界面主要为用户提供参数的初始化设置。

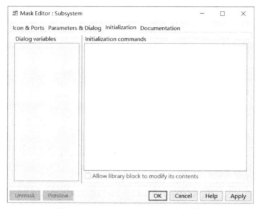

图 2-27　Initialization 选项卡

4．Documentation 选项卡

Documentation 选项卡用于编写与该封装模块对应的 Help 和说明文字，分别有 Type、Description 和 Help 栏，如图 2-28 所示。

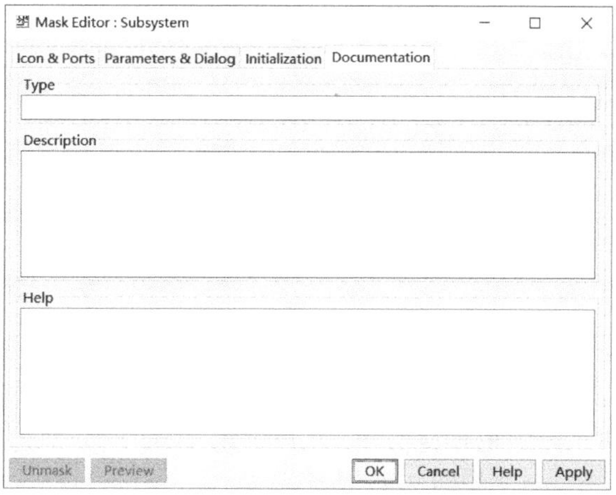

图 2-28　Documentation 选项卡

（1）Type 栏：用于设置模块显示的封装类型。

（2）Description 栏：用于输入描述文本。

（3）Help 栏：用于输入帮助文档。

下面通过一个实例来演示封装子系统的应用。

【例 2-1】 创建一个二阶系统，将其闭环系统构成子系统，并封装，将阻尼系数 zeta 和无阻尼频率 wn 作为输入参数。

其实现步骤为：

（1）创建模型，并将系统的阻尼系数用变量 zeta 表示，无阻尼频率用变量 wn 表示，如图 2-29 所示。

（2）用虚线框框住反馈环并右击，在弹出的菜单中选择"Create Subsystem from Selection"选项，则产生子系统，如图 2-30 所示。

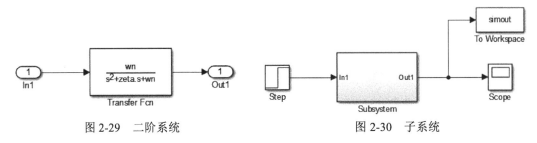

图 2-29　二阶系统　　　　　　　　　　图 2-30　子系统

（3）封装子系统，选中 Subsystem 并右击，在弹出的菜单中选择"Mask|Create Mask"选项，出现封装对话框，将 zeta 和 wn 作为输入参数。

（4）在 Icon & Ports 选项卡的 Icon drawing commands 栏中写文字并画曲线，如图 2-31 所示。

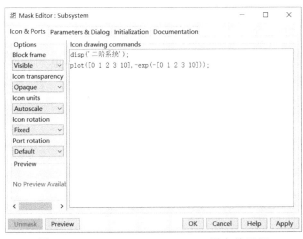

图 2-31　Icon drawing commands 栏中的设置

（5）在 Parameters & Dialog 选项卡中，单击 按钮添加两个输入参数，设置 Prompt 分别为"阻尼系数"和"无阻尼振荡频率"，并设置 Type 栏分别为 Popup 和 Edit，对应的 Variable 分别为 zeta 和 wn，如图 2-32 所示。

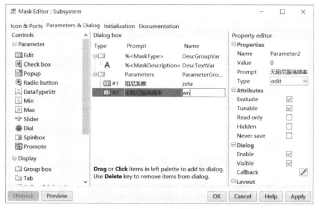

图 2-32　参数设置

（6）在 Initialization 选项卡中初始化输入参数，效果如图 2-33 所示。

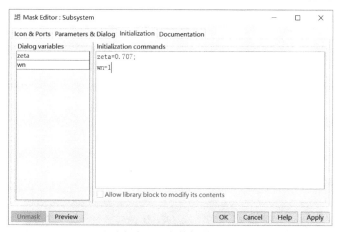

图 2-33　参数初始化

（7）在 Documentation 选项卡中输入提示和帮助信息，效果如图 2-34 所示。

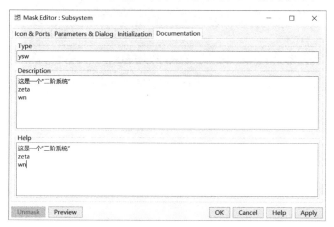

图 2-34　Documentation 选项卡设置

（8）设置完成后，在图 2-34 中单击"OK"按钮，即完成设置，然后双击该封装子系统，则出现如图 2-35 所示的封装子系统。

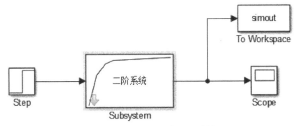

图 2-35　二阶封装子系统

（9）双击该子系统会弹出输入参数对话框，在对话框中输入"阻尼系数"zeta 和"无阻尼振荡频率"wn 的值，如图 2-36 所示。

图 2-36　参数输入对话框

（10）运行仿真，效果如图 2-37 所示。

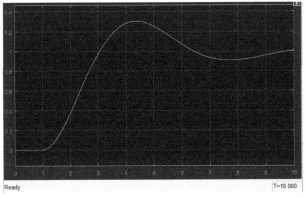

图 2-37　仿真效果

2.6　Simulink 命令行仿真

Simulink 的图形建模方式非常好、使用方便，而且功能强大，但是 Simulink 的图形建模方式有时限制了对系统模型更深程度的操作以及对系统仿真做更多的控制与修改，而命令行方式可以很方便地实现这些。

2.6.1　命令行方式建立模型

命令行仿真指的是在动态系统设计、模型建立、仿真与分析中,使用 MATLAB 命令行的方式对系统的仿真分析做更多的操作与控制,而非仅仅使用 Simulink 的图形建模方式进行控制。命令行方式仿真具有如下优点:

(1)自动地重复运行仿真;

(2)在仿真过程中动态调整参数;

(3)分析不同输入信号下的系统响应;

(4)进行快速仿真。

1．系统模型的命令

有关系统模型的命令都是 xxx_system 的形式。

1)new_system 函数

该函数用来在 MATLAB 工作空间创建一个空白的 Simulink 模型。函数的调用格式为:

new_system(sys):创建一个空系统模型,其中 sys 是新系统的名称。如果 sys 是 MATLAB 关键词、Simulink 或其他超过 63 字节长的字符,MALTAB 会提示出错。

new_system('mysys',option):参数 option 选项可以是 Library 和 Model 两种,也可以省略,默认为 Model。

2)open_system 函数

该函数用于打开逻辑模型,在 Simulink 模型窗口显示该模型。函数的调用格式为:

open_system(obj):打开 Simulink 仿真平台窗口中指定的系统或子系统,其中 obj 是 MATLAB 路径名,可以是绝对路径名,也可以是相对路径名。

open_system(sys,'loadonly'):加载一个指定的模型或库,而不打开 Simulink 编辑器,相当于 load_system 函数的用法。

open_system(sbsys,'window'):在新建的 Simulink 窗口中打开子系统 sbsys。

open_system(sbsys,'tab'):在同一个窗口中新建一个 Simulink 窗口打开子系统。

open_system(blk,'mask'):打开由 blk 指定的块或子系统的掩码对话框。

open_system(blk,'force'):打开封装子系统,其中 blk 是模块路径全名或封装子系统名称。

3)save_system 函数

该函数用来保存模型为模型文件,扩展名为.slx。函数的调用格式为:

save_system:保存当前顶层系统模型,如果之前系统模型没有保存过,该命令会在当前路径下创建一个新的文件来保存系统模型。

save_system(sys):以当前系统模型名称来保存顶层系统模型 sys,sys 必须是一个不带文件扩展名的系统模型名称，该系统模型必须已经载入。

save_system(sys, newsysname)：以 newsysname 作为文件名称保存顶层系统模型 sys，该系统模型必须存在，newsystem 可以是一个系统模型名称、一个带文件扩展名的文件名或一个路径名。

save_system(sys, newsysname.slx)：以.slx 文件形式保存系统模型。

4）load_system 函数

该函数用于加载一个系统模型。函数的调用格式为：

load_system('sys')：加载一个名为 sys 的系统模型。

5）close_system 函数

该函数用于关闭 Simulink 系统模型。函数的调用格式为：

close_system：关闭当前系统模型窗口，如果当前系统模型是顶层系统模型并且被修改过，执行该命令会返回错误。

close_system('sys')：关闭指定系统、子系统或模块窗口 sys。

close_system('sys', saveflag)：根据不同的 saveflag 执行不同的关闭操作。如果 saveflag 为 1，用当前名称保存指定顶层系统到文件，然后关闭其窗口并从内存中移除；如果 saveflag 为 0，不保存直接关闭系统。

close_system('sys', 'newname')：用指定名称保存指定顶层系统模型，关闭系统窗口。

2．模块的命令

有关模块的命令都是 xxx_block 的形式。

1）add_block 函数

使用 add_block 命令在打开的模型窗口中添加新模块。函数的调用格式为：

add_block('src','dest')：将模块 src 复制到模块 dest，模块 dest 的参数与模块 src 完全一致。如果 src 是一个子系统，该命令将复制子系统中的所有模块。

add_block('src','dest','param1',value1,...)：在复制模块的同时需要设置模块参数，对应的参数 param1 的值为 value1，依次类推。

2）delete_block 函数

该函数用于在打开的模型窗口中删除模块。函数的调用格式为：

delete_block('blk')：从系统中删除指定模块，blk 为模块完整的路径名。

3）replace_block 函数

该函数用于替代系统模型中的指定模块。函数的调用格式为：

replace_block('sys','old_blk','new_blk')：在系统模型 sys 中，用新模块 new_blk 替代所有 mask type 为 old_blk 的模块。

注意：

● 如果 new_blk 是 Simulink 已有的模块，只需给出模块名称即可。

● 如果 old_blk 或 new_blk 在另一个系统中，需给出它完整的路径名。

replace_block('sys','parameter','value',...,'blk')：在系统模型 sys 中，替换所有具有指定参数值的模块 blk。

3．连线的命令

有关模块连线的命令都是 xxx_line 的形式。

1）add_line 函数

该函数实现用信号线将模块之间连接起来。函数的调用格式为：

h = add_line('sys','oport','iport')：在系统模型 sys 中从输出端口 oport 添加连线到输入端口 iport，并返回连线的句柄 h。oport 和 iport 为模块的名称，形式为 block/port。

2）delete_line 函数

该函数实现将模块间的连线删除。函数的调用格式为：

delete_line('model', 'outPort', 'inPort')：在系统模型 model 中，删除从输出端口 outPort 连到输入端口 inPort 的连线。

4．参数的命令

1）set_param 函数

该函数用于对指定的系统模型进行参数设置。函数的调用格式为：

set_param(Object,ParameterName1,Value1,...ParameterNameN,ValueN)：设置指定系统模型或模块对象的参数，参数名为 ParameterName1，对应的值为 Value1，依次类推。

2）add_param 函数

该函数用于为模块或模型添加参数。函数的调用格式为：

add_param('sys','parameter1',value1,'parameter2',value2,...)：对指定系统添加指定参数，并初始化该参数。如果添加的参数名已存在，Simulink 会提示出错。

3）delete_param 函数

该函数用于删除模块或模型的指定参数。函数的调用格式为：

delete_param('sys','parameter1','parameter2',...)：与 add_param 相反，删除指定系统的指定参数。

5．路径的函数

在 MATLAB 中，提供了相关函数用于对 Simulink 模型进行路径设置，这些函数分别为 gcs、gcb、gch、getfullname，相关功能描述如下。

gcs：返回当前系统的完整路径名。

gcb：返回当前系统里当前模块的完整路径名。

gcb('sys')：返回指定系统里当前模块的完整路径名。

gch：返回当前系统里当前模块的句柄。

path=getfullname(handle)：返回指定句柄表示的模块或连线的完整路径名。

下面通过一个实例来演示这些函数的用法。

【例 2-2】 用 MATLAB 命令方式建立系统模型。

```
>> clear all;
new_system('M2_2');                          %可新建一个新的系统模型，命名为 M2_2
open_system('M2_2');                         %打开每张模型
%添加需要的模块
add_block('simulink/Sources/Sine Wave','M2_2/Sine Wave');
add_block('simulink/Math Operations/Gain','M2_2/Gain');
add_block('simulink/Sinks/Out1','M2_2/Out1');
%为模块连线
add_line('M2_2','Sine Wave/1','Gain/1');
add_line('M2_2','Gain/1','Out1/1');
%设置参数
set_param('M2_2/Gain','Gain','2.5');          %设置 Gain 增益模块参数
set_param('M2_2/Sine Wave','Frequency','5');  %设置正弦波模块参数
save_system('M2_2','M2_2.mdl')                %保存系统模型
```

运行程序，效果如图 2-38 所示。

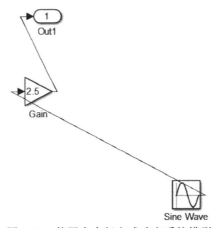

图 2-38　使用命令行方式建立系统模型

从图 2-38 可看出，单纯地使用命令行方式创建系统模型，模型结构会乱七八糟，模块没有良好的排列，这时就需要打开系统模型手动调整模块的位置。

2.6.2　Simulink 与 MATLAB 接口

Simulink 是基于 MATLAB 平台之上的系统仿真平台，它与 MATLAB 紧密地集成在一起。Simulink 不仅能够采用 MATLAB 的求解器对动态系统进行求解，而且还可以和 MATLAB 进行数据交互。

1. 由工作空间变换设置系统模块参数

在系统模型中，双击一个模块可打开模块参数设置对话框，然后直接输入数据以设置模块参数。事实上，也可以使用 MATLAB 工作空间中的变量设置系统模块参数，这对于多个模块的参数均依赖于同一个变量时非常有用。

由 MATLAB 工作空间中的变量设置模块参数的形式有如下两种：

（1）直接使用 MATLAB 工作空间中的变量设置模块参数；

（2）使用变量的表达式设置模块参数。

如果 a 是定义在 MATLAB 中的变量，则关于 a 的表达式均可作为系统模块的参数。如图 2-39 所示，Gain 增益设置为 a-1。

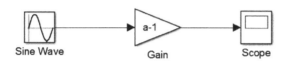

图 2-39　变量定义在 MATLAB 中

2. 信号输出到工作空间

有两种方式可以将信号输出到 MATLAB 工作空间中。

（1）利用 Scope 示波器模块。设置示波器参数对话框中 Logging 选项卡中的参数，选中 Log data to workspace 选项，并设置需要输出到 MATLAB 工作区间的数据的名称和类型，如图 2-40 所示。

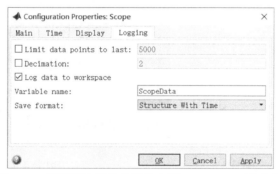

图 2-40　利用示波器将信号输出到 MATLAB 工作空间

（2）利用 Sink 模块库中的 To Workspace 模块。双击 To Workspace 模块，可以在弹出的对话框中设置输出的名称、数据个数、输出间隔以及输出数据类型等。仿真结束或暂停时信号被输出到工作空间中，如图 2-41 所示，simout 和 tout 为输出信号。

3. 工作空间变量作为输入信号

Simulink 与 MATLAB 的数据交互是相互的，除了可以将信号输出到 MATLAB 工作空间之外，还可以使用 MATLAB 工作空间中的变量作为系统模型的输入信号。使用 Sources 模块库中的 From Workspace 模块可以将 MATLAB 工作空间中的变量作为系统模型的输入信号。

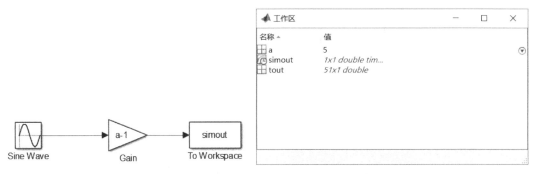

（a）使用To Workspace模块 　　　　　　　　　　　（b）信号输出到MATLAB工作空间

图 2-41　使用 To Workspace 模块将信号输出到 MATLAB 工作空间

作为输入信号的变量格式可为：

```
t=0:time_step:final_time;        %信号输入时间范围与时间步长
x=f(t)                           %每一时刻的信号值
input=[t',x']
```

例如，在 MATLAB 命令窗口中输入以下语句并运行。

```
>> t=0:0.1:10;
>> x=cos(t);
>> input=[t',x'];
```

在系统模型的 From Workspace 模块中使用此变量作为信号输入，如图 2-42 所示。

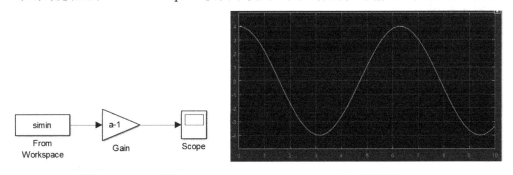

（a）使用From Workspae模块 　　　　　　　　　　　（b）仿真结果

图 2-42　使用 From Workspace 将 MATLAB 工作空间中的变量作为输入信号

4．MATLAB Function 与 Function 模块

除了使用上述的方法进行 Simulink 与 MATLAB 之间的数据交互，还可以使用 User-Defined Functions 模块库中的 Fcn 模块或 MATLAB Fcn 模块进行彼此间的数据交互。

Fcn 模块一般用来实现简单的函数关系，如图 2-43 所示，在 Fcn 模块中：

（1）输入总是表示成 u，u 可以是一个向量；

（2）输出永远为一个标量。

MATLAB Fcn 模块比 Fcn 模块的自由度要大得多。双击 MATLAB Fcn 模块，将弹出一个函数文件编辑窗口，如图 2-44 所示。

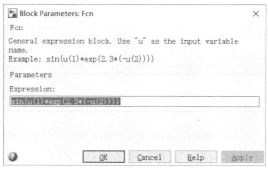

图 2-43　Fcn 模块参数设置

图 2-44　MATLAB Fcn 编辑窗口

MATLAB Fcn 模块可以随意改变函数名称、输入/输出个数，相应地，模块图标也会发生改变。函数编写如同一般的 M 文件一样自由。图 2-45 为 MATLAB Fcn 模块修改输入个数前后的对比。

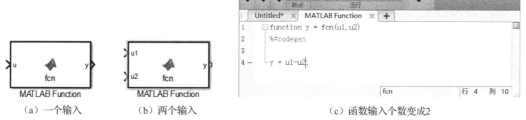

（a）一个输入　　　　　（b）两个输入　　　　　（c）函数输入个数变成2

图 2-45　MATLAB Fcn 模块修改输入个数前后对比

2.6.3　命令行方式实现动态仿真

在 MATLAB 中，还可以通过使用命令行方式进行动态系统仿真。通过编写并运行系统仿真的脚本文件来完成动态系统的仿真，在脚本文件中重复地对同一系统在不同的仿真参数或不同的系统模块参数下进行仿真，而无须一次又一次地启动 Simulink 仿真平台中的 Run 进行仿真。这样可以非常容易地分析不同参数对系统性能的影响，并且也可以从整体上加快系统仿真的速度。

1. sim 命令实现动态仿真

在 MATLAB 中，提供了 sim 函数用于实现在命令窗口就可以方便地对模型进行分析和仿真。函数的调用格式为：

simOut = sim('model','ParameterName1',Value1,'ParameterName2', Value2...)：对系统模型 model 进行系统仿真，其仿真参数 ParameterName1、ParameterName2 等的取值分别为 Value1、Value2 等。

simOut = sim('model', ParameterStruct)：功能同上，只不过所有仿真参数被包含于一个结构体 ParameterStruct 中。

simOut = sim('model', ConfigSet)：ConfigSet 为指定的模型配置。

注意：如果仿真参数设置为空，则相当于所有仿真参数均使用默认的参数值。

simOut 为系统仿真输出结果，它是一个类，可以使用以下三种方法获得进一步的结果。

● simOut.find('VarName')：找出仿真结果中 VarName 这一项。

● simOut.get('VarName')：获得仿真结果中 VarName 这一项。

● simOut.who：返回所有仿真变量，包括工作空间中的变量。

【例 2-3】 仿真时间设置。对例 2-2 中创建的系统模型 M2_2 进行系统仿真。

```
>> clear all;
[t1,x1,y1]=sim('M2_2',10);
[t2,x2,y2]=sim('M2_2',[0 10]);
[t3,x3,y3]=sim('M2_2',0:10);
[t4,x4,y4]=sim('M2_2',0:0.1:10);
subplot(2,2,1);plot(t1,y1);
subplot(2,2,2);plot(t2,y2);
subplot(2,2,3);plot(t3,y3);
subplot(2,2,4);plot(t4,y4);
```

运行程序，效果如图 2-46 所示。

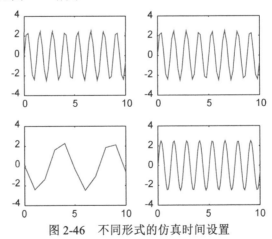

图 2-46 不同形式的仿真时间设置

前面两个运行结果是一致的，说明系统仿真开始时间默认为 0，同时也可以看到这两个曲线是不光滑的，这与其求解器步长有关。0:10 表示间隔为 1s，所以第三幅图的结果很明显是离散的。第四幅图是时间间隔为 0.1s 的运行结果，曲线光滑得多了。

由图 2-47 所示的工作空间可以看出，4 次运行系统仿真，输出结果得到的都是离散点，其间隔均由求解器步长控制。

名称 ▲	值
t1	51x1 double
t2	51x1 double
t3	11x1 double
t4	101x1 double
x1	[]
x2	[]
x3	[]
x4	[]
y1	51x1 double
y2	51x1 double
y3	11x1 double
y4	101x1 double

图 2-47　仿真工作空间输出结果

提示：系统模型 M2_2 使用的是正弦波输入信号，也可以自己尝试从 MATLAB 工作空间中获取输入信号。

【例 2-4】 从 MATLAB 工作空间中获取输入信号。

首先，修改系统模型 M2_2，代码为：

```
>> open_system('M2_2');
replace_block('M2_2','Sine Wave','simulink/Sources/In1');
save_system('M2_2','M2_2a.mdl');
```

系统模型 M2_2 修改后，正弦波信号发生器 Sine Wave 换成了一个纯粹的输入端口 In1 系统模型，如图 2-48 所示。

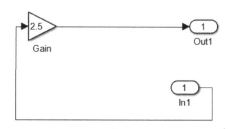

图 2-48　系统模型 M2_2a

接着，对动态系统进行仿真。其中 simInput 为一个具有两列的矩阵，第一列表示外部输入信号的时刻，第二列表示与给定时刻相应的信号取值。

注意：当输入信号存在陡沿边缘时，必须在同一时刻处定义不同的信号取值。例如，下面的命令相当于产生一个方波信号：

```
simInput1=[0 1;1 1;1 -1;2 -1;2 1;3 1];
```

在 MATLAB 命令窗口中输入以下代码：

```
>> simInput1=[0 1;1 1;1 -1;2 -1;2 1;3 1;3 -1;4 -1;4 1;5 1;5 -1;6 -1;6 1;7 1];
t=0:0.1:7;
simInput2=[t',sin(0:0.1:7)'];
```

```
simInput3=[t',cos(0:0.1:7)'];
[t1,x1,y1]=sim('M2_2a',7,[],simInput1);
[t2,x2,y2]=sim('M2_2a',7,[],simInput2);
[t3,x3,y3]=sim('M2_2a',7,[],simInput3);
subplot(3,1,1);plot(t1,y1);
subplot(3,1,2);plot(t2,y2);
subplot(3,1,3);plot(t3,y3);
```

运行程序，效果如图 2-49 所示。

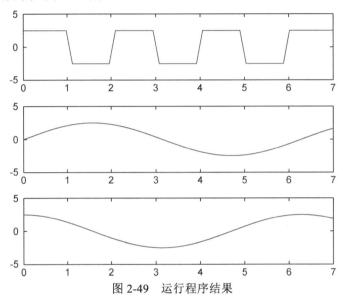

图 2-49　运行程序结果

从图 2-49 中可以看到外部输入信号 simInput1、simInput2 和 simInput3 分别模拟了方波信号、正弦波信号和余弦波信号。

2．simset 与 simget 命令的使用

在 sim 函数调用格式 [t,x,y]=sim('model',timespan,parameterStruct,simInput) 中的 paramterStruct 为系统仿真参数的总体，如果为空，则设置为默认。在使用命令行方式进行系统仿真时，常常会不了解系统仿真参数具体有哪些，这时就需要使用 simset 和 simget 命令了。

在 MATLAB 中输入：

```
>> parameterStruct=simget('M2_2a')
parameterStruct =

                    AbsTol: 'auto'
                     Debug: 'off'
                Decimation: 1
              DstWorkspace: 'current'
             FinalStateName: ''
                 FixedStep: 'auto'
```

```
                         InitialState: []
                          InitialStep: 'auto'
                             MaxOrder: 5
          ConsecutiveZCsStepRelTol: 2.8422e-13
                    MaxConsecutiveZCs: 1000
                           SaveFormat: 'Dataset'
                        MaxDataPoints: 0
                              MaxStep: 'auto'
                              MinStep: 'auto'
                MaxConsecutiveMinStep: 1
                         OutputPoints: 'all'
                      OutputVariables: 'ty'
                               Refine: 1
                               RelTol: 1.0000e-03
                               Solver: 'VariableStepAuto'
                         SrcWorkspace: 'base'
                                Trace: ''
                            ZeroCross: 'on'
                        SignalLogging: 'on'
                    SignalLoggingName: 'logsout'
                   ExtrapolationOrder: 4
               NumberNewtonIterations: 1
                              TimeOut: []
      ConcurrencyResolvingToFileSuffix: []
               ReturnWorkspaceOutputs: []
         RapidAcceleratorUpToDateCheck: []
          RapidAcceleratorParameterSets: []
```

　　这样可以获得系统模型 M2_2a 的表示系统仿真参数的结构体变量。也可以使用 simset 命令获得所有的仿真参数选项及其可能的取值，如：

```
>> simset
        Solver: [ 'VariableStepDiscrete' |'ode15s' | 'ode113' | 'ode23' | 'ode23s' | 'ode23t' | 'ode23tb' |
'ode45' | 'VariableStepAuto' |'FixedStepDiscrete'| 'ode1' | 'ode14x' | 'ode2' | 'ode3' | 'ode4' | 'ode5' | 'ode8' |
'FixedStepAuto' ]
                        RelTol: [ positive scalar {1e-3} ]
                        AbsTol: [ positive scalar {1e-6} ]
                        Refine: [ positive integer {1} ]
                       MaxStep: [ positive scalar {auto} ]
                       MinStep: [ [positive scalar, nonnegative integer] {auto} ]
         MaxConsecutiveMinStep: [ positive integer >=1]
                   InitialStep: [ positive scalar {auto} ]
                      MaxOrder: [ 1 | 2 | 3 | 4 | {5} ]
```

```
                 ConsecutiveZCsStepRelTol: [ positive scalar {10*128*eps}]
                       MaxConsecutiveZCs: [ positive integer >=1]
                               FixedStep: [ positive scalar {auto} ]
                       ExtrapolationOrder: [ 1 | 2 | 3 | {4} ]
                 NumberNewtonIterations: [ positive integer {1} ]
                            OutputPoints: [ {'specified'} | 'all' ]
                         OutputVariables: [ {'txy'} | 'tx' | 'ty' | 'xy' | 't' | 'x' | 'y' ]
                             SaveFormat: [ {'Array'} | 'Structure' | 'StructureWithTime']
                          MaxDataPoints: [ non-negative integer {0} ]
                             Decimation: [ positive integer {1} ]
                           InitialState: [ vector {[]} ]
                        FinalStateName: [ string {''} ]
                                  Trace: [ comma separated list of 'minstep', 'siminfo', 'compile', 'compilestats' {''}]
                          SrcWorkspace: [ {'base'} | 'current' | 'parent' ]
                          DstWorkspace: [ 'base' | {'current'} | 'parent' ]
                             ZeroCross: [ {'on'} | 'off' ]
                         SignalLogging: [ {'on'} | 'off' ]
                     SignalLoggingName: [ string {''} ]
                                  Debug: [ 'on' | {'off'} ]
                                TimeOut: [ positive scalar {Inf} ]
         ConcurrencyResolvingToFileSuffix : [ string {''} ]
                ReturnWorkspaceOutputs: [ 'on' | {'off'} ]
           RapidAcceleratorUpToDateCheck: [ 'on' | {'off'} ]
            RapidAcceleratorParameterSets: [ 'Structure' ]
```

这些仿真参数选项均可以使用 simset 命令进行设置。

3. simplot 命令

在观测动态系统仿真结果时，Scope 模块是最常用的模块之一。它可以在类似示波器的图形界面中观测系统仿真结果的输出。使用 Scope 最重要的优点是可以通过对 Scope 模块的操作，对系统输出进行方便的观测，这一点是 plot 等绘图函数所不及的。

在使用命令行方式对动态系统进行仿真时，可以使用 simplot 命令绘制与使用 Scope 模块相类似的图形。simplot 函数的调用格式为：

simplot(data)：参数 data 为动态系统仿真结果的输出结果（一般由 Output 模块、To Workspace 模块等产生的输出）。其数据类型可以为矩阵、向量或结构体等。

simplot(time,data)：参数 data 意义同上；time 为动态系统仿真结果的输出时间向量，当系统输出数据 data 为带有时间向量的结构体变量时，此参数被忽略。

【例 2-5】 利用 simplot 函数对模型 M2_2a 进行动态系统仿真。

```
>> t=0:0.1:7;
simInput=[t',sin(0:0.1:7)'];
[t,x,y]=sim('M2_2a',7,[],simInput);
simplot(t,y);
```

运行程序，效果如图 2-50 所示。

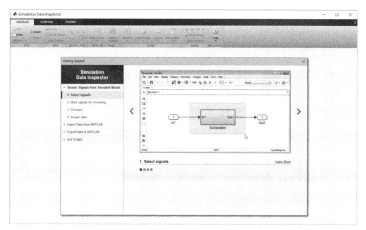

图 2-50　simplot 对模型 M2_2a 实现动态仿真效果

2.7　S-函数

S-函数（系统函数）为扩展 Simulink 的性能提供了一个有力的工具，本节将介绍 S-函数的基本概念和使用。

2.7.1　S-函数概述

S-函数是系统函数（System Function）的简称，是指采用非图形化的方式（即计算机语言，区别于 Simulink 的系统模块）描述的一个功能块。可以采用 MATLAB 代码、C、C++、FORTRAM 等语言编写 S-函数。

一个结构体系完整的 S-函数包含了描述动态系统所需的全部能力，所有其他的使用情况都是这个结构体系的特例。对于大多数动态系统仿真分析而言，使用 Simulink 提供的模块即可实现，而无须使用 S-函数。但是，当需要开发一个新的通用的模块作为一个独立的功能单元时，使用 S-函数则是一种相对简便的方法。往往 S-函数模块是整个 Simulink 动态系统的核心。

另外，由于 S-函数可以使用多种语言编写，因此可以将已有的代码结合进来，而不需要在 Simulink 中重新实现算法，从而在某种程度上实现了代码移植。

S-函数主要用来实现以下几个方面的功能：

（1）向 Simulink 模块中增加一个通用目标的模型；

（2）使用 S-函数的模块来充当硬件的驱动；

（3）在仿真中嵌入已经存在的 C 代码；

（4）将系统表示成一系列的数学方程；

（5）在 Simulink 中使用动画。

用户也可以从以下几个角度来理解 S-函数：

（1）S-函数为 Simulink 的"系统"函数；

（2）能够响应 Simulink 求解器命令的函数；

（3）采用非图形化的方法实现一个动态系统；

（4）可以开发新的 Simulink 模块；

（5）可以与已有的代码相结合进行仿真；

（6）采用文本方式输入复杂的系统方程；

（7）扩展 Simulink 功能，M 文件 S-函数可以扩展图形能力，C MEX S-函数可以提供与操作系统的接口；

（8）S-函数的语法结构是为实现一个动态系统而设计的（默认用法），其他 S-函数的用法是默认用法的特例（如用于显示目的）。

2.7.2　S-函数的几个相关概念

理解下面与 S-函数相关的几个概念，对于读者理解 S-函数的概念与编写都是非常有益的。

1．直接馈通

直接馈通是指输出（或者是对于变步长采样块的可变步长）直接受控于一个输入口的值。有一条很好的经验方法来判断输入是否为直接馈通：

如果输出函数（mdlOutputs 或 flag==3）是输入 u 在 mdlOutputs 中被访问，则存在直接馈通。输出也可以包含图形输出，类似于一个 XY 绘图板。

对于一个变步长 S-函数的"下一步采样时间"函数（mdlGetTimeOfNextVarHit 或 flag==4）中可以访问输入 u。

例如，一个需要其输入的系统（也就是具有直接馈通）是运算 $y = k \times u$，其中，u 是输入，k 是增益，y 是输出。

又如，一个不需要其输入的系统（也就是没有直接馈通）是一种简单的积分运算。

输出：$y = x$

导数：$x' = u$

其中，x 为状态，x' 为状态对时间的导数，u 为输入，y 为输出。

正确设置直接馈通标志是十分重要的，因为这不仅关系到系统模型中系统模块的执行顺序，还关系到对代数环的检测与处理。

2．动态维矩阵

S-函数可编写成支持任意维的输入。在这种情况下，当仿真开始时，根据驱动 S-函数的输入向量的维数动态确定实际输入的维数。输入的维数也可以用来确定连续状态的数量、离散状态的数量以及输出的数量。

M 文件的 S-函数只可有一个输入端口，而且输入端口只能接收一维（向量）的信号输入。但是，信号的宽度是可以变化的。在一个 M 文件的 S-函数内，如果要指示输入宽度是动态的，必须在数据结构 sizes 中指定相应的域值为-1，结构 sizes 是在调用 mdlInitializeSizes 时返回的一个结构。当 S-函数通过使用 length(u)来调用时，可以确定实际输入的宽度。如果宽度指定为 0，那么 S-函数模块中将不出现输入端口。

例如，图 2-51 为一个模型中，将一个相同的 S-函数块使用两次。

图 2-51 中，上面的 S-FunctionA 模块由一个带四元素输出的模块作为输入；下面的 S-Function B 模块由一个时间输出模块来驱动。通过指定该 S-函数模块的输入端口具有动态宽度，使同一个 S-函数可以适用于两种情况。

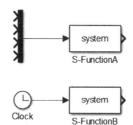

图 2-51　使用 S-函数

Simulink 会自动地按照合适宽度的输入端口来调用该块。同样的，如果块的其他特性，如输出数量、离散状态数量或连续状态数量，被指定为动态宽度，那么 Simulink 会将这些向量定义为与输入向量具有相同的长度。

3．采样时间和偏移量

M 文件与 MEX 文件的 S-函数在指定 S-函数何时执行上都具有高度的灵活性。Simulink 对于采样时间提供了如下选项。

（1）连续采样时间：用于具有连续状态或非过零采样的 S-函数。对于这种类型的 S-函数，其输出在每个微步上变化。

（2）连续但微步长固定采样时间：用于需要在每一个主仿真步上执行，但在微步长内值不发生变化的 S-函数。

（3）离散采样时间：如果 S-函数模块的行为是离散时间间隔的函数，那么可以定义一个采样时间来控制 Simulink 何时调用该模块。也可以定义一个偏移量来延迟每个采样时间点。偏移量的值不可超过相应采样时间的值。

采样时间点发生的时间按照以下公式来计算：

$$TimeHit=(n*period)+offset$$

其中，n 为整数，是当前仿真步。n 的起始值总是为 0。

如果定义了一个离散采样时间，则 Simulink 在每个采样时间点调用 S-函数的 mdlOutput 和 mdlUdpate。

（4）可变采样时间：采样时间间隔变化的离散采样时间。在每步仿真的开始，具有可变采样时间的 S-函数需要计算下一次采样点的时间。

（5）继承采样时间：有时，S-函数模块没有专门的采样时间特性（即它既可以是连续的也可以是离散的，取决于系统中其他模块的采样时间）。

比如，一个增益块就是继承采样时间的例子，它从其输入块继承采样时间。一个块可以从以下几种块中继承采样时间：

● 输入块；

● 输出块；

● 系统中最快的采样时间。

要将一个块的采样时间设置为继承，那么在 M 文件的 S-函数中使用-1 作为采样时间，在 C 的 S-函数中使用 INHERITED_SAMPLE_TIME 作为采样时间。

采样时间是按照固定格式成对指定的：[采样时间，偏移时间]。有效的采样时间对如下：

```
[CONTINUOUS_SAMPLE_TIME,0.0]
[CONTINUOUS_SAMPLE_TIME,FIXED_IN_MINOR_STEP_OFFSET]
[discrete_sample_time_period,offset]
[VARIABLE_SAMPLE_TIME,0.0]
```

其中：

```
CONTINUOUS_SAMPLE_TIME=0.0
FIXED_IN_MINOR_STER_OFFSET=1.0
VARIABLE_SAMPLE_TIME=-2.0
```

斜体字是必须给定的初际值。

另外，还可指定采样时间从驱动块继承而来。在此情况下，S-函数只能有一个采样时间对：

```
[INHERITED_SAMPLE_TIME,0.0]
```

或者

```
[INHERITED_SAMPLE_TIME,FIXED_IN_MINOR_STEP_OFFSET]
```

其中：

```
INHERITED_SAMPLE_TIME=-1.0
```

以下指导方针有助于读者指定采样时间：

- 一个在积分微步期间变化的连续 S-函数应该采用[CONTINUOUS_SAMPLE_TIME,0.0]作为采样时间。
- 一个在积分微步期间不变化的连续 S-函数应该采用[CONTINUOUS_SAMPLE_TIME,FIXED_IN_MINOR_STEP_OFFSET]作为采样时间。
- 一个在指定速率下变化的离散 S-函数应该采用离散采样时间对[discrete_sample_time_period,offset]。其中：discrete_sample_time_period>0.0T 0.0=offset< discrete_sample_time_period >。
- 一个在指定速率下变化的离散 S-函数应该采用离散采样时间对[VARIAABLE_SAMPLE_TIME,0.0]。

对于变步长的离散任务，mdlGetTimeOfNextVarHit 程序被调用以确定下一个采样时间点。如果 S-函数没有本身特定的采样时间，必须将采样时间指定为继承。有两种情况：

- 在积分微步内，S-函数的变化都是随着输入而变化的，应该采用[INHERITED_SAMPLE_TIME,0.0]作为其采样时间。
- 如果一个 S-函数随着输入而变化，但在一个积分微步内不变化（即积分微步固定），则应该采用[INHERITED_SAMPLE_TIME,FIXED_IN_MINOR_STER_OFFSET]作为采样时间。

2.7.3　S-函数模块

在 Simulink 浏览器中的 User Defined Function 库中有一个 S-函数模块，用户可以利用该模块在模型中创建 S-函数。一般来说，创建包含 S-函数的 Simulink 模型可通过如下步骤实现：

（1）打开 Simulink 模块浏览器，将 User Defined Function 库中的 S-函数模块复制到用户新建的模型窗口中。

（2）双击 S-函数模块，打开模块参数设置对话框，如图 2-52 所示，设置 S-函数的参数。

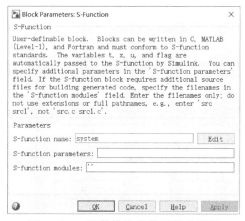

图 2-52　S-函数模块参数设置对话框

在 S-function name（文件名）文本框中填写 S-函数不带扩展名的文件名，在 S-function parameters（参数编辑）文本框中填写 S-函数所需要的参数，参数并列给出，参数间以逗号分隔开。文件名文本框中不能为空。

（3）创建 S-函数源代码，单击 S-函数模块参数设置对话框中的 Edit 按钮，即可打开源代码编辑窗口，其效果如图 2-53 所示。

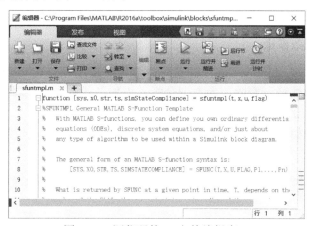

图 2-53　源代码的 M 文件编辑窗口

（4）在 Simulink 仿真模型中，连接模块，进行仿真。

2.7.4　S–函数的仿真过程

S-函数包括主函数和 6 个功能子函数，分别为 mdlInitializeSizes 初始化、mdlDerivatives 连续状态微分、mdlUpdate 离散状态更新、mdlOutputs 模块输出、mdlGetTimeOfNextVarHit 计算下次采样时刻和 mdlTerminate 仿真结束。

在 S-函数仿真过程中，利用 switch-case 语句，根据不同阶段对应的 flag 值（仿真流程标志向量）来调用 S-函数的不同子函数，以完成对 S-函数模块仿真流程的控制。

S-函数仿真流程如图 2-54 所示。

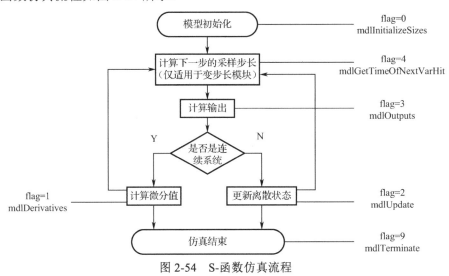

图 2-54　S-函数仿真流程

2.7.5　编写 M 语言 S–函数

要了解 S-函数是如何工作的，最直接有效的方法就是学习 S-函数范例。

1．M 文件 S-函数模板

下面详细分析模板 sfuntmp1.m 中的代码，该模板程序存放在 toolbox\simulink\blocks 目录下（源代码中的注释已删除，为方便分析，添加了一些中文注释）。用户可从这个模板出发构建自己的 S 函数。

S-函数模板文件如下：

```
function [sys,x0,str,ts,simStateCompliance] = sfuntmpl(t,x,u,flag)
%输入参数 t,x,u,flag
%t 为采样时间
%x 为状态变量
```

```
%u 为输入变量
%flag 为仿真过程中的状态标量，共有 6 个不同的取值，分别代表 6 个不同的子函数
%返回参数 sys,x0,str,ts,simStateCompliance
%x0 为状态变量的初始值
%sys 用以向 Simulink 返回直接结果的变量，随 flag 的不同而不同
%str 为保留参数，一般在初始化中置空，即 str=[]
%ts 为一个 1×2 的向量，ts(1)为采样周期，ts(2)为偏移量
switch flag,                    %判断 flag，查看当前处于哪个状态
  case 0,                       %处于初始化状态，调用函数 mdlInitializeSizes
    [sys,x0,str,ts,simStateCompliance]=mdlInitializeSizes;
  case 1,                       %调用计算连续状态的微分
    sys=mdlDerivatives(t,x,u);
  case 2,                       %调用计算下一个离散状态
    sys=mdlUpdate(t,x,u);
  case 3,                       %调用计算输出
    sys=mdlOutputs(t,x,u);
  case 4,                       %调用计算下一个采样时间
    sys=mdlGetTimeOfNextVarHit(t,x,u);
  case 9,                       %结束系统仿真任务
    sys=mdlTerminate(t,x,u);
  otherwise
    DAStudio.error('Simulink:blocks:unhandledFlag', num2str(flag));
end
%
function [sys,x0,str,ts,simStateCompliance]=mdlInitializeSizes
sizes = simsizes;               %用于设置模块参数的结构体，调用 simsizes 函数生成
sizes.NumContStates = 0;         %模块连续状态变量的个数，0 为默认值
sizes.NumDiscStates = 0;         %模块离散状态变量的个数，0 为默认值
sizes.NumOutputs    = 0;         %模块输出变量的个数，0 为默认值
sizes.NumInputs = 0;            %模块输入变量的个数
sizes.DirFeedthrough = 1;        %模块是否存在直接贯通
sizes.NumSampleTimes = 1;        %模块的采样时间个数，1 为默认值
sys = simsizes(sizes);           %初始化后的结构 sizes 经过 simsizes 函数运算后向 sys 赋值
x0 = [];                        %向量模块的初始值赋值
str = [];
ts = [0 0];
simStateCompliance = 'UnknownSimState';
function sys=mdlDerivatives(t,x,u)     %编写计算导数向量的命令
sys = [];
function sys=mdlUpdate(t,x,u)          %编写计算更新模块离散状态的命令
sys = [];
function sys=mdlOutputs(t,x,u)         %编写计算模块输出向量的命令
```

```
sys = [];
function sys=mdlGetTimeOfNextVarHit(t,x,u)
%以绝对时间计算下一采样点的时间，该函数只在变采样时间条件下使用
sampleTime = 1;
sys = t + sampleTime;
function sys=mdlTerminate(t,x,u)        %结束仿真任务
sys = [];
```

上述代码中的函数说明如下。

● mdlInitializeSizes：定义 S-函数模块的基本特性，包括采样时间、连续或者离散状态的初始条件和 sizes 数组。

● mdlDerivatives：计算连续状态变量的微分方程。

● mdlUpdate：更新离散状态、采样时间和主时间步长的要求。

● mdlOutputs：计算 S-函数的输出。

● mdlGetTimeOfNextVarHit：计算下一个采样点的绝对时间，这个方法仅仅是在用户在 mdlInitializeSizes 里说明了一个可变的离散采样时间时使用。

● mdlTerminate：实现仿真任务必需的结束。

上述程序代码还多次引用系统函数 simsizes，该函数保存在 toolbox\simulink\simulink 路径下，函数的主要目的是设置 S-函数的大小，代码为：

```
function sys=simsizes(sizesStruct)
switch nargin,
    case 0,                              %返回结构大小
        sys.NumContStates = 0;
        sys.NumDiscStates = 0;
        sys.NumOutputs = 0;
        sys.NumInputs = 0;
        sys.DirFeedthrough = 0;
        sys.NumSampleTimes = 0;
    case 1,                              %数组转换
        %假如输入为一个数组，即返回一个结构体大小
        if ~isstruct(sizesStruct),
            sys = sizesStruct;
            %数组的长度至少为 6
            if length(sys) < 6,
                DAStudio.error('Simulink:util:SimsizesArrayMinSize');
            end
            clear sizesStruct;
            sizesStruct.NumContStates = sys(1);
            sizesStruct.NumDiscStates = sys(2);
            sizesStruct.NumOutputs = sys(3);
            sizesStruct.NumInputs = sys(4);
            sizesStruct.DirFeedthrough = sys(6);
```

```
          if length(sys) > 6,
              sizesStruct.NumSampleTimes = sys(7);
          else
              sizesStruct.NumSampleTimes = 0;
          end
      else
          %验证结构大小
          sizesFields=fieldnames(sizesStruct);
          for i=1:length(sizesFields),
              switch (sizesFields{i})
                  case { 'NumContStates', 'NumDiscStates', 'NumOutputs',...
                          'NumInputs', 'DirFeedthrough', 'NumSampleTimes' },
                  otherwise,
                      DAStudio.error('Simulink:util:InvalidFieldname', sizesFields{i});
              end
          end
          sys = [...
              sizesStruct.NumContStates,...
              sizesStruct.NumDiscStates,...
              sizesStruct.NumOutputs,...
              sizesStruct.NumInputs,...
              0,...
              sizesStruct.DirFeedthrough,...
              sizesStruct.NumSampleTimes ...
          ];
      end
  end
```

2．S-函数的实现

下面利用 S-函数的模板文件实现一些具有特定功能的模块。

【例 2-6】 用 S-函数实现 Gain 增益模块。

（1）修改模板文件。

● 根据需要，将 sfuntmp1.m 模板文件另存为 M2_6.m，并修改主函数定义，增加新的输入参数 gain：

```
function [sys,x0,str,ts,simStateCompliance] = M2_6 (t,x,u,flag,gain)
```

● 增益参数是用来计算输出值的，需要对 mdlOutput 进行修改：

```
case 3,                          %表示调用计算输出
    sys=mdlOutputs(t,x,u);
```

● 修改 mdlInitializeSizes 初始化回调子函数：

```
sizes.NumOutputs = 1;            %模块输出变量的个数，0 为默认值
sizes.NumInputs = 1;             %模块输入变量的个数
```

● 修改 mdlOutputs 子函数：

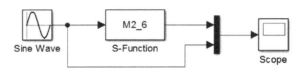

```
function sys=mdlOutputs(t,x,u)   %编写计算模块输出向量的命令
sys =3*u;
```

（2）建立如图 2-55 所示的系统模型。在 S-函数模块的参数对话框中设置 S-function parameters 为 3（该设置即增益大小）。

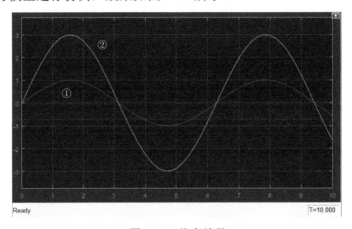

图 2-55　系统模型

注意：S-函数模块也可以进行封装，图 2-55 中的 S-函数模块是原始的未封装模块，S-函数模块的封装方法与子系统封装方法一致。

（3）运行仿真。其他模块的参数采用默认值，仿真也采用默认值，单击模型中的运行按钮，即可对模型进行仿真，效果如图 2-56 所示。

图 2-56　仿真效果

图 2-56 中的曲线 1 为输入信号，曲线 2 为输出信号，可见 S-函数模块将输入信号放大了 3 倍，确实实现了 Gain 增益模块。

2.8　MATLAB/Simulink 仿真实例

下面通过几个实例来演示 MATLAB/Simulink 的仿真效果。

1．S-函数实现连续系统

用 S-函数实现一个连续系统时，首先 mdlInitilizeSizes 子函数应当做适当的修改，包括确定连续状态的个数、状态初始值和采样时间设置。另外，还需要编写 mdlDerivaties 子函数，将状态的导数向量通过 sys 变量返回，如果系统状态不止一个，可以通过索引

x(1)、x(2)得到各个状态。当然，对于多个状态，就会有多个导数与之对应。在这种情况下，sys 为一个向量，其中包含了所有连续状态的导数。下面使用 S-函数实现连续系统的建模。

【例 2-7】 假设线性连续系统的状态方程为：

$$\begin{cases} x = Ax + Bu \\ y = Cx + Du \end{cases}$$

其中，$A = \begin{bmatrix} -0.09 & -0.01 \\ 1 & 0 \end{bmatrix}$，$B = \begin{bmatrix} 1 & -7 \\ 0 & -2 \end{bmatrix}$，$C = \begin{bmatrix} 0 & 2 \\ 1 & -5 \end{bmatrix}$，$D = \begin{bmatrix} -3 & 0 \\ 1 & 0 \end{bmatrix}$。创建 S-函数描述该系统，并进行仿真。

其实现步骤如下：

（1）根据线性连续系统状态方程，在模板的基础上编写 S-函数，并保存为 M4_12fun.m。

```
function [sys,x0,str,ts]=M2_7 (t,x,u,flag)
%定义连续系统的 M4_12fun 生成连续系统状态
A=[-0.09 -0.01;1 0];
B=[1 -7;0 -2];
C=[0 2;1 -5];
D=[-3 0;1 0];
switch flag,
    case 0,
        [sys,x0,str,ts]=mdlInitializeSizes(A,B,C,D);        %初始化函数
    case 1,
        sys=mdlDerivatives(t,x,u,A,B,C,D)                   %求导数
    case 2,
        sys=mdlUpdate(t,x,u);                              %状态更新
    case 3,
        sys=mdlOutputs(t,x,u,A,B,C,D);                      %计算输出
        case 4,
            sys=mdlGetTimeOfNextVarHit(t,x,u);
    case 9,
        sys=mdlTerminate(t,x,u);                            %终止仿真程序
    otherwise
        error(['Simulink:blocks:unhandledFlag', num2str(flag)]);        %错误处理
end
function [sys,x0,str,ts]=mdlInitializeSizes(A,B,C,D)       %模型初始化函数
sizes = simsizes;                                          %取系统默认设置
sizes.NumContStates = 2;                                   %设置连续状态变量的个数
sizes.NumDiscStates = 0;                                   %设置离散状态变量的个数
sizes.NumOutputs = 2;                                      %设置系统输出变量的个数
sizes.NumInputs = 2;                                       %设置系统输入变量的个数
```

```
sizes.DirFeedthrough = 1;                          %设置系统是否直通
sizes.NumSampleTimes = 1;                          %采样周期的个数，必须大于或等于1
sys = simsizes(sizes);                             %设置系统参数
x0 = zeros(2,1);                                   %系统状态初始化
str = [];                                          %系统阶字串总为空矩阵
ts = [0 0];                                        %初始化采样时间矩阵
function sys=mdlDerivatives(t,x,u,A,B,C,D)
sys=A*x+B*u;
function sys=mdlUpdate(t,x,u)
sys = [];                                          %根据状态方程（差分方程部分）修改此处
function sys=mdlOutputs(t,x,u,A,B,C,D)
sys=C*x+D*u;
%mdlTerminate 终止仿真设定，完成仿真终止时的任务
function sys=mdlGetTimeOfNextVarHit(t,x,u)
sampleTime=1;
sys=t+sampleTime;
function sys=mdlTerminate(t,x,u)
sys = [];
%程序结束
```

（2）仿真模型建立。根据线性连续系统状态方程可建立如图 2-57 所示的 Simulink 仿真模型效果图，并命名为 M2_7.mdl。

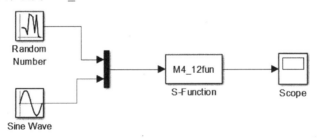

图 2-57　仿真模型

（3）模块参数设置。双击仿真模型中的 S-Function 模块，在弹出的参数对话框中的 S-function name 文本框中输入 M2_7，其他参数采用默认值。此外，模块 Sine Wave 及模块 Random Number 都采用默认设置。

（4）运行仿真。系统的仿真参数采用默认值，然后单击仿真模型窗口的运行按钮进行仿真，得到如图 2-58 所示仿真效果图。

2. S-函数实现离散系统

用 S-函数模板实现一个离散系统时，首先对 mdlInitializeSizes 子函数进行修改，声明离散状态的个数，对状态进行初始化，确定采样时间等。然后再对 mdlUpdate 和 mdlOutputs 子函数做适当修改，分别输入要表示的系统的离散状态方程和输出方程即可。

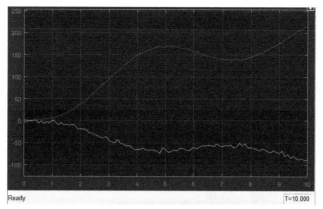

图 2-58   仿真效果

【例 2-8】   用 S-函数实现以下离散系统：

$$x(k+1) = Ax(k) + Bu(k)$$

$$y(k) = Cx(k) + Du(k)$$

其中，$A = \begin{bmatrix} -1 & -0.5 \\ 1 & 0 \end{bmatrix}$，$B = \begin{bmatrix} -2.5 \\ 4.2 \end{bmatrix}$，$C = \begin{bmatrix} 0 & 2 \\ 0 & 7 \end{bmatrix}$，$D = \begin{bmatrix} -0.8 \\ 0 \end{bmatrix}$。

（1）将模板文件 sfuntmp1.m 另存为 M2_8，并将主函数修改为：

```
function [sys,x0,str,ts,simStateCompliance] = M2_8(t,x,u,flag)
A=[-1 -0.5;1 0];
B=[-2.5 4.2]';
C=[0 2;0 7];
D=[-0.8 0]';
```

（2）状态的更新和输出依赖于参数 **A**、**B**、**C** 和 **D**，因此修改 mdlUpdate 和 mdlOutputs：

```
case 2,          %调用计算下一个离散状态
  sys=mdlUpdate(t,x,u,A,B);
case 3,          %调用计算输出
  sys=mdlOutputs(t,x,u,C,D);
```

（3）从 **A**、**B**、**C** 和 **D** 的维数中可以看出状态变量个数为 2，输出变量个数为 2，输入变量个数为 1，修改 mdlInitializeSize 初始化回调子函数：

```
sizes.NumContStates = 0;      %模块连续状态变量的个数
sizes.NumDiscStates = 2;      %模块离散状态变量的个数
sizes.NumOutputs = 2;         %模块输出变量的个数
sizes.NumInputs = 01;         %模块输入变量的个数
x0 = [1 1];                   %向量模块的初始值赋值
ts = [0.1 0];
```

（4）修改 mdlUpdate 和 mdlOutputs 子函数，以满足对离散状态方程的实现：

```
function sys=mdlUpdate(t,x,u,A,B)          %编写计算更新模块离散状态的命令
sys = A*x+B*u;
```

```
function sys=mdlOutputs(t,x,u,C,D)          %编写计算模块输出向量的命令
sys = C*x+Du;
```

（5）根据需要，建立如图 2-59 所示的系统模型，双击 S-Function 模块，在 S-Function 模块的参数对话框中设置 S-function name 为 M2_8。

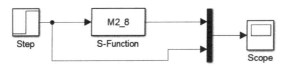

图 2-59　建立系统模型 Simulink 框图

（6）运行仿真，效果如图 2-60 所示。

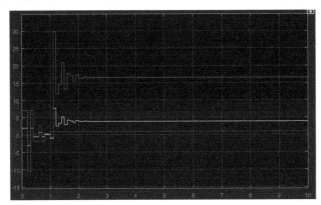

图 2-60　离散系统仿真效果

3．S-函数实现混合系统

混合系统是指既包含连续状态的系统，又包含离散状态的系统。处理混合系统十分直接，通过参数 flag 来控制对于系统中的连续和离散部分调用正确的 S-函数子函数。

混合系统 S-函数的一个特点就是在所有的采样时间上，Simulink 都会调用 mdlUpdate、mdlOutput 和 mdlGetTimeOfNextVarHit 子函数（固定步长不需要这个）。这意味着在这些子函数中，必须进行测试以确定正在处理哪个采样点以及哪些采样点只执行相应的更新。

【例 2-9】　利用 S-函数实现固定步长的混合系统。

在此利用 Simulink 自带的一个例子 mixedm.m 来说明怎样实现，其作用相当于一个连续积分系统与一个离散单位延迟串联的实现，Simulink 框图如图 2-61 所示。

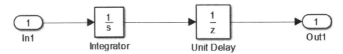

图 2-61　mixedm 混合系统 Simulink 框图

（1）在 MATLAB 命令窗口中输入：

```
>> edit mixedm
```

这样就可以打开 mixedm.m 文件，下面分析代码。

（2）主函数部分代码：

```
dperiod = 1;
doffset = 0;                        %设置离散系统周期和偏移量
switch flag
case 0
    [sys,x0,str,ts]=mdlInitializeSizes(dperiod,doffset);
case 2,
    %向 mdlUpdate 状态更新子函数传递离散采样周期和偏移量
    sys=mdlUpdate(t,x,u,dperiod,doffset);
case 3
    %向 mdlOutputs 输出子函数传递离散采样周期和偏移量
    sys=mdlOutputs(t,x,u,doffset,dperiod);
case 9
    sys = [];
  otherwise
    DAStudio.error('Simulink:blocks:unhandledFlag', num2str(flag));
end
```

（3）mdlInitializeSize 初始化子函数：

```
sizes = simsizes;
sizes.NumContStates = 1;
sizes.NumDiscStates = 1;
sizes.NumOutputs = 1;
sizes.NumInputs = 1;
sizes.DirFeedthrough = 0;
sizes.NumSampleTimes = 2;
sys = simsizes(sizes);
x0  = ones(2,1);
str = [];
ts  = [0 0;                         %一个采样时间是[0 0]表示连续系统
        dperiod doffset];           %离散的采样时间
```

（4）mdlDerivatives、mdlUpdate、mdlOutputs 子函数：

```
function sys=mdlDerivatives(t,x,u)
sys = u;                  %连续系统是一个积分环节
function sys=mdlUpdate(t,x,u,dperiod,doffset)
%如果仿真时间在采样点的正负 1e-8 范围内，更新状态，否则保持不变
if abs(round((t - doffset)/dperiod) - (t - doffset)/dperiod) < 1e-8
  sys = x(1);             %离散系统是一个延迟环节
else
  sys = [];
```

```
end
function sys=mdlOutputs(t,x,u,doffset,dperiod)
%如果仿真时间在采样点的正负 1e-8 范围内，输出，否则保持不变
if abs(round((t - doffset)/dperiod) - (t - doffset)/dperiod) < 1e-8
    sys = x(2);                %采样时间
else
    sys = [];
end
```

（5）根据需要，建立如图 2-62 所示的系统模型。

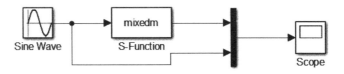

图 2-62   建立系统模型

（6）运行仿真，效果如图 2-63 所示。

图 2-63 中，正弦信号为输入信号，梯形线为输出信号，可以看出正弦信号积分后，再经过单位延迟离散采样的结果。

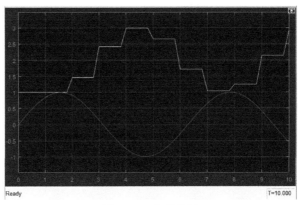

图 2-63   仿真效果

第3章 通信系统

随着通信系统复杂性的不断增加，传统的设计方法已经不能适应发展的需要，因而通信系统的模拟仿真技术越来越受到工程技术人员的青睐。

3.1 概述

通信系统是用以完成信息传输过程的技术系统的总称。现代通信系统主要借助电磁波在自由空间的传播或在导引媒体中的传输机理来实现，前者称为无线通信系统，后者称为有线通信系统。

3.1.1 通信系统的组成

通信系统是用以完成信息传输过程的技术系统的总称。现代通信系统主要包括无线通信系统和有线通信系统。当电磁波的波长达到光波范围时，这样的电信系统称为光通信系统，其他电磁波范围的通信系统则称为电磁通信系统，简称为电信系统。由于光的导引媒体采用特制的玻璃纤维，因此有线光通信系统又称为光纤通信系统。

通信系统整个流程是由信源、发送设备、信道（或传输媒质）、接收设备和收信者（信宿）五部分组成的，其基本模型如图 3-1 所示。

图 3-1　通信系统的基本模型

上述模型概括地反映了通信系统的共性。根据我们的研究对象及所关心问题的不同，将会使用不同形式的通信系统模型。

1. 信源

信源是信息的产生者或信息的形成者。根据信源所产生信号性质的不同，可分为模拟信源和离散信源。

模拟信源（如电话机和电视摄像机等）输出幅度连续的信号；离散信源（如电传机、计算机等）输出离散的符号序列或文字。模拟信源可通过抽样和量化转换为离散信源。

随着信源和接收者的不同，信息的速率将在很大范围内变化。例如，一台电传打字机的速率为 50b/s，而彩色电视的速率为 270Mb/s。由于信源产生的种类和速率不同，因而对传输系统的要求也各不相同。

2．信道

信道是指信号传输的媒介，信号是经过信道传送到接收设备的。传输媒介既可以是有线的，也可以是无线的，二者都有多种物理传输媒介。

在信号传输过程中，必然会引入发送设备、接收设备、传输媒介的热噪声和各种干扰及衰减，即信号在信道中传输时会产生信道噪声。

媒介的固有特性和干扰特性会直接影响变换方式的选取，如通过电导体传播的有线信道和通过自由空间传播的无线信道，其信号变换方式是不同的。不同频段的无线电波在空间传播的途径、性能和衰减（衰落）也是不同的。

3．信宿

信宿是将复原的原始信号转换成相应的消息。

应当指出，上述模型是点对点的单向通信系统。对于双向通信，通信双方都要有发送设备和接收设备。对于多个用户之间的双向通信，为了能实现信息的有效传输，必须进行信息的交换和分发，由传输系统和交换系统组成的一个完整的通信系统或通信网络来实现。其中交换系统完成不同地址信息的交换，因此交换系统中的每一台交换机组成了通信网络中的各个节点。

一个实际的通信系统往往由终端设备、传输链路和交换设备三大部分组成。

1）终端设备

终端设备的主要功能是把待传送的信息与在信道上传送的信号相互转换。这就要求有发送传感器和接收传感器将信号恢复成能被利用的信息，还应该有处理信号的设备以便能与信道匹配。另外，还需要有能产生和识别通信系统内所需的信令信号或规约。对应不同的电信业务有不同的信源和信宿，也就有着不同的变换的反变换设备，因此对应不同的电信业务也就有不同的终端设备，如电话业务的终端设备就是电话机，传真业务的终端设备就是传真机，数据业务的终端设备就是数据终端机等。

2）传输链路

传输链路是连接源点和终点的媒介与通路，除对应于通信系统模型中的信道部分之外，还包括一部分变换和反变换设备。

传输链路的实现方式主要有以下几种：

● 物理传输媒介本身就是传输链路，如实线和电缆；
● 采用传输设备和物理传输媒介一起形成的传输链路，如载波电路和光通信链路；
● 传输设备利用大气传输链路，如微波和卫星通信链路。

3）交换设备

交换设备是现代通信网络的核心，其基本功能是完成接入交换节点的链路的汇集、转换和分配。对不同电信业务网络的转接，交换设备的性能要求也不相同。例如，电话业务网的交换设备实时性强，因此目前电话业务网主要采用直接接续通话电路的交换方式。

对于主要用于计算机通信的数据业务网，由于数据终端或计算机可有各种不同的速率，为了提高链路利用率，可将流入信息流进行分组、存储，然后再转发到所需链路上去，这种方式叫作分组交换方式。例如，分组数据交换机就按这种方式进行交换，这种方式可以比较高效地利用传输链路。

4．发送与接收设备

1）发送设备

发送设备的基本功能是将信源和传输媒介匹配起来，即将信源产生的消息信号变换为有利于传送的信号形式送往传输媒介。变换方式是多种多样的，在需要频率搬移时，调制是最常见的变换方式。发送设备还包括为达到某种特殊要求所进行的各种处理，如多路复用、保密处理和纠错编码处理等。

2）接收设备

接收设备的主要作用是将来自信道的带有干扰的发送信号加以处理，并从中提取原始信息，完成发送变换过程的逆变换——解调和译码。对于多路利用信号，还包括多路去复用，实现正确分路。由于接收的消息信号存在噪声和传输损伤，接收设备还可能包含趋近理想恢复的某些措施和方法。

3.1.2　通信系统的分类

广义而言，通信系统可以指一个全球通信网络，也可以指地球同步卫星系统，或者地面微波传输系统，或安装了网卡或调制解调器的个人计算机，等等。为了清楚地说明通信系统，往往将系统进行分类描述。

1．按系统层次分类

按系统层次分类，通信系统模型可分为以下几类。
- 网络层次模型：网络层次模型研究和设计的主要目标是信息流量控制和分析，传输协议的设计，优化和验证是网络层次模型分析和仿真的主要工作。
- 链路层次模型：链路层次模型是对通信节点和链路以及传输信号的具体化。链路层次模型由如下元素构成：调制器、编码器、滤波器、放大器、传输信道、译码器、解码器等。

链路层次模型研究和考察的对象是信号的传输过程、信号处理的算法对传输质量指标的影响，而不关心算法和传输过程的具体实现方法。编解码算法、调制算法的有效性、传输可靠性、传输容量分析、传输错误率分析等是链路层次模型分析和仿真的主要任务。
- 电路层次模型：电路实现层次模型是对链路层次模型中元素的具体化。例如，用于处理信号的仿真电路、数字电路、植入数字信号处理芯片中的算法等。

电路实现层次模型关心的是功能的具体实现问题，如硬件电路的设计、算法的设计和程序设计等，而对于通信系统性能指针（如传输错误率等）则不是考察对象。

网络层次模型是通信系统的最高层次描述，它由下面几个部分组成：

① 通信节点（信号处理点）；
② 链接通信节点的通信链路；
③ 传输系统。

2. 按信号类型分类

通信系统中的信号指携带信号的某一物理量，在数学上一般表示为时间 t 的函数 $f(t)$。根据函数类型的不同可以将信号划分为如下几种。

- 时间连续信号：信号在定义域（时间）上是连续的。
- 时间离散信号：信号在定义域（时间）上是离散的。
- 模拟信号：值域也是连续的时间连续信号。
- 数字信号：值域也是离散的时间离散信号。

根据链路层次通信系统中流通的信号类型不同，可以将其划分为如下几种。

- 连续时间系统：输入/输出是时间连续信号的系统。
- 离散时间系统：输入/输出是时间离散信号的系统。
- 模拟系统：输入/输出是模拟信号的系统。
- 数字系统：输入/输出是数字信号的系统。
- 混合系统：系统中流通的信号类型不止一种的系统。

3. 按系统特征分类

链路层通信系统模型，关心的是给定输入的情况下系统的输出是什么，系统输出与输入以及系统本身的参数有什么联系等问题，而不关心系统的内部构造和具体的实现。

根据系统参数类型的不同，可以将其划分为以下几种。

- 恒参系统：描述系统的参数不随时间的变化而变化。
- 变参系统（或称时变系统）：系统参数随时间而变化。
- 确定系统：系统参数的变化是确知的，即系统参数是时间的确定函数。
- 随机系统：系统参数服从某种随机分布的随机过程。

根据系统输出与输入之间的关系，可以将其划分为以下几种。

- 无记忆系统：系统当前时刻的输出仅仅取决于当前时刻的系统输入，而与系统以往的输入无关。
- 有记忆系统（或称动态系统）：系统当前的输出与输入信号的历史值有关。

根据系统输入/输出的个数，又可以将其分为以下几种：

- 单输入/单输出系统（SISO）；
- 单输入/多输出系统（SIMO）；
- 多输入/单输出系统（MISO）；
- 多输入/多输出系统（MIMO）。

3.2 模拟/数字通信

通信可分为模拟通信和数字通信。

3.2.1 模拟通信

模拟通信是利用正弦波的幅度、频率或相位的变化，或者利用脉冲的幅度、宽度或位置变化来模拟原始信号，以达到通信的目的，因此称为模拟通信。

1．模拟通信的定义

模拟信号指幅度的取值是连续的（幅值可由无限个数值表示）。时间上连续的模拟信号、连续变化的图像（电视、传真）信号等，时间上离散的模拟信号是一种抽样信号。

数字信号指幅度的取值是离散的，幅值表示被限制在有限个数值之内。二进制码就是一种数字信号。二进制码受噪声的影响小，易于由数字电路进行处理，所以得到了广泛的应用。

模拟通信是一种以模拟信号传输信息的通信方式。非电的信号（如声、光等）输入到变换器（如送话器、光电管），使其输出连续的电信号，使电信号的频率或振幅等随输入的非电信号而变化。普通电话所传输的信号为模拟信号。电话通信是最常用的一种模拟通信。模拟通信系统主要由用户设备、终端设备和传输设备等部分组成。其工作过程是：在发送端，先由用户设备将用户送出的非电信号转换成模拟电信号，再经终端设备将它调制成适合信道传输的模拟电信号，然后送往信道传输；到了接收端，经终端设备解调，然后由用户设备将模拟电信号还原成非电信号，送至用户。

2．模拟通信的特点

模拟通信与数字通信相比，模拟通信系统设备简单，占用频带窄，但通信质量、抗干扰能力和保密性能等不及数字通信。从长远观点看，模拟通信将逐步被数字通信所替代。

模拟通信的优点是直观且容易实现，但存在以下几个缺点：

（1）保密性差。模拟通信，尤其是微波通信和有线明线通信，很容易被窃听。只要收到模拟信号，就容易得到通信内容。

（2）抗干扰能力弱。电信号在沿线路的传输过程中会受到外界的和通信系统内部的各种噪声干扰，噪声和信号混合后难以分开，从而使得通信质量下降。线路越长，噪声的积累也就越多。数字信号与模拟信号的区别不在于该信号使用哪个波段（C、KU）进行转发，而在于信号采用何种标准进行传输。如亚卫 2 号 C 波段转发器上是我国省区卫星数字电视节目，它所采用的标准是 MPEG-2-DVBS。

（3）设备不易大规模集成化。

（4）不适应飞速发展的计算机通信要求。

3.2.2 数字通信

数字通信是指在信道上把数字信号从信源传送到信宿的一种通信方式。

1. 数字通信的优点

数字通信与模拟通信相比，其优点为：抗干扰能力强，没有噪声积累；可以进行远距离传输并能保证质量；能适应各种通信业务要求，便于实现综合处理；传输的二进制数字信号能直接被计算机接收和处理；便于采用大规模集成电路实现，通信设备利于集成化；容易进行加密处理，安全性更容易得到保证。

2. 数字通信与模拟通信比较

不同的数据必须转换为相应的信号才能进行传输：模拟数据一般采用模拟信号（Analog Signal），例如用一系列连续变化的电磁波（如无线电与电视广播中的电磁波），或电压信号（如电话传输中的音频电压信号）来表示；数字数据则采用数字信号（Digital Signal），例如用一系列断续变化的电压脉冲（如我们可用恒定的正电压表示二进制数 1，用恒定的负电压表示二进制数 0），或光脉冲来表示。当模拟信号采用连续变化的电磁波来表示时，电磁波本身既是信号载体，同时也作为传输介质；而当模拟信号采用连续变化的信号电压来表示时，它一般通过传统的模拟信号传输线路（如电话网、有线电视网）来传输。当数字信号采用断续变化的电压或光脉冲来表示时，一般需要用双绞线、电缆或光纤介质将通信双方连接起来，才能将信号从一个节点传到另一个节点。

模拟信号主要是与离散的数字信号相对的连续信号。模拟信号分布于自然界的各个角落，如每天温度的变化。而数字信号是人为抽象出来的在时间上的不连续信号。电学上的模拟信号主要指振幅和相位都连续的电信号，此信号可以通过类比电路进行各种运算，如放大、相加、相乘等。

数字信号是离散时间信号（Discrete-time Signal）的数字化表示，通常可由模拟信号获得。

3. 模拟信号与数字信号之间的相互转换

模拟信号和数字信号之间可以相互转换：模拟信号一般通过 PCM 脉码调制（Pulse Code Modulation）方法量化为数字信号，即让模拟信号的不同幅度分别对应不同的二进制值，例如采用 8 位编码可将模拟信号量化为 $2^8=256$ 个量级，实际应用中常采取 24 位或 30 位编码；数字信号一般通过对载波进行移相（Phase Shift）的方法转换为模拟信号。计算机、计算机局域网与城域网中均使用二进制数字信号，目前在计算机广域网中实际传送的则既有二进制数字信号，也有由数字信号转换而得的模拟信号。但是更具应用发展前景的是数字信号。

数模转换就是将离散的数字量转换为连接变化的模拟量，实现该功能的电路或器件称为数模转换电路，通常称为 D/A 转换器或 DAC（Digital Analog Converter）。我们知道数分为有权数和无权数，所谓有权数就是其每一位的数码有一个系数，如十进制数的 45

中的 4 表示为 4×10，而 5 为 5×1，即 4 的系数为 10，而 5 的系数为 1，数模转换从某种意义上讲就是把二进制的数转换为十进制的数。

最原始的 DAC 电路由以下几部分构成：参考电压源、求和运算放大器、权产生电路网络、寄存器和时钟基准产生电路。寄存器的作用是将输入的数字信号寄存在其输出端，当其进行转换时输入的电压变化不会引起输出的不稳定。时钟基准产生电路主要对应参考电压源，它保证输入数字信号的相位特性在转换过程中不会混乱，时钟基准的抖晃会制造高频噪声。二进制数据权系数的产生，依靠的是电阻，CD 格式是 16bit，即 16 位。所以采用 16 只电阻，对应 16 位中的每一位。参考电压源依次经过每个电阻的电流和输入数据每位的电流进行加权求和即可得出模拟信号，这就是多比特 DAC。多比特与 1 比特的区别之处是，多比特是通过内部精密的电阻网络进行电位比较，并最终转换为模拟信号。

3.3　系统类型

系统主要有多路系统、有线系统、微波系统、卫星系统、电话系统、电报系统及数据系统等。

3.3.1　多路系统

为了充分利用通信信道、扩大通信容量和降低通信费用，很多通信系统采用多路复用方式，即在同一传输途径上同时传输多个信息。多路复用分为频率分割、时间分割和码分割多路复用。在模拟通信系统中，将划分的可用频段分配给各个信息而共用一个共同传输媒质，称为频分多路复用。在数字通信系统中，分配给每个信息一个时隙（短暂的时间段），各路依次轮流占用时隙，称为时分多路复用。码分多路复用则是在发信端使各路输入信号分别与正交码波形发生器产生的某个码列波形相乘，然后相加而得到多路信号。完成多路复用功能的设备称为多路复用终端设备，简称终端设备。多路通信系统由末端设备、终端设备、发送设备、接收设备和传输媒介等组成。

3.3.2　有线系统

用于长距离电话通信的载波通信系统，是按频率分割进行多路复用的通信系统。它由载波电话终端设备、增音机、传输线路和附属设备等组成。其中载波电话终端设备是把话频信号或其他群信号搬移到线路频谱或将对方传输来的线路频谱加以反变换，并能适应线路传输要求的设备；增音机能补偿线路传输衰耗与变化，沿线路每隔一定距离装设一部。

3.3.3　微波系统

长距离大容量的无线电通信系统，因传输信号占用频带宽，一般工作于微波或超短波波段。在这些波段，一般仅在视距范围内具有稳定的传输特性，因而在进行长距离通信时须采用接力（也称中继）通信方式，即在信号由一个终端站传输到另一个终端站所经的路由上，设立若干邻接的、转送信号的微波接力站（又称中继站），各站间的空间距离为 20～50km。接力站又可分为中间站和分转站。微波接力通信系统的终端站所传信号在基带上可与模拟频分多路终端设备或与数字时分多路终端设备相连接。前者称为模拟接力通信系统，后者称为数字接力通信系统。由于具有便于加密和传输质量好等优点，数字微波接力通信系统日益得到人们的重视。除上述视距接力通信系统外，利用对流层散射传播的超视距散射通信系统，也可通过接力方式作为长距离中容量的通信系统。

3.3.4　卫星系统

在微波通信系统中，若以位于对地静止轨道上的通信卫星为中继转发器，转发各地球站的信号，则构成一个卫星通信系统。卫星通信系统的特点是覆盖面积很大，在卫星天线波束覆盖的大面积范围内可根据需要灵活地组织通信联络，有的还具有一定的变换功能，故已成为国际通信的主要手段，也是许多国家国内通信的重要手段。卫星通信系统主要由通信卫星、地球站、测控系统和相应的终端设备组成。卫星通信系统既可作为一种独立的通信手段（特别适用于对海上、空中的移动通信业务和专用通信网），又可与陆地的通信系统结合、相互补充，构成更完善的传输系统。

用上述载波、微波接力、卫星等通信系统作为传输分系统，与交换分系统相结合，可构成传送各种通信业务的通信系统。

3.3.5　电话系统

电话通信的特点是通话双方要求实时对话，因而要在一个相对短暂的时间内在双方之间临时接通一条通路，故电话通信系统应具有传输和交换两种功能。这种系统通常由用户线路、交换中心、局间中继线和干线等组成。电话通信网的交换设备采用电路交换方式，由接续网络（又称交换网络）和控制部分组成。话路接续网络可根据需要临时向用户接通通话用的通路，控制部分用来完成用户通话建立全过程中的信号处理并控制接续网络。在设计电话通信系统时，一方面主要以接收话音的响度来评定通话质量，在规定发送、接收和全程参考当量后即可进行传输衰耗的分配；另一方面根据话务量和规定的服务等级（即用户未被接通的概率——呼损率）来确定所需机、线设备的能力。

由于移动通信业务的需要日益增长，移动通信得到了迅速的发展。移动通信系统由车载无线电台、无线电中心（又称基地台）和无线交换中心等组成。车载电台通过固定配置的无线电中心进入无线电交换中心，可完成各移动用户间的通信联络；还可由无线电交换中心与固定电话通信系统中的交换中心（一般为市内电话局）连接，实现移动用户与固定用户间的通话。

3.3.6　电报系统

电报系统是为使电报用户之间互通电报而建立的通信系统。它主要利用电话通路传输电报信号。公众电报通信系统中的电报交换设备采用存储转发交换方式（又称电文交换），即将收到的报文先存入缓冲存储器中，然后转发到去向路由，这样可以提高电路和交换设备的利用率。在设计电报通信系统时，服务质量是以通过系统传输一份报文所用的平均时延来衡量的。对于用户电报通信业务则仍采用电路交换方式，即将双方间的电路接通，而后由用户双方直接通报。

3.3.7　数据系统

数据通信是伴随着信息处理技术的迅速发展而发展起来的。数据通信系统由分布在各点的数据终端和数据传输设备、数据交换设备及通信线路互相连接而成。利用通信线路把分布在不同地点的多个独立的计算机系统连接在一起的网络，称为计算机网络，这样可使广大用户共享资源。在数据通信系统中多采用分组交换（或称包交换）方式，这是一种特殊的电文交换方式，在发信端把数据分割成若干长度较短的分组（或称包）然后进行传输，在收信端再加以合并。它的主要优点是可以减少时延和充分利用传输信道。

3.4　通信系统仿真技术

仿真是衡量系统性能的工具，它通过仿真模型的结果来推断原系统的性能，从而为新系统的建立和原系统的改造提供可靠的参考。仿真是科学研究和工程建设中不可缺少的方法。

实际的通信系统是一个功能结构相当复杂的系统，对这个系统做出的任何改变都可能影响到整个系统的性能和稳定。因此，在对原有的通信系统做出改进或建立一个新系统之前，通常对这个系统进行建模和仿真，通过仿真结果衡量方案的可行性，从中选择最合理的系统配置和参数设置，然后再应用到实际系统中，这个过程称为通信仿真。

3.4.1　仿真技术

仿真技术是以相似原理、系统技术、信息技术以及仿真应用领域的有关技术为基础，以计算机系统、与应用有关的物理效应设备及仿真器为工具，利用模型对系统（已有的或设想的）进行研究的一门多学科的综合性技术。

仿真本质上是一种知识处理的过程。典型的系统仿真过程包括：系统模型建立、仿真模型建立、仿真程序设计、模型确认、仿真实验和数据分析处理等，它涉及很多领域的知识和经验。系统仿真可以有很多种分类方法。按模型的类型，可以分为连续系统仿真、离散系统仿真、连续/离散（时间）混合系统仿真和定性系统仿真；按仿真的实现方法和手段，可以分为物理仿真、计算机仿真、硬件在回路中的仿真（半实物仿真）和人在回路中的仿真；按设备的真实程度，可以分为实况仿真、虚拟仿真和构造仿真。

3.4.2　计算机仿真步骤

仿真在实现方法上可以分为多种。本书介绍的 Simulink 的仿真技术属于计算机仿真的一种。计算机仿真的主要步骤如下：

（1）描述仿真问题，明确仿真目的。

（2）项目计划、方案设计与系统定义。根据仿真相应的结构，规定相应仿真系统的边界条件与约束条件。

（3）数据建模。根据系统的先验知识、实验数据和机理研究，按照物理原理或者采取系统辨识的方法，确定模型的类型、结构及参数。注意，要确保模型的有效性和经济性。

（4）仿真建模。根据数学模型的形式、计算机类型、采用的高级语言或其他仿真工具，将数学模型转换成能在计算机上运行的程序或其他模型。

（5）实验。设定实验环境/条件和记录数据，进行实验并记录数据。

（6）仿真结果分析。根据实验要求和仿真目的对实验结果进行分析处理，根据分析结果修正数学模型、仿真模型、仿真程序或修正/改变原型系统，以进行新的实验。模型是否能够正确地表示实际系统，并不是一次完成的，而是需要比较模型和实验系统的差异，不断地修正和验证才能完成。

3.4.3　通信系统仿真步骤

通信系统仿真一般分为三个步骤，即仿真建模、仿真实验和仿真分析。应该注意的是，通信仿真是一个螺旋式发展的过程，因此，这三个步骤可能需要循环执行多次之后才能够获得令人满意的仿真结果。

1．仿真建模

仿真建模是根据实际通信系统建立仿真模型的过程，它是整个通信仿真过程中的一个关键步骤，因为仿真模型的好坏直接影响着仿真的结果以及仿真结构的真实性和可靠性。

仿真模型是对实际系统的一种模拟和抽象。过于简单的仿真模型会忽略实际系统的细节，在一定程度上会影响仿真结果的可靠性。但过于复杂的仿真模型则会产生很多相互因素，从而大大延长仿真时间和增加仿真结果分析的复杂度。因此，仿真模型的建立需要综合考虑其可行性和简单性。在仿真建模过程中，可以先建立一个相对简单的仿真模型，然后再根据仿真结果和仿真过程的需要逐步增加仿真模型的复杂度。

在仿真建模过程中，首先需要分析实际系统存在的问题或设立系统改造的目标，并把这些问题和目标转化成数学变量和公式。确定了仿真目标后，下一步是获取实际通信系统的各种运行参数，如通信系统占用的带宽及频率分布、系统对于特定的输入信号产生的输出等。

在以上工作准备好后，就是仿真软件的选择了。除了使用传统的编程语言外，目前工程技术人员比较倾向于更加专业和方便使用的专门仿真软件，比较常见的包括 MATLAB、OPNET 和 NS2 等。

使用仿真软件建立好仿真模型后，仿真建模这一步就基本完成了。值得注意的是，在进行下一步工作前，要做好仿真模型文档说明，这有利于使仿真工作条理更加清晰，在调试过程中能够很容易找出错误所在并及时纠正。

2. 仿真实验

仿真实验是一个或一系列针对仿真模型的测试。在仿真实验过程中，通常需要多次改变仿真模型输入信号的数值，以观察和分析仿真模型对这些输入信号的反应，以及仿真系统在这个过程中表现出来的性能。值得强调的一点是，仿真过程中使用的输入数据必须具有一定的代表性，即能够从各种角度显著地改变仿真输出信号的数值。

在明确了仿真系统对输入/输出信号的要求后，最好把这些设置整理成一份简单的文档。编写文档是一个好习惯，它能够帮助回忆起仿真设计过程的一些细节。当然，文档的编写不一定要求很规范，并且文档大小应该视仿真设计的规模而定。

对于需要较长时间的仿真，应该尽可能地使用批处理方式，使得仿真过程在完成一种参数配置的仿真后，能够自动启动针对下一个仿真参数配置的下一次仿真。这种方式能够减少仿真过程中的人工干预，提高系统利用率和仿真效率。

3. 仿真分析

仿真分析是通信仿真流程的最后一个步骤。在仿真分析过程中，用户已经从仿真过程中获得了足够多的关于系统性能的信息，但是这些信息只是一些原始数据，一般还需要经过数值分析和处理才能够获得衡量系统性能的尺度，从而获得对仿真性能的一个总体评价。常用的系统性能尺度包括平均值、方差、标准差、最大值和最小值等，它们从不同的角度描绘了仿真系统的性能。

值得注意的是，即使仿真过程中收集的数据正确无误，但由此得到的仿真结果并不一定就是准确的。造成这种结果的原因可能是输入信号恰好与仿真系统的内部特性吻合，或输入的随机信号没有足够的代表性。

图表是最简洁的说明工具，它们具有很强的直观性，便于分析和比较，因此，仿真分析的结果一般都制成图表形式。而且，一般使用的仿真工具都具有很强的绘图功能，能够便捷地绘制各种类型的图表。

以上就是通信系统的一个循环。应强调的是，仿真分析并不一定意味着通信仿真过程的完全结束。如果仿真分析得到的结果达不到预期的目标，用户还需要重新修改通信仿真模型，这时仿真分析就成为一个新循环的开始。

3.4.4　通信系统仿真方法

一般来说，通信系统的仿真方法有三种：

（1）基于动态系统模型的状态方程求解方法；

（2）基于概率模型的蒙特卡罗方法；

（3）混合方法。

1．基于动态系统模型的状态方程求解方法

动态系统，也就是有记忆系统的数学描述式状态方程。所谓系统建模，就是根据研究对象的物理模型找出相应的状态方程的过程。而所谓对动态系统的仿真，就是利用计算机来对所得出的状态方程进行数值求解的过程。

在通信系统中，通常我们关心的信号是以时间为自变量的函数，所以相应状态方程中的状态变量、输入变量、输出变量也是时间的函数。为叙述方便，下面我们假定状态方程是基于时间的。

在连续时间系统中，状态方程是一组微分方程。在当前时刻 t 处的状态向量值 $x(t)$ 和输入信号向量 $u(t)$ 已知的条件下，以微分方程组形式的状态方程确定了当前时刻的输出信号向量 $y(t)$ 以及与当前时刻无限接近的下一未来时刻 $t+dt$ 的新状态向量 $x(t+dt)$。以此类推，如果已知当前系统状态，由状态方程将给出未来所有时刻的系统状态值和输出信号值。

在计算机数值求解中，只能以一个微小的时间间隔 δt 来近似表示当前时刻与下一时刻之间的无穷小时间差 dt，所以数值求解（实质上就是微分方程的数值求解）总是近似的。我们将这个微小的时间间隔 δt 称为求解的步长。

在给定求解精度要求下，需要根据动态系统的性质以及输入信号的特征来选择求解步长和求解算法。一般地，求解步长过小将增加计算量，使得仿真速度下降，而求解步长太大会严重影响仿真结果的精度，甚至导致求解递推过程不收敛而使得求解失败。

微分方程的求解算法可以划分为变步长算法和固定步长算法两大类。

（1）变步长算法：求解步长是自适应变化的，以兼顾求解精度和求解速度。

（2）固定步长算法：步长需要在仿真之前根据系统特征和信号特征及精度要求进行人工选择。

在通信系统中，流动的信号和相应的处理部件一般是频带受限的，由采样定理给出了保证连续信号离散化过程不失真所要求的最大取样间隔，所以，只要固定步长算法的求解步长设定满足取样定理的要求，一般能够保证求解输出的正确性。

对于离散时间系统，状态方程以一组差分方程的形式给出。求解就是要得出在各离散时刻（$0,1,2,\cdots,k,\cdots$）的系统状态值和输出信号值。当给定当前离散时刻 k 处的状态向量值 $x(k)$ 以及当前输入的时间离散信号取值 $u(k)$，由差分方程组就确定了当前系统输出信号取值 $y(k)$ 以及下一时刻（$k+1$ 时刻）的新的系统状态取值 $x(k+1)$。

如果已知系统的初始状态 $x(0)$ 和输入的离散时间信号 $u(k),k=0,1,2,\cdots$，通过递推，就可以得出未来各个离散时刻的系统状态值和系统输出信号。

如果系统模型中存在数模转换模块（如取样器、模拟低通滤波器等），那么系统中既存在时间连续信号，又有时间离散信号，其状态方程组中既有微分方程，又有差分方程。对于这种混合系统，在进行数值求解时往往可根据取样定理，采用满足系统最高工作频率不失真要求的固定步长算法，这样易于协调微分方程和差分方程之间的数据交互。

2. 基于概率模型的蒙特卡罗方法

蒙特卡罗方法（Monte Carlo method）也称统计模拟方法，是20世纪40年代中期由于科学技术的发展和电子计算机的发明，而被提出的一种以概率统计理论为指导的非常重要的数值计算方法。是指使用随机数（或更常见的伪随机数）来解决很多计算问题的方法。与它对应的是确定性算法。蒙特卡罗方法在金融工程学、宏观经济学、计算物理学（如粒子输运计算、量子热力学计算、空气动力学计算）等领域应用广泛。

蒙特卡罗方法的基本思想是：当所求解问题是某种随机事件出现的概率，或者是某个随机变量的期望值时，通过某种实验的方法，以这种事件出现的频率来估计该随机事件的概率，或者得出这个随机变量的某些数字特征，并将其作为问题的解。

如果所求解的问题不是一个随机事件问题，那么可以通过数学分析方法找出与之等价的随机事件模型，然后再利用蒙特卡罗方法去求解。

蒙特卡罗方法的解题过程可以归结为三个主要步骤：构造或描述概率过程；实现从已知概率分布抽样；建立各种估计量。

1）构造或描述概率过程

对于本身就具有随机性质的问题，如粒子输运问题，主要是正确描述和模拟这个概率过程；对于本来不是随机性质的确定性问题，比如计算定积分，就必须事先构造一个人为的概率过程，它的某些参量正好是所要求问题的解，即要将不具有随机性质的问题转化为随机性质的问题。

2）实现从已知概率分布抽样

构造了概率模型以后，由于各种概率模型都可以看作是由各种各样的概率分布构成的，因此产生已知概率分布的随机变量（或随机向量），就成为实现蒙特卡罗方法模拟实验的基本手段，这也是蒙特卡罗方法被称为随机抽样的原因。最简单、最基本、最重要的一个概率分布是（0,1）上的均匀分布（或称矩形分布）。随机数就是具有这种均匀分布的随机变量。随机数序列就是具有这种分布的总体的一个简单子样，也就是一个具有这种分布的相互独立的随机变数序列。产生随机数的问题，就是服从这个分布的抽样问题。在计算机上，可以用物理方法产生随机数，但价格昂贵，不能重复，使用不便。另一种方法是用数学递推公式产生。这样产生的序列，与真正的随机数序列不同，所以称为伪随机数或伪随机数序列。不过，经过多种统计检验表明，它与真正的随机数或随机数序列具有相近的性质，因此可把它作为真正的随机数来使用。由已知分布随机抽样有各种方法，与从（0,1）上均匀分布抽样不同，这些方法都是借助于随机序列来实现的，也就是说，都是以产生随机数为前提的。由此可见，随机数是我们实现蒙特卡罗模拟的基本工具。

3）建立各种估计量

一般来说，构造了概率模型并能从中抽样后，即实现模拟实验后，我们就要确定一个随机变量，作为所要求的问题的解，我们称其为无偏估计。建立各种估计量，相当于对模拟实验的结果进行考察和登记，从中得到问题的解。

通常蒙特卡罗方法通过构造符合一定规则的随机数来解决数学上的各种问题。对于那些由于计算过于复杂而难以得到解析解或者根本没有解析解的问题，蒙特卡罗方法是一种有效的求出数值解的方法。一般蒙特卡罗方法在数学中最常见的应用就是蒙特卡罗积分。

在建模和仿真中，应用蒙特卡罗方法主要有两部分工作：

（1）用蒙特卡罗方法模拟某一过程时，产生所需要的各种概率分布的随机变量；

（2）用统计方法把模型的数字特征估计出来，从而得到问题的数值解，即仿真结果。

【例 3-1】 试用蒙特卡罗方法求出半径为 1 的圆的面积，并与理论值对比。

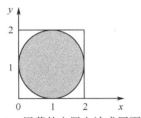

图 3-1 用蒙特卡罗方法求圆面积

（1）数学模型。

设有两个相互独立的随机变量 x,y，服从[0 2]上的均匀分布。那么，由它们所确定的坐标点 (x,y) 均匀分布于边长为 2 的一个正方形区域中，该正方形的内接圆的半径为 1，如图 3-1 所示。显然，坐标点 (x,y) 落入圆中的概率 P 等于该圆面积 S_c 与正方形面积 S 之比，即

$$S_c = pS$$

因此，只要通过随机试验统计出落入圆点的频度，即可计算出圆的近似面积来。当随机试验的次数充分大的时候，计算结果就趋近于理论真值。

（2）仿真试验。

其实现的 MATLAB 程序代码如下：

```
>> clear all;
s=0:0.01:2*pi;
x=sin(s);
y=cos(s);                   %计算半径为 1 的圆周上的点，以便做出圆周观察
m=0;                        %在圆内的落点计数器
x1=2*rand(999,1)-1;         %产生均匀分布于[-1 1]之间的两个独立随机数 x1,y1
y1=2*rand(999,1)-1;
N=999;                      %设置试验次数
for n=1:N                   %循环进行重复试验并统计
    p1=x1(1:n);
    q1=y1(1:n);
    if(x1(n)*x1(n)+y1(n)*y1(n))<1  %计算落点到坐标原点的距离，误差落点是否在圆内
    m=m+1;                  %如果落入圆中，计数器加 1
    end
    plot(p1,q1,'.',x,y,'-k',[-1 -1 1 1 -1],[-1 1 1 -1 -1],'-k');
    axis equal;             %坐标纵横比例相同
```

```
    axis([-2 2 -2 2]);                          %固定坐标范围
    text(-1,-1.2,['试验总次数 n=',num2str(n)]);          %显示试验结果
    text(-1,-1.4,['落入圆中数 m=',num2str(m)]);
    text(-1,-1.6,['近似圆面积 Sc=',num2str(m/n*4)]);
    set(gcf,'DoubleBuffer','on');
    drawnow;
end
```

程序执行中，将动态显示随机落点情况和当前的统计计算结果。图 3-2 为重复落点 999 次时的计算结果。随着试验次数增加，计算结果将趋近于半径为 1 的圆面积的真值 π。

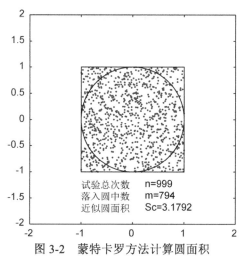

图 3-2　蒙特卡罗方法计算圆面积

由图 3-2 可看出，计算结果接近于半径为 1 的圆面积，但显然不够精确。为了提高程序效率，取消绘图过程，并将实验次数提高到 10000000 次，计算结果精确度提高到了小数点后 3 位。修改后的代码为：

```
tic                            %启动计时器
n=10000000;                    %每次随机落点 10000 个
for k=1:n                      %重复试验 1000 次
    x1=2*rand(n,1)-1;
    y1=2*rand(n,1)-1;
    m(k)=sum((x1.*x1+y1.*y1)<1);   %求落入圆中的点数和
end
Sc=mean(m).*4./n;              %计算并显示结果
disp(['实验总次数 n=',num2str(n)]);
disp(['近似圆面积 Sc=',num2str(Sc)]);
time=toc                       %显示耗时
```

运行程序，输出如下：

```
实验总次数 n=10000000
近似圆面积 Sc=3.1413
```

3．混合方法

在实践中，我们往往首先根据研究目的、系统结构以及所要得出的系统参数等指标来建立相应的仿真模型。如果系统属于动态系统，在数学上即用状态方程描述，那么对该系统的仿真过程就是求解该微分方程组的过程。然而，许多时候人们希望考察系统在具有随机性的环境中的表现，例如，研究系统的老化过程、热稳定性以及系统对噪声的处理情况等，这时系统模型的参数（如输入信号、方程系数等）将含有随机成分，那么对系统的仿真就是在具有随机变量条件下的微分方程数值求解问题，这样的仿真方法称为混合方法，因为仿真同时使用了基于数值计算的状态方程求解方法和基于统计计算的蒙特卡罗方法。由于通信系统是一种工作在随机噪声环境下的动态系统，所以对通信系统的一般仿真方法就是确定方程求解与统计计算相互结合的混合方法。

这里需要指出，并非任何计算数值求解过程都可以看作系统的仿真过程。如果计算是对理论所得出的解析公式的数值计算，那么这种计算就不是仿真。例如，欲求解某动态系统的阶跃响应，可以先建立该系统的状态方程，然后通过数学方法（比如，若是线性式不变系统，可用拉普拉斯变换方法求解）求出系统阶跃响应的解析表达公式，再通过计算机编程计算得出解析公式的数值结果，并画出曲线，但是这仅仅是对理论解的数值计算而已。如果在建立了系统的状态方程之后，定义输入信号为阶跃函数，然后直接对状态方程进行数值计算得出结果，那么这就是一个仿真过程。又如，在加性高斯信道条件下，数字通信系统的传输误码率与信噪比之间的关系可以通过概率分析方法得到解析公式，根据误码率解析公式计算得出结果（曲线）的过程仅仅是解析数值计算过程，不是系统仿真的过程。而通过蒙特卡罗方法对传输进行试验并进行误码统计得出结果（曲线）的过程就是仿真过程。

如果解析数值计算和仿真过程都是正确的，那么在误差范围内，两者所得出的结果必然是一致的，这样就可以通过仿真结果与解析结果之间的对比来检验程序的正确性。可见，对系统的仿真只需要建立系统的数学模型，而不需要对模型的理论求解（在实际问题中，往往理论求解是不可能的或不存在的，如将上述系统的输入信号变为随机噪声，或者将上述系统变为一个时变系统或非线性系统）。因此，当验证了仿真计算过程的正确性之后，可以将其推广到更为复杂或更加接近实际的情况，从而得出通过解析方法难以得到的数值结果。

3.5　通信系统仿真模型

通信系统负责将包含信息的消息从发送方有效地传递到接收方。本节将介绍通信系统的基本模型。

通信系统有其特有的模型结构，最基本的模型是点对点通信系统模型，根据信源输出信号类型的不同，又有模拟通信系统模型和数字通信系统模型，下面将对这三个模型进行简单的介绍。

1. 点对点通信系统基本模型

最简单的通信系统负责将信号有效地从一个地方传输到另一个地方，称为点对点通信系统。任何点对点通信系统都由发送端（信源和发送设备）、接收端（接收设备和信宿）以及其间的物理信道组成，其概念模型如图 3-3 所示。

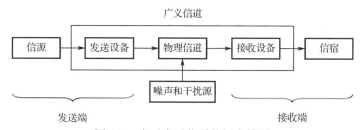

图 3-3 点对点通信系统概念模型

信源即信息的发源地，信源可以是人，也可以是机器。在数学上，信源的输出是一个随时间变化的随机函数，根据随机函数的不同形式，可以分为连续信源和离散信源两类。

发送设备负责将信源输出的信号变换为适合信道传输的形式，使之匹配于信号传输特性并送入信道中。发送设备进行以传输为目的的全部信号处理工作，可能包含不同物理量表示信号之间的转换，也包含信号不同形式之间的转换。

物理信道是信号传输的通路。按照传输媒介不同，可以分为有线信道和无线信道两类；按照信道参数是否随时间变化，可以分为时不变信道（也称恒参信道）和时变信道（变参信道）两类。

在信道中，信号波形将发生畸变，功率随传输距离增加而衰减，并混入噪声以及干扰。在通信模型中，通常也将通信设备内部产生的噪声等价地归并为信道中混入的噪声，这样，通信模型中信号处理设备就建模为无噪的。

接收设备的功能与发送设备相反，负责将发送端信息从含有噪声和畸变的接收信号中尽可能正确地提取出来。接收设备的信号处理目的是进行对应于发送设备功能的反变换，如解调、译码，将信号转换为信源发送的原始信号物理形式，同时尽可能好地抑制信道噪声，补偿或校正信道畸变引起的信号失真，最终将还原的信号送给信宿。

信宿是信息的接收端，可以是人，也可以是机器。

有时我们将物理信道连同部分或全部的发送设备和接收设备视为广义信道。根据通信传输信号的类型，可以将通信系统进一步分为基带传输系统和频带传输系统、模拟通信系统和数字通信系统、电通信系统和光通信系统等。

2. 模拟通信系统基本模型

如果信源输出的是模拟信号，在发送设备中没有将其转换为数字信号，而是直接对其进行时域或频域处理（如放大、滤波、调制等）之后就进行传输，则这样的通信系统称为模拟通信系统。模拟通信系统的概念模型如图 3-4 所示。

在发送端，信号转换器负责将其他物理量表示的仿真信号转换为仿真电信号，如各种传感器、摄像头、话筒等。

基带处理部分对输入的模拟电信号进行放大、滤波后，将其送入调制器进行调制，转变为频带信号，称为已调信号。频带处理部分负责对已调信号进行滤波、上变频以及功率放大，并将其输出到有线信道中或通过天线发送到无线信道中。

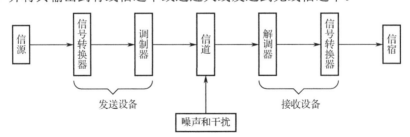

图 3-4　模拟通信系统概念模型

在接收端，信号经过频带处理部分选频接收、下变频和中频放大之后，送入解调器进行解调，还原出基带信号，再经过适当的基带信号处理之后送入信号转换器，如显示器、扬声器等，最终还原为最初发送类型物理量表示的仿真信号。

对于短距离有线传输，如有线对讲系统，可以不使用调制和解调，这样的系统就是模拟基带传输系统。

但是对于大多数模拟通信系统来说，为了将多路信号复用在同一物理媒介上传输，抑制干扰并匹配天线传输特性，必须使用调制和解调对信号进行频谱搬移，这样的传输系统就是模拟频带传输系统。

3．数字通信系统基本模型

如果信源输出的是数字信号，或信源输出的仿真信号经过模-数转换变成了数字信号，再进行处理和传输，则这样的通信系统称为数字通信系统。数字通信系统的概念模型如图 3-5 所示。

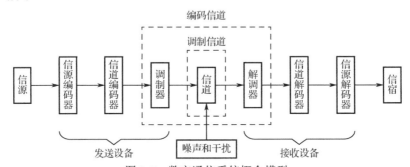

图 3-5　数字通信系统概念模型

注意：

（1）图中各个模块和模块功能在具体的系统中不一定全部采用。采用哪些模块和模块中的哪些具体功能取决于相应通信系统的具体设计要求。

（2）发送端和接收端的模块是相互对应的，例如，若发送端使用了编码器，则接收端必须使用对应的解码器。

在发送端，信源输出的消息经过信源编码得到一个具有若干离散取值的离散时间序列。信源编码的功能是：

（1）将仿真信号转换为数字序列；

（2）压缩编码，提高通信效率；

（3）加密编码，提高信息传输安全性。

信源编码的输出序列将送入信道编码器，信道编码的功能是：

（1）负责对数字序列进行差错控制编码，如分组编码、卷积编码、交织和扰乱等，以抵抗信道中的噪声和干扰，提高传输可靠性；

（2）对差错控制编码输出的数字序列进行码型变换（也称为基带调制），如单对极性变换、归零-不归零码变换、差分编码、AMI 编码、HDB3 编码等，其目的是匹配信道传输特性，增加定时信息，改变输出符号的统计特性并使之具有一定的检错能力；

（3）对输出码型进行波形映射，以适应于带限传输信道，如针对带限信道的无串扰波形的成形滤波、部分响应成形滤波等。

调制器完成数字基带信号到频带信号的转换，数字调制方式有多种，如幅移键控（ASK）、相移键控（PSK）、频移键控（FSK）、正交幅度调制（QAM）、正交相移键控（QPSK）等，还可能包括扩频调制。调制器输出的频带信号经过功率放大后送入物理信道。

传输信号在物理信道中发生衰落、波形畸变，并混入噪声和干扰。

在接收端，接收信号经过滤波、变频、放大等信号处理后，送入解调器。解调器完成频带数字信号到基带数字信号的变换。

之后，基带数字信号在信道译码器中完成译码，即完成与发送端信道编码器功能相反的变换，其输出的数字序列将送入信源译码器中进行编码，即完成解密、解压缩以及数-模转换等功能，最终向信宿输出接收消息。

在接收端，为了完成解调，通常需要提取发送的调制域载波，而为了完成译码，必须使收发双方具有相同的传输节拍，也就是需要定时恢复，从而完成收发双方的同步，同步包括位同步和分组同步（帧同步和群同步）等。

如果数字通信系统中不使用调制器和解调器进行信号的基带-频带转换，则这样的系统称为数字基带传输系统。

3.6　信息度量

信息是包含在消息中的有意义的内容，消息可以有各种各样的形式，但不同形式的消息可以统一用抽象的信息概念来表示，传递的消息都有一个信息量的概念。那么，信息是如何度量的呢？

1. 信息度量的概念

现假定教师在第一节"通信原理"课结束时，讲以下三句话中的某一句：

（1）下次课由我来给大家上课；

（2）下次课将由另一位老师来给大家上课；

（3）这门课以后不上了，到学期结束时，老师给每位同学的成绩都是 90 分。

显然，学生听了第一句话后所获得的信息量几乎为 0，因为一般情况下，上第一节课的教师往往会继续上完这门课，也就是第一种情况发生的概率几乎为 1；相对应地，第二种情况发生的概率比第一种情况要小，所以学生听了第二句话后获得的信息量就比较大；再来看第三句话，常理下，这件事是不可能发生的，即这件事出现的概率几乎为 0，现在教师做出了这样的决定并告诉了学生，对学生来讲，这句话就包含了大量的信息。

由此可见，消息中包含的信息量与消息发生的概率是紧密相关的。消息出现的概率越小，则包含的信息量越大；概率为 0 时，信息量为无穷大；概率为 1 时，信息量为 0。如果我们同时得到几个消息，那么我们得到的信息量将是这几个消息包含信息量的总和。

基于以上消息的概率和该消息所含信息量之间的关系，可用下式来表示：

$$I = \log_a \frac{1}{P(x)} = -\log_a P(x)$$

上式中对数的底 a 将决定信息量的单位。哈特雷（Hartley）在 1928 年第一次建立了信息量的对数度量，即使用以 10 为底的对数，信息的单位是哈特。现在的标准是采用以 2 为底的对数，信息的单位是比特。有时也使用以 e 为底的对数，信息的单位是奈特。

【例 3-2】 进行一个具有 16 个等可能结果的随机试验，每一个结果具有的信息量为多少？

解析：因为每一个结果都是等可能出现的，即每一个结果出现的概率都是 $P(x_i) = \frac{1}{16}$。则每一个结果具有的信息量为

$$I(x_i) = -\log_2 16 = 4 \ (\text{bit})$$

式中，i 从 1 到 16。

上例是单次试验结果所含的信息，相当于单个符号所含的信息量，对于由一串符号构成的消息，假设各符号的出现互相统计独立，则根据信息相加性概念，整个消息的信息量是每个符号信息量的总和。

2．平均信息量概念

平均信息是指每个符号所含信息量的统计平均值，因此，由 M 个符号组成的消息，每个符号所含的平均信息量为

$$H(X) = -\sum_{i=1}^{M} P(x_i) \log_2 P(x_i) \ (\text{比特/符号}) \tag{3-1}$$

上述平均信息计算公式与热力学和统计力学中关于系统熵的公式一样，因此平均信息量又叫熵。

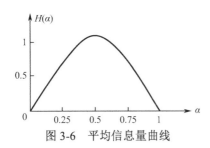

图 3-6　平均信息量曲线

【例 3-3】由二进制数字 1、0 组成的消息，$P(1) = \alpha$，$P(0) = 1 - \alpha = \beta$，推导以 α 为变量的平均信息量，并绘出 α 从 0 到 1 取值时 $H(\alpha)$ 的曲线。

解析：由式（3-1）得平均信息量为
$$H(\alpha) = -\alpha \log_2 \alpha - (1 - \alpha) \log_2 (1 - \alpha)$$
根据上式可绘制曲线如图 3-6 所示。

由图 3-6 可知最大平均信息量出现在 $\alpha = \frac{1}{2}$ 时刻，因

为这时每一个符号都是等可能的,此时的不确定性是最大的。如果 $\alpha \neq \dfrac{1}{2}$,则其中一个符

号比另一个符号更有可能出现,信源输出哪一个符号的不确定性就变小。如果 α 或者 β 等于 0,不确定性就是 0,因为我们可以确切地知道会出现哪个符号。

上述结论可推广到消息由 M 个符号组成的情况:当 M 个消息等概率出现时,信源具有最大平均信息量,即

$$H(X) = \log_2 M \quad (\text{比特/符号}) \tag{3-2}$$

以上为离散消息的信息度量。同样,关于连续消息的信息量可用概率密度来描述。可以证明,连续消息的平均信息量为

$$H(X) = -\int_{-\infty}^{+\infty} f(x) \log_2 f(x) \mathrm{d}x \tag{3-3}$$

式中, $f(x)$ 为连续消息出现的概率密度。

3.7　通信系统仿真的优点

计算机仿真具有经济、安全、可靠、试验周期短等优点,在工程领域得到了越来越广泛的应用。通信领域与计算机领域的固有联系使得通信领域的计算机仿真应用更为活跃。

现代通信系统和电子系统通常是复杂的大规模系统,在噪声和各种随机因素的影响下,一般很难通过解析方法求得系统的精确数学描述。即便对于一些相对较简单的问题,能够写出数学表达式,但往往也难以使用解析法求解,这种情况下系统仿真手段就成为了一个极为有效的工具。利用仿真技术往往可以绕过艰深的甚至是不可能的数学解析求解,较为容易地获得问题的数值结果。

随着计算机硬件技术和仿真软件的发展,计算速度大大提高,编程的复杂性也大大简化,计算机仿真技术已经成为现代电子系统和现代通信系统研究的主要手段。

另外,在对现代通信系统新协议、新算法和新的体系结构的设计和性能评估中,直接进行实验测试几乎是不可能的,因为这些新系统根本就没有实现,在这种情况下只能通过仿真来检验所考察的对象,以验证有关的假设、评价算法的性能。此外,在学习通信系统理论的过程中,仿真技术也是理解原理、验证理论、进行探索和发现的有效途径。

3.8　通信系统仿真的局限性

在 3.7 节中列举了通信系统仿真的种种优点,那么它有没有缺点呢?答案是肯定的。所以对于计算机仿真技术在实际应用中存在的一些不足和需要注意的问题,应加以重视。

(1)模型的建立、验证和确认比较困难。在系统分析和设计的初始阶段,往往对系统的认识还不深,对实际对象的抽象以及模型的有效性又没有明确的衡量指标,因此难以识别真伪所产生的虚假结果。

(2)对实际系统的建模方法不正确,或者建模时的假设条件、参数的选取、模型的

简化使得与实际系统的差别较大。

（3）建模过程中忽略了部分次要因素，使得模型仿真结果偏离实际系统。在建模中哪些因素可以忽略往往是凭借建模者的经验主观取舍的，这就不可避免地会造成模型与实际系统之间的差异。

（4）仿真试验时间太短。运行仿真的次数过少，仿真试验时间太短，将得不到足够的统计样本数据，从而给结果分析带来较大误差。例如，在通信系统接收误码率的仿真试验中，当信噪比较高时，要得到高置信度的误码率数据必须试验足够长的传输数据。即便现代计算机的运算速度已经大大提高，但与理论计算相比较，对计算机而言，蒙特卡罗仿真仍是一项极为耗时的工作。

（5）随机变量的概率分布类型或参数选取不当。通信系统的仿真模型中，噪声是利用伪随机数来表示的，这些随机变量服从一定的概率分布。如果实际系统中的噪声分布与仿真中所用的随机变量分布存在较大差异，那么必然造成仿真结果的误差。

（6）仿真输出结果的统计误差。对仿真输出数据的分析有严格的要求，对于不同的仿真模型所适用的统计方法也可能有所不同。

（7）计算机字长、编码和应用算法也会影响仿真结果。在 Simulink 中应特别注意所选用的求解算法的适用性。

总之，在考察复杂系统时，这些系统往往具有随机性和复杂性，因而无法用准确的数学方程描述出来，更不用说用解析方法求解。当找不到其他更好的办法时，才借助计算机仿真技术来分析研究问题。而当问题存在解析解答时，仿真一方面用来验证理论的正确性和在实际环境中的适用性，另一方面也用于验证仿真模型自身的有效性和正确性。

然而，计算机仿真并不能完全代替传统的数学解析分析或传统实验测量技术。事实上，仿真模型是否合理、仿真结果是否有效最终是通过物理实验测量以及与数学分析结果相对比来检验的。将仿真方法同数学分析手段、硬件测试相结合可以发挥更强大的作用。通过不断重复的仿真实验可以使我们更加深入地了解系统的工作原理，确定系统中的关键结构和关键参数，从而简化系统设计。而通常简化的设计又可能利用数学解析分析方法来描述和求解系统。总之，解析分析、仿真以及实际系统测试相互结合、相互补充、相互印证是系统研究、系统设计和优化的基本途径。

第4章 信　源

通信系统一般由三部分组成，即信源、信道和信宿。信源是通信系统的起点，它产生数据并且对这些数据进行编码和调制，产生适合于信道传输的调制信号；信道是数据信息的传输载体，发送端产生的数据通过信源编码和信号调制转化成调制信号，然后进入信道，这些调制信号通过信道到达接收端，在接收端通过与发送端相反的过程得到原始数据；信宿则是通信系统的终点，它从信道中接收信号，通过解码和解调得到信源端产生的原始数据。

信源、信道和信宿是通信系统必不可少的三部分。

4.1　通信仿真函数

MATLAB 通信系统工具箱中提供了许多与通信系统有关的函数命令，其中包括信源产生函数、信源编码/解码函数、调制\解调函数、滤波函数等。

4.1.1　信源产生函数

在 MATLAB 通信系统工具箱中提供了许多与通信系统有关的函数命令，下面对相关信源产生函数予以介绍。

1. randerr 函数

在 MATLAB 通信系统工具箱中，提供了 randerr 函数用于产生误比特图样。函数的调用格式为：

out = randerr(m)：产生一个 m×m 维的二进制矩阵，矩阵中的每一行有且只有一个非零元，且非零元素在每一行中的位置是随机的。

out = randerr(m,n)：产生一个 m×n 维的二进制矩阵，矩阵中的每一行有且只有一个非零元，且非零元素在每一行中的位置是随机的。

out = randerr(m,n,errors)：产生一个 m×n 维的二进制矩阵，参数 errors 可以是一个标量、行向量或只有两行的矩阵。

- 当 errors 为一个标量时，产生的矩阵的每一行中 1 的个数等于 errors；
- 当 errors 为一个行向量时，产生的矩阵的每一行中出现 1 的可能个数由 errors 的相应元素指定；
- 当 errors 为两行矩阵时，第一行指定出现 1 的可能个数，第二行说明出现 1 的概率，第二行中所有元素的和应该等于 1。

out = randerr(m,n,prob,state)：参数 prob 指定 1 出现的概率；参数 state 为需要重新设置的状态。

out = randerr(m,n,prob,s)：使用随机流 s 创建一个二进制矩阵。

【例 4-1】 利用 randerr 不同调用格式创建一个二进制的误比特图样。

```
%创建一个 7×8 维二进制矩阵
>> clear all;                    %清空工作区
>> out = randerr(8,7,[0 2])
out =
       0     1     0     0     0     1     0
       0     1     0     0     0     1     0
       0     0     0     0     0     0     0
       0     0     0     0     0     1     1
       0     0     0     0     0     0     0
       0     0     0     0     0     0     0
       0     0     1     0     0     0     1
       0     0     1     0     1     0     0
>> out = randerr(8,7,[0 2; 0.25 0.75])
out =
       0     0     0     0     1     0     1
       0     1     0     0     0     0     1
       0     0     1     0     0     1     0
       0     1     0     0     1     0     0
       1     0     0     0     1     0     0
       0     0     0     0     0     0     0
       0     0     0     0     0     0     0
       0     0     0     0     0     0     0
```

2．randi 函数

在 MATLAB 通信系统工具箱中，提供了 randi 函数用于产生离散型的随机整数矩阵。函数的调用格式为：

X = randi(imax)：产生一个在 1 与 imax 之间的离散随机矩阵。

X = randi(imax,n)：产生 n×n 的离散随机矩阵，其整数范围为 1～imax。

X = randi(imax,sz)：产生与 sz 大小一致的离散随机矩阵。

X = randi(imax,classname)：指定返回离散随机矩阵的数据类型，包括'single', 'double', 'int8', 'uint8', 'int16', 'uint16', 'int32' or 'uint32'.

X = randi(imax,n,classname)：返回一个 n×n 的离散随机矩阵，数据类型为 classname。

X = randi(imax,sz1,...,szN,classname)：产生一个sz1,...,szN维的离散随机数组。

【例 4-2】 利用 randi 函数产生一个离散随机矩阵。

```
>>clear all;
>> r = randi(10,5)                    %产生一个 1～10 范围的五维离散随机矩阵
r =
     4     5     6     1     7
     2     1     1     1     5
     8     2     3     2     6
     4    10     4     7     3
     3    10     9     8     8
```

%产生一个范围在-5～5 之间的 10×1 行向量

```
>> r = randi([-5,5],10,1)
r =
    -3
     2
    -3
    -1
     1
     3
    -5
     5
     3
     0
```

%产生一个 3×2×3 的高维数组

```
>> X = randi(500,[3,2,3])
X(:,:,1) =
   218   255
   224   256
   154   409
X(:,:,2) =
   398   406
   323   267
   190   176
X(:,:,3) =
   470   312
   438   294
   276   104
```

3．randsrc 函数

在 MATLAB 通信系统中，提供了 randsrc 函数用于根据给定的数字表产生一个随机符号矩阵。矩阵中包含的元素是数据符号，它们之间相互独立。函数的调用格式为：

out = randsrc：产生一个随机标量，这个标量是 1 或-1，且产生 1 和-1 的概率相等。

out = randsrc(m)：产生一个 m×m 的矩阵，且此矩阵中的元素是等概率出现的 1 和-1。

out = randsrc(m,n)：产生一个 m×n 的矩阵，且此矩阵中的元素是等概率出现的 1 和-1。

out = randsrc(m,n,alphabet)：产生一个 m×n 的矩阵，矩阵中的元素为 alphabet 所指定的数据符号，每个符号出现的概率相等且相互独立。

out = randsrc(m,n,[alphabet; prob])：产生一个 m×n 的矩阵，矩阵中的元素为 alphabet 集合中所指定的数据符号，每个符号出现的概率由 prob 决定。prob 集合中所有数据相加必须等于 1。

【例 4-3】 利用 randsrc 函数产生一个随机符号矩阵，并绘制对应的直方图。

```
>> clear all;
%产生一个在-3～3 范围内的随机符号矩阵
>> out = randsrc(10,10,[-3 -1 1 3])
out =
    -1     3    -1    -1     1     3     1     1    -3     1
    -1    -1     1     3     1     3    -1     1     3    -3
    -3    -3     1    -3    -3     3     3    -1    -3    -3
     3     3    -3     3    -1    -3     1     3    -1     1
    -3     3    -3     1     1    -1     3     1    -3    -3
    -3    -1    -1    -1     1    -1     3     1     3     3
    -3    -3    -1    -1     1    -1     3     1    -3     3
    -3    -1    -1    -3    -1    -3     1     3     1     1
    -1    -1     1    -1     3     1    -3     1    -1    -3
    -1     1    -3     3    -3    -3    -3    -3    -3     1
%直方图
>> histogram(out,[-4 -2 0 2 4])
```

运行程序，效果如图 4-1 所示。

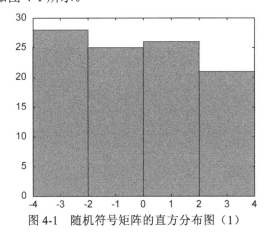

图 4-1 随机符号矩阵的直方分布图（1）

```
>> out = randsrc(10,10,[-3 -1 1 3; 0.1 0.4 0.4 0.1])
out =
     1    -1    -1     3     1     1    -1    -1     1    -3
     3     1    -3    -3     1     1    -1     1     1     1
     1     1     3     1     1     1    -1    -1    -1    -1
```

1	−3	−1	−1	1	−1	−1	1	1	1
−1	−1	−1	−1	1	−1	−1	3	−3	1
−1	1	−1	1	−1	1	1	1	−1	1
1	−1	−1	3	−1	3	−1	−1	−1	−3
−3	1	−1	−1	3	−1	−1	1	−1	−3
−1	−1	−1	3	−1	1	1	−1	−1	−1
−1	−1	3	−1	−3	1	−1	3	−1	1

```
>> histogram(out,[−4 −2 0 2 4])
```

运行程序，效果如图 4-2 所示。

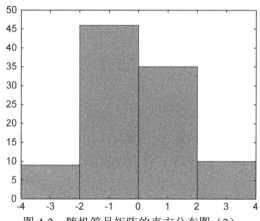

图 4-2　随机符号矩阵的直方分布图（2）

4．wgn 函数

在 MATLAB 通信系统工具箱中，提供了 wgn 函数用于产生高斯白噪声（White Gaussian Noise）。通过 wgn 函数可以产生实数形式或复数形式的噪声，噪声的功率单位可以是 dBW（分贝瓦）、dBm（分贝毫瓦）或绝对数值。其中：

$$1W=0dBW=30dB$$

加性高斯白噪声是最简单的一种噪声，它表现为信号围绕平均值的一种随机波动过程。加性高斯白噪声的均值为 0，方差表现为噪声功率的大小。

wgn 函数的调用格式为：

y = wgn(m,n,p)：产生 m 行 n 列的白噪声矩阵，p 表示输出信号 y 的功率（单位：dBW），并且设定负载的电阻为 1Ω。

y = wgn(m,n,p,imp)：生成 m 行 n 列的白噪声矩阵，功率为 p，指定负载电阻 imp（单位：Ω）。

y = wgn(m,n,p,imp,state)：参数 state 为需要重新设置的状态。

y = wgn(...,powertype)：参数 powertype 指明了输出噪声信号功率 p 的单位，这些单位可以是 dBW、dBm 或 linear。

y = wgn(...,outputtype)：参数 outputtype 用于指定输出信号的类型。当 outputtype 被设置为 real 时输出实信号，当设置为 complex 时，输出信号的实部和虚部的功率都为 p/2。

【例 4-4】 利用 wgn 函数产生高斯白噪声。

```
>> clear all;
>> y1=wgn(10,1,0)
y1 =
      1.1287
     -0.2900
      1.2616
      0.4754
      1.1741
      0.1269
     -0.6568
     -1.4814
      0.1555
      0.8186
>> y2=wgn(2,7,0)
y2 =
   -0.2926   -0.3086   -0.4930    0.0458    0.6113    1.8140    1.8045
   -0.5408   -1.0966   -0.1807   -0.0638    0.1093    0.3120   -0.7231
```

4.1.2 信源编码/解码函数

在 MATLAB 通信系统中，提供了一些常用的信源编码/解码函数。

1. arithenco/arithdeco 函数

在 MATLAB 通信系统中，提供了 arithenco 函数用于实现算术二进制码编码；arithdeco 函数用于实现算术二进制码解码。它们的调用格式为：

code = arithenco(seq,counts)：根据指定向量 seq 对应的符号序列产生二进制算术代码，向量 counts 代表信源中指定符号在数据集合中出现的次数统计。

dseq = arithdeco(code,counts,len)：解码二进制算术代码 code，恢复相应的 len 符号列。

【例 4-5】 利用 arithenco/arithdeco 函数实现算术二进制编码/解码。

```
>> clear all;
counts = [99 1];
len = 1000;
seq = randsrc(1,len,[1 2; .99 .01]);        %随机序列
code = arithenco(seq,counts);               %编码
dseq = arithdeco(code,counts,length(seq));  %解码
isequal(seq,dseq)                           %检查 dseq 是否与原序列 seq 一致
```

运行程序，输出为：

```
ans =
    1
```

由以上结果可知，检查解码与编码的序列是一致的，当返回结果为 0 时，即表示不一致。

2. dpcmenco/dpcmdeco 函数

dpcmenco 函数用于实现差分码调制编码；dpcmdeco 函数用于实现差分码调制解码。它们的调用格式为：

indx = dpcmenco(sig,codebook,partition,predictor)：参数 sig 为输入信号，codebook 为预测误差量化码本，partition 为量化阈值，predictor 为预测期的预测传递函数系数向量，返回参数 indx 为量化序号。

[indx,quants] = dpcmenco(sig,codebook,partition,predictor)：返回参数 quants 为量化的预测误差。

sig = dpcmdeco(indx,codebook,predictor)：返回参数为输出信号，indx 为量化序号，codebook 为预测误差量化码本，partition 为量化阈值，predictor 为预测期的预测传递函数系数向量。

[sig,quanterror] = dpcmdeco(indx,codebook,predictor)：参数 quanterror 为量化的预测误差。

【例 4-6】 用训练数据优化 DPCM 方法，对一个锯齿波信号进行预测量化。

```
>>clear all;
t=[0:pi/60:2*pi];
x=sawtooth(3*t);                    %原始信号
initcodebook=[-1:.1:1];             %初始化高斯噪声
%优化参数，使用初始序列 initcodebook
[predictor,codebook,partition]=dpcmopt(x,1,initcodebook)
%使用 DPCM 量化 X
encodedx=dpcmenco(x,codebook,partition,predictor)
%尝试从调制信号中恢复 X
[decodedx,equant]=dpcmdeco(encodedx,codebook,predictor);
distor=sum((x-decodedx).^2)/length(x)        %均方误差
plot(t,x,t,equant,'*');
```

运行程序，输出如下，效果如图 4-3 所示。

```
distor =
    8.1282e-04
```

3. compand 函数

在 MATLAB 通信系统工具箱中，提供了 compand 函数用于按 Mu 律或 A 律对输入信号进行扩展或压缩。函数的调用格式为：

out = compand(in,param,v)：参数 param 指出 Mu 或 A 的值，v 为输入信号的最大幅值。

out = compand(in,Mu,v,'mu/compressor')：利用 Mu 律对信号进行压缩。

out = compand(in,Mu,v,'mu/expander')：利用 Mu 律对信号进行扩展。

out = compand(in,A,v,'A/compressor')：利用 A 律对信号进行压缩。

out = compand(in,A,v,'A/expander')：利用 A 律对信号进行扩展。

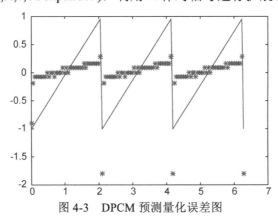

图 4-3　DPCM 预测量化误差图

【例 4-7】　利用 compand 函数对给定输入信号使用 A 律的 compressors 及 expanders 方法进行压缩与扩展。

```
>> clear all;
>> data = 2:2:12;
>> compressed = compand(data,255,max(data),'mu/compressor')        %Mu 律压缩
compressed =
     8.1644      9.6394     10.5084     11.1268     11.6071     12.0000
>> expanded = compand(compressed,255,max(data),'mu/expander')      %Mu 律扩展
expanded =
     2.0000      4.0000      6.0000      8.0000     10.0000     12.0000
>> data = 1:5;
>> compressed = compand(data,87.6,max(data),'a/compressor')        %A 律压缩
compressed =
     3.5296      4.1629      4.5333      4.7961      5.0000
>> expanded = compand(compressed,87.6,max(data),'a/expander')      %A 律扩展
expanded =
     1.0000      2.0000      3.0000      4.0000      5.0000
```

4．lloyds 函数

在 MATLAB 通信系统工具箱中，提供了 lloyds 函数优化标量量化的阈值和码本。它使用 Lloyds_max 算法优化标量量化参数，用给定的训练序列矢量优化初始码本，使量化误差小于给定的容差。其调用格式为：

[partition,codebook] = lloyds(training_set,initcodebook)：参数 training_set 为给定的训练序列，initcodebook 为码本的初始预测值。

[partition,codebook] = lloyds(training_set,len)：len 为给定的预测长度。

[partition,codebook] = lloyds(training_set,...,tol)：tol 为给定的容差。

[partition,codebook,distor] = lloyds(...)：返回最终的均方差 distor。

[partition,codebook,distor,reldistor]= lloyds(...)：返回有关算法的终止值 reldistor。

【例 4-8】 通过一个 2bit 通道优化正弦传输量化参数。

```
>> clear all;
>>%产生正弦信号的一个完整周期
>> clear all;
>> x = sin([0:1000]*pi/500);
[partition,codebook] = lloyds(x,2^3)
```

运行程序，输出如下：

```
partition =
    -0.8118    -0.5502    -0.2727     0.0039     0.2781     0.5516     0.8118
codebook =
    -0.9361    -0.6876    -0.4127    -0.1327     0.1405     0.4157     0.6876     0.9361
```

5. quantiz 函数

在 MATLAB 通信系统工具箱中，提供了 quantiz 函数用于产生一个量化序号和输出量化值。函数的调用格式为：

index = quantiz(sig,partition)：根据判断向量 partition，对输入信号 sig 产生量化索引 index，index 的长度与 sig 矢量的长度相同。

[index,quants] = quantiz(sig,partition,codebook)：根据给定的向量 partition 及码本 codebook，对输入信号 sig 产生一个量化序号 index 和输出量化误差 quants。

[index,quants,distor] = quantiz(sig,partition,codebook)：参数 distor 为量化的预测误差。

【例 4-9】 用训练序列和 lloyds 算法，对一个余弦信号数据进行标量量化。

```
>> clear all;
N=2^5;                          %以 4 比特传输信道
t=[0:100]*pi/20;
u=cos(t);
[p,c]=lloyds(u,N);              %生成分界点矢量和编码手册
[index,quant,distor]=quantiz(u,p,c);    %量化信号
plot(t,u,t,quant,'o');
```

运行程序，效果如图 4-4 所示。

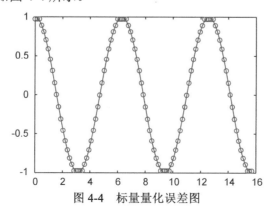

图 4-4 标量量化误差图

4.2 信号产生器

本节将介绍几个常用的数字信号产生器，主要包括伯努利二进制信号产生器、泊松分布整数产生器、随机整数产生器等。

4.2.1 伯努利二进制产生器

将试验 E 重复进行 n 次，若各次试验的结果互不影响，即每次试验结果出现的概率都不依赖于其他各次试验的结果，则称这 n 次试验是相互独立的。

设试验 E 只有两个可能结果 A 和 $\overline{A}$，$P(A)=p$，$P(\overline{A})=1-p=q(0<p<1)$。将 E 独立重复地进行 n 次，则称这一串重复的独立试验为 n 重伯努利试验，简称伯努利试验。伯努利试验是一种很重要的数学模型。它有广泛的应用，是研究得最多的模型之一。

以 X 表示 n 重伯努利试验中事件 A 发生的次数，X 是一个随机变量，我们来求它的分布律。X 所有可能取的值为 $0,1,2,\cdots,n$。由于各次试验是相互独立的，因此事件 A 在指定的 $k(0\leqslant k\leqslant n)$ 次试验中发生，其他 $n-k$ 次试验中不发生（例如，在前 k 次试验中发生，而在后 $n-k$ 次试验中不发生）的概率为

$$\underbrace{p\cdot p\cdots p}_{k\uparrow}\cdot\underbrace{(1-p)\cdot(1-p)\cdots(1-p)}_{n-k\uparrow}=p^k(1-p)^{n-k}$$

由于这种指定的方式共有 C_n^k 种，它们是两两互不相容的，故在 n 次试验中 A 发生 k 次的概率为 $C_n^k P^k(1-p)^{n-k}$，即

$$P\{X=k\}=C_n^k p^k q^{n-k}, k=0,1,2,\cdots,n \tag{4-1}$$

显然

$$P\{X=k\}\geqslant 0, k=0,1,2,\cdots,n$$

$$\sum_{k=0}^{n}C_n^k p^k q^{n-k}=(p+q)^n=1 \tag{4-2}$$

即 $P\{X=k\}$ 满足条件式（4-1）和式（4-2）。注意到 $C_n^k p^k q^{n-k}$ 刚好是二项式 $(p+q)^n$ 的展开式中出现 p^k 的一项，故我们称随机变量 X 服从参数为 n,p 的二项分布，记为

$$X\sim B(n,p)$$

特别，当 $n=1$ 时二项分布化为

$$P\{X=k\}=p^k q^{1-k}, k=0,1$$

这就是（0-1）分布。

MATLAB 统计工具箱提供了伯努利二进制的计算函数，包括 binopdf、binocdf、binofit、binoinv、binornd、binostat 等。

1）binopdf 函数

在 MATLAB 中，提供了 binopdf 函数用于计算伯努利二进制的概率密度函数。函数

的调用格式为：

binopdf(k,n,p)：参数 n 为试验总次数，p 为每次试验事件 A 发生的概率，k 表示事件 A 发生 k 次。

【例 4-10】 某人向空中抛硬币 100 次，落下为正面的概率为 0.5。①试计算 x=55 及 x≤55 的概率；②绘制分布列图像。

```
>> clear all;
p1=binopdf(55,100,0.5)              %计算 x=55 的概率
p2=binocdf(55,100,0.5)              %计算 x≤55 的概率，即累积概率
x=1:100;
p=binopdf(x,100,0.5);
px=binocdf(x,100,0.5);
subplot(121);plot(x,p,'rp');       %绘制分布函数图像
xlabel('x'); ylabel('p');
title('分布函数');
axis square;
subplot(122);plot(x,px,'+');       %绘制概率密度函数图像
xlabel('x'); ylabel('p');
title('概率密度函数');
axis square;
```

运行程序，输出如下，效果如图 4-5 所示。

```
p1 =
      0.0485
p2 =
      0.8644
```

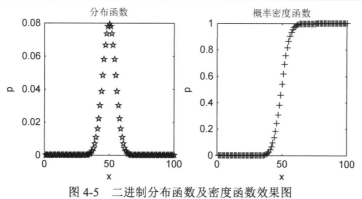

图 4-5　二进制分布函数及密度函数效果图

2）binocdf 函数

在 MATLAB 中，提供了 binocdf 函数用于计算伯努利二进制的累积概率值。函数的调用格式为：

binocdf(k,n,p)：参数 n 为试验总次数，p 为每次试验事件 A 发生的概率，k 表示事件

A 发生 k 次。

3）binofit 函数

在 MATLAB 中，提供了 binofit 函数用来进行二进制分布的参数检验。函数的调用格式为：

[phat,pci]=binofit(x,n,alpha)：其中 x 为成功观测次数，n 为总试验次数，alpha 为置信水平，默认为 0.05，即按照 1−0.05=95%的置信区间进行计算。计算置信区间的方法为 Clopper-Pearson 法。

【例 4-11】 利用 binofit 函数绘制不同置信区间的二项分布检验效果图。

```
>> clear all;
observed = 1:1000;
trials = observed*2;
figure;
alpha = 0.05;
[phat,pci] = binofit(observed,trials,alpha);
plot(trials,phat,'-b');
hold on
plot(trials,pci(:,1),'-g');
plot(trials,pci(:,2),'-r');
alpha = 0.01;
[phat,pci] = binofit(observed,trials,alpha);
plot(trials,phat,'-.b');
plot(trials,pci(:,1),':g');
plot(trials,pci(:,2),'r');
alpha = 0.001;
[phat,pci] = binofit(observed,trials,alpha);
plot(trials,phat,':b');
plot(trials,pci(:,1),':g');
plot(trials,pci(:,2),':r');
```

运行程序，效果如图 4-6 所示。

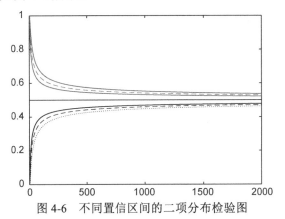

图 4-6 不同置信区间的二项分布检验图

图中中间的直线为估计的 p，直线下面的虚线为置信区间下限，直线上面的虚线为置信区间上限；实线为 alpha=0.05，虚线为 alpha=0.01，点线为 alpha=0.001。从图中可以看出，观察到的事件占总事件的比例始终为 0.5，但随着试验次数的增加，置信区间也在慢慢地收敛；置信水平越高，收敛得越慢。

4）binoinv 函数

在 MATLAB 中，提供了 binoinv 函数用于实现二项分布的逆累积分布函数。函数的调用格式为：

binoinv(x,n,p)：参数 x 为事件，n 为试验的总次数，p 为每次试验事件 x 发生的概率。

【例 4-12】 计算二项分布 $b(10,0.5)$ 的概率值为 $0.1,0.3,0.5,0.7,0.9$ 所对应的 x 值。

```
>> clear all;
>> p=[0.1 0.3 0.5 0.7 0.9];
>> x=binoinv(p,10,0.5)
x =
      3      4      5      6      7
>> y1=binocdf(x,10,0.5)                %进行检验
y1 =
    0.1719    0.3770    0.6230    0.8281    0.9453
```

5）binornd 函数

在 MATLAB 中，提供了 binornd 函数用于生成服从二项分布的随机数。函数的调用格式为：

binornd(N,p,m,n)：参数 N,p 为二项分布的参数，m,n 表示输出的行数与列数。

6）binostat 函数

在 MATLAB 中，提供了 binostat 函数用于求二项分布随机数矩阵的期望和方差。函数的调用格式为：

[M,V]= binostat(n,p)：参数 n,p 为二项分布的两个参数，可为标量也可为向量或矩阵。

【例 4-13】 求随机二项分布的期望与方差。

```
>> clear all;
>> n = logspace(1,5,5)                %对数向量
n =
          10        100       1000      10000     100000
>> [M,V] = binostat(n,1./n)
M =
      1      1      1      1      1
V =
    0.9000    0.9900    0.9990    0.9999    1.0000
>> [m,v] = binostat(n,1/2)
m =
```

	5	50	500	5000	50000
v =					
1.0e+04 *					
	0.0003	0.0025	0.0250	0.2500	2.5000

4.2.2 泊松分布整数产生器

如果离散随机变量 ξ 的取值为非负整数值 $k = 0, 1, 2, \cdots$，且取值等于 k 的概率为

$$p_k = P(\xi = k) = \frac{\lambda^k}{k!} \exp(-\lambda)$$

则称离散随机变量 ξ 服从泊松分布。泊松分布随机变量的期望和均值为

$$E(\xi) = \lambda$$
$$\mathrm{Var}(\xi) = \lambda$$

两个分别服从参数为 λ_1 和 λ_2 的独立泊松分布的随机变量之和也是泊松分布的，其参数为 $\lambda_1 + \lambda_2$。

在对二项分布的概率计算中，需要计算组合数，这在独立试验次数很多的情况下是不方便的。泊松定理指出，当一次试验的事件概率很小 $p \to 0$，独立试验次数很大 $n \to \infty$，而两者之乘积 $np = \lambda$ 为有限值时，二项分布 $P_k(n, p)$ 趋近于参数为 λ 的泊松分布，即有 $\lim_{n \to \infty} P_k(n, p) = \frac{\lambda^k}{k!} \mathrm{e}^{-\lambda}$。利用泊松分布可以对单次事件概率很小而独立试验次数很大的二项分布概率进行有效的建模及近似计算。

如果产生一系列参数同为 λ 的指数分布的随机数 $t_i, i = 1, 2, \cdots$，可认为在时间段 $\sum_{i=1}^{k} t_i$ 上发生了 k 个事件，因此在单位时间段 $t = 1$ 上发生的事件数 k 满足方程

$$\sum_{i=1}^{k} t_i \leqslant 1 < \sum_{i=1}^{k+1} t_i$$

利用这一关系即可产生参数为 λ 的泊松分布随机数，即不断产生参数为 λ 的指数分布的随机数 $t_i, i = 1, 2, \cdots$，并将它们累加起来，如果累加到 $k+1$ 个的结果大于 1，则将计数值 k 作为泊松分布的随机数输出。

设随机数 x_i 是均匀分布在区间 $[0,1]$ 上的随机数，则根据前述反函数法，$t_i = -\frac{1}{\lambda} \ln x_i$ 将是参数为 λ 的指数分布随机数。将其代入上式可得

$$\sum_{i=1}^{k} -\frac{1}{\lambda} \ln x_i \leqslant 1 < \sum_{i=1}^{k+1} -\frac{1}{\lambda} \ln x_i$$

利用上式计算时需要计算对数求和，效率较低。事实上，上式可简化为

$$\prod_{i=1}^{k} x_i \geqslant \exp(-\lambda) > \prod_{i=1}^{k+1} x_i$$

这样，泊松随机数的产生就简化为连乘运算和条件判断，具体算法如下。

（1）初始化：置计数器 $i := 1$，以及乘积变量 $v := 1$。

（2）计算连乘：产生一个区间[0,1]上均匀分布的随机数 x_i，并赋值 $v := v \times x_i$。

（3）判断：如果 $v \geqslant \exp(\lambda)$，则令 $i := i+1$，返回（2）；否则，将当前计数值作为泊松随机数输出，然后转到（1）。

MATLAB 统计工具箱提供的泊松分布计算指令包括 poisspdf、poisscdf、poissfit、poissinv、poissrnd、poissstats 等。

其中，poisspdf 函数用于求泊松分布的概率密度，poisscdf 函数用于求泊松分布的累积概率，poissfit 函数用于求泊松分布的参数检验，poissinv 函数用于求泊松分布的逆累积概率，poissrnd 函数用于服从产生泊松分布的数据，poissstats 函数用于求泊松分布的期望与方差值。这些函数的调用格式与伯努利二项分布函数的调用格式类似，下面直接通过例题来演示这些函数的用法。

【例 4-14】　生成泊松分布的随机数。

```
>> clear all;
%设置泊松分布的参数
lambda=4;
%产生 len 个随机数
len=5;
y1=poissrnd(lambda, [1 len])
%产生 P 行 Q 列的矩阵
P=3;
Q=4;
y2=poissrnd(lambda, P,Q)
%显示泊松分布的柱状图
M=1000;
y3=poissrnd(lambda, [1 M]);
figure(1);
t=0:1:max(y3);
hist(y3,t);
axis([0 max(y3) 0 250]);
xlabel('取值');
ylabel('计数值');
```

运行程序，输出如下，效果如图 4-7 所示。

```
y1 =
     2     7     5     4     7
y2 =
     4     2     7     2
     2     3     3     5
     3     4     7     5
```

【例 4-15】　自 1875 年到 1955 年中的某 63 年间，某城市夏季（5～9 月间）共发生暴雨 180 次，试求在一个夏季中发生 k 次（k=0,1,2,...,8）暴雨的概率 pk（设每次暴雨以 1 天计算）。

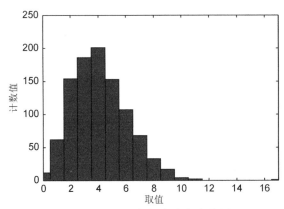

图 4-7   泊松分布概率分布直方图

解析：一年夏天共有天数为

$$n=31+30+31+31+30=153$$

因此可知夏天每天发生暴雨的概率约很小，n=153 较大，要用泊松分布近似。

```
>> clear all;
p=input('input p=')
    n=input('input n=')
    lambda=n*p
    for k=1:9                              %循环变量的最小取值是从 k=1 开始的
        p_k(k)=poisspdf(k-1,lambda);
    end
    p_k
```

运行程序，并根据要求在命令窗口中输入参数，输出为：

```
input p=180/(63*153)
p =
    0.0187
input n=153
n =
    153
lambda =
    2.8571
p_k =
    0.0574   0.1641   0.2344   0.2233   0.1595   0.0911   0.0434   0.0177   0.0063
```

注意：在 MATLAB 中，p_k(0)被认为非法，因此应避免。

【例 4-16】 求泊松分布的参数检验。

```
>> clear all;
>> r = poissrnd(5,10,2);
[l,lci] = poissfit(r)
```

运行程序，输出如下：

1 =		
	6.3000	3.7000
lci =		
	4.8411	2.6051
	8.0604	5.1000

4.2.3 随机整数产生器

随机整数产生器用来产生 $[0, M-1]$ 范围内均匀分布的随机整数。

在 MATLAB 中，提供了 random 函数用于产生整数随机数。random 函数的调用格式很多，下面以一种常用的调用格式来说明。

R = random(NAME,A)：产生的是 NAME 类型的分布，A 是此类型的响应参数，根据 NAME 类型的不同，A 的维数也不同，其具体意义也不同。NAME 的各种类型如表 4-1 所示，有指数分布、正态分布、F 分布，等等。

表 4-1 NAEM 的取值及说明

name 的取值	函 数 说 明
'beta' or 'Beta'	Beta 分布
'bino' or 'Binomial'	二项分布
'birnbaumsaunders'	Birnbaum-Saunders 分布
'burr' or 'Burr'	XII 类型分布
'chi2' or 'Chisquare'	卡方分布
'exp' or 'Exponential'	指数分布
'ev' or 'Extreme Value'	极值分布
'f' or 'F'	F 分布
'gam' or 'Gamma'	GAMMA 分布
'gev' or 'Generalized Extreme Value'	广义极值分布
'gp' or 'Generalized Pareto'	广义帕累托分布
'geo' or 'Geometric'	几何分布
'hn' or 'Half Normal'	半正态分布
'hyge' or 'Hypergeometric'	超几何分布
'inversegaussian'	反高斯分布
'logistic'	逻辑分布
'loglogistic'	对数逻辑分布
'logn' or 'Lognormal'	对数正态分布
'nakagami'	Nakagami 分布
'nbin' or 'Negative Binomial'	负二项分布

续表

name 的取值	函 数 说 明
'ncf' or 'Noncentral F'	非中心 F 分布
'nct' or 'Noncentral t'	非中心 t 分布
'ncx2' or 'Noncentral Chi-square'	非中心卡方分布
'norm' or 'Normal'	正态分布
'poiss' or 'Poisson'	泊松分布
'rayl' or 'Rayleigh'	瑞利分布
'rician'	Rician 分布
'stable'	稳定分布
't' or 'T'	T 分布
'tlocationscale'	t 位置规模分布
'unif' or 'Uniform'	均匀分布
'unid' or 'Discrete Uniform'	离散均匀分布
'wbl' or 'Weibull'	Weibull 分布

【例 4-17】 产生一个 3 行 4 列，均值为 2、标准差为 0.3 的正态分布随机数。

```
>> clear all;
>> y =random('norm',2,0.3,3,4)
```

运行程序，输出如下：

```
y =
    1.9442    2.2743    1.7259    1.8839
    1.8737    1.8711    2.1000    1.9633
    2.3804    1.5961    1.6722    1.8021
```

【例 4-18】 以指数分布为例进行介绍，指数分布的类型是'exp'，需要一个参数。
用法一：random('exp',A)
在 MATLAB 主窗口中输入：

```
>> R = random('exp',3)              %生成的是一个参数是 3 的指数分布随机值
```

运行程序，输出如下：

```
R =
    3.4355
```

用法二：random('exp',A，a)
在 MATLAB 主窗口中输入：

```
>> R = random('exp',3,6)            %生成的是 6 阶符合指数分布的随机方阵
```

运行程序，输出如下：

```
R =
    2.3301    2.6852    5.2455    0.2927    1.9424    0.9295
```

4.3331	3.3498	1.3985	4.5624	2.2184	4.4091
10.7533	0.8790	0.5163	0.4145	0.3500	11.4677
1.2536	0.8777	2.0195	4.6558	8.1966	5.9201
5.5203	5.2469	5.3916	0.5350	2.0232	0.7860
0.6595	6.4228	1.0093	0.4549	1.4302	0.0921

用法三：random('exp',A，a,b)

在 MATLAB 主窗口中输入：

>> R = random('exp',3,6,2)　　　%生成的是 6 阶符合指数分布的 6 行 2 列的随机方阵

运行程序，输出如下：

```
R =
   2.8496    1.3679
   0.0198    1.8396
   3.3590    3.4656
   5.9598    5.5104
   2.8655    5.6395
   1.7254    5.9644
```

需要注意的是，参数 A 需具体根据想要生成的类型确定其个数，并且进行相应赋值。

4.2.4 均匀分布随机产生器

设连续型随机变量 X 具有概率密度

$$f(x) = \begin{cases} \dfrac{1}{b-a} & a < x < b \\ 0 & \text{其他} \end{cases} \tag{4-3}$$

则称 X 在区间 (a,b) 上服从均匀分布，记为 $X \sim U(a,b)$，其中 a，b 是分布参数。

在区间 (a,b) 上服从均匀分布的随机变量 X，具有下述意义的等可能性，即它落在区间 (a,b) 中任意等长度的子区间内的可能性是相同的。或者说它落在子区间的概率只依赖于子区间的长度，而与子区间的位置无关。事实上，对于任一长度 l 的子区间 $(c,c+l)$，$a \leq c < c+l \leq b$，有

$$P\{c < X \leq c+l\} = \int_c^{c+l} f(x)\mathrm{d}x = \int_c^{c+l} \frac{1}{b-a}\mathrm{d}x = \frac{1}{b-a} \tag{4-4}$$

由式（4-3）及式（4-4）得 X 的分布函数为

$$F(x) = \begin{cases} 0 & x < a \\ \dfrac{x-a}{b-a} & a \leq x < b \\ 1 & x \geq b \end{cases} \tag{4-5}$$

在 MATLAB 中，提供了 unifrnd 函数创建均匀分布，unifcdf 函数用于求均匀分布的累积概率，unifinv 函数用于求均匀分布的参数检验，unifit 函数用于求均匀分布的逆累积

概率，unifpdf函数用于求均匀分布的概率密度，unifstat函数用于求均匀分布的期望和方差值。下面直接通过例子来演示这些函数的用法。

【例 4-19】 （投掷硬币的计算机模拟）投掷硬币 1000 次，试模拟掷硬币的结果。

```
>> clear all;
n=1000;
t1=0; t2=0; a=[];
for j=1:n
    a(j)=unifrnd(0,1);
    if a(j)<0.5
        t1=t1+1;
    else
        t2=t2+1;
    end
end
p1=t1/n
p2=t2/n
```

运行程序，输出如下：

```
p1
    0.5010
p2 =
    0.4990
```

【例 4-20】利用 unifpdf 和 unifcdf 求均匀分布的概率密度函数及累积分布函数分布图。

```
>> clear all;
x=-1:0.05:7;
pdf=unifpdf(x,0,6);
cdf=unifcdf(x,0,6);
subplot(1,2,1);plot(x,pdf);
title('概率密度函数');
xlabel('x');ylabel('f(x)');
axis([-1 7 0 0.3]);
axis square;
subplot(1,2,2);plot(x,cdf);
title('累积分布函数');xlabel('x');ylabel('F(x)');
axis([-1 7 0 1.2]);
axis square;
```

运行程序，效果如图 4-8 所示。

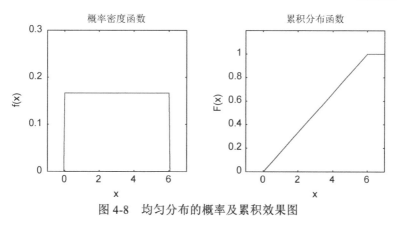

图4-8 均匀分布的概率及累积效果图

4.2.5 标准正态分布随机数产生器

正态分布也称高斯分布，可采用函数变换法产生标准正态分布随机数。设 r_1 和 r_2 是两个独立的在区间[0,1]上均匀分布的随机数，则

$$r_1 = \sqrt{-2\ln r_1}\,\cos 2\pi r_2$$
$$r_2 = \sqrt{-2\ln r_1}\,\sin 2\pi r_2$$

是两个独立同分布的标准高斯随机数，即其均值为零，方差为 1，记为 $x_1 \sim N(0,1)$ 和 $x_2 \sim N(0,1)$。MATLAB 中用函数 randn 产生标准正态分布随机数。

中心极限定理指出，无穷多个任意分布的独立随机变量之和的分布趋近于正态分布。基于此，另外一种产生近似高斯随机数的方法是：用 12 个独立同分布于[0,1]区间的均匀分布随机数之和来构成正态分布，其均值为 6，方差为 1。因此得到标准正态分布随机数的方法是

$$y = \sum_{i=1}^{12} x_i - 6$$

其中，x_i 是在[0,1]区间的独立均匀分布的随机数。与函数变换法相比，该方法计算简单，避免了函数运算，但是产生一个正态随机数需要 12 个独立均匀分布的随机数，计算效率较低，而且这样产生的正态分布随机数的区间是[-6,6]。

【例4-21】 调用 randn 函数生成 6×6 的正态随机数矩阵，并将矩阵按列拉长画出频数直方图。

```
>> clear all;
x=randn(6)              %创建 6×6 的正态随机数矩阵，其元素服从标准正态分布
y=x(:);                 %将 x 按列拉长生成一个列向量
hist(y);                %绘制频数直方图
xlabel('标准正态分布');ylabel('频数');
```

运行程序，效果如图 4-9 所示。

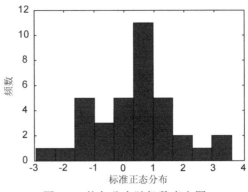

图 4-9　均匀分布随机数直方图

4.2.6　瑞利随机分布产生器

自由度为 2 的中心 χ^2 分布（即参数为 $\lambda = \dfrac{1}{2\sigma^2}$ 的指数分布）随机变量的平方根所得出新的随机变量服从瑞利分布，即如果随机变量 Y 的概率密度满足式 $p(y) = \dfrac{1}{2\sigma^2}\exp\left(-\dfrac{y}{2\sigma^2}\right)$，则随机变量 $R = \sqrt{Y}$ 服从瑞利分布，其概率密度函数为

$$p(r) = \frac{r}{\sigma^2}\exp\left(-\frac{r^2}{2\sigma^2}\right), \quad x \geq 0$$

瑞利分布的均值和方差分别为

$$E(R) = \sqrt{\frac{\pi\sigma^2}{2}}$$

$$\mathrm{Var}(R) = \left(1 - \frac{\pi}{2}\right)\sigma^2$$

因此，产生端利分布随机数的方法是首先产生参数为 $\lambda = \dfrac{1}{2\sigma^2}$ 的指数分布随机变量（可由 0～1 之间的均匀随机数 x 通过变换函数 $y = -2\sigma^2 \ln x$ 得到，也可由两个独立的零均值 σ^2 方差的同分布正态随机数求平方和得出），然后对其求平方根。

MATLAB 统计工具箱给出了瑞利分布相关计算函数，如 raylpdf、raylcdf、raylfit、raylinv、raylrnd、raylstat 等。

其中，raylpdf 函数用于求瑞利分布的概率密度，raylcdf 函数用于求瑞利分布的累积概率，raylfit 函数用于求瑞利分布的参数检验，raylinv 函数用于求瑞利分布的逆累积概率，raylrnd 函数用于服从产生瑞利分布的数据，raylstat 函数用于求瑞利分布的期望与方差值。这些函数的调用格式与伯努利二项分布函数的调用格式类似，下面直接通过例子来演示这些函数的用法。

【例 4-22】　分别绘制瑞利分布的频率直方图及概率密度曲线。

```
>> clear all;
%设置瑞利分布的参数
B=10;m=4;n=5;
y=raylrnd(B,m,n);                    %创建瑞利分布
subplot(121);hist(y,10);
xlabel('取值');ylabel('计数值');
title('频率直方图');
axis square;
x = 0:0.1:3;
p = raylpdf(x,1);
subplot(122);plot(x,p);
xlabel('取值');ylabel('计数值');
title('概率密度曲线');
axis square;
```

运行程序，效果如图 4-10 所示。

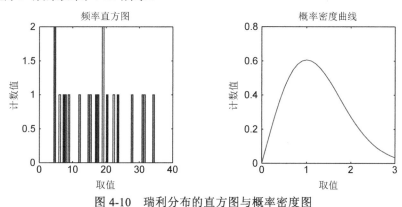

图 4-10   瑞利分布的直方图与概率密度图

【例 4-23】   分别绘制 b=0.5,1,3,5 时瑞利分布的概率密度函数和分布函数曲线。

```
>> clear all;
x=[-eps:-0.02:-0.5,0:0.02:5];
x=sort(x');
b1=[0.5 1 3 5];
y1=[];
y2=[];
for i=1:length(b1)
     y1=[y1 raylpdf(x,b1(i))];
     y2=[y2 raylcdf(x,b1(i))];
end
subplot(1,2,1);plot(x,y1);
title('概率密度函数');
axis square
subplot(1,2,2);plot(x,y2);
```

```
title('分布函数曲线');
axis square
```

运行程序，效果如图 4-11 所示。

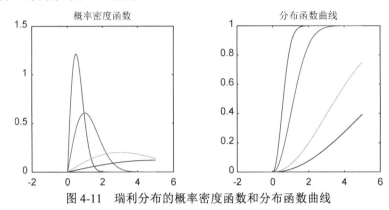

图 4-11　瑞利分布的概率密度函数和分布函数曲线

4.2.7　正态随机分布产生器

对连续型随机变量 x，当 $p=0.5$（对称，无偏），且 n 趋于无穷大，则具有均值 μ（位置参数）和标准差 σ（尺度参数）的正态分布（normal distribution），也称高斯分布（Gaussian distribution），其概率密度函数为

$$f(x) = \frac{1}{\sqrt{2\pi}\sigma} e^{-\frac{1}{2}\left(\frac{x-\mu}{\sigma}\right)^2}, \quad -\infty < x < +\infty$$

式中，$-\infty < x < +\infty$，$\sigma > 0$ 为常数，记为 $x \sim N(\mu, \sigma^2)$。当 $x = \mu$ 时，$f(x)$ 具有最大值，x 距离 μ 越远，则概率越小。$x = \mu \pm \sigma$，是 $f(x)$ 曲线拐点，曲线以 x 轴为渐近线。对固定 μ，改变 σ，可见 σ 越小，$f(x)$ 越大，因此 x 在 μ 附近的概率越大。当 $\mu = 0$，$\sigma = 1$ 时，x 服从标准正态分布，相应的概率密度函数为

$$f(x) = \frac{1}{\sqrt{2\pi}} e^{-\frac{z^2}{2}}$$

这种正态分布称为 z-分布，它的两个参数分别是 $\mu = 0$ 和 $\sigma = 1$。

正态分布累积分布函数为

$$F(x) = \frac{1}{\sqrt{2\pi}} \int_{-\infty}^{x} e^{-\frac{1}{2}\left(\frac{t-\mu}{\sigma}\right)^2} dt$$

标准正态分布累积函数为

$$F(x) = \frac{1}{\sqrt{2\pi}} \int_{-\infty}^{x} e^{-\frac{t^2}{2}} dt$$

也可以借助误差函数 erf 来计算标准正态随机变量的累积分布，两者关系是

$$F(x) = \frac{1}{2} \text{erf}\left(\frac{x}{\sqrt{2}}\right) + \frac{1}{2}$$

在 MATLAB 中，使用 erf 计算误差函数。也可以使用函数 normpdf、norcdf 和 normspec 计算 x 值的概率密度函数、累积分布函数和给定区间范围的随机变量 x 概率密度函数。norminv 函数用于求逆累积分布。

【例 4-24】 利用 normrnd 函数产生随机数据。

```
>> clear all;
>> n1 = normrnd(1:6,1./(1:6))
n1 =
    1.3252    1.6225    3.4568    3.5721    4.9796    5.9598
>> n2 = normrnd(0,1,[1 5])
n2 =
    0.3192    0.3129   -0.8649   -0.0301   -0.1649
>> n3 = normrnd([1 2 3;4 5 6],0.1,2,3)
n3 =
    1.0628    2.1109    3.0077
    4.1093    4.9136    5.8786
```

【例 4-25】 试分别绘制 (μ, σ^2) 为 $(-1,1)$、$(0,0.1)$、$(0,1)$、$(0,10)$、$(1,1)$ 时正态分布的概率密度函数与分布函数曲线。

```
>> clear all;
x=[-5:0.02:5]';
y1=[];y2=[];
mu1=[-1,0,0,0,1];
sig1=[1 0.1 1 10 1];
sig1=sqrt(sig1);
for i=1:length(mu1)
    y1=[y1,normpdf(x,mu1(i),sig1(i))];
    y2=[y2,normcdf(x,mu1(i),sig1(i))];
end
figure;plot(x,y1);
gtext('μ=-1,σ^2=1');
gtext('μ=0,σ^2=0.1');
gtext('μ=0,σ^2=1');
gtext('μ=1,σ^2=1');
gtext('μ=0,σ^2=10');
figure;plot(x,y2);
gtext('μ=-1,σ^2=1');
gtext('μ=0,σ^2=0.1');
gtext('μ=0,σ^2=10');
gtext('μ=1,σ^2=1');
gtext('μ=1,σ^2=1');
```

运行程序，效果如图 4-12 和图 4-13 所示。

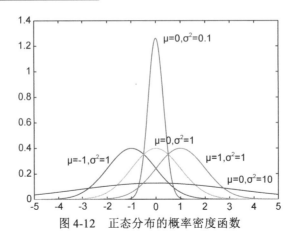

图 4-12　正态分布的概率密度函数

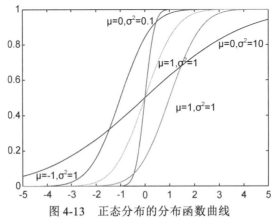

图 4-13　正态分布的分布函数曲线

【例 4-26】 公共汽车门的高度是按成年男子与车门顶碰头的机会不超过 1%设计的。设男子身高 X（单位：cm）服从正态分布 N（175，36），求车门的最低高度。

解析：设 h 为车门高度，X 为身高。求满足条件的 h，所以

```
>> clear all;
>> h=norminv(0.99, 175, 6)
```

运行程序，输出如下：

```
h =
    188.9581
```

4.3　信源类型

信源是一个重要的部分，它决定了通信系统的信号类型。不同信源构成了不同的系统。通常根据信号的特点把信源分成不同的类型。

4.3.1 锯齿波信号

锯齿波（Sawtooth Wave）是常见的波形之一。标准锯齿波的波形先呈直线上升，随后陡落，再上升，再陡落，如此反复，是一种非正弦波。由于它具有类似锯齿一样的波形，即具有一条直的斜线和一条垂直于横轴的直线的重复结构，因此被命名为锯齿波。

周期信号是指每隔固定的时间间隔周而复始重现的信号，可表示为

$$x(t) = x(t + nT)$$

锯齿波信号是由 Repeating Sequence（重复序列模块）产生的。该模块输出一个预先确定波形的标量信号，使用模块的 Time values（时间值）和 Output values（输出值）两个参数，便可得到任意的锯齿波波形。例如，在默认情况下，时间值和输出值这两个参数都设置为[0 2]，这个默认的设置就确定了一个锯齿波在仿真时以每两秒为间隔重复出现，最大幅度为 2。

根据需要，建立如图 4-14 所示的锯齿波信号仿真框图，图中锯齿波信号由重复序列模块产生。

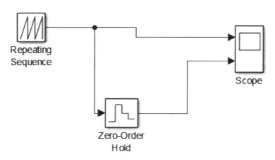

图 4-14　锯齿波信号产生的仿真框图

双击图 4-14 中的 Repeating Sequence 模块，弹出参数设置对话框，设置效果如图 4-15 所示。

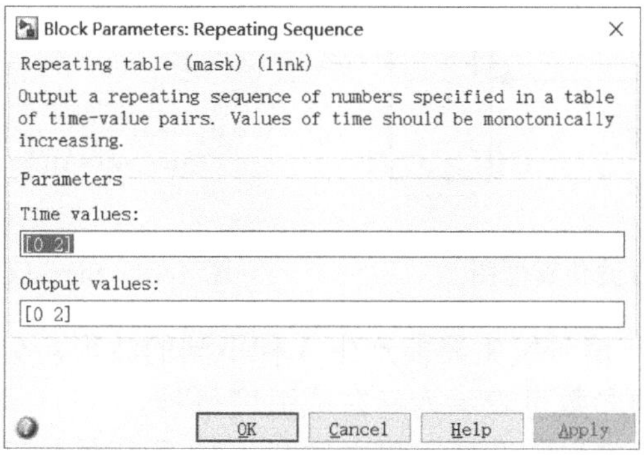

图 4-15　锯齿波模块参数设置

运行仿真，效果如图 4-16 所示。

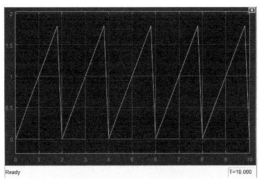

图 4-16　锯齿波效果

4.3.2　方波信号

方波信号是指电路系统中信号的质量，如果在要求的时间内，信号能不失真地从源端传送到接收端，就称该信号为方波信号。

信号具有良好的方波信号是指当需要的时候，具有所必须达到的电压电平数值。差的方波信号不是由某一单一因素导致的，而是板级设计中多种因素共同引起的。主要的方波信号问题包括反射、振荡、地弹、串扰等。

图 4-17 所示是方波信号产生的仿真框图，方波信号由 Signal Generator（信号发生器）产生。

在实例中，设置参数如下，即幅度为 1，频率为 5THz，单位为 Hertz 的方波，如图 4-18 所示。

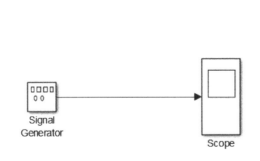

图 4-17　产生方波仿真框图

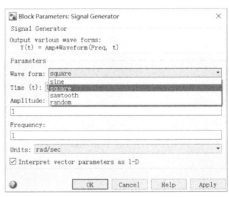

图 4-18　Signal Generator 模块参数设置

从图 4-18 中可看出，信号发生器能产生 4 种不同的波形，分别为正弦波、方波、锯齿波和随机噪声。信号的参数可表示为赫兹或弧度每秒。

根据信号发生器可以产生的波形，建立如图 4-19 所示的仿真模型，用于实现在仿真器中显示不同的波形。在信号发生器模块中除了 Wave form（波形）的参数设置不同外，其他参数设置如图 4-18 所示。运行仿真，效果如图 4-20 所示。

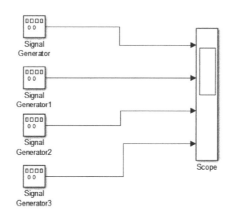

图 4-19 产生 4 种不同的波形仿真框图

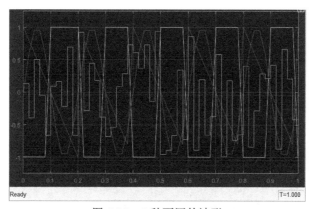

图 4-20 4 种不同的波形

4.3.3 脉冲信号

脉冲信号是一种离散信号，形状多种多样，与普通模拟信号（如正弦波）相比，波形之间在时间轴不连续（波形与波形之间有明显的间隔）但具有一定的周期性是它的特点。最常见的脉冲波是矩形波（也就是方波）。脉冲信号可以用来表示信息，也可以用来作为载波，如脉冲调制中的脉冲编码调制（PCM）、脉冲宽度调制（PWM）等，还可以作为各种数字电路、高性能芯片的时钟信号。

所谓脉冲信号表现在平面坐标上就是一条有无数断点的曲线，也就是说在周期性的一些地方点的极限不存在，比如锯齿波，也有计算机里用到的数字电路的信号 0,1。脉冲信号就是像脉搏跳动这样的信号，相对于直流，是断续的信号，如果用水流形容，直流是把水龙头一直开着淌水，脉冲是不停地开关水龙头形成的水脉冲。

脉冲信号之间的时间间隔称为周期，而将在单位时间（如 1 秒）内所产生的脉冲个数称为频率。

频率是描述周期性循环信号（包括脉冲信号）在单位时间内所出现的脉冲数量多少

的计量名称，频率的标准计量单位是 Hz（赫兹）。

在 Simulink 中可利用 Pulse Generator 来产生脉冲信号。根据需要，建立如图 4-21 所示的仿真框图，产生脉冲信号。

双击图 4-21 中的 Pulse Generator 模块，弹出参数设置对话框，如图 4-22 所示。

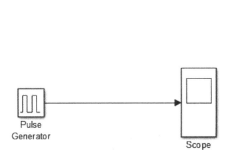

图 4-21　脉冲信号产生框图

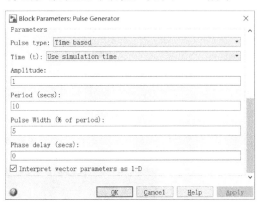

图 4-22　Pulse Generator 模块参数

其中，Pulse type 为脉冲波类型，Time 为仿真时间，Amplitude 为幅度，Period 为周期，Pulse Width 为脉冲宽度，Phase delay 为相位延迟。

运行仿真，效果如图 4-23 所示。

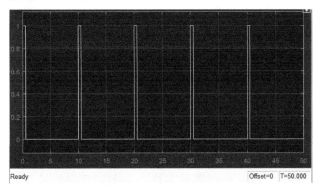

图 4-23　产生脉冲波效果

除 Pulse Generator 模块可产生脉冲信号外，也可以利用 Bernoulli Binary Generator（伯努利二进制发生器）实现脉冲信号。

图 4-24 是脉冲信号产生的仿真框图，方波脉冲信号由 Bernoulli Binary Generator 产生，仿真开始时，模块送出一个采样周期为 30 的随机方波信号，在系统仿真模块中使用了一个 updege（上升沿）模块来提取信号发生器产生的方波信号的上升沿，并且由 updege 模块来激发 zero-order hold（零阶保持器）。零阶保持器的采样时间决定了输出脉冲的脉宽。在该例中将 zero-order hold 的 Sample time 设置为 15。

双击图 4-24 中的 Bernoulli Binary Generator 模块弹出参数设置对话框，其中 Probability of a zero（0 出现的概率）设置为 0.5，Initial seed（初始化种子）设置为 12345，Sample time（采样时间）设置为 30，如图 4-25 所示。

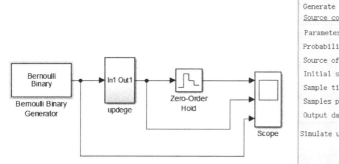

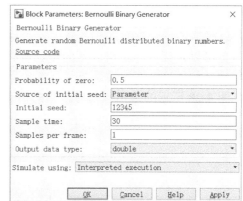

图 4-24 脉冲信号产生的仿真框图　　图 4-25　Bernoulli Binary Generator 模块参数设置

图 4-26 为 upedge 模块的内部结构图。

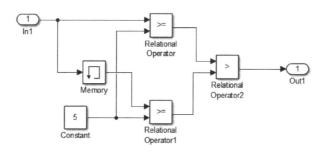

图 4-26　upedge 模块的内部结构图

图 4-26 所示的模块参数可根据需要进行修改，其他模块参数采用默认值，运行仿真，效果如图 4-27 所示。

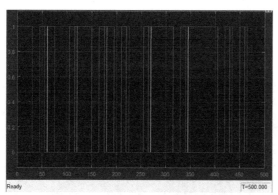

图 4-27　脉冲信号的时域图与频域图

4.3.4　扫频信号

在 Simulink 中，提供了 Chirp Signal（扫频信号模块）产生一个正统信号，其频率随着时间的变化线性增长，可以使用这个模块对系统进行分析。

该模块的三个参数即初始频率、目标时间和目标时间的频率决定了模块的输出。这些设置可以是标量，也可以是向量。所有的参数要以向量形式确定下来，就必须有相同的维数。如果这个选项被选择并且参数是行或者列向量，模块将输出一个向量信号。

图 4-28 所示的是扫频信号产生的仿真框图。

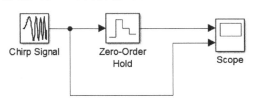

图 4-28　扫频信号产生的仿真框图

双击图中的 Chirp Signal 模块，弹出模块参数设置对话框，Initial frequency（初始频率）设置为 0.1，Target time（目标时间）设置为 100，Frequency at target time（目标时间频率）设置为 20，如图 4-29 所示。

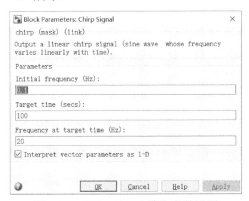

图 4-29　Chirp Signal 模块参数设置

其他参数采用默认值，运行仿真，效果如图 4-30 所示。

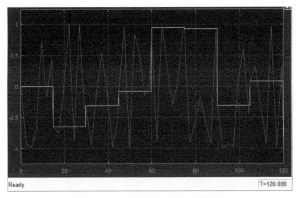

图 4-30　扫频信号的时域图

4.3.5 压控振荡器

压控振荡器（Voltage-Controlled Oscillator，VCO）是指输出信号的频率随着输入信号幅度的变化而发生相应变化的设备，它的工作原理可以通过公式（4-6）来描述。

$$y(t) = A_c \cos\left(2\pi f_c t + 2\pi k_c \int_0^t u(\tau)\mathrm{d}\tau + \varphi\right) \tag{4-6}$$

其中，$u(\tau)$ 表示输入信号，$y(t)$ 表示输出信号。由于输出信号的频率取决于输入信号电压的大小，因此称为压控振荡器。其他影响压控振荡器输出信号的参数还有信号幅度 A_c、中心振荡频率 f_c、输入信号灵敏度 k_c 以及初始相位 φ。

在 MATLAB 中压控振荡器有两种：离散时间压控振荡器和连续时间压控振荡器。这两种压控振荡器的差别在于，前者对输入信号采用离散方式进行积分，而后者则采用连续积分。本节主要讨论连续时间压控振荡器。

为了理解压控振荡器输出信号的频率与输入信号幅度之间的关系，对公式（4-6）进行变换，取输出信号的相角 Δ 为

$$\Delta = 2\pi f_c t + 2\pi k_c \int_0^t u(\tau)\,\mathrm{d}\tau + \varphi \tag{4-7}$$

对输出信号的相角 Δ 求微分，得到输出信号的角频率 ω 和频率 f 分别为

$$\omega = 2\pi f_c + 2\pi k_c u(t) \tag{4-8}$$

$$f = \frac{\omega}{2\pi} = f_c + k_c u(t) \tag{4-9}$$

从式（4-9）中可以清楚地看到，压控振荡器输出信号的频率 f 与输入信号幅度 $u(t)$ 成正比。当输入信号 $u(t)=0$ 时，输出信号的频率 $f=f_c$；当输入信号 $u(t)>0$ 时，输出信号的频率 $f>f_c$；当输入信号 $u(t)<0$ 时，输出信号的频率 $f<f_c$。这样，通过改变输入信号的幅度大小就可以准确地控制输出信号的频率。

图 4-31 所示是压控振荡器的仿真框图。在该仿真系统中，$f_c=30\mathrm{kHz}$，$k_c=10\mathrm{kHz/V}$，$u(t)=0.2\mathrm{V}$，压控振荡器的输出频率为 32kHz。Display（显示器）是采用简单的方法做成数字频率计的一种解决方案：将 0.2 乘以 K Gain（放大）10 000 后变为 2000，再加上 30 000 刚好成为 32k，在此的 10 000 与 k_c 对应，30 000 与 f_c 对应。Constant（常数）决定了压控振荡器的输出，Display（显示器）显示相应的输出频率。

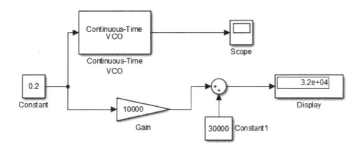

图 4-31　压控振荡器的仿真框图

双击图 4-31 中的 Continuous-Time VCO 模块，在参数设置对话框中将 Output amplitude（输出信号幅度）设置为 1，Quiescent frequency（振荡频率）设置为 3e+4，Input sensitivity（输入信号灵敏度）设置为 1e+4，Initial phase（初始相位）设置为 0，如图 4-32 所示。

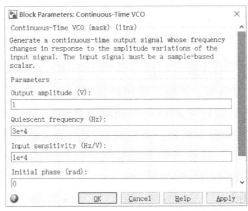

图 4-32　Continuous-Time VCO 模块参数设置

其他模块参数采用默认值，运行仿真，效果如图 4-33 所示。

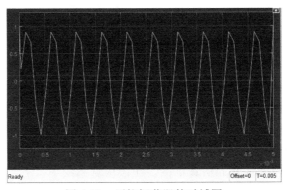

图 4-33　压控振荡器的时域图

4.4　信号与系统分析

信号是信息的物理表现形式或者说是传递信息的函数，系统定义为处理（或变换）信号的物理设备。

4.4.1　离散信号系统

离散信号是在连续信号上采样得到的信号。离散信号是一个序列，即其自变量是"离散"的。这个序列的每一个值都可以被看作连续信号的一个采样。

一个信号 $x(t)$ 可以是连续时间信号（模拟信号），也可以是离散时间信号（数字信号）。如果 $x(t)$ 是离散信号，则 t 仅在时间轴的离散点上取值，这时，应将 $x(t)$ 改为 $x(nT_s)$，T_s 表示相邻两个点之间的时间间隔，又称抽样周期，n 取整数，即

$$x(nT_s), n = -N_1, \cdots, -1, 0, 1, \cdots, N_2$$

式中，N_1、N_2 是 n 的取值范围。一般，可以把 T_s 归一化为 1，则 $x(nT_s)$ 可简记为 $x(n)$。

这样表示的 $x(n)$ 仅是整数 n 的函数，所以，又称 $x(n)$ 为离散时间序列。

【例 4-27】　利用 MATLAB 产生指数序列 $x[k] = K\alpha^k u[k]$。

```
>> clear all;
a=input('输入指数 a=');
K=input('输入常数 K=');
N=input('输入序列长度 N=');
k=0:N-1;
x=K*a.^k;
stem(k,x);
xlabel('时间');ylabel('幅度');
title(['\alpha= ',num2str(a)]);
```

运行程序，根据命令窗口中的提示输入以下数据，效果如图 4-34 所示。

```
输入指数 a=0.85
输入常数 K=2
输入序列长度 N=31
```

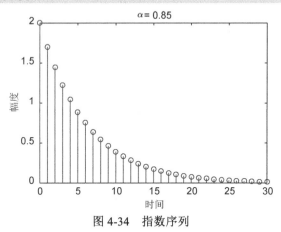

图 4-34　指数序列

序列可以进行各种运算，下面对常用的运算进行简单的介绍。

1. 信号的相加与相乘

两个信号 $x_1(t)$ 和 $x_2(t)$，分别对应相加与相乘可得到新的信号，即

$$\begin{cases} x(n) = x_1(t) + x_2(t) \\ y(n) = x_1(t)x_2(t) \end{cases}$$

上述相加或相乘表示将 $x_1(t)$ 和 $x_2(t)$ 在相同时刻 n 时的值对应相加或相乘。

【例 4-28】 分别绘制信号 $x_1(t) = \sin(2\pi \times 0.15n)$ 与 $x_2(t) = \sin(2\pi \times 0.15n)$，$0 \leqslant n \leqslant 40$，以及它们的相加和相乘序列。

```
>> clear all;
n=0:40;
x1=sin(2*pi*0.15*n);
x2=exp(-0.15*n);
x=x1+x2;                %序列相加
y=x1.*x2;               %序列相乘
subplot(4,1,1);stem(n,x1);
title('序列 x1');
subplot(4,1,2);stem(n,x2);
title('序列 x2');
subplot(4,1,3);stem(n,x);
title('序列相加');
subplot(4,1,4);stem(n,y);
title('序列相乘');
```

运行程序，效果如图 4-35 所示。

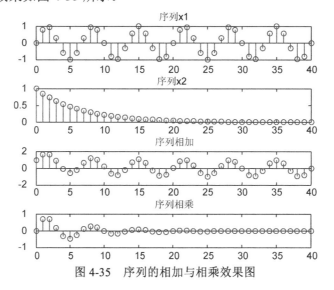

图 4-35　序列的相加与相乘效果图

2．卷积和

卷积和是求离散线性时不变系统输出响应的主要方法。设两序列 $x(n)$、$h(n)$，则其卷积和定义为

$$y(n) = \sum_{m=-\infty}^{\infty} x(m)h(n-m) = x(n)*h(n)$$

式中，"*"表示卷积和。在 MATLAB 中，提供了 conv(x,y) 用于求两个序列的卷积和。

【例 4-29】 利用 MATLAB 函数 conv 计算两个序列的离散卷积和。

```
>> clear all;
x=[-0.5 0 0.5 1];
kx=-1:2;
h=[1 1 1];
kh=-2:0;
y=conv(x,h);
k=kx(1)+kh(1):kx(end)+kh(end);
stem(k,y);
xlabel('k');ylabel('y');
```

运行程序，效果如图 4-36 所示。

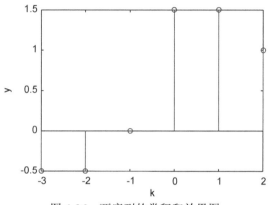

图 4-36　两序列的卷积和效果图

值得注意的是，卷积和的长度不等于原始序列的长度，设两个原始序列的长度分别为 n 和 m，则卷积和序列的长度为 $n+m-1$。

3．序列相关性

1）古典假定

对于模型

$$y_t = \beta_0 + \beta_1 X_{1t} + \beta_2 X_{2t} + \cdots + \beta_k X_{kt} + \mu_t, t = 1,2,\cdots,n$$

假定随机误差项之间不存在相关性，即

$$\text{cov}(\mu_t,\mu_s) = 0, (t \neq s)$$

2）序列相关

如果随机误差项之间存在相关关系，则

$$\text{cov}(\mu_t,\mu_s) \neq 0, (t \neq s)$$

这时，称随机误差项之间存在序列相关或自相关。由于通常假定随机误差项均值为零且同方差，因此序列相关性又可以表示为

$$E(\mu_t\mu_s) \neq 0, (t \neq s)$$

随机误差项的序列相关性有多种形式，其中最常见的是随机误差项之间存在一阶序

列相关，即随机误差项只与其前一项相关：$\mathrm{cov}(\mu_t, \mu_{t-1}) = E(\mu_t \mu_s) \neq 0$。一阶序列相关性可以表示为

$$\mu_t = \rho \cdot \mu_{t-1} + \varepsilon_t$$

其中，ρ 是 μ_t 与 μ_{t-1} 之间的系数，ε_t 是满足回归模型基本假定的随机误差基。

【例 4-30】 已知 $x[k] = \{2,1,-2,1\}$，$y[k] = [-1,2,1,-1]$，$k = 0,1,2,3$，试计算互相关函数 $r_{xy}[n]$ 和 $r_{yx}[n]$，以及自相关函数 $r_x[n]$。

```
>> clear all;
N=500;
n=0:N-1;
ns = randn(1,N);
k=0:N-1;
x0=k.*(0.95.^k);
x1=k*0; x2=k*0; x=k*0;
for k=200:N
    x1(k)=(k-200).*(0.9.^(k-200));
end
for k=300:N
    x2(k)=(k-300).*(0.85.^(k-300));
end
x=x0+x1+x2;    y=x+ns;
subplot(321);stem(n,x(n+1),'.');
title('信号 x');
grid on
subplot(323);stem(n,ns(n+1),'.');
title('噪声 ns');
grid on
subplot(325);stem(n,y(n+1),'.');
title('合成信号 y');
grid on
[Ryy,n] = xcorr(y,y);
subplot(322);stem(n,Ryy/N,'r.');
title('信号 y 自相关');
grid on
[Rxx,n] = xcorr(x,x);
subplot(324);stem(n,Rxx/N,'r.');
title('信号 x 自相关');
grid on
[Rnn,n] = xcorr(ns,ns);
subplot(326);stem(n,Rnn/N,'r.');
title('噪声 ns 自相关');
grid on
```

运行程序，效果如图 4-37 所示。

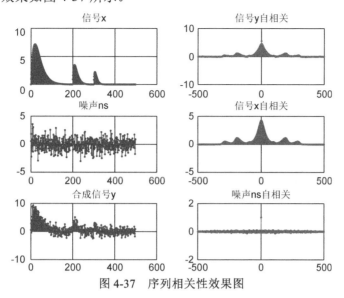

图 4-37 序列相关性效果图

4.4.2 离散时间系统

一个离散时间系统，可以抽象为一种变换或另一种影射，即把输入序列 $x(n)$ 变换为输出序列 $y(n)$，即

$$y(n) = T[x(n)]$$

式中，T 代表变换。

这样，一个离散时间系统，既可以是一个硬件装置，也可以是一个数字表达式。总之，一个离散时间系统的输入/输出关系如图 4-38 所示。

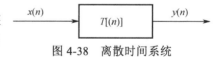

图 4-38 离散时间系统

【例 4-31】 一个离散时间系统的输入/输出关系为 $y(n) = ay(n-1) + x(n)$，其中，a 为常数。

该系统表示，现在时刻的输出 $y(n)$ 等于上一次的输出 $y(n-1)$ 乘以常数 a 再加上现在的输入 $x(n)$，这是一个一阶自回归差分方程，如果：

（1） $x(n) = \begin{cases} 1 & n = 0 \\ 0 & n \neq 0 \end{cases}$

（2） $x(n) = \begin{cases} \exp(0.15n) & 0 \leqslant n \leqslant 40 \\ 0 & \text{其他} \end{cases}$

且 $a = 0.85$，$y(n) = 0$，$n < 0$，$y(0) = x(0)$，试分别求上述系统在所给输入下的响应。

```
>> clear all;
N=60;
x1=zeros(1,N);
x1(1)=1;
```

```
x2=zeros(1,N);
x2(1:41)=exp(-0.15*(0:40));
y1(1)=x1(1);
y2(1)=x2(1);
for n=2:N
    y1(n)=0.85*y1(n-1)+x1(n);
    y2(n)=0.85*y2(n-1)+x2(n);
end
subplot(4,1,1);stem(x1);
title('序列 x1');
subplot(4,1,2);stem(x2);
title('序列 x2');
subplot(4,1,3);stem(y1);
title('序列 y1');
subplot(4,1,4);stem(y2);
title('序列 y2');
```

运行程序，效果如图 4-39 所示。

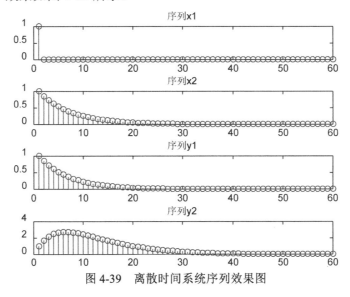

图 4-39　离散时间系统序列效果图

【例 4-32】　一个离散时间系统的输入/输出关系为

$$y(n) = \sum_{k=0}^{M} b(k)x(n-k)$$

式中，$b(0), b(1), \cdots, b(M-1)$ 为常数。

这类系统称为有限冲激响应系统，简称 FIR 系统。一阶自回归模型中由于包括了由输出到输入的反馈，因此其冲激响应为无限长，这类系统称为无限冲激响应系统，简称 IIR 系统。

式中，$M=3$，$b(0)=\dfrac{1}{2}$，$b(1)=\dfrac{1}{8}$，$b(2)=\dfrac{3}{8}$，$x(n)=\begin{cases}1 & 0 \leqslant n \leqslant 5 \\ 0 & \text{其他}\end{cases}$。试求其输出响应。

```
>> clear all;
x=ones(1,6);
b=[1/2 1/8 3/8];
y=conv(x,b);
subplot(3,1,1);stem(x);
title('序列 x');
subplot(3,1,2);stem(b);
title('序列 b');
subplot(3,1,3);stem(y);
title('序列 y');
```

运行程序，效果如图 4-40 所示。

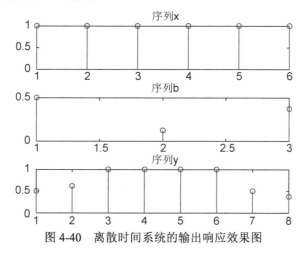

图 4-40　离散时间系统的输出响应效果图

4.4.3　Fourier 分析

Fourier 分析包含连续信号和离散信号的 Fourier 变换和 Fourier 级数。

1. 连续时间信号的 Fourier 变换

时域中的 $f(x)$ 与它在频域中的 Fourier（傅里叶）变换存在如下关系：

$$f = f(x) \Rightarrow F = F(w) = \int_{-\infty}^{+\infty} f(x)e^{-iwx}dx$$

$$f(x) = \frac{1}{2\pi}\int_{-\infty}^{+\infty} F(w)e^{iwx}dw$$

在 MATLAB 中分别由命令函数来完成此类变换，它们分别是 fourier 和 ifourier。对于 fourier 变换，其调用格式如下：

fourier(f,trans_var,eval_point)：对函数 f 进行傅里叶积分变换，trans_var 为指定的变

量，eval_point 为符号变量或表达式表示的评价点，这个变量通常被称为"频率变量"。默认变量为 w。

ifourier 函数的调用格式与 fourier 函数调用格式相似。

注意：

（1）在调用函数 fourier 和 ifourier 之前，需要使用 syms 命令对所用到的变量进行说明，即要将这些变量说明成符号变量。

（2）采用 fourier 和 ifourier 得到的返回函数，仍然是符号表达式。如需对返回的函数作图，则应用 ezplot 绘图命令而不是用 plot 命令。如果返回函数中含有如狄克函数 $\delta(t)$ 等的项，则用 ezplot 也无法作图。

【例 4-33】 试绘制出连续时间信号 $f(t) = te^{-|t|}$ 的时域波形 $f(t)$ 及相应的幅频特性。

```
>> clear all;
syms t;
f=t*exp(-abs(t));
subplot(1,2,1);ezplot(f);
title('连续时间信号');
F=fourier(f);
subplot(1,2,2);ezplot(abs(F));
title('幅频特性响应');
```

运行程序，效果如图 4-41 所示。

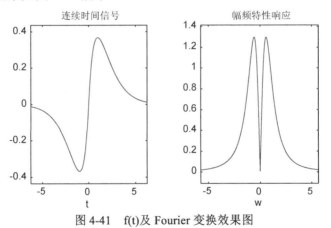

图 4-41 f(t)及 Fourier 变换效果图

【例 4-34】 如果某信号的 Fourier 变换 $F(\omega) = \pi e^{-|\omega|}$，试绘出该信号的时域波形和频谱图。

```
>> clear all;
syms t w;                        %声明符号变量
F=pi*exp(-abs(w));               %生成函数 F(w)的符号表达式
subplot(1,2,1);ezplot(abs(F));
title('时域波形图');
f=ifourier(F,t)                  %Fourier 反变换
```

```
subplot(1,2,2);ezplot(f);
title('频谱图')
```

运行程序，输出如下，效果如图 4-42 所示。

```
f =
1/(t^2 + 1)
```

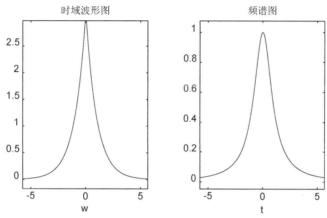

图 4-42　F(w)及 Fourier 反变换效果图

2．离散时间信号的 Fourier 变换

设 $h(n)$ 为一线性时不变系统的单位抽样响应，定义

$$H(\mathrm{e}^{\mathrm{j}\omega}) = \sum_{n=-\infty}^{\infty} h(n)\mathrm{e}^{-\mathrm{j}\omega n}$$

为系统的频率响应。该式也是离散时间序列的 Fourier 变换（Discrete Time Fourier Transform，DTFT）。$H(\mathrm{e}^{\mathrm{j}\omega})$ 是 ω 的连续函数，且是周期的，周期为 2π。其中，ω 是用弧度度量的，称为数字频率。上式的 DTFT 可以看作周期信号 $H(\mathrm{e}^{\mathrm{j}\omega})$ 在频域内展成的 Fourier 级数，其 Fourier 系数是时域信号 $h(n)$。

离散信号 $h(n)$ 的 DTFT 存在的条件是 $h(n)$ 为绝对和，即满足

$$\sum_{n=-\infty}^{\infty} |h(n)| < \infty$$

相应的，其 DTFT 反变换（IDTFT）可表示为

$$h(n) = \frac{1}{2\pi}\int_{-\pi}^{\pi} H(\mathrm{e}^{\mathrm{j}\omega})\,\mathrm{e}^{\mathrm{j}\omega n}\mathrm{d}\omega$$

根据上述 DTFT 的定义，可利用 MATLAB，由 $h(n)$ 直接计算 $H(\mathrm{e}^{\mathrm{j}\omega})$ 在频率区间 $[0,\pi]$ 的值并绘出它的模和相角。

假设序列 $h(n)$ 在区间 $n_1 \le n \le n_2$ 有 N 个样本值，要计算其在下述频率点上的 $H(\mathrm{e}^{\mathrm{j}\omega})$：

$$\overline{\omega}_k = k\frac{\pi}{M}, k = 0, 1, \cdots, M-1$$

首先定义一个 $(M+1) \times N$ 的矩阵，即

$$W = \{W(k,n) = \mathrm{e}^{-\mathrm{j}\frac{\pi}{M}K^{T}n}, n_1 \leq n \leq n_2, k = 0,1,\cdots,M-1\}$$

如果将 $\{k\}$ 和 $\{n\}$ 写成列矢量，则有

$$W = \left[\mathrm{e}^{-\mathrm{j}\frac{\pi}{M}K^{T}n}\right]$$

于是，在所求频率点上的 $H(\mathrm{e}^{\mathrm{j}\omega})$ 值可写为

$$H^{T} = h^{T} * W$$

【例 4-35】 求下列序列的 DTFT 并绘制频谱图：

（1） $h(n) = \mathrm{e}^{-|0.15n|}, -15 \leq n \leq 15$；

（2） $h(n) = 1, 0 \leq n \leq 20$。

其实现的 MATLAB 代码为：

```
>> clear all;
w=-4:0.001:4;                          %产生要计算的频率范围，间隔为0.001
%产生两个信号序列
n1=-15:15;
n2=0:20;
h1=exp(-abs(0.15*n1));
h2(n2+1)=1;
%求两个数字序列相应的 DTFT 的值
Hjw1=h1*(exp(-j*pi).^(n1'*w));
Hjw2=h2*(exp(-j*pi).^(n2'*w));
subplot(2,1,1);plot(w,abs(Hjw1));
title('H1');
xlabel('pi 弧度(w)'); ylabel('振幅');
subplot(2,1,2);plot(w,abs(Hjw2));
title('H2');
xlabel('pi 弧度(w)'); ylabel('振幅');
```

运行程序，效果如图 4-43 所示。

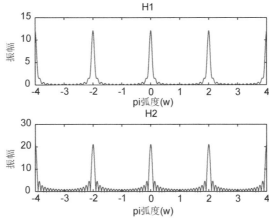

图 4-43 不同序列的频谱图

离散时间信号的 Fourier 变换有一些十分重要的性质，如卷积性质、频移性质等。

DTFT 的频移性质是指，序列乘以复指数序列对应于频域的频移，即

$$\text{DTFT}(h(n)\text{e}^{j\omega_1 n}) = H(\text{e}^{j(\omega - \omega_1)})$$

【例 4-36】 给定序列 $h(n) = 1, 0 \leqslant n \leqslant 20$ 和 $h(n) = h(n)\text{e}^{j\pi\frac{n}{4}}$，分别计算它们的离散时间 Fourier，并比较结果。

```
>> clear all;
w=-1:0.0001:1;                        %产生要计算的频率 w 的范围，频率的间隔为 0.0001
%产生两个序列
n=0:20;
h(n+1)=1;
x=h.*exp(j*pi*n/4);
%求两个数字序列相应的 DTFT 值
Hjw=h*(exp(-j*pi).^(n'*w));
Xjw=x*(exp(-j*pi).^(n'*w));
subplot(2,2,1);plot(w,abs(Hjw));
title('H');
xlabel('pi 弧度（w）');ylabel('振幅');
subplot(2,2,2);plot(w,angle(Hjw)/pi);
title('H');
xlabel('pi 弧度（w）');ylabel('相位');
subplot(2,2,3);plot(w,abs(Xjw));
title('X');
xlabel('pi 弧度（w）');ylabel('振幅');
subplot(2,2,4);plot(w,angle(Xjw)/pi);
title('X');
xlabel('pi 弧度（w）');ylabel('相位');
```

运行程序，效果如图 4-44 所示。

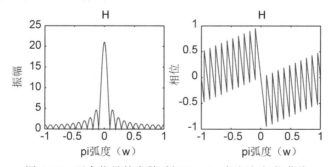

图 4-44 两个信号的离散时间 Fourier 振幅与相位曲线

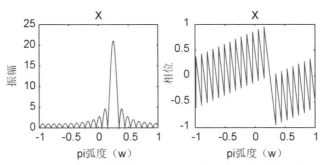

图 4-44　两个信号的离散时间 Fourier 振幅与相位曲线（续）

从图 4-44 可以看出，序列 $h(n)$ 和 $x(n)$ 的频谱的形状是完全相同的，只是 $x(n)$ 的频谱曲线是 $h(n)$ 的频谱曲线沿横轴平移了一段距离。这样就验证了 DTFT 的频移特性。

一个单位脉冲响应为 $h(n)$ 的系统对输入序列 $x(n)$ 的输出为

$$y(n) = x(n) * h(n)$$

根据 DTFT 的卷积性质，有

$$Y(\mathrm{e}^{\mathrm{j}\omega}) = \mathrm{DTFT}[y(n)] = \mathrm{DTFT}[x(n) * h(n)] = X(\mathrm{e}^{\mathrm{j}\omega})H(\mathrm{e}^{\mathrm{j}\omega})$$

可以利用这一性质求系统在输入信号为 $x(n)$ 时的系统响应。可以先求出 $X(\mathrm{e}^{\mathrm{j}\omega})$ 和 $H(\mathrm{e}^{\mathrm{j}\omega})$，进而求出 $Y(\mathrm{e}^{\mathrm{j}\omega})$，再通过 IDTFT 求出 $y(n)$，这样就可以绕过求卷积的步骤。

【例 4-37】　一个系统的单位脉冲响应为 $h(n) = \sin(0.25n)\mathrm{e}^{-0.15n}, 0 \leqslant n \leqslant 30$，试求：

（1）该系统的频率响应；

（2）如果输入信号为 $h(n) = 2\cos(0.2\pi n) + 3\sin(0.4\pi n), 0 \leqslant n \leqslant 30$，确定该系统的稳态输出响应。

```
>> clear all;
w=-1:0.001:1;                  %产生要计算的频率 w 的范围，频率的间隔为 0.0001
%产生两个序列
n=0:30;
h=sinc(0.25*n);
x=2*cos(0.2*pi*n)+3*sin(0.4*n*pi);
%求脉冲响应和输入信号的 DTFT
Hjw=h*(exp(-j*pi).^(n'*w));
Xjw=x*(exp(-j*pi).^(n'*w));
%计算输出序列的 DTFT
Yjw=Xjw.*Hjw;
n1=0:2*length(n)-2;            %确定输出序列的长度
dw=0.001*pi;                   %确定分段求和的步长，它等于相邻频率的间隔
%用求和代替积分，求出 IDTFT
y=(dw*Yjw*(exp(j*pi).^(w'*n1)))/(2*pi);
y1=conv(x,h);
subplot(3,1,1);plot(w,abs(Hjw));
title('H');
xlabel('pi 弧度（w）');ylabel('振幅');
```

```
subplot(3,1,2);plot(w,abs(Xjw));
title('X');
xlabel('pi 弧度（w）');ylabel('振幅');
subplot(3,1,3);plot(w,abs(Yjw));
title('Y');
xlabel('pi 弧度（w）');ylabel('振幅');
figure;
subplot(2,1,1);stem(abs(y));
title('通过 IDTFT 计算出的输出序列 Y');
subplot(2,1,2);stem(abs(y1));
title('通过时域卷积计算出的输出序列 Y1');
```

运行程序，效果如图 4-45 和图 4-46 所示。

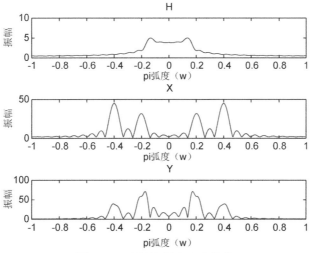

图 4-45　系统的频率响应曲线

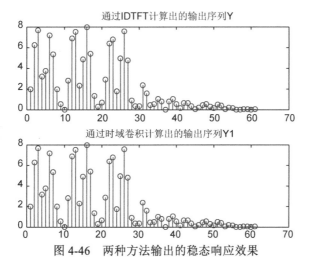

图 4-46　两种方法输出的稳态响应效果

从图 4-46 中可以看出，两种方法的结果是完全一致的。

3. 离散 Fourier 变换

离散傅里叶变换（DFT），是傅里叶变换在时域和频域上都呈现离散的形式，将时域信号的采样变换为在离散时间傅里叶变换（DTFT）频域的采样。在形式上，变换两端（时域和频域上）的序列是有限长的，而实际上这两组序列都应当被认为是离散周期信号的主值序列。即使对有限长的离散信号做 DFT，也应当将其看作经过周期延拓成为周期信号再做变换。

1）一维离散 Fourier 变换

对一个连续函数 $f(x)$ 等间隔采样可得到一个离散序列。设共采了 N 个点，则这个离散序列可表示为 $\{f(0), f(1), \cdots, f(N-1)\}$。借助这种表达，并令 x 为离散空域变量、u 为离散频率变量，可将离散 Fourier 变换定义为

$$F(u) = \sum_{x=0}^{N-1} f(x) \mathrm{e}^{-\mathrm{j}\frac{2\pi ux}{N}}$$

而 Fourier 反变换定义为

$$f(x) = \frac{1}{N} \sum_{u=0}^{N-1} F(u) \mathrm{e}^{\mathrm{j}\frac{2\pi ux}{N}}$$

可以证明离散 Fourier 变换对总是存在的。其 Fourier 谱为

$$|F(u)| = [R^2(u) + I^2(u)]^{\frac{1}{2}}$$

Fourier 相位为

$$\phi(u) = \arctan \frac{I(u)}{R(u)}$$

Fourier 能量谱为

$$E(u) = |F(u)|^2 = R^2(u) + I^2(u)$$

2）二维 Fourier 变换

一幅静止的数字图像可看作二维数据阵列。因此，数字图像处理主要是二维数据处理。如果一幅二维离散图像 $f(x,y)$ 的大小为 $M \times N$，则二维 Fourier 变换可用以下两式表示：

$$F(u,v) = \frac{1}{N} \sum_{x=0}^{N-1} \sum_{y=0}^{N-1} f(x,y) \mathrm{e}^{-\mathrm{j}2\pi\frac{ux+vy}{N}}, u,v = 0,1,2,\cdots,N-1$$

$$f(x,y) = \frac{1}{N} \sum_{u=0}^{N-1} \sum_{v=0}^{N-1} F(u,v) \mathrm{e}^{\mathrm{j}2\pi\frac{ux+vy}{N}}, x,y = 0,1,2,\cdots,N-1$$

【例 4-38】 一个离散序列为 $x(n) = \cos(0.25n)\mathrm{e}^{-0.15n}, 0 \leqslant n \leqslant 30$，求该序列的 DFT。

```
>> clear all;
n=0:30;
x=cos(0.25*n).*exp(-0.15*n);          %产生信号序列
```

```
k=0:30;
N=31;
%根据 DFT 的定义计算序列的 DFT 值
Wnk=exp(−j*2*pi/N).^(n'*k);
X=x*Wnk;
subplot(2,1,1);stem(n,x);
title('序列 x');
subplot(2,1,2);stem(−15:15,[abs(X(17:end)) abs(X(1:16))]);
title('X 幅度');
```

运行程序，效果如图 4-47 所示。

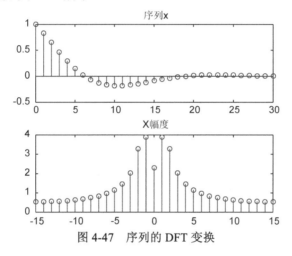

图 4-47　序列的 DFT 变换

在 MATLAB 中，提供了 fft 函数来计算有限离散序列的 DFT。上例中为了说明 DFT 的计算过程，采用了 DFT 的原始定义。

【例 4-39】　利用 fft 函数计算有限离散序列。

```
>> clear all;
Fs = 1000;              %序列频率
T = 1/Fs;               %序列周期
L = 1000;               %信号长度
t = (0:L−1)*T;          %时间向量
%产生序列
S = 0.7*sin(2*pi*50*t) + sin(2*pi*120*t);
%添加白噪声
X = S + 2*randn(size(t));
subplot(3,1,1);plot(1000*t(1:50),X(1:50))
title('带白噪声的信号')
xlabel('t (毫秒)');ylabel('X(t)')
%利用 fft 实现 Fourier 变换
Y = fft(X);
%计算序列单边幅度谱
```

```
P2 = abs(Y/L);
P1 = P2(1:L/2+1);
P1(2:end-1) = 2*P1(2:end-1);
f = Fs*(0:(L/2))/L;
subplot(3,1,2);plot(f,P1)
title('X(t)序列的单边幅度谱')
xlabel('f (Hz)');ylabel('|P1(f)|')
%对未添加白噪声的信号进行 Fourier 变换
Y = fft(S);
P2 = abs(Y/L);
P1 = P2(1:L/2+1);
P1(2:end-1) = 2*P1(2:end-1);
subplot(3,1,3);plot(f,P1)
title('S（t）序列的单边幅度谱')
xlabel('f (Hz)');ylabel('|P1(f)|')
```

运行程序，效果如图 4-48 所示。

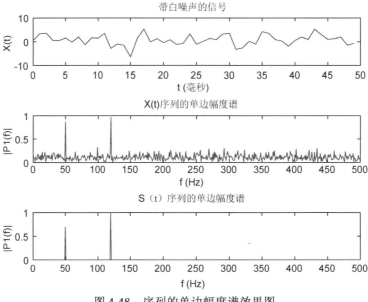

图 4-48　序列的单边幅度谱效果图

下面讨论 DFT 的循环卷积性质。设序列 $x(n)$、$h(n)$ 都是 N 点序列，其 DFT 分别是 $X(k)$、$H(k)$、$Y(k)$，如果

$$y(n) = x(n) \otimes h(n) = \sum_{i=0}^{N-1} x(i)h(n-i)$$

则

$$Y(k) = X(k)H(k)$$

式中，$\otimes$ 表示做 N 点循环卷积。

对两个 N 点序列的循环卷积，其矩阵形式为

$$y = \begin{bmatrix} y(0) \\ y(1) \\ \vdots \\ y(N-1) \end{bmatrix} = \begin{bmatrix} h(0) & h(N-1) & \cdots & h(1) \\ h(1) & h(0) & \cdots & h(2) \\ \vdots & \vdots & \ddots & \vdots \\ h(N-1) & h(N-2) & \cdots & h(0) \end{bmatrix} \begin{bmatrix} x(0) \\ x(1) \\ \vdots \\ x(N-1) \end{bmatrix} = \boldsymbol{H} \cdot x$$

上式中矩阵 $\boldsymbol{H}$ 称为循环矩阵，由第 1 行开始，依次右移致力一个元素，移出去的元素在下一行的最左边出现，即每一行都是由 $h(0), h(N-1), \cdots, h(1)$ 这 N 个元素依此法则移动所生成的。因此称 $\boldsymbol{H}$ 为循环矩阵，对应的卷积也称循环卷积。

【例 4-40】 已知序列 $h(n) = \{6,3,4,2,1,-2\}$，$x(n) = \{3,2,6,7,-1,-3\}$，分别用直接法和 DFT 法求两个序列的循环卷积矩阵。

```
>> %产生两个序列
h=[6 3 4 2 1 -2];
x=[3 2 6 7 -1 -3];
h1=fliplr(h);                      %反转序列
H=toeplitz(h,[h(1) h1(1:5)]);      %利用 toeplitz 函数生成循环矩阵
y=H*x';                            %计算卷积序列
%计算两个序列的 DTF 值
H=fft(h);
X=fft(x);
Y=H.*X;
y1=ifft(Y);                        %逆快速 Fourier 变换计算循环卷积序列
subplot(2,1,1);stem(y);
title('直接计算');
subplot(2,1,2);stem(y1);
title('DFT 计算');
```

运行程序，效果如图 4-49 所示。

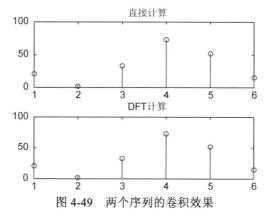

图 4-49 两个序列的卷积效果

由图 4-49 可以看到，两种方法得到的结果是完全一致的。

4.4.4 低通信号的低通等效

许多携带数字信息的信号是由某种类型的载波调制方式发送的。传输信号的信道带宽限制在以载波为中心的一个频段上，如双边带调制。满足带宽远小于载波频率的信号与信道（系统）称为窄带通过信号与信道（系统）。通信系统发送端的调制产生带通信号，而接收端的解调恢复数字信息，两者均包含频率转换。

下面介绍 Hilbert 变换。

对于一个带通信号 $x(t)$，考虑构架如下信号，其中仅包含 $x(t)$ 的正频域部分，该信号可以表示为

$$X_+(f) = 2u(f)X(f)$$

其中，$X(f)$ 为 $x(t)$ 的 Fourier 变换，$u(f)$ 为单位阶跃函数。

上式的等效时域表达式为

$$x_+(t) = \int_{-\infty}^{\infty} X_+(f)e^{j2\pi ft}df = x(t) + j\frac{1}{\pi t}x(t)$$

信号 $x_+(t)$ 称为解析信号或 $x(t)$ 的预包络。

定义

$$\hat{x}(t) = \frac{1}{\pi t}x(t) = \frac{1}{\pi}\int_{-\infty}^{\infty}\frac{x(\tau)}{t-\tau}d\tau$$

信号 $\hat{x}(t)$ 可以看作一个滤波器在输入信号 $x(t)$ 激励下的输出，该滤波器的冲激响应为

$$h(t) = \frac{1}{\pi t}, -\infty < t < \infty$$

这样的滤波器称为 Hilbert 变换器，其频率响应为

$$H(f) = \int_{-\infty}^{\infty} h(t)e^{-j2\pi ft}dt = \begin{cases} -j & f > 0 \\ 0 & f = 0 \\ j & f < 0 \end{cases}$$

可以看出，$|H(f)|=0$，以及相位响应当 $f > 0$ 时为 $\Phi(f) = -\frac{1}{2}\pi$，而当 $f < 0$ 时为 $\Phi(f) = \frac{1}{2}$。因此这种滤波器本质上是一个对输入信号所有频率的 90° 移相器。

在 MATLAB 中，提供了 hilbert 函数用于实现 Hilbert 变换，它产生复序列 $x_+(t)$。$x_+(t)$ 的实部是原序列 $x(t)$，而它的虚部则是原序列的 Hilbert 变换。

【例 4-41】 已知序列 $x(n) = \cos(0.2\pi n)$，$0 \leq n < 20$，试求：

（1）计算序列 $x(n)$ 的 Hilbert 变换 $\hat{x}(n)$，并比较两序列频谱的变化；

（2）验证 $x(n)$ 与 $\hat{x}(n)$ 是正交的。

```
>> clear all;
N=20;
n=0:N-1;
xn=cos(0.2*pi*n);
```

```
hxn=hilbert(xn);
%(1)
Xk=fft(xn);
hXk=fft(hxn);
aXk=abs(Xk);
ahXk=abs(hXk);
pXk=phase(Xk);
phXk=phase(hXk);
k=0:N-1;
subplot(2,2,1),stem(k,aXk)
xlabel('k');
title('FFT[x(n)]振幅');
subplot(2,2,2),stem(k,pXk)
xlabel('k');
title('FFT[x(n)]相位');
subplot(2,2,3),stem(k,ahXk)
xlabel('k');
title('Hilbert[x(n)]振幅');
subplot(2,2,4),stem(k,phXk)
xlabel('k');
title('Hilbert[x(n)]相位');
%(2)验证
add=sum(xn.*hxn)
```

运行程序，输出如下，效果如图 4-50 所示。

```
add =
   10.0000 + 0.0000i
```

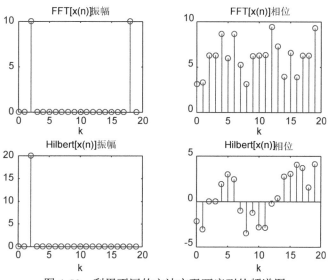

图 4-50　利用不同的方法实现两序列的频谱图

由前面知道，解析信号 $x_+(t)$ 虽然只包含正频率成分，但它仍然是带通信号。由 $X_+(f)$ 的频率转换可以得到等效低通表达式。定义 $X_l(f)$ 为

$$X_l(f) = X_+(f + f_c)$$

等效时域关系式为

$$x_l(t) = x_+(t)e^{-j2\pi f_c t} = [x(t) + j\hat{x}(t)]e^{-j2\pi f_c t}$$

一般地，信号 $x_l(t)$ 是复信号，且可以表示为

$$x_l(t) = x_c(t) + jx_s(t)$$

如果替换上式中的 $x_l(t)$，并使该式左右两边的实部和虚部相等，则可以得到如下关系式，即

$$x(t) = x_c \cos 2\pi f_c t - x_s \sin 2\pi f_c t$$
$$\hat{x}(t) = x_c \sin 2\pi f_c t - x_s \cos 2\pi f_c t$$

上式是带通信号表示的期望形式。低频信号 $x_c(t)$ 和 $x_s(t)$ 可以看作分别施加在载波分量 $\cos 2\pi f_c t$ 和 $\sin 2\pi f_c t$ 上的幅度调制信号。由于载波分量在相位上是正交的，因此，$x_c(t)$ 和 $x_s(t)$ 称为带通信号 $x(t)$ 的两个正交分量。其中，$x_c(t)$ 一般称为同相分量，$x_s(t)$ 称为正交分量。

上式中的信号的另一种表示为

$$x(t) = \text{Re}\{[x_c + jx_s]e^{j2\pi f_c t}\} = \text{Re}\{x_l(t)e^{j2\pi f_c t}\}$$

式中，Re 表示其后括号中复值量的实部。低通信号 $x_l(t)$ 通常称为实信号 $x(t)$ 的复包络，其本质上等效低通信号。

$x_l(t)$ 还可以表示为

$$x_l(t) = a(t)e^{j\theta(t)}$$

式中

$$a(t) = \sqrt{x_c^2(t) + x_s^2(t)}$$

$$\theta(t) = \arctan \frac{x_s(t)}{x_c(t)}$$

因此

$$\begin{cases} x_c(t) = a(t)\cos(\theta(t)) \\ x_s(t) = a(t)\sin(\theta(t)) \\ x(t) = \text{Re}\{x_l(t)e^{j2\pi f_c t}\} = \text{Re}\{a(t)e^{j(2\pi f_c t + \theta(t))}\} = a(t)\cos(2\pi f_c t + \theta(t)) \end{cases}$$

信号 $a(t)$ 称为 $x(t)$ 的包络，$\theta(t)$ 称为 $x(t)$ 的相位。

【例 4-42】 已知信号 $x(t) = e^{-10|t-5|}\cos(2\pi \times 20t), 0 \le t \le 10$，求解：

（1）假设 $f_c = 20$，求 $x(t)$ 的低通等效，并绘制它的幅度谱和同相分量；

（2）假设 $f_c = 10$，求 $x(t)$ 的低通等效，并绘制它的幅度谱和同相分量。

```
>> clear all;
ts=0.01;                        %采样时间间隔
fs=1/ts;                        %采样频率
t=0:ts:10;
```

```
df=fs/length(t);                        %确定 DFT 的频率分辨率
f=-50:df:50-df;                         %生成频率矢量
x=exp(-10*abs(t-5)).*cos(2*pi*20*t);    %生成序列
xa=hilbert(x);                          %求 x(t)的解析信号 xa(t)，xa(t)为复数


fc1=20;
%当 fc=20Hz 时低通信号
x11=xa.*exp(-j*2*pi*fc1*t);
X11=fft(x11)/fs;                        %求 fc=20 时低通信号的频谱
%绘制 fc=20Hz 的同相分量及幅度谱
subplot(2,1,1);plot(t,real(x11));
title('fc=20Hz 时低通信号同相分量');xlabel('时间 t');
subplot(2,1,2);plot(f,fftshift(abs(X11)));
title('fc=20Hz 时低通信号幅度谱');xlabel('频率 f');
fc2=10;
x12=xa.*exp(-j*2*pi*fc2*t);
X12=fft(x12)/fs;                        %求 fc=10 时低通信号的频谱
%绘制 fc=10Hz 的同相分量及幅度谱
figure;
subplot(2,1,1);plot(t,real(x12));
title('fc=10Hz 时低通信号同相分量');xlabel('时间 t');
subplot(2,1,2);plot(f,fftshift(abs(X12)));
title('fc=10Hz 时低通信号幅度谱');xlabel('频率 f');
```

运行程序，效果如图 4-51 和图 4-52 所示。

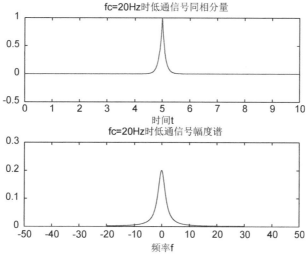

图 4-51　fc=20 时的同相分量及幅度谱图

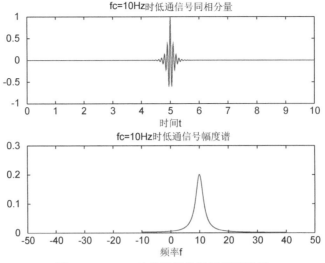

图 4-52　fc=10 时的同相分量及幅度谱图

如图 4-51 所示，幅度谱在 $f_c=20$ 时是偶函数，因为

$$x(t) = \text{Re}[\text{e}^{-10|t-5|}\text{e}^{\text{j}(2\pi\times20t)}]$$

将上式与

$$x(t) = \text{Re}[x_l(t)\text{e}^{\text{j}2\pi f_c t}]$$

比较可得

$$x_l(t) = \text{e}^{-10|t-5|}$$

这意味着在这种情况下低通等效信号是一个实信号，因此，$x_c(t) = x_l(t)$，$x_s(t) = 0$。在 $f_c=10\text{Hz}$ 时，$x_l(t)$ 为一个复信号，从图 4-52 可以看出，同相分量与 $f_c=20\text{Hz}$ 时不相同。

4.4.5　频谱分析

设连续非周期信号为 $f(t)$，要分析该信号在频率范围 $[0, f_m]$ 的频谱，而要求分析的频率分辨率为 Δf Hz，则依照以下三个步骤进行计算。

（1）根据该信号的频率范围确定采样率。

要分析该信号在频率范围 $[0, f_m]$ 的频谱，采样率 f_s 必须满足采样定理：$f_s \geqslant 2f_m$。相应地，采样时间间隔 T（也称为时间分辨率）应满足：$T \leqslant \dfrac{1}{2f_m}$。

（2）根据频率分辨率要求确定分析信号 $f(t)$ 的截取时间段长度。

要使得分析的频率分辨率达到 Δf，即每隔频率 Δf 计算一个频率点，那么对信号的截取时间长度 L 必须满足：$L \geqslant \dfrac{1}{\Delta f}$。

根据截取时间长度 L 和采样时间间隔 T 可以计算出截取时间信号离散化后的点数 N，即

$$N = \left\lfloor \frac{L}{T} \right\rfloor + 1$$

在频域上，由采样率 f_s 和频率分辨率 Δf 也可以计算截取时间信号离散化后的点数 N，即

$$N = \left\lfloor \frac{L}{T} \right\rfloor + 1 = \left\lfloor \frac{f_s}{\Delta f} \right\rfloor + 1$$

（3）根据信号时域波形特征来应用不同的窗函数。

可以使用不同的窗函数对时间无限长的连续时间信号 $f(t)$ 进行时间段截取。MATLAB 工具箱中计算窗函数的函数是 window。函数的调用格式为：

window：打开窗函数的设计图形化界面。

w = window(fhandle,n)、w = window(fhandle,n,winopt)：返回由"fhandle"指定的 n 点窗函数值。参数 winopt 是相应窗函数的参数选项。

常用窗函数的 fhandle 参数如表 4-2 所示。fhandle 参数均以@符号开头。另外，MATLAB 也提供了以 fhandle 参数名（去掉@符号）为指令的窗函数，如矩形窗函数可以通过命令"w=window(@rectwin,n)"得到，也可以通过命令"w=rectwin(n)"得到。

表 4-2 常用窗函数的 fhandle 参数

fhandle 参数	窗函数名称
@barthannwin	修正巴特利特-汉宁窗
@bartlett	巴特利特窗
@blackman	布莱克曼窗
@blackmanharris	最小 4 项布莱克曼哈里斯窗
@bohmanwin	Bohman 窗
@chebwin	切比雪夫窗
@flattopwin	平顶加权窗
@gausswin	高斯窗
@hamming	海明窗
@hann	汉宁窗
@kaiser	凯瑟窗
@nuttallwin	Nuttall 窗
@parzenwin	Parzen(de la Valle-Poussin)窗
@rectwin	矩形窗
@triang	三角窗
@tukeywin	图基窗

各种窗函数的数学定义及参数选项情况参见"window"指令的帮助文档。使用指令"window"打开的窗函数设计图形界面如图 4-53 所示。

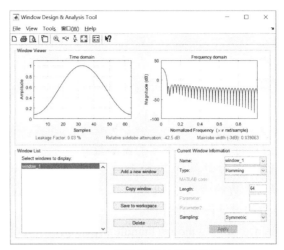

图 4-53　窗函数设计图形界面

另外，设计完成的窗函数数据可以采用"wvtool"指令来显示时域波形和频域特性。例如，使用"wvtool(hamming(64),hann(64),gausswin(64))"可以得到 64 点的海明窗、汉宁窗和高斯窗的时域频域特性对比，如图 4-54 所示。

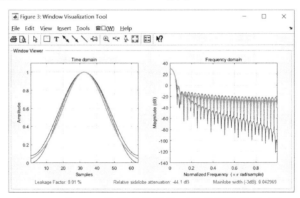

图 4-54　"wvtool"指令显示的三种窗函数曲线对比

使用窗函数可以控制频谱主瓣宽度、旁瓣抑制度等参数，更好地进行波形频谱分析和滤波器参数的设计。将窗函数与信号的时域波或频谱进行相乘的过程，就称为信号作时域加窗和频域加窗。

下面通过实例来说明窗函数的应用。

【例 4-43】　对一个 50Hz、振幅为 1 的正弦波以及一个 75Hz、振幅为 0.6 的正弦波的合成波形进行频谱分析，要求分析的频率范围为 0～100Hz，频率分辨率为 1Hz。

分析：根据频率范围可以确定信号的时域采样率为 f_s =200Hz，时间分辨率为 $T = \dfrac{1}{f_s} = 5\text{ms}$。而根据频率分辨率可以得到信号的时域截断长度为 $L = \dfrac{1}{\Delta f} = 1\text{s}$。因此，对截断信号的采样点数为 $N = \left\lfloor \dfrac{f_s}{\Delta f} \right\rfloor + 1 = 201$，现分别用矩形窗、海明窗和汉宁窗进行时域加窗，然后观察幅度谱曲线。

```
>> clear all;
fs=200;                                    %采样率
Delta_f=1;                                 %频率分辨率
T=1/fs;                                    %时间分辨率
L=1/Delta_f;                               %时域截取长度
N=floor(fs/Delta_f)+1;                     %计算截断信号的采样点数
t=0:T:L;                                   %截取时间段和采样时间点
freq=0:Delta_f:fs;                         %分析的频率范围和频率分辨率
f_t=(sin(2*pi*50*t)+0.*sin(2*pi*75*t))';   %在截取范围内分析信号时域波形
f_t_rectwin=rectwin(N).*f_t;               %时域加窗：窗
f_t_hamming=hamming(N).*f_t;               %时域加窗：海明窗
f_t_hann=hann(N).*f_t;                     %时域加窗：汉宁窗
%作 N 点 DFT，乘以采样时间间隔 T 得到频谱
F_w_rectwin=T.*fft(f_t_rectwin,N)+eps;     %加矩形窗的频谱
F_w_hamming=T.*fft(f_t_hamming,N)+eps;     %加海明窗的频谱
F_w_hann=T.*fft(f_t_hann,N)+eps;           %加汉宁窗的频谱
%绘图
subplot(2,2,1);plot(t,f_t);
title('原始信号');
subplot(2,2,2);plot(t,f_t_rectwin);
title('矩形窗');
subplot(2,2,3);plot(t,f_t_hamming);
title('海明窗');
subplot(2,2,4);plot(t,f_t_hann);
title('汉宁窗');
figure;
subplot(3,1,1);semilogy(freq,abs(F_w_rectwin));
title('矩形窗频谱');
axis([0 200 1e-4 1]);
grid on;
subplot(3,1,2);semilogy(freq,abs(F_w_hamming));
title('海明窗频谱');
axis([0 200 1e-4 1]);
grid on;
subplot(3,1,3);semilogy(freq,abs(F_w_hann));
title('汉宁窗频谱');
axis([0 200 1e-4 1]);
grid on;
```

运行程序,得到原始信号以及加窗后信号的时域图和频域图,分别如图 4-55 及图 4-56 所示。

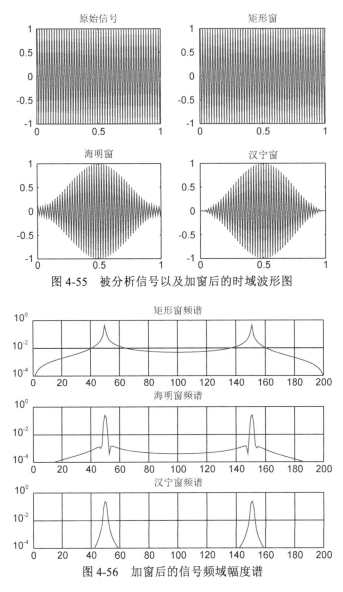

图 4-55　被分析信号以及加窗后的时域波形图

图 4-56　加窗后的信号频域幅度谱

事实上，加矩形窗等价于截取时不作加窗处理。从图 4-55 中三种加窗后的幅度谱估计曲线来看，加海明窗和加汉宁窗后的估计精度都比矩形窗（等价于不加窗）的要高。

4.4.6　谱估计

在通信系统中，最常见的信号往往不是确定信号，而是具有某种统计特性的随机信号。由于随机信号是一类持续时间无限长、具有无限长能量的功率信号，不满足傅里叶变换条件，随机信号也不存在解析表达式，因此对于随机信号来说就不能像确定信号那样进行频谱分析。然而，虽然随机信号的频谱不存在，但其相关函数却是确定的，如果随机信号是平稳的，那么对相关函数的傅里叶变换就是它的功率谱密度函数，简称功率谱。功率谱反映了单位频带内随机信号功率的大小，它是频率的函数，其物理单位是W/Hz。

1. Welch 法

对随机信号的功率谱估计就是根据随机信号的一个样本信号来对该随机过程的功率谱密度函数做出的估计。对功率谱的估计的最简单的方法是：求出样本信号的离散傅里叶变换，将其取模值后平方。

【例 4-44】 对信号 $x(t) = \sin 2\pi 60t + 2\sin 2\pi 110t + n(t)$ 进行功率谱估计，其中 $n(t)$ 为高斯噪声。

解析：对信号 $x(t)$ 的采样率为 f_s，满足取样定理。实现代码为：

```
>> clear all;
fs=500;                              %采样率
t=0:1/fs:1;                          %截取信号的时间段
F=0:1:fs;                            %功率谱估计的频率分辨率和范围
xk=sin(2*pi*60*t)+2*sin(2*pi*110*t)+randn(1,length(t));
%截取时间段上的离散信号样点序列
Pxx=abs(1/fs*fft(xk)).^2;            %功率谱估计
plot(F,10*log10(Pxx));              %绘制功率谱密度图
xlabel('频率 Hz'); ylabel('功率谱');
```

运行程序，效果如图 4-57 所示。

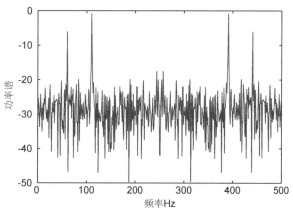

图 4-57　周期图法的功率谱估计图

这种直接求出样本信号的离散傅里叶变换，将其取模值后平方的功率谱估计方法称为周期图法。

随着采样点数的增加，该估计是渐近无偏的。从图中可以看出，采用周期图法估计得出的功率谱很不平滑，也就是估计的协方差比较大，而且采用增加采样点的办法也不能使周期图变得更加平滑，这是周期图法的缺点。

对周期图法进行改进的思想是将信号分段进行估计，并将这些估计结果进行平均，从而减小估计的协方差，使得估计功率谱图变得平滑。

【例 4-45】 将例 4-44 中的 501 点的信号分为 3 段，分别作周期图法估计，然后加以平均。

```
>> clear all;
fs=500;                      %采样率
t=0:1/fs:1;                  %截取信号的时间段
F=0:1:fs;                    %功率谱估计的频率分辨率和范围
xk=sin(2*pi*60*t)+2*sin(2*pi*110*t)+randn(1,length(t));
%截取时间段上的离散信号样点序列
Pxx=(abs(fft(xk(1:167))).^2+abs(fft(xk(168:334))).^2+abs(fft(xk(335:501))).^2)/3;
plot(0:3:fs,10*log10(Pxx));
xlabel('频率 Hz'); ylabel('功率谱');
```

运行程序，效果如图 4-58 所示。

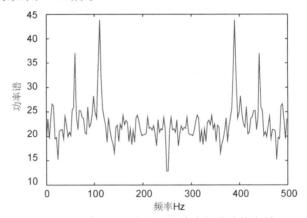

图 4-58　采用分段估计平均法降低估计协方差

将图 4-58 与图 4-57 对比，显然估计值平滑了许多。

增加分段数可以进一步降低估计的协方差，然而如果每段中的数据点数太少就会使估计的频率分辨率下降很多。在样本信号总点数一定的条件下，可以采用使分段相互重叠的方法来增加分段数，而保持每段中信号点数不变，这样就在保证频率分辨率的前提下进一步降低了估计的协方差。

【例 4-46】 将例 4-44 中的序列 xk 分为 5 段，而且每段之间有重叠，对每段分别求快速傅里叶变换后求平均，得出功率谱估计值。

```
>> clear all;
fs=500;                      %采样率
t=0:1/fs:1;                  %截取信号的时间段
F=0:1:fs;                    %功率谱估计的频率分辨率和范围
xk=sin(2*pi*60*t)+2*sin(2*pi*110*t)+randn(1,length(t));
%截取时间段上的离散信号样点序列
Pxx=(abs(3/fs*fft(xk(1:167))).^2+abs(3/fs*fft(xk(83:249))).^2+...
abs(3/fs*fft(xk(168:334))).^2+abs(3/fs*fft(xk(250:416))).^2+...
abs(3/fs*fft(xk(335:501))).^2)/5;
```

```
plot(0:3:fs,10*log10(Pxx));
xlabel('频率 Hz'); ylabel('功率谱');
```

运行程序，效果如图 4-59 所示。

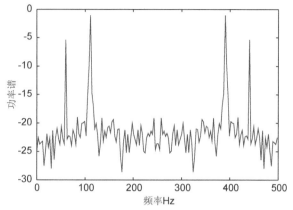

图 4-59　采用样本混叠加分段段数来进一步降低估计协方差

将图 4-59 与图 4-58 对比，显然估计值又平滑了许多。

另外，采用加窗法也可以降低估计的协方差，这也是窗函数应用的一个方面。即在计算周期图法之前，对数据分段并加非矩形窗（如海明窗、汉宁窗或凯瑟窗等），然后再采用分段长度一半的混叠率，就能够大大降低估计方差。这种方法称为 Welch 平均修正周期图法，简称 Welch 法。

【例 4-47】　采用海明窗的 Welch 法。

```
>> clear all;
fs=500;                      %采样率
t=0:1/fs:1;                  %截取信号的时间段
F=0:1:fs;                    %功率谱估计的频率分辨率和范围
xk=sin(2*pi*60*t)+2*sin(2*pi*110*t)+randn(1,length(t));
w=hamming(167)';             %海明窗
w=w*sqrt(167/sum(w.*w));
%使海明窗与矩形窗等能量，即加窗后不对信号功率产生影响
Pxx=(abs(3/fs*fft(w.*xk(1:167))).^2+abs(3/fs*fft(w.*xk(83:249))).^2+ ...
    abs(3/fs*fft(w.*xk(168:334))).^2+abs(3/fs*fft(w.*xk(250:416))).^2+ ...
    abs(3/fs*fft(w.*xk(335:501))).^2)/5;
plot(0:3:fs,10*log10(Pxx));
xlabel('频率 Hz');ylabel('功率密度谱');
```

运行程序，效果如图 4-60 所示。

2．估计功率谱密度

MATLAB 中给出了多种估计功率谱的算法，最常用的是用指令 psd、pwelch 求功率谱，它们都使用 Welch 平均修正周期图法来进行谱估计。但这两个指令的使用方法稍有不同。

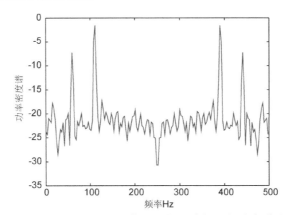

图 4-60　采用 Welch 平均修正周期图法得出的功率谱估计

psd 函数的调用格式为：

```
Pxx=psd(X,Nfft,Fs,Window,Noverlap)
[Pxx,F]=psd(X,Nfft,Fs,Window,Noverlap)
```

其中，Pxx 是功率谱密度（纵轴）；F 为频率（横轴），F 的点数是 Nfft 的一半；X 是样本信号序列；Nfft 是进行 FFT 的点数（默认为 256 点）；Fs 为指定的采样率（默认为 2）；Window 为窗函数（默认为海明窗 256 点）；Noverlap 为分段混叠的点数（默认为 0）。

注意：psd 函数的结果没有对 FFT 点进行归一化处理。进行归一化处理时需要再除以 FFT 点数的一半。相应地，由功率谱密度 Pxx 计算信号功率谱的方法是：

信号功率=sum(Pxx)./FFT 点数的一半

【例 4-48】　采用 512 点 FFT，采样率为 500Hz，使用海明窗 256 点，分段混叠点数为 128 点的 Welch 平均修正周期图法。

```
>> clear all;
fs=500;                    %采样率
t=0:1/fs:1;                %截取信号的时间段
F=0:1:fs;                  %功率谱估计的频率分辨率和范围
xk=sin(2*pi*60*t)+2*sin(2*pi*110*t)+randn(1,length(t));
[Pxx,F]=psd(xk,512,500,hamming(256),128);
plot(F,10*log10(Pxx/(512/2)));
xlabel('频率 Hz');ylabel('功率密度谱');
```

运行程序，效果如图 4-61 所示。

函数 pwelch 也采用 Welch 法，但默认参数和调用方法与 psd 函数有所不同。函数的调用格式为：

```
[pxx,f] = pwelch(x,window,noverlap,nfft,fs)
```

其中，pxx 为功率谱密度（纵轴）；f 为频率（横轴），f 的点数是 nfft 的一半；x 为样本信号序列；window 为窗函数（默认为海明窗 256 点，并将样本信号序列 x 分为 8 段）；noverlap 为分段混叠的点数（默认混叠为分段点数的一半）；nfft 是进行 FFT 的点数（默认为 256 点）；fs 为指定的采样率（默认为 1Hz）。

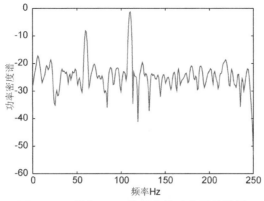

图 4-61　采用 psd 函数得出的功率谱估计图

如果 window，noverlap 采用默认值，需在相应位置填入空矩阵，即

[pxx,f]=pwelch(x,[],[],nfft,fs)

注意：pwelch 函数的结果已经对 FFT 点进行了归一化处理。相应地，由功率谱密度 pxx 计算信号功率的方法是：

信号功率=sum(pxx)

【例 4-49】　已知一信号序列 $x(t) = \cos(\pi/4*n) + n(t)$，采用 320 点，段长度数为 100 的 Welch 周期法。

```
>> clear all;
rng default
n = 0:319;
x = cos(pi/4*n)+randn(size(n));        %信号序列
segmentLength = 100;
noverlap = 25;
pxx = pwelch(x,segmentLength,noverlap);
plot(10*log10(pxx));
xlabel('频率 Hz');ylabel('功率密度谱');
```

运行程序，效果如图 4-62 所示。

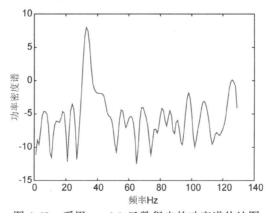

图 4-62　采用 pwelch 函数得出的功率谱估计图

第5章 信　　道

一般来讲，实际信道都不是理想的。首先信道具有非理想的频率响应特性，其次还有噪声干扰和信号通过信道传输时掺杂进去的其他干扰。

信道一般有两种定义：狭义信道和广义信道。

通常把发送设备和接收设备之间用以传输信号的传输媒介定义为狭义信道。例如，架空明线、同轴电缆、双绞线、光缆、自由空间、电离层、对流层等都是狭义信道。

但从研究消息传输的观点看，我们常常关心的只是通信系统中的基本问题，因而，信道的范围还可以扩大，即除了传输媒介外，还可以包括有关的转换器，如天线、调制器、解调器等。通常将这种扩大了范围的信道称为广义信道。在讨论通信的一般原理时，通常采用的是广义信道。

5.1　信道模型

狭义信道通常按具体媒介的不同类型分为有线信道和无线信道。广义信道也可以分为两种：调制信道和编码信道。

5.1.1　调制信道模型

调制信道传输的是已调制信号。经大量考察发现，调制信道具有以下特点：

● 具有一对（或多对）输入端和输出端；
● 绝大部分信道是线性的，即满足叠加性和齐次性；
● 信号通过信道需要一定的延迟时间；
● 信道对信号有损耗（固定损耗或时变损耗）；
● 即使没有信号输入，在输出端仍有一定的功率输出。

考虑到上述共性，调制信道等效为一个输出端上叠加有噪声的二对端（或多对端）线性时变网络，这个网络就称作调制信道模型，如图 5-1 及图 5-2 所示，其中图 5-1 为二对端信道模型，图 5-2 为多对端信道模型。

以二对端信道为例，它的输入和输出之间的关系式可表示为

$$e_o(t) = f[e_i(t)] + n(t) \tag{5-1}$$

式中，$e_i(t)$ 为输入的已调信号；$e_o(t)$ 为信道输出信号；$n(t)$ 为信道噪声；$f[e_i(t)]$ 为信道对信号影响的某种函数关系；可设想成信号与干扰相乘的形式。因此，式（5-1）可写成

$$e_o(t) = k(t)e_i(t) + n(t) \qquad (5\text{-}2)$$

式中，$k(t)$ 称为乘性干扰，它依赖于网络的特性，对信号 $e_i(t)$ 影响较大；$n(t)$ 则称为加性干扰。

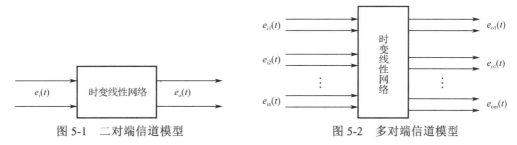

图 5-1　二对端信道模型　　　　　　　　图 5-2　多对端信道模型

因此，信道对信号的影响要归纳为两点：一是乘性干扰 $k(t)$ 的影响；二是加性干扰 $n(t)$ 的影响。不同的信道，其 $k(t)$ 和 $n(t)$ 是不同的，了解了信道的 $k(t)$ 和 $n(t)$，则信道对信号的影响也就搞清楚了。

理想信道应具有 $e_o(t) = ke_i(t)$ 的特性，即 $k(t)$＝常数，$n(t)=0$。实际信道的 $k(t)$ 是一个复杂的函数。经过大量观察表明，有些信道的 $k(t)$ 基本不随时间变化，或者信道对信号的影响是固定的或变化极为缓慢的；但有的信道的 $k(t)$ 是随机快变的。因此，可把调制信道分为两大类：一类称为恒参信道，即 $k(t)$ 可看成不随时间变化或变化缓慢的信道；另一类则称为随参信道，即 $k(t)$ 是随时间随机变化的信道。

5.1.2　编码信道模型

编码信道的输入和输出都是离散信号，它是一种离散信道。离散信道的数学模型反映其输出离散信号和输入信号之间的关系，通常是一种概率关系，常用输入/输出信号的转移概率来描述。

例如，在常见的二进制数字传输系统中，一个简单的编码信道模型如图 5-3 所示。

在此假设解调器每个输出码元的差错发生是相互的，或者说，这种信道是无记忆的，即某一码元的差错与其前后码元是否发生差错无关。图中，$P(0/0)$、$P(1/0)$、$P(0/1)$ 和 $P(1/1)$ 称为信道转移概率，$P(0/0)$、$P(1/1)$ 称为正确转移概率，$P(1/0)$、$P(0/1)$ 称为错误转移概率。

根据概率性可知：

$$P(0/0) = 1 - P(1/0)$$
$$P(1/1) = 1 - P(0/1)$$

转移概率完全由编码信道的特性所决定，一个特定的编码信道就会有相应确定的转移概率。应指出的是，编码信道的转移概率一般需要对实际编码信道做大量的统计分析才能得到。

由无记忆二进制编码信道模型容易推出无记忆多进制编码信道模型。图 5-4 给出一个无记忆四进制编码信道模型。

如果编码信道是有记忆的，即信道码元发生差错的事件是非独立事件，则编码信道模型要复杂得多，信道转移概率表示式也变得复杂。

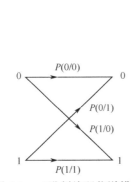

图 5-3　二进制编码信道模型

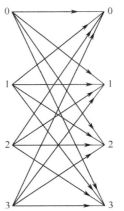

图 5-4　无记忆四进制编码信道模型

5.2　恒参信道

5.2.1　典型恒参信道

1．有线信道

明线：是指平行而相互绝缘的架空线路，其优点是传输损耗较小，但易受气候和天气的影响，并且对外界噪声干扰较敏感。目前，已逐渐被电缆所代替。

对称电缆：是在同一保护套内有许多对相互绝缘的双导线的传输媒介。通常有两种类型：非屏幕（UTP）电缆和屏蔽（STP）电缆。导线材料是铝或铜，直径为 0.4～1.4mm。为了减小各线对之间的相互干扰，每一线对都拧成扭绞状。由于这些结构上的特点，电缆的传输损耗比较大，但传输特性比较稳定，并且价格便宜，容易安装。对称电缆主要用于市话中继线路和用户线路，在许多局域网如以太网、令牌网中也采用高等级的电缆进行连接。STP 电缆的特性与 UTP 电缆的特性相同，由于加入了屏蔽措施，对噪声有更好的屏蔽作用，但是其价格要昂贵一些。

同轴电缆：由同轴的两个导体构成，外导体是一个圆柱形的空管，内导体是金属线，它们之间填充着介质。实际应用中用同轴电缆的外导体是接地的，对外界干扰具有较好的屏蔽作用，所以同轴电缆的抗电磁干扰性能较好。

为了增大容量，可将几根同轴电缆封装在一个大的保护套内，构成多芯同轴电缆，也可装入一些二芯绞线对或四芯组等。

2．光纤信道

光纤信道是以光导纤维（简称光纤）为传输媒介、以光波为载波的信道，具有极宽的通频带，能够提供极大的传输容量。光纤的特点是损耗低、通频宽带、重量轻、不怕腐蚀以及不受电磁干扰等。利用光纤代替电缆可节省大量的有色金属。

实用的光纤通常是由介质纤芯及包在它外面的用另一种介质材料做成的包层构成。从结构上来说，目前使用的光纤可分为均匀光纤及非均匀光纤两类。均匀光纤纤芯的折射系数为 n_1，包层的折射系数为 n_2，纤芯和包层的折射系数都是均匀分布的，但两者是不等的，在交界面上成阶梯形突变，因此均匀光纤又称阶跃光纤。

由于光纤的物理性质非常稳定，而且不受电磁干扰，因此光纤信道的传输特性非常稳定，可以看作典型的恒参信道。

3．无线视距中继

无线视距中继是指当电磁波的工作频率在超短波和微波波段时，电磁波基本上沿直线传播。由于直线视距一般在 40～50km，因此需要以中继方式实现长距离通信。由于中继站之间采用定向天线实现点对点的传输，并且距离很短，因此传播条件比较稳定，可以看作恒参信道。这种系统具有传输容量大、发射功率小、长途传输质量稳定、节约有色金属、投资少、维护方便等优点，因此被广泛用来传输多路电话及电视等。

4．卫星中继信道

卫星中继信道是利用人造地球卫星作为中转站实现的通信。当人造地球卫星的运行轨道在赤道平面上、距离地面 35 860km 时，其绕地球一周的时间为 24h，在地球上看到该卫星是相对静止的，因此称其为地球同步卫星。

如果以静止卫星作为中继站，采用 3 个相差 120° 的静止通信卫星就可以几乎覆盖全球通信（除南、北两极盲区外）。卫星中继信道由通信卫星、地球站、上行线路及下行线路构成。其中，上行与下行线路是地球站至卫星及卫星至地球站的电波传播路径，而信道设备集中于地球站与卫星中断站中。

同步卫星通信是电磁波直线传播，因此其信道传播性能稳定可靠，传输距离远，容量大，覆盖地域广，广泛应用于传输多路电话、电报、图像数据和电视节目等。

5.2.2 恒参信道的特性

恒参信道对信号传输的影响是确定的或者是变化极其缓慢的，因此，其传输特性可以等效为一个线性时不变网络。线性网络的传输特性可以用幅度-频率特性（简称幅频特性）和相位-频率特性（简称相频特性）来表征，如式（5-3）所示。

$$H(\omega) = |H(\omega)| e^{j\varphi(\omega)} \tag{5-3}$$

其中，$|H(\omega)|$ 为幅频特性；$\varphi(\omega)$ 为相频特性。

5.2.3 理想恒参信道

理想恒参信道是指能使信号无失真传输的信道。所谓信号无失真传输是指系统输出

信号与输入信号相比，只有信号幅度大小和出现时间先后的不同，而波形上没有变化。信号通过线性系统不失真的条件是该系统的传输函数 $H(\omega) = |H(\omega)|e^{j\varphi(\omega)}$ 满足下述条件：

$$\begin{cases} |H(\omega)| = k \\ \varphi(\omega) = \omega t_d \end{cases}$$

式中，k 和 t_d 均为常数。

信道的相频特性通常还采用群延迟-频率特性 $\tau(\omega)$ 来衡量。所谓群延迟-频率特性就是相位-频率特性的导数，即

$$\tau(\omega) = \frac{d\varphi(\omega)}{d\omega}$$

理想信道的群延迟-频率特性必须满足以下条件：

$$\tau(\omega) = \frac{d\varphi(\omega)}{d\omega} = \frac{d(\omega t_d)}{d\omega} = t_d$$

理想信道的幅频特性、相频特性和群延迟-频率特性如图 5-5 所示。

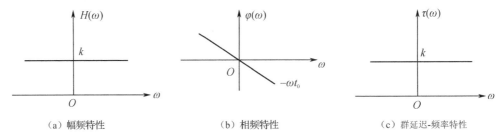

（a）幅频特性　　　　　　　　（b）相频特性　　　　　　　　（c）群延迟-频率特性

图 5-5　理想信道的幅频特性、相频特性和群延迟-频率特性

由此可见，理想恒参信道对信号传输的影响有：

（1）对信号在幅度上产生固定的衰减；

（2）对信号在时间上产生固定的延迟。

以上两条满足了信号无失真传输的条件。

5.2.4　实际信道

由理想的恒参信道特性可知，在整个频率范围内，或者在信号频带范围内，其幅频特性为常数，其相频特性为 ω 的线性函数。但实际信道的幅频特性不是常数，于是使信号产生幅度-频率失真；实际信道的相位-频率特性也不是 ω 的线性函数，所以使信号产生相位-频率失真。

1）幅度-频率失真

幅度-频率失真是由实际信道的幅度-频率特性的不理想所引起的，这种失真又称为幅频失真。例如，在通常的电话信道中可能存在各种滤波器，尤其是带通滤波器，还可能存在混合线圈、串联电容器和分路电感等，因此电话信道幅度-频率特性总是不理想的。

2）相位-频率失真

当信道的相位-频率特性偏离线性关系时，将会使通过信道的信号产生相位-频率失真。可以看出当非单一频率的信号通过该信道时，信号频谱中的不同频率分量将有不同的群延迟，即它们到达的时间不一样，从而引起信号的失真。

幅频失真对语音的影响较大，因为人的耳朵对幅度比较敏感。相频失真对视频的影响较大，人的视觉很容易觉察相位上的变化。比如，电视画面上的重影实际上就是信号到达时间不同而造成的。当然不管是幅频失真还是相频失真，最终都反映到时间波形的变化上。对于模拟信号，将造成信号失真，输出信噪比下降；对于数字信号，则会引起判决错误，误码率增高，同样导致通信质量下降。

5.2.5 其他影响因素

恒参信道通常用它的幅度-频率特性来表述。这两个特性的不理想将是损害传输信号的因素。此外，恒参信道中还存在其他一些因素使信道的输出信号产生畸变，如非线性畸变、频率偏移及相位抖动等。非线性畸变主要是由信道中元器件振幅特性的非线性引起的，它造成谐波失真及若干寄生频率等；频率偏移通常是由于载波电话（单边带）信道接收端解调载频与发送端调制载频之间有偏差造成的；相位抖动也是由于调制和解调载频的不稳定性造成的。以上的非线性畸变一旦产生，均难以消除。因此，在系统设计时要加以重视。

5.3 随参信道及其对信号的影响

5.3.1 典型随参信道

随参信道是指信道传输特性随时间随机快速变化的信道。常见的随参信道有陆地移动信道、短波电离层反射信道、超短波流星余迹散射信道、超短波及微波对流层散射信道、超短波电离层散射信道及超短波超视距绕射信道等，在此介绍两种较典型的随参信道。

1. 短波电离层反射信道

短波电离层反射信道是利用地面发射的无线电波在电离层与地面之间的一次反射或多次反射所形成的信道。电离层为距离地面高 $60\sim600km$ 的大气层。在太阳辐射的紫外线和射线的作用下，大气分子产生电离而形成电离层。电离层是由分子、原子、离子及自由电子组成的。波长为 $10\sim100m$（频率为 $30\sim3MHz$）的无线电波称为短波。短波可以沿地面传播，简称为地波传播；也可以由电离层反射传播，简称为天波传播。由于地面的吸收作用，地波传播的距离较短，约为几十千米。而天波传播由于经电离层一次反射或多次反射，传输距离可达几千千米，甚至上万千米。当短波无线电波射入电离层时，由于折射现象会使电波产生反射，返回地面，从而形成短波电离层反射信道。

电离层厚度有数百千米，可分为 D、E、F1 和 F2 四层，由于太阳辐射的变化，电离层的密度和厚度也随时间随机变化，因此短波电离层反射信道属于随参信道。在白天，由于太阳辐射强，所以 D、E、F1 和 F2 四层都存在；在夜晚，由于太阳辐射减弱，D 层和 F1 层几乎完全消失，因此只有 E 层和 F2 层存在。由于 D、E 层电子密度小，不能形成反射条件，所以短波电波不会被反射。D、E 层对电波传输的影响主要是吸收电波，使电波能量损耗。F2 层是反射层，其高度为 250～300km，所以一次反射的最大距离约为4000km。

由于电离层密度和厚度随时间随机变化，因此短波电波满足反射条件的频率范围也随时间变化。通常用最高可用频率作为工作频率上限。在白天，电离层较厚，F2 层的电子密度较大，最高可用频率较高；在夜晚，电离层较薄，F2 层的电子密度较小，最高可用频率要比白天低。

短波电离层反射信道最主要的特征是多径传播，多径传播有以下几种形式：

（1）电离层反射区高度不同；

（2）电波从电离层的一次反射和多次反射；

（3）地球磁场引起的电磁波束分裂成寻常波与非寻常波；

（4）电离层不均匀引起的漫射现象。

2．对流层散射信道

对流层是离地面 10～12km 的大气层。在对流层中由于大气湍流运动等原因引起大气层的不均匀性，当电磁波射入对流层时，这种不均匀性就会引起电磁波的散射，一部分电磁波向接收端方向散射，起到中继的作用。通常一跳的通信距离为 100～500km，对流层的性质受许多因素的影响随机变化；另外，对流层不是一个平面，而是一个散体，电波信号经过对流层散射也会产生多径传播，因此对流层散射信道也是随参信道。

5.3.2 随参信道的特点

由前面的分析可知，随参信道的传输媒介具有以下 3 个特点：

（1）信号的衰耗随时间随机变化；

（2）信号传输的时延随时间随机变化；

（3）多径传播。

由于随参信道比恒参信道要复杂得多，因此对信号的影响也要严重得多。下面我们将从两个方面讨论随参信道对传输信号的影响。

5.3.3 随参信道对信号的影响

1）频率扩散

在存在多径传播的随参信道中，就每条路径的信号而言，它的衰耗和时延都是随机变化的。因此，多径传播后的接收信号将是衰减和时延都随时间变化的各条路径的信号的合成。

我们假设发送信号为单一频率正弦波，即

$$s(t) = A\cos\omega_c t$$

多径信道一共有 n 条路径，则接收端接收到的合成信号为

$$
\begin{aligned}
r(t) &= a_1(t)\cos\omega_c[t-\tau_1] + a_2(t)\cos\omega_c[t-\tau_2] + \cdots + a_n(t)\cos\omega_c[t-\tau_n(t)] \\
&= \sum_{i=1}^{n} a_i(t)\cos\omega_c[t-\tau_i] \\
&= \sum_{i=1}^{n} a_i(t)\cos[\omega_c t + \varphi_i(t)], \quad \varphi_i(t)=\omega_c\tau_i(t)
\end{aligned}
\tag{5-4}
$$

式中，$a_i(t)$ 为从第 i 条路径到达接收端的信号振幅；$\tau_i(t)$ 为第 i 条路径的传输时延；$\varphi_i(t)$ 为第 i 条路径信号的随机相位。式（5-4）可变换为

$$
\begin{aligned}
r(t) &= \sum_{i=1}^{n} a_i(t)\cos\varphi_i\cos\omega_c t - \sum_{i=1}^{n} a_i(t)\sin\varphi_i\sin\omega_c t \\
&= X(t)\cos\omega_c t - Y(t)\sin\omega_c t \\
&= V(t)\cos[\omega_c t + \varphi(t)]
\end{aligned}
\tag{5-5}
$$

式中，$X(t) = \sum_{i=1}^{n} a_i(t)\cos\varphi_i$，$Y(t) = \sum_{i=1}^{n} a_i(t)\sin\varphi_i$，$V(t) = \sqrt{X^2(t) - Y^2(t)}$，$\varphi(t) = \arctan\dfrac{Y(t)}{X(t)}$。

由随机信号分析理论可知，包络 $V(t)$ 的一维分布服从瑞利分布，相位 $\varphi(t)$ 的一维分布服从均匀分布，相对于载波来说，$V(t)$ 和 $\varphi(t)$ 均为慢变化随机过程，于是 $r(t)$ 可以看成一个窄带随机过程。由式（5-5）可以得出如下结论：

（1）多径传播使单一频率的正弦信号变成了包络和相位受调制的窄带信号，这种信号称为衰落信号，即多径传播使信号产生瑞利型衰落。

（2）在频谱上看，多径传播使单一谱线变成了窄带频谱，即多径传播引起了频率弥散。

2）时间扩散

当发送信号具有一定频带宽度时，多径传播除了会使信号产生瑞利型衰减外，还会产生频率选择性衰落。频率选择性衰落是信号频谱中某些分量的一种衰落现象，这是多径传播的又一重要特征。为了分析方便，假设多径传播的路径只有两条，如图 5-5 所示，其中 k 为两条路径的衰减系数；$\Delta\tau(t)$ 为两条路径信号传输的相对时延差。

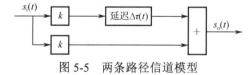

图 5-5 两条路径信道模型

当信道输入信号为 $s_i(t)$ 时，输出信号为

$$s_o(t) = ks_i(t) + ks_i[t - \Delta\tau(t)]$$

其频率表示式为

$$S_o(\omega) = kS_i(\omega) + kS_i(\omega)\cdot e^{-j\omega\Delta\tau(t)} = kS_i(\omega)[1 + e^{-j\omega\Delta\tau(t)}]$$

信道传输函数为

$$H(\omega) = \frac{S_o(\omega)}{S_i(\omega)} = k[1 + e^{-j\omega\Delta\tau(t)}]$$

进一步有

$$|H(\omega)| = |k[1 + e^{-j\omega\Delta\tau(t)}]| = k|1 - \cos\omega\Delta\tau(t) - j\sin\omega\Delta\tau(t)|$$

$$= k\left|2\cos^2\frac{\omega\Delta\tau(t)}{2} - j2\sin\frac{\omega\Delta\tau(t)}{2}\cdot\cos\frac{\omega\Delta\tau(t)}{2}\right|$$

$$= 2k\left|\cos\frac{\omega\Delta\tau(t)}{2}\right|\left|\cos\frac{\omega\Delta\tau(t)}{2} - j\sin\frac{\omega\Delta\tau(t)}{2}\right|$$

$$= 2k\left|\cos\frac{\omega\Delta\tau(t)}{2}\right|$$

由此可见，两径传播的信道传输特性的模将取决于 $\left|\cos\dfrac{\omega\Delta\tau(t)}{2}\right|$。这就是说，对不同的频率，两径传播的结果将有不同的衰减。当 $\dfrac{\omega\Delta\tau(t)}{2} = n\pi$ 即 $\omega = \dfrac{2n\pi}{\Delta\tau}$ 或 $f = \dfrac{n}{\Delta\tau}$ 时（n 为整数），出现传输零点。另外，相对时延差 $\Delta\tau$ 是随时间变化的，因此传输特性出现的零点和极点在频率轴上的位置也是随时间变化的。

对于一般的多径传播，信道的传输特性将比两径信道传输特性复杂得多，但同样存在频率选择性衰落现象。多径传播时的相对时延差通常用最大多径时延差来表征。设信道最大多径时延为 $\Delta\tau_m$，则定义多径传播信道相关带宽为

$$B_c = \frac{1}{\Delta\tau_m}$$

它表示信道传输特性相邻两个两点之间的频率间隔。如果信号的频谱比相关带宽宽，则将产生严重的频率选择性衰落。为了减小频率选择性衰落，应使信号的频谱小于相关带宽。在工程设计中，为了保证接收信号质量，通常选择信号带宽为相关带宽的 1/5～1/3。即

$$B = \left(\frac{1}{5} \sim \frac{1}{3}\right)B_c$$

5.4　加性噪声

调制信道对信号的影响除乘性干扰外，还有加性干扰（即加性噪声），下面对加性干扰进行讨论。

5.4.1　加性噪声的来源

信道中加性噪声的来源一般可以分为 3 个方面：人为噪声、自然噪声、内部噪声。

人为噪声来源于人类活动造成的其他信号源，如外台信号、开关接触噪声、工业的点火辐射及荧光灯干扰等；自然噪声是指自然界存在的各种电磁波源，如闪电、大气中的电暴、银河系噪声及其他各种宇宙噪声等；内部噪声是系统设备本身产生的各种噪声，如在电阻一类的导体中自由电子的热运动、真空管中电子的起伏发射和半导体载流子的起伏变化等。

5.4.2　噪声的种类

有些噪声是确知的，如自激振荡、各种内部谐波干扰等，这类噪声在原理上可消除。另一些噪声是无法预测的，统称为随机噪声。在此只讨论随机噪声，常见的随机噪声可分为单频噪声、脉冲噪声和起伏噪声 3 种。

1）单频噪声

单频噪声是一种连续波的干扰，其频谱集中在某个频率附近较窄的范围之内，主要是指无线电噪声。不过干扰的频率可以通过实测来确定，因而只要采取适当的措施便能防止或削弱其对通信的影响。

2）脉冲噪声

脉冲噪声的特点是突发性、持续时间短，但每个突发的脉冲幅度大，相邻突发脉冲之间有较长的平静期，如工业噪声中的电火化、电路开关噪声、天电干扰中的雷电等。

3）起伏噪声

起伏噪声是最基本的噪声来源，是普遍存在和不可避免的，其波形随时间作不规律的随机变化，且具有很宽的频谱，主要包括信道内元器件所产生的热噪声、散弹噪声和天电噪声中的宇宙噪声。从它的统计特性看，可认为起伏噪声是一种高斯噪声，且在相当宽的频谱范围内具有平坦的功率谱密度，可称其为白噪声，因此，起伏噪声又可称为高斯白噪声。

以上 3 种噪声中，单频噪声不是所有的信道中都有的，且较易防止；脉冲噪声虽然对模拟通信的影响不大，但在数字通信中，一旦突发噪声脉冲，由于它的幅度大，会导致一连串误码，造成严重的危害，通常采用纠错编码技术来减轻这一危害；起伏噪声是信道所固定的一种连续噪声，既不能避免，又始终起作用，因此必须加以重视。下面介绍几种主要的起伏噪声。

5.4.3　起伏噪声

1）热噪声

任何电阻（导体）即使不与电源连通，它的两端也仍有电压，这是由导体中组成传导电流的自由电子无规则的热运动而引起的。因为，某一瞬间向一个方向运动的电子有可能比向另一个方向运动的电子数目多，也就是说，在任何时刻通过导体每个截面的电子数目的代数和是不等于零的，即自由电子的随机热骚动带来一个大小和方向都不确定（随机）的电流——起伏电流（噪声电流）。但在没有外加电场的情况下，这些起伏电流（或电压）相互抵消，使净电流（或电压）的平均值为零。

实验结果表明：电阻中热噪声电压始终存在，而且，热噪声具有极宽的频谱，热噪声电压在从直流到 10^{13} Hz 频率的范围内具有均匀的功率谱密度。

2）散弹噪声

散弹噪声出现在电子管和半导体器件中。电子管中的散弹噪声是由阴极表面发射电子的不均匀性引起的。在半导体二极管和三极管中的散弹噪声则是由载流子扩散的不均匀性与电子空穴对产生和复合的随机性引起的。

散弹噪声的性质可用平板型二极管的电子发射来说明。二极管的电流是由阴极发射的电子飞到阳极而形成的。每个电子带有一个负电荷，到达阳极时产生小的电流脉冲，所有电流脉冲之和产生了二极管的平均阳极电流。但是，阴极在单位时间内所发射的电子数并不恒定，它随时间作不规则的随机变化。电子的发射是一个随机过程，因而二极管电流中包含着时变分量。

3）宇宙噪声

宇宙噪声是指天体辐射波对接收机形成的噪声，它在整个空间的分布是不均匀的，最强的来自银河系的中部，其强度与季节、频率等因素有关。实践证明，宇宙噪声也是服从高斯分布的。在一般的工作频率范围内，它也具有平坦的功率谱密度。

值得注意的是，信道模型中的噪声源是分散在通信系统各处的噪声的集中表示。在以后的讨论中，将不再区分散弹噪声、热噪声和宇宙噪声，而统一表示为起伏噪声，并一律定义为高斯白噪声。

5.5 信道容量

信道容量是指信道中信息无差错传输的最大速率。在信道模型中，定义了两种广义信道：调制信道和编码信道。调制信道是一种连续信道，可以用连续信道的信道容量来表征；编码信道是一种离散信道，可以用离散信道的信道容量来表征。

5.5.1 离散信道容量

信道输入和输出符号都是离散符号时，该信道称为离散信道。当信道中不存在干扰时，离散信道的输入符号 X 与输出符号 Y 之间有一一对应的确定关系。但如果信道中存在干扰，则输入符号与输出符号之间存在某种随机性，它们已不存在一一对应的确定关系，而具有一定的统计相关性。这种统计相关性取决于转移概率 $P(y_j / x_i)$ 或 $P(x_i / y_j)$，$P(y_j / x_i)$ 是信道输入符号为 x_i 而信道输出符号为 y_j 的条件概率，$P(x_i / y_j)$ 是信道输出符

号为 y_j 的情况下输入符号为 x_i 的概率。在讨论离散信道的容量前，先介绍几个概念。

1．互信息量

在通信系统中，发送端信源符号集合 X 的概率场 $P(x_i)$ 通常是已知的，$P(x_i)$ 称为先验概率。接收端每收到离散源 Y 中的一个符号 y_j 后，接收者要重新估计发送端各符号 x_i 的出现概率分布，条件概率 $P(x_i / y_j)$ 又称为后验概率。

定义后验概率与先验概率之比的对数为互信息量，即

$$I(x_i, y_j) = \log_2 \left(\frac{P(x_i / y_j)}{P(x_i)} \right)$$

互信息量反映了两个随机事件 x_i 与 y_j 之间的统计关联程度。在通信系统中其物理意义也就是接收端所能获取的关于 X 的信息。由上式可知，当 x_i 与 y_j 统计独立时，互信息量为零；当后验概率为 1 时，互信息量等于信源 X 的信息量。

2．条件熵

一般情况下，发送符号集 $X = (x_i), x_i = 1, 2, \cdots, L$，有 L 种符号；接收符号集 $Y = (y_j), y_j = 1, 2, \cdots, M$，有 M 种符号。信道的转移概率可用下列矩阵表示：

$$P(y_j / x_i) = \begin{bmatrix} P(y_1 / x_1) & P(y_2 / x_1) & \cdots & P(y_M / x_1) \\ P(y_1 / x_2) & P(y_2 / x_2) & \cdots & P(y_M / x_2) \\ \vdots & \vdots & \ddots & \vdots \\ P(y_1 / x_L) & P(y_2 / x_L) & \cdots & P(y_M / x_L) \end{bmatrix}$$

或

$$P(x_i / y_j) = \begin{bmatrix} P(x_1 / y_1) & P(x_2 / y_1) & \cdots & P(x_L / y_1) \\ P(x_1 / y_2) & P(x_2 / y_2) & \cdots & P(x_L / y_2) \\ \vdots & \vdots & \ddots & \vdots \\ P(x_1 / y_M) & P(x_2 / y_M) & \cdots & P(x_L / y_M) \end{bmatrix}$$

当信道转移概率矩阵中各行和各列分别具有相同集合的元素时，这类信道称为对称信道。基于对称信道这一特点，各行的

$$-\sum_{j=1}^{M} P(y_j / x_i) \log_2 P(y_j / x_i) = 常数$$

即上述求和结果与 i 无关。因此，可推得对称信道的输入、输出符号集合之间的条件熵为

$$\begin{aligned} H(Y / X) &= -\sum_{i=1}^{L} P(x_i) \sum_{j=1}^{M} P(y_j / x_i) \log_2 P(y_j / x_i) \\ &= -\sum_{i=1}^{L} \sum_{j=1}^{M} P(x_i) P(y_j / x_i) \log_2 P(y_j / x_i) \\ &= -\sum_{i=1}^{L} P(x_i) \log_2 P(y_j / x_i) \left[\sum_{i=1}^{L} P(x_i) \right] \end{aligned}$$

$$= -\sum_{i=1}^{L} P(x_i) \log_2 P(y_j / x_i)$$

上式表明，对称信道的条件熵 $H(Y/X)$ 与输入符号的概率 $P(x_i)$ 无关，而仅与信道转移概率 $P(y_j / x_i)$ 有关。

同理可得：

$$H(X/Y) = -\sum_{i=1}^{L} P(x_i / y_j) \log_2 P(x_i / y_j)$$

3. 离散信道的信道容量

根据熵、条件熵和平均互信息量的定义，不难证明它们之间有如下关系：

$$I(X,Y) = H(X) - H(X/Y) = H(Y) - H(Y/X) \tag{5-6}$$

其中，$H(X)$ 为信源发出的符号 X 所含平均信息量；$H(X/Y)$ 为收到 Y 的前提下符号 X 所含的平均信息量；$H(Y)$ 为接收符号 Y 所含平均信息量；$H(Y/X)$ 为发出 X 的前提下符号 Y 所含平均信息量。$H(X/Y)$ 和 $H(Y/X)$ 取决于信道特性。

由式（5-6）可知，互信息量 $I(X/Y)$ 既与信道特性有关，也与 X 的概率分布 $P(x_i)$ 有关。对于一定的信道，其 $H(X/Y)$ 是一定的，而不同的 $P(x_i)$ 将对应不同的 $I(X/Y)$，其中某一种概率分布 $P(x_i)$ 对应的 $I(X/Y)$ 最大，表示为

$$C = \max_{P(x_i)} I(X,Y)$$

C 是每个符号平均能够传送的最大信息量，定义为信道容量。

信道容量的另一种常用的定义为单位时间信道能传输的最大信息量 C_0。如果 X 的符号速率为 R_s（符号/秒），则

$$C_0 = R_s \cdot C = R_s \max_{P(x_i)} I(X,Y)$$

5.5.2 连续信道容量

设信道带宽为 B（Hz），信号功率为 S（W），加性高斯噪声功率为 N（W），则可以证明该信道的信道容量为

$$C = B \log_2 \left(1 + \frac{S}{N}\right)$$

上式就是著名的香农公式。它表明当信号与信道加性高斯噪声的平均功率给定时，在具有一定频带宽度 B 的信道上单位时间内可能传输的信息量的极限数值。只要传输速率小于或等于信道容量，则总可以找到一种信道编码方法，实现无差错传输；如果传输速率大于信道容量，则不可能实现无差错传输。

由于噪声功率 N 与信道带宽 B 有关，因此如果信道中噪声的单边功率谱密度为 n_0，则在信道带宽 B 内的噪声功率 $N = n_0 B$。所以，香农公式的另一种形式为

$$C = B \log_2 \left(1 + \frac{S}{n_0 B}\right)$$

由香农公式可得以下结论：

（1）增大信号功率 S 可以增加信道容量，如果信号功率趋于无穷大，则信道容量也趋于无穷大；

（2）减小噪声功率 N（或减小噪声功率谱密度 n_0）可以增加信道容量，如果噪声功率趋于零，则信道容量趋于无穷大；

（3）增大信道带宽 B 可以增加信道容量，但不能使信道容量无限制增大。利用关系式

$$\lim_{x \to 0} \frac{1}{x} \log_2(1+x) = \log_2 e \approx 1.44$$

信道带宽 B 趋于无穷大时，信道容量的极限值为

$$C = B \log_2 \left(1 + \frac{S}{n_0 B}\right)$$

$$\lim_{B \to \infty} C = \lim_{B \to \infty} B \log_2 \left(1 + \frac{S}{n_0 B}\right)$$

$$= \frac{S}{n_0} \lim_{B \to \infty} \frac{n_0 B}{S} \log_2 \left(1 + \frac{S}{n_0 B}\right)$$

$$= \frac{S}{n_0} \log_2 e \approx 1.44 \frac{S}{n_0}$$

上式表明，保持 $\dfrac{S}{n_0}$ 一定，即使信道带宽 B 趋于无穷大，信道容量 C 也是有限的，这是因为信道带宽 B 趋于无穷大时，噪声功率 N 也趋于无穷大。

香农公式给出了通信系统所能达到的极限信息传输速率，达到极限信息速率的通信系统称为理想通信系统。但是，香农公式只证明了理想通信系统的"存在性"，却没有指出这种通信系统的实现方法。因此，理想通信系统的实现还需要我们不断努力。

5.6 信道函数

对于最常用的两种信道——高斯白噪声信道和二进制对称信道，MATLAB 为其提供了对应的函数。

1．awgn 函数

在 MATLAB 通信系统工具箱中，提供了 awgn 函数在输入信号中叠加一定强度的高斯白噪声，噪声的强度由函数参数确定。其调用格式为：

y = awgn(x,snr)：在信号 x 中加入高斯白噪声。信噪比 snr 以 dB 为单位。x 的强度假定为 0。如果 x 是复数，就加入复噪声。

y = awgn(x,snr,sigpower)：如果 sigpower 是数值，则其代表以 dBW 为单位的信号强度；如果 sigpower 为'measured'，则函数将在加入噪声之前测定信号强度。

y = awgn(...,powertype)：指定 snr 和 sigpower 的单位。powertype 可以是'dB'或'linear'.

如果 powertype 是'dB',那么 snr 以 dB 为单位,而 sigpower 以 dBW 为单位;如果 powertype 是'linear',那么 snr 作为比值来度量,而 sigpower 以 W 为单位。

【例 5-1】 对输入的锯齿波叠加高斯白噪声。

```
>> clear all;
t = (0:0.1:10)';
x = sawtooth(t);                          %产生锯齿波信号
y = awgn(x,10,'measured');                %添加高斯白噪声
plot(t,[x y])
legend('原始信号','叠加高斯白噪声信号');     %添加图例说明
```

运行程序,效果如图 5-6 所示。

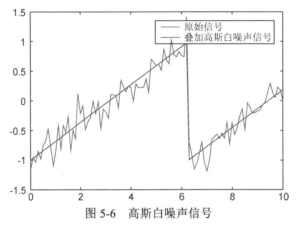

图 5-6　高斯白噪声信号

【例 5-2】 利用 randn 实现在正弦信号上叠加功率为-20dBW 的高斯白噪声。

```
>> clear all;
t=0:0.001:10;
x=sin(2*pi*t);
px=norm(x).^2/length(x);                  %计算信号 x 的功率
snr=20;                                    %信噪比,dB 形式
pn=px./(10.^(snr./10));                    %根据 snr 计算噪声功率
n=sqrt(pn)*randn(1,length(x));            %根据噪声功率产生相应的高斯白噪声序列
y=x+n;                                      %在信号上叠加高斯白噪声
subplot(2,1,1);plot(t,x);
title('正弦信号');
subplot(2,1,2);plot(t,y);
title('叠加了高斯噪声后的正弦信号');
```

运行程序,效果如图 5-7 所示。

2. bsc 函数

在 MATLAB 通信系统工具箱中,提供了 bsc 函数,通过二进制对称信道以误码概率 p 传输二进制输入信号。函数的调用格式为:

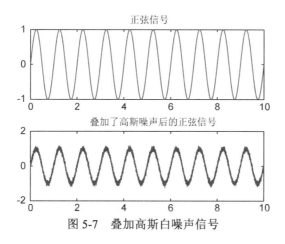

图 5-7 叠加高斯白噪声信号

ndata = bsc(data,p)：给定输入信号 data 及误码概率，返回二进制对称信道误码率。

ndata = bsc(data,p,s)：参数 s 为一个任意的有效随机流。

ndata = bsc(data,p,state)：参数 state 指定状态。

[ndata,err] = bsc(...)：err 指定返回的误差。

【例 5-3】 对输入的二进制信号进行对称信道后再利用 biterr 函数计算误比特率。

```
>> clear all;
z = randi([0 1],100,100);        %离散随机矩阵
nz = bsc(z,.15);                 %二进制对称信道
[numerrs, pcterrs] = biterr(z,nz)  %计算误比特率
```

运行程序，输出如下：

```
numerrs =
            1506
pcterrs =
        0.1506
```

5.7 多径衰落信道

在通信系统中，由于通信地面站天线波束较宽，受地物、地貌和海况等诸多因素的影响，使接收机收到经折射、反射和直射等几条路径到达的电磁波，这种现象就是多径效应。这些不同路径到达的电磁波射线相位不一致且具有时变性，导致接收信号呈衰落状态；这些电磁波射线到达的时延不同，又导致码间干扰。若多射线强度较大，且时延差不能忽略，则会产生误码，这种误码靠增加发射功率是不能消除的，而由此多径效应产生的衰落叫多径衰落，它也是产生码间干扰的根源。对于数字通信、雷达最佳检测等都会产生十分严重的影响。

5.7.1　多径衰落信道的主要分类

多径衰落信道主要分为瑞利衰落和频率选择性衰落。

1．瑞利衰落

如果各条路径传输时延差别不大，而传输波形的频谱较窄（数字信号传输速率较低），则信道对信号传输频带内各频率分量强度和相位的影响基本相同。此时，接收点的合成信号只有强度的随机变化，而波形失真很小。这种衰落称为一致性衰落，或称平坦型衰落。

如果发送端发射一个余弦波 $A\cos\omega t$，接收端接收到的一致性衰落信号是一个具有随机振幅和随机相位的调幅调相波，从频域来看，由单一频率变成了一个窄带频谱，这叫频率弥散。可见衰落信号实际上成为一个窄带随机过程，它的包络的一维统计特性服从瑞利分布，所以通常又称为瑞利衰落。

2．频率选择性衰落

如果各条路径传输时延差别较大，传输波形的频谱较宽（或数字信号传输速率较高），则信道对传输信号中不同频率分量强度和相位的影响各不相同。此时，接收点合成信号不仅强度不稳定而且产生波形失真，数字信号在时间上有所展宽，这就可能产生前后码元的波形重叠，出现码间（符号间）干扰。这种衰落称为频率选择性衰落，有时也简称选择性衰落。

5.7.2　多径衰落信道的特性

多径衰落的基本特性表现在信号幅度的衰落和时延扩展。

从空间角度考虑多径衰落时，接收信号的幅度将随着移动台移动距离的变动而衰落，其中本地反射物所引起的多径效应表现为较快的幅度变化（快衰落），而其局部均值是随距离增加而起伏的，反映了地形变化所引起的衰落以及空间扩散损耗（慢衰落）。

从时间角度考虑，由于信号的传播路径不同，所以到达接收端的时间也就不同，当基站发出一个脉冲信号时，接收信号不仅包含该脉冲，还将包括此脉冲的各个延时信号，这种由于多径效应引起的接收信号中脉冲的宽度扩展现象称为时延扩展。

下面通过一个简单的模拟来说明多径衰落信道以上的两个特点。首先来看程序模拟多径信道的场景，如图 5-8 所示。

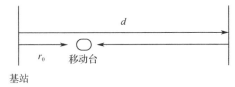

图 5-8　多径信道的模拟

假设在一条笔直的高速公路上一端安装了一个固定的基站，在另一端有一面完全反射电磁波的墙面，距离为 d。移动台距基站初始距离为 r_0。基站发射一个频率为 f 的正弦信号，表示为 $\cos(2\pi ft)$。由于墙面反射，移动台可以接收到 2 径信号，其中之一是从基站直接发射的信号，另一径是从反射墙反射过来的信号。

先来看移动台静止的情况。显然，从基站发出的直射信号到达移动台需要的时间为 $\dfrac{r_0}{c}$（c 为光速），从反射墙反射过来的信号到达移动台需要的时间为 $\dfrac{2d-r_0}{c}$。换句话说，在时刻 t，移动台分别接收到了从时刻 $t-\dfrac{r_0}{c}$ 基站发出的直射信号和从时刻 $t-\dfrac{2d-r_0}{c}$ 基站发出的反射信号。信号在传播过程中要衰落，自由空间中，电磁波功率随距离 r 按平方规律衰减，相应的电场强度（接收信号电压）随 $\dfrac{1}{r}$ 规律衰减，并且反射信号同直射信号的相位相反。所以，时刻 t 移动台接收到的合成信号为

$$E(t)=\frac{\cos\left[2\pi f\left(t-\dfrac{r_0}{c}\right)\right]}{r_0}-\frac{\cos\left[2\pi f\left(t-\dfrac{2d-r_0}{c}\right)\right]}{2d-r_0} \tag{5-7}$$

式中，减号体现了反射信号与直射信号的相位相反。

在 r_0 处的接收信号会有什么特点？利用 MATLAB 代码绘制图形。

```
>> clear all;
f=1;                                        %发射信号频率
v=0;                                        %移动台速率，静止情况为 0
c=3e8;                                      %电磁波速度，光速
r0=3;                                       %移动台距离基站初始距离
d=10;                                       %基站距离反射墙的距离
t1=0.1:0.0001:10;                           %时间序列
E1=cos(2*pi*f*((1-v/c).*t1-r0/c))./(r0+v.*t1);      %直射径信号
E2=cos(2*pi*f*((1-v/c)*t1+(r0-2*d)/c))./(2*d-r0-v*t1);   %反射径信号
figure;
plot(t1,E1,'r:',t1,E2,t1,E1-E2,'--k');
legend('直射径信号','反射径信号','移动台接收的合成信号');
axis([0 10 -0.8 0.8]);
```

运行程序，效果如图 5-9 所示。

从图 5-9 中可以清楚地看出，即使移动台是静止的，由于反射径的存在，使得接收到的合成信号最大值要小于直射径的信号。

下面改一下移动台距离基站的位置，让 $r_0=9$，使它更靠近反射墙的位置，再次运行程序，效果如图 5-10 所示。

从图 5-10 中可以看出，这次由于靠近反射墙的位置，直射信号要比 $r_0=3$ 处弱一些，反射信号要比 $r_0=3$ 处的信号强一些，但移动台接收到的合成信号更弱了，不仅小于直射径的信号更小于反射径的信号。

以上是发射频率 $f=1$ 的情况，发射其他频率的信号结果会怎样呢？修改 $f=10^8$ 并且

$r_0=3$，此时移动台接收到的信号得到了增强。

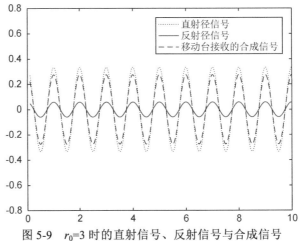

图 5-9　$r_0=3$ 时的直射信号、反射信号与合成信号

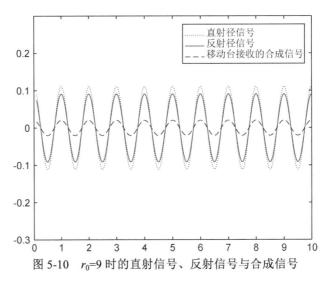

图 5-10　$r_0=9$ 时的直射信号、反射信号与合成信号

至此，可得出结论：在同一位置，由于反射径信号的存在，发射不同频率的信号时，在接收机处接收到的信号有的频率是被增强了，有的频率是被削弱了。频率选择性衰落由此产生。

既然有频率选择性衰落，那么，哪些频率会被增强，哪些频率会被削弱呢？

在上面的例子中，如果 $f=1,2,3,\cdots,100,\cdots,1000$，会发现这些频率基本上都是被削弱的，只有让 f 充分大，如果 $f=10^8$，才会看出信号被增强了。因此，就把那些受到影响基本一致的频率范围称为相干带宽。相干带宽怎样得到呢？

从实验中可以看出，接收信号是两个频率均为 f 的电波的叠加，这两个电波的相位差为

$$\Delta\theta=\left(\frac{2\pi f\cdot(2d-r)}{c}+\pi\right)-\frac{2\pi fr}{c}=\frac{4\pi f}{c}(d-r)+\pi \tag{5-8}$$

从这个公式中可以看出，对于固定的 r，如果 f 改变 $\dfrac{1}{2} \cdot \dfrac{1}{\left(\dfrac{2d-r}{c} - \dfrac{r}{c}\right)}$，则合成信号从波峰到达波谷，而 $T_d = \dfrac{2d-r}{c} - \dfrac{r}{c}$ 恰好是反射径与直射径的传播时延之差。如果频率的改变量远小于 $\dfrac{1}{T_d}$，则信号是增强还是削弱并不会出现明显的改变。因此，参数 $\dfrac{1}{T_d}$ 就称为相干带宽。

有了相干带宽的概念，再来看平坦衰落与频率选择性衰落。

假设发射的信号带宽较窄，小于相干带宽，从上面的例子中可以知道，信号的频带内受到的衰落影响基本是一致的。这时称这样的衰落为平坦衰落。由信号系统理论可知，频带较窄，意味着时域的信号脉冲周期较长，当信号带宽恰好等于相干带宽时，可以近似地认为信号脉冲周期近似等于传播时延之差。此时，当移动台恰好接收到直射径的第 2 个脉冲时，从反射径到达的第 1 个脉冲也同时到达，因此，合成信号就是直射径的第 2 个脉冲和反射径的第 1 个脉冲。看到这里，就会明白码间干扰是如何产生的了。如果增大信号脉冲周期，相应的信号频带变窄，这时码间干扰会变小。也就是说反射径第 1 个脉冲到达时，直射径的第 1 个脉冲还没有结束。脉冲周期越长，则直射径和反射径的脉冲重合的部分越多，码间干扰就越轻。当脉冲周期远大于时延差时，完全可以近似地把直射径的信号与反射径的信号看作同一径信号。当然，信号的脉冲幅度会发生变化。存在更多反射径的情况下，各反射径的到达方向不一样，相位不一样，可以看作服从同一分布的随机变量。由概率论的知识，多个独立同分布随机变量的和服从高斯分布。由于实际的信号一般是通过 I、Q 两路传输，因此 I 路服从高斯分布，Q 路服从高斯分布，包络则服从瑞利分布。

上面讨论了信号脉冲周期大于传播时延的情况，下面再讨论信号脉冲周期小于传播时延的情况。根据时频关系可以知道，脉冲周期短，意味着信号频带变宽，大于相干带宽。上面已经说过大于相干带宽后，频率受到的影响是不一样的。所以，这时的衰落就是频率选择性衰落。再考虑时域的情况，脉冲周期变短。假设变为 1/2 传播时延差，当移动台接收到直射径的第 3 个脉冲时，反射径的第 1 个脉冲才到达。很明显，反射径的第 1 个脉冲对直射径的第 3 个脉冲产生了干扰。这时不能认为直射径和反射径的信号为同一径的信号。当脉冲周期进一步缩短，从而相应的信号频带进一步增大时，频率选择性衰落更加严重。可想而知，在更多反射径存在的情况下，码间干扰将更加严重。

至此，应该了解了多径信道与瑞利衰落和频率选择性衰落的关系。下面再来看信道的时变性。

上面讨论了移动台静止的情况。现在让移动台向反射墙运动，速度为 v。则在时刻 t，移动台距离基站的位置 $r = r_0 + vt$。把式（5-7）中的 r_0 用 r 代替，

$$E(t) = \frac{\cos\left[2\pi f\left(t - \dfrac{r_0}{c}\right)\right]}{r_0 + vt} - \frac{\cos\left[2\pi f\left(t - \dfrac{2d - r_0}{c}\right)\right]}{2d - r_0 - vt} \tag{5-9}$$

MATLAB 代码同上，不过为了让时变性体现得更直观一些，让 $c = 10$，这样改动并

不会影响讨论问题的实质，但可以帮助我们更直观地观察。修改后的代码为：

```
>> clear all;
f=2;                                    %发射信号频率
v=1;                                    %移动台速率，静止情况为 0
c=3e8;                                  %电磁波速度，光速
r0=3;                                   %移动台距离基站初始距离
d=15;                                   %基站距离反射墙的距离
t1=0.1:0.001:12;                        %时间序列
E1=cos(2*pi*f*((1-v/c).*t1-r0/c))./(r0+v.*t1);          %直射径信号
E2=cos(2*pi*f*((1-v/c)*t1+(r0-2*d)/c))./(2*d-r0-v*t1);  %反射径信号
figure;
plot(t1,E1,'r:',t1,E2,t1,E1-E2,'--k');
legend('直射径信号','反射径信号','移动台接收的合成信号');
axis([0 12 -0.5 0.5]);
```

运行程序，效果如图 5-11 所示。

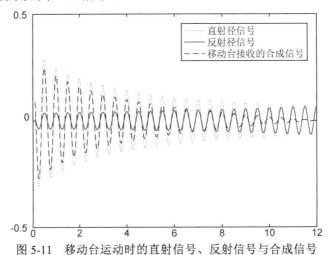

图 5-11　移动台运动时的直射信号、反射信号与合成信号

再把接收信号单独画出来，效果如图 5-12 所示。

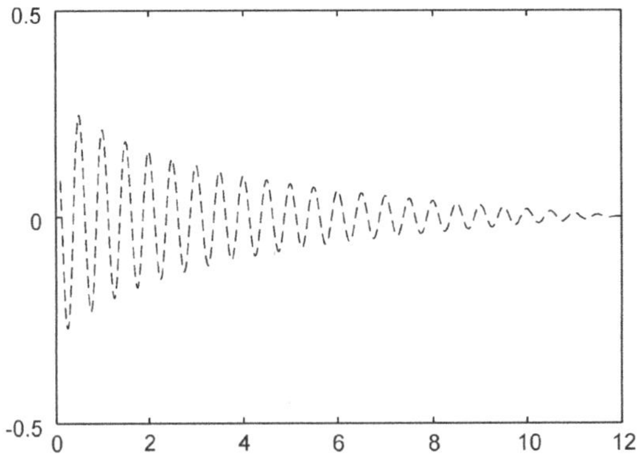

图 5-12　移动台运动时的合成信号

从前面的程序中可知多径导致了频率选择性。当移动台运动起来后，发现即使同一频率，在不同的时间点，合成信号的强度也是不一样的。在图 5-12 中，可以看到在 $t=2\text{s}$，4.5s，7s，9.5s 时，接收信号的强度相对处于波谷位置，特别是在 $t=9.5\text{s}$ 时，接收的合成信号几乎为 0，而对照 $t=9.5\text{s}$ 时的直射信号和反射信号，它们都比合成信号大很多。而在 $t=3\text{s}$，5.5s，8s，10.5s 时，接收信号的强度相对处于波峰位置。这种由于移动台运动而导致的信号增强或削弱的情况是时间选择性衰落。运动为什么会产生时间选择性衰落呢？

来看式（5-9）。第 1 项直射波是频率为 $f\left(1-\dfrac{v}{c}\right)$ 的正弦波，经历的多普勒频移为 $D_1=-\dfrac{v}{c}f$；第 2 项是频率为 $f\left(1+\dfrac{v}{c}\right)$ 的正弦波，经历的多普勒频移为 $D_2=\dfrac{v}{c}f$，参数 $D_s=D_2-D_1$，称为多普勒扩展。例如，在上面的程序中，$f=2$，$v=1$，$c=10$，所以 $D_s=0.4$。当移动台与反射墙的距离比与发射天线的距离更近时，最容易观察到多普勒扩展的作用。在这种情况下，两条路径的衰减大致相同，从而可以用 $r=r_0+vt$ 近似公式中第 2 项的分母，于是合并两个正弦信号后得

$$E(t)\approx\frac{2\sin\left[2\pi f\left(\dfrac{vt}{c}+\dfrac{r_0-d}{c}\right)\right]\sin\left[2\pi f\left(t-\dfrac{d}{c}\right)\right]}{r_0+vt}\tag{5-10}$$

这是两个正弦信号的乘积，其中一个信号的输入频率为 f，通常为 GHz 数量级，另一个信号频率是 $\dfrac{v}{c}f=\dfrac{D_s}{2}\dfrac{fv}{c}=\dfrac{D_s}{2}$。因此，对频率为 f 的正弦信号的响应是另一个频率为 f 的正弦信号，该正弦信号具有时变包络，每隔 2.5s 就从波谷变到波峰、再变到波谷。当移动台处于波峰位置时，接收到的信号得到增强，而在波谷位置时，信号得到衰减。现在就明白了为什么可以部分忽略式（5-10）中的分母项。当两条路径长度之差变化 1/4 波长时，这两条路径的响应信号的相位差改变为 $\dfrac{\pi}{2}$，从而导致总的接收幅度出现非常严重的变化。由于载波波长相对于路径长度非常小，所以，由这种相位效应导致幅度严重变化的时间远远小于由分母项导致幅度严重变化的时间。以图 5-12 为例，在 $t=9.5\text{s}$ 到 $t=12\text{s}$ 的这段时间内，可看到直射信号和反射信号幅度没有发生很大变化，但是由于直射信号和反射信号相位的改变导致了接收到的合成信号幅度发生严重起伏。因此，在 $t=9.5\text{s}$ 到 $t=12\text{s}$ 的这段时间内，可以认为式（5-10）中的分母是恒定的。

再来看图 5-12，虽然从 $t=9.5\text{s}$ 到 $t=12\text{s}$ 时，接收信号幅度经历了从波谷到波峰、再到波谷的转变，但是，如果观察 $t=10.5\text{s}$ 到 $t=11.5\text{s}$ 这段时间，可以发现，信号幅度基本也是不变的。我们就把信道基本保持不变的时间段称为信道的相干时间，该时间段约等于 $\dfrac{1}{2D_s}$。至此，可以明白为什么信道的相干时间与多普勒频移有关，多普勒越大，信道的相干时间就越短。可以让 $f=4$，再次运行程序，效果如图 5-13 所示。

由图 5-13 会发现，合成信号包络变化更快了，信道的相干时间也相应变小。相干时间只是表明信道在这段时间内特性基本不变，至于这段时间内是增强信号还是削弱信号则没有体现。

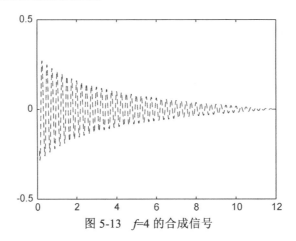

图 5-13 *f*=4 的合成信号

在数字通信中，接收端是周期性地对接收信号进行判决从而恢复信息的，1 个符号脉冲的周期可大可小，因此，根据相干时间与符号脉冲周期的相对长短，可以把信道分为慢变信道和快变信道。在图 5-12 中，如果发送符号的周期小于 1.25s，就可认为这是慢变信道（或准静态信道）；如果发送符号周期大于 1.25s，在发送符号的过程中，信道特性发生了显著变化，就认为这是快变信道。所以，信道是快变还是慢变也是相对于发送符号的周期长短来说的。

至此，讨论了信道的时变性，结合前面讨论的频率选择性，无线信道大体可以分为 4 种：慢变瑞利衰落信道、快变瑞利衰落信道、慢变频率选择性信道、快变频率选择性信道。

以上介绍了多径衰落信道的特点，下面对它进行简单的理论分析。

在 N 条路径的情况下，信道的输出为

$$y(t) = \sum_{n=1}^{N} a_n(t) x[t - \tau_n(t)] \tag{5-11}$$

式中，$a_n(t)$ 和 $\tau_n(t)$ 表示与第 N 条多径分量相关的衰减和传播延迟，延迟和衰减都表示为时间的函数。

前面已经介绍，由于大量散射分量导致接收机输入信号的复包络是一个复高斯过程。在该过程均值为 0 的情况下，幅度满足瑞利分布。如果存在直射路径，则幅度变为莱斯（Ricean）分布。

现在来确定接收信号的复包络。假设信道的输入是一个经过调制的信号，其形式为

$$x(t) = A(t) \cos[2\pi f_c t + \phi(t)] \tag{5-12}$$

通常采用低通等效信号来完成波形仿真，所以，下面确定 $x(t)$ 和 $y(t)$ 的低通复包络。发送信号的复包络为

$$\tilde{x}(t) = A(t) e^{j\varphi(t)} \tag{5-13}$$

将式（5-12）代入到式（5-11）中，得

$$\begin{aligned}
y(t) &= \sum_{n=1}^{N} a_n(t) A(t - \tau_n(t)) \cos(2\pi f_c(t - \tau_n(t)) + \phi(t - \tau_n(t))) \\
&= \sum_{n=1}^{N} a_n(t) A(t - \tau_n(t)) \cdot \mathrm{Re}\{e^{j\phi(t - \tau_n(t))} \cdot e^{-j2\pi f_c \tau_n(t)} \cdot e^{j2\pi f_c t}\}
\end{aligned} \tag{5-14}$$

因为 $a_n(t)$ 和 $A(t)$ 都是实函数，式（5-14）可写为

$$y(t) = \text{Re}\left\{ \sum_{n=1}^{N} a_n(t)A(t-\tau_n(t))e^{j\phi(t-\tau_n(t))} \cdot e^{-j2\pi f_c \tau_n(t)} \cdot e^{j2\pi f_c t} \right\} \qquad (5\text{-}15)$$

由式（5-13）可以得到

$$\tilde{x}(t-\tau_n(t)) = A(t-\tau_n(t))e^{j\phi(t-\tau_n(t))} \qquad (5\text{-}16)$$

因此

$$y(t) = \text{Re}\left\{ \sum_{n=1}^{N} a_n(t)\tilde{x}(t-\tau_n(t)) \cdot e^{-j2\pi f_c \tau_n(t)} \cdot e^{j2\pi f_c t} \right\} \qquad (5\text{-}17)$$

复路径衰减可以定义为

$$\tilde{a}_n(t) = a_n(t) \cdot e^{-j2\pi f_c \tau_n(t)} \qquad (5\text{-}18)$$

所以

$$y(t) = \text{Re}\left\{ \sum_{n=1}^{N} \tilde{a}_n(t)\tilde{x}(t-\tau_n(t)) \cdot e^{j2\pi f_c t} \right\} \qquad (5\text{-}19)$$

因此，接收机输入的复包络为

$$\tilde{y}(t) = \sum_{n=1}^{N} \tilde{a}_n(t)\tilde{x}(t-\tau_n(t)) \qquad (5\text{-}20)$$

式（5-20）定义的信道输入/输出关系对应于一个线性时变系统，其冲激响应为

$$\tilde{h}(\tau,t) = \sum_{n=1}^{N} \tilde{a}_n(t)\delta(t-\tau_n) \qquad (5\text{-}21)$$

在式（5-21）中，$\tilde{h}(\tau,t)$ 是假设在 $t-\tau$ 时刻加上脉冲后在时刻 t 测得的信道冲激响应。因此 τ 表征了传播延迟。如果传播媒介中不存在运动或其他改变，即使出现了多径，输入/输出关系还是非时变的。在这种情况下，第 n 条传播路径的传输延迟和路径衰减都是常数，此时，信道可以在时域内表示为一个冲激响应，其形式为

$$\tilde{h}(\tau) = \sum_{n=1}^{N} \tilde{a}_n\delta(t-\tau_n) \qquad (5\text{-}22)$$

可以看到，对时不变的情况，信道简单地扮演了一个作用于发送信号的滤波器的角色。

5.8 信道衰落的重要参数

在仿真衰落信道时，两个最重要的参数是多径扩展和多普勒带宽。

5.8.1 多径扩展信道

如果信道频率选择性，则最大的时延扩展 $T_{\max}$ 要远远小于符号周期 $T_s(T_{\max} \ll T_s)$。在这种情况下，所有的延迟多径分量到达的时段仅为一个符号时间的一小部分。此时，信道可以用单一路径来建模，输入/输出关系可以表示为乘法，则

$$\tilde{y}(t) = \tilde{a}(t)\tilde{x}(t)$$

对于频率选择性信道 $(T_{\max} \ll T_s)$，输入/输出关系为

$$\tilde{y}(t) = \tilde{h}(\tau, t)\tilde{x}(t)$$

虽然时延扩展对系统的性能有显著的影响，但系统的性能对多径强度曲线的形状并不是很敏感。最常见的假设是多径强度曲线为均匀分布和指数分布。

5.8.2 多普勒带宽

多普勒带宽或多普勒扩展，指示了信道特性作为时间的函数变化（衰落）有多快。多普勒频移与运动速度和方向有关，它的计算公式为

$$f_d = \frac{v}{c} f_c \cos \theta$$

式中，v 为发送端和接收端的相对运动速度；θ 为运动方向和发送端与接收端连线之间的夹角。

对于单径瑞利衰落信道，信道增益是具有 0 均值的复高斯随机过程，它的功率谱密度称为多普勒功率谱。对于多径的情况，通常假设径与径之间是不相关的，每一径的多普勒功率谱形状相同，但功率（方差）不同。

由以上的分析可以看出，多径衰落信道的仿真最重要的是产生特定多普勒功率谱密度的瑞利过程。实际中常用的多普勒功率谱密度是 Jakes 功率谱，其他谱形状包括高斯和均匀分布。

5.9 信道的仿真实例

下面通过几个实例来演示如何实现信道仿真。

【例 5-4】 仿真正交相移键控（Quarterrary Phase Shift Keying，QPSK）调制的基带数字通信系统通过 AWGN 信道的误符号率（Symbol Error Rate，SER）和误比特率（Bit Error Rate，BER），假设发射端信息比特采用 Gray 编码影射，基带脉冲采用矩形脉冲，仿真时每个脉冲的抽样点数为 8，接收端采用匹配滤波器进行相干解调。

```
>> clear all;
nSamp=8;                              %矩形脉冲的取样点数
numSymb=200000;                       %每种 SNR 下的传输的符号数
M=4;                                  %QPSK 的符号类型数
SNR=-3:3;                             %SNR 的范围
grayencod=[0 1 3 2];                  %Gray 编码格式
for i=1:length(SNR)
    msg=randsrc(1,numSymb,[0:3]);     %产生发送符号
    msg_gr=grayencod(msg+1);          %进行 Gray 编码影射
    msg_tx=pskmod(msg_gr,M);          %QPSK 调制
    msg_tx=rectpulse(msg_tx,nSamp);   %矩形脉冲成形
```

```
    msg_rx=awgn(msg_tx,SNR(i),'measured');              %通过 AWGN 信道
    msg_rx_down=intdump(msg_rx,nSamp);                  %匹配滤波相干解调
    msg_gr_demod=pskdemod(msg_rx_down,M);              %QPSK 调制
    [dummy,graydecod]=sort(grayencod);
    graydecod=grayencod-1;
    msg_demod=graydecod(msg_gr_demod+1);               %Gray 编码逆映射
    [errorBit,BER(i)]=biterr(msg,abs(msg_demod),log2(M));  %计算 BER
    [errorSym,SER(i)]=symerr(msg,msg_demod);           %计算 SER
end
scatterplot(msg_tx(1:100));                            %绘制发射信号的星座图
title('发射信号星座图');
xlabel('同相分量');
ylabel('正交分量');
scatterplot(msg_rx(1:100));                            %绘制接收信号的星座图
title('接收信号星座图');
xlabel('同相分量');
ylabel('正交分量');
figure;
semilogy(SNR,BER,'-r+',SNR,SER,'-k*');                 %对数坐标轴
legend('BER','SER');
title('QPSK 在 AWGN 信道下的性能');
xlabel('信噪比(dB)');
ylabel('误符号率和误比特率');
axis([-3 3 -3 1]);
```

运行程序，效果如图 5-14、图 5-15 及图 5-16 所示。

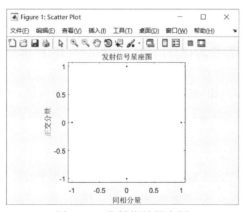

图 5-14　发射信号星座图

从图 5-14 及图 5-15 可以看出，发射信号经过 AWGN 信道后，星座点发生了弥散，在 SNR 较低的情况下，会出现错误判决。

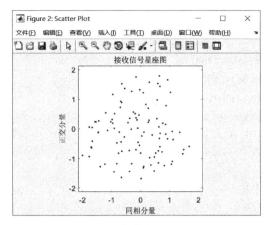

图 5-15 接收信号星座图

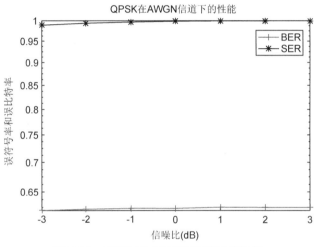

图 5-16 QPSK 在 AWGN 信道下的性能

从图 5-16 可以看出，随着 SNR 的增加，QPSK 的 BER 和 SER 都降低，并且 BER 要小于相应的 SER，这是与实际情况相符合的。

在 MATLAB 中，有提供相应的瑞利模型来实现瑞利信道，但没有提供相应的内置函数，下面通过自定义编写 rayleigh 函数实现利用改进的 Jakes 模型来产生单径的平坦瑞利衰落信道。代码如下：

```
function [h]=rayleigh(fd,t)
%rayleigh 函数利用改进的 Jakes 模型来产生单径的平坦型瑞利衰落信道
%输入参数 fd 为信道的最大多普勒频移，单位 Hz
%输入参数 t 为信号的抽样时间序列
%输出参数 h 为输出的瑞利信道函数，是一个时间函数复序列
N=42;                            %假设的入射数目
wm=2*pi*fd;
N0=N/4;                         %每象限的入射数目即振荡器数目
Tc=zeros(1,length(t));          %信道函数的实部
```

```
Ts=zeros(1,length(t));                        %信道函数的虚部
P_nor=sqrt(1/N0);                             %归一化功率系数
theta=2*pi*rand(1,1)-pi;                      %区别个别路径的均匀分布随机相位
for i=1:N0
    %第 i 条入射波的入射角
    alfa(i)=(2*pi*i-pi+theta)/N;
    %对每个子载波而言在（-pi,pi）之间的均匀分布的随机相位
    fi_tc=2*pi*rand(1,1)-pi;
    fi_ts=2*pi*rand(1,1)-pi;
    %计算冲激响应函数
    Tc=Tc+cos(cos(alfa(i))*wm*t+fi_tc);
    Ts=Ts+cos(sin(alfa(i))*wm*t+fi_ts);
end
%归一化功率系数得到的传输函数
h=P_nor*(Tc+j*Ts);
```

【例5-5】 分别产生最大多普勒频移为12和24的单径瑞利衰落信道，假设信号的抽样时间间隔为1/1000，并绘制信道的功率随时间的变化曲线。

```
>> clear all;
fd=12;                                        %多普勒频移为 12
ts=1/1000;                                    %信号抽样时间间隔
t=0:ts:1;                                      %生成时间序列
h1=rayleigh(fd,t);                            %产生信道数据
fd=24;                                        %多普勒频移为 24
h2=rayleigh(fd,t);                            %产生信道数据
subplot(2,1,1);plot(20*log10(abs(h1(1:1000))));
title('fd=12Hz 时的信道功率曲线');
xlabel('时间');ylabel('功率');
subplot(2,1,2);plot(20*log10(abs(h2(1:1000))));
title('fd=24Hz 时的信道功率曲线');
xlabel('时间');ylabel('功率');
```

运行程序，效果如图5-17所示。

以上代码产生的信道功率为1，如果需要产生其他功率的信道，只需在产生的数据序列乘以相应的功率的开方值即可。

需要注意的是，信号经过瑞利衰落信道后，信号不仅受到信道衰落的影响，同时还受到信道中噪声的影响。前者对信号的作用是乘性干扰，后者是加性干扰。因此，在仿真中通过瑞利衰落信道后还要加入高斯白噪声。

【例5-6】 仿真例5-4中的QPSK信号通过瑞利衰落信道后的误比特率和误符号率，并与AWGN信道下的误比特率和误符号率进行对比。其中，多普勒频移为100Hz，经过矩形脉冲成形后的信号抽样时间间隔为1/800 000s。

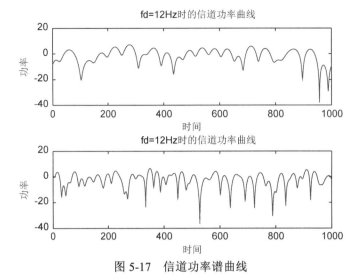

图 5-17 信道功率谱曲线

```
>> clear all;
nSamp=8;                                        %矩形脉冲的取样点数
numSymb=200000;                                 %每种 SNR 下的传输的符号数
ts=1/(numSymb*nSamp);
t=(0:numSymb*nSamp-1)*ts;
M=4;                                            %QPSK 的符号类型数
SNR=-3:3;                                        %SNR 的范围
grayencod=[0 1 3 2];                            %Gray 编码格式
for i=1:length(SNR)
    msg=randsrc(1,numSymb,[0:3]);               %产生发送符号
    msg_gr=grayencod(msg+1);                    %进行 Gray 编码影射
    msg_tx=pskmod(msg_gr,M);                    %QPSK 调制
    msg_tx=rectpulse(msg_tx,nSamp);            %矩形脉冲成形
    h=rayleigh(10,t);                           %生成瑞利衰落
    msg_tx1=h.*msg_tx;                          %信号通过瑞利衰落信道
    msg_rx=awgn(msg_tx,SNR(i));                %通过 AWGN 信道
    msg_rx1=awgn(msg_tx1,SNR(i));
    msg_rx_down=intdump(msg_rx,nSamp);         %匹配滤波相干解调
    msg_rx_down1=intdump(msg_rx1,nSamp);
    msg_gr_demod=pskdemod(msg_rx_down,M);          %QPSK 调制
    msg_gr_demod1=pskdemod(msg_rx_down1,M);        %QPSK 调制
    [dummy,graydecod]=sort(grayencod);
    graydecod=grayencod-1;
    msg_demod=graydecod(msg_gr_demod+1);           %Gray 编码逆映射
    msg_demod1=graydecod(msg_gr_demod1+1);         %Gray 编码逆映射
    [errorBit,BER(i)]=biterr(msg,abs(msg_demod),log2(M));      %计算 BER
    [errorBit,BER1(i)]=biterr(msg,abs(msg_demod1),log2(M));    %计算 BER
```

```
        [errorSym,SER(i)]=symerr(msg,msg_demod);              %计算 SER
        [errorSym,SER1(i)]=symerr(msg,msg_demod1);            %计算 SER
    end
    %绘制 BER 和 SNR 随 SNR 变化的曲线
    semilogy(SNR,BER,'-ro',SNR,SER,'-k+',SNR,BER1,'-b.',SNR,SER1,'-m^')
    legend('AWGN 信道 BER','AWGN 信道 SER','Rayleigh 衰落+AWGN 信道 BER','Rayleigh 衰落
+AWGN 信道 SER')
    title('QPSK 在 AWGN 和 Rayleigh 衰落信道下的性能');
    xlabel('信噪比（dB）');
    ylabel('误符号率和误比特率');
```

运行程序，效果如图 5-18 所示。

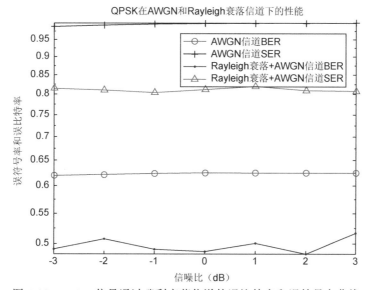

图 5-18　QPSK 信号通过瑞利衰落信道的误比特率和误符号率曲线

从图 5-18 可以看出，QPSK 经过瑞利衰落信道后，误比特率和误码率要大大高于
AWGN 信道下的误比特率和误码率。因此，在这种情况下，如果不对衰落进行补偿，是
无法实现可靠通信的。对衰落进行补偿的方法是通过发送已知的导频信号对信道进行估
计，利用估计出的信道对接收信号进行校正，然后进行解调，或者是采用其他的调制方
式如 DQPSK、MFSK 等，它们对信道衰落引起的相位变化不敏感。

在上面的程序代码中，也可以尝试去掉通过瑞利衰落信道后的白噪声进行仿真，可
以发现此时误比特率和误符号率没有根本变化。说明在瑞利衰落信道中，衰落是引起
QPSK 错误判决的重要因素。

第6章 通信系统基本模块

信源、信道和信宿是通信系统中必不可少的 3 部分。对此，Simulink 提供了众多模块。本章介绍部分信源模块、信道模块及作为信宿的几种常见信号观察设备模块。

6.1 信源模块

在 Simulink 库的通信系统工具（Communications System Toolbox）的通信源（Comm Sources）中提供了两种类型的信源模块，即随机数据信源（Random Data Sources）和序列产生器（Sequence Generator），下面分别对这两种信源模块进行介绍。

6.1.1 随机数据信源模块

双击随机数据信源模块库集，即可打开如图 6-1 所示的界面，可看出，在 Simulink 中提供了 3 种随机数据发生器。

Random Data Sources

图 6-1　3 种随机数据发生器

1．随机整数发生器

随机整数发生器（Random Integer Generator）用来产生 $[0，M-1]$ 范围内具有均匀分布的随机整数。

随机整数发生器输出整数的范围 $[0，M-1]$ 可以由用户自己定义。M 的大小可在随机整数发生器的 M-ary number 项中随机输入。M 可以是标量也可以是矢量。如果 M 为标量，那么输出均匀分布且互不相关的随机变量。如果 M 为矢量，其长度必须和随机整数发生器中 Source of initial seed 的长度相同，在这种情况下，每一个输出对应一个独立的输出范围。如果 Source of initial seed 是一个常数，那么产生的噪声是周期重复的。

随机整数发生器的输出信号，可以是基于帧的矩阵、基于采样的行或列向量，也可以是基于采样的一维序列。输出信号的性质可以由 Sample time、Samples per frame 和 Output data type 三个选项控制。

双击图 6-1 中的 Random Integer Generator 模块，即弹出随机整数发生器的模块参数设置对话框，如图 6-2 所示。

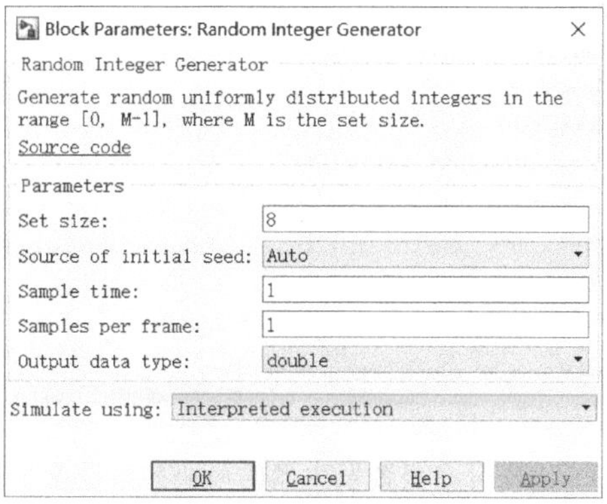

图 6-2　随机整数发生器模块参数设置对话框

由图 6-2 可看出，随机整数发生器模块参数设置对话框包含多个参数项，下面分别对各项进行简单的介绍。

Set size：输入正整数或正整数矢量，设定随机整数的大小。

Source of initial seed：随机整数发生器的随机种子。当使用相同的随机数种子时，随机整数发生器每次都会产生相同的二进制序列；不同的随机数种子通常产生不同的序列。当随机数种子的维数大于 1 时，随机整数发生器的输出信号的维数也大于 1。

Sample time：输出序列中每个整数的持续时间。

Sample of frame：指定随机整数发生器每帧采样。

Samples per frame：该参数用来确定每帧的抽样点的数目。

Output data type：决定模块输出的数据类型，可以是 boolean、uint8、uint16、uint32、single、double 等众多类型，默认为 double。如果想要输出为 boolean 型，M-ary number 项必须为 2。

2．泊松分布整数发生器

泊松分布整数发生器（Poisson Integer Generator）产生服从泊松分布的整数序列。

泊松分布整数发生器利用泊松分布产生随机整数。假设 x 是一个服从泊松分布的随机变量，那么 x 等于非负整数 k 的概率可以用下式表示：

$$\Pr(k) = \frac{\lambda^k e^{-k}}{k!}, \quad k = 0, 1, 2, \cdots$$

其中，λ 为一正数，称为泊松参数。并且泊松随机过程的均值和方差都等于 λ。

利用泊松分布整数发生器可以在双传输通道中产生噪声，在这种情况下，泊松参数 λ 应该比 1 小，通常远小于 1。泊松分布参数产生器的输出信号，可以是基于帧的矩阵、基于采样的行或列向量，也可以是基于采样的一维序列。输出信号的性质可以由泊松分布整数发生器中的 Frame-based outputs、Samples per frame 和 Interpret vector parameters as 1-D 三个选项控制。

双击图 6-1 中的 Poisson Integer Generator 模块，即弹出泊松分布整数发生器的模块参数设置对话框，如图 6-3 所示。

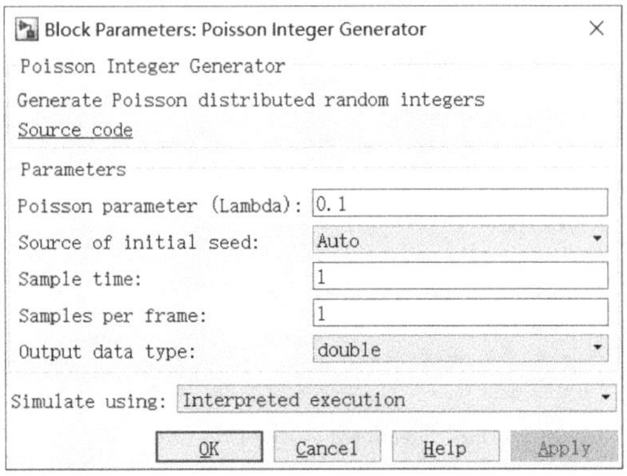

图 6-3　泊松分布整数发生器的模块参数设置对话框

由图 6-3 可看出，泊松分布整数发生器模块参数设置对话框包含多个参数项，下面分别对各项进行简单的介绍。

Poisson parameter（Lambda）：确定泊松参数 λ，如果输入为一个标量，那么输出矢量的每一个元素分享相同的泊松参数。

Source of initial seed：泊松分布整数发生器的随机数种子。当使用相同的随机数种子时，泊松分布整数发生器每次都会产生相同的二进制序列；不同的随机数种子通常产生不同的序列。当随机数种子的维数大于 1 时，泊松分布参数发生器的输出信号的维数也大于 1。

Sample time：输出序列中每个整数的持续时间。

Samples per frame：该参数用来确定每帧的抽样点的数目。本项只有当 Frame-based outputs 项选中后才有效。

Output data type：决定模块输出的数据类型，可以是 boolean、uint8、uint16、uint32、single、double 等众多类型，默认为 double。

Simulate using：指定使用仿真的方式。

3．伯努利二进制信号发生器

伯努利二进制信号发生器（Bernoulli Binary Generator）产生符合伯努利分布的随机信号。

伯努利二进制信号发生器产生随机二进制序列，并且在这个二进制序列中的 0 和 1 满足伯努利分布，如下式所示：

$$\Pr(x) = \begin{cases} p & x = 0 \\ 1-p & x = 1 \end{cases}$$

即伯努利二进制信号发生器产生的序列中，产生 0 的概率为 p，产生 1 的概率为 $1-p$。根据伯努利序列的性质可知，输出信号的均值均为伯努利 $1-p$，方差为 $p(1-p)$。产生 0 的概率 p 由伯努利二进制信号发生器中的 Probability of zero 项控制，它可以是 0 和 1 之间的某个实数。

伯努利二进制信号发生器的输出信号，可以是基于帧的矩阵、基于采样的行或列向量，也可以是基于采样的一维序列。输出信号的性质可以由二进制伯努利序列产生器中的 Frame-based outputs、Samples per frame 和 Interpret vector parameters as 1-D 三个选项控制。

双击图 6-1 中的 Bernoulli Binary Generator 模块，即弹出伯努利二进制信号发生器的模块参数设置对话框，如图 6-4 所示。

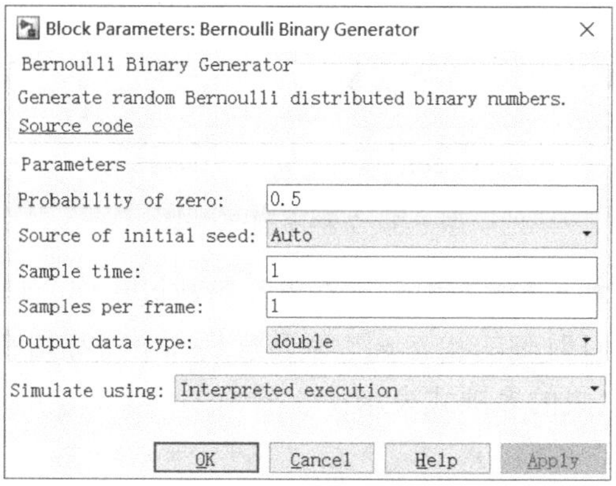

图 6-4　伯努利二进制信号发生器模块参数设置对话框

由图 6-4 可看出，伯努利二进制信号发生器模块参数设置对话框包含多个参数项，下面分别对各项进行简单的介绍。

Probability of zero：伯努利二进制信号发生器输出 0 的概率，对应于上式中的，为 0 和 1 之间的实数。

Source of initial seed：伯努利二进制信号发生器的随机数种子，它可以是与 Probability of zero 项长度相同的矢量或标量。当使用相同的随机数种子时，伯努利二进制信号发生器每次都会产生相同的二进制序列；不同的随机数种子通常产生不同的序列。当随机数种子的维数大于 1 时，伯努利二进制信号发生器的输出信号的维数也大于 1。

Sample time：输出序列中每个二进制符号的持续时间。

Samples per frame：指定伯努利二进制信号发生器每帧采样。

Output data type：决定模块输出的数据类型，可以是 boolean、uint8、uint16、uint32、single、double 等众多类型，默认为 double。

Simulate using：指定使用仿真的方式。

6.1.2　序列产生器模块

双击随机数据信源模块库集，即可打开如图 6-5 所示的界面，可看出，在 Simulink 中提供了 7 种序列产生器。

1. PN 序列产生器

PN 序列产生器（PN Sequence Generator）用于产生一个伪随机序列。

PN 序列产生器利用线性反馈移位寄存器（LFSR）来产生 PN 序列，线性反馈移位寄存器可以通过简单的移位暂存器产生器结构得到实现。

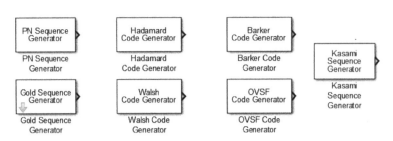

图 6-5　7 种序列产生器

PN 序列产生器中共有 r 个寄存器，每个寄存器都以相同的抽样频率更新寄存器的状态，即第 k 个寄存器在 $t+1$ 时刻的状态 m_k^{t+1} 等于第 $k+1$ 个寄存器在 t 时刻的状态 m_{k+1}^t。PN 序列产生器可以用一个生成的多项式表示：

$$g_r z^r + g_{r-1} z^{r-1} + g_{r-2} z^{r-2} + \cdots + g_1 z + g_0$$

双击图 6-5 中的 PN Sequence Generator 模块，即弹出 PN 序列产生器的模块参数设置对话框，如图 6-6 所示。

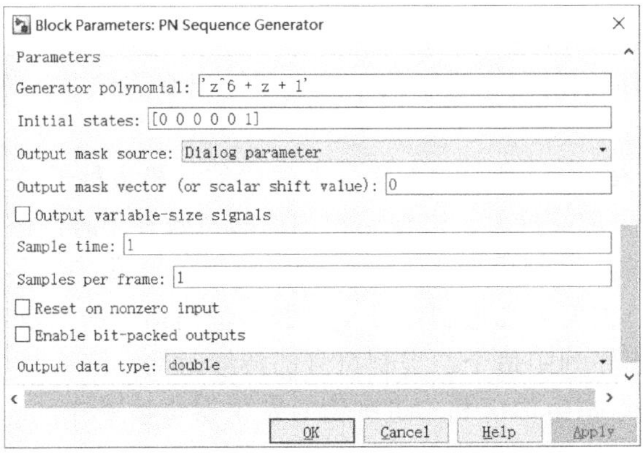

图 6-6　PN 序列产生器模块参数设置对话框

由图 6-6 可看出，PN 序列产生器模块参数设置对话框包含多个参数项，下面分别对各项进行简单的介绍。

Sample time：输出序列中每个元素的持续时间。

Frame-based outputs：指定 PN 序列产生器以帧格式产生输出序列。

Samples per frame：该参数用来确定每帧的抽样点的数目。本项只有当 Frame-based outputs 项选中后才有效。

Output variable-size signals：选择该项后即设定输入单变量的范围。

Maximum output size source：设定输出数据源大小，该项在 Output variable-size signals 项选择后有效。

Maximum output size：设定输出数据的大小，该项在 Output variable-size signals 项选

择后有效。

Reset on nonzero input：选择该项之后，PN 序列产生器提供一个输入端口，用于输入复位信号。如果输入不为 0，PN 序列产生器会将各个寄存器恢复到初始状态。

Enable bit-packed outputs：选定后激活 Number of packed bits、Interpret bit-packed values as signed 两项。

Number of packed bits：设定输出字符的位数（1～32）。

Interpret bit-packed values as signed：有符号整数与无符号整数判断项。如果该项被选定，最高位为 1 时，表示为负。

Output data type：决定模块输出的数据类型，默认为 double。

Output mask source：选择模块中的输出屏蔽信息的给定方式。此项为复选列表。如果选定 Dialog parameter，则可在 Output mask vector(or scalar shift value)项中输入；如果选定 Input port，则需要在弹出的对话框中输入。

Output mask vector(or scalar shift value)：给定输出屏蔽（或移位量）。输入的整数或二进制向量决定了生成的 PN 序列相对于初始时刻的延时。如果移位限定为二进制向量，那么向量的长度必须和生成多项式的次数相同。此项只有在 Output mask source 选定为 Dialog parameter 时才有效。

2．Hadamard 序列产生器

Hadamard 序列产生器（Hadamard Code Generator）生成 Hadamard 矩阵中的一个 Hadamard 序列。Hadamard 矩阵中的每一个行向量都是一个 Hadamard 序列，每个行向量之间都是正交的。

Hadamard 矩阵 $\boldsymbol{H}_N$ 是一个 N 行 N 列的方阵，每个元素均为 +1 或 -1，并且 $N = 2^n, n = 0,1,2,\cdots$。Hadamard 矩阵 $\boldsymbol{H}_N$ 可以通过递归的方式构造，可用下式表示：

$$\boldsymbol{H}_1 = [1]$$

$$\boldsymbol{H}_{2N} = \begin{bmatrix} \boldsymbol{H}_N & \boldsymbol{H}_N \\ \boldsymbol{H}_N & -\boldsymbol{H}_N \end{bmatrix}$$

$N \times N$ 阶 Hadamard 矩阵 $\boldsymbol{H}_N$ 的一个重要性质是 $\boldsymbol{H}_N \boldsymbol{H}_N^T = N\boldsymbol{I}_N$，其中 $\boldsymbol{I}_N$ 为单位矩阵。

双击图 6-5 中的 Hadamard Code Generator 模块，弹出 Hadamard 序列产生器模块参数设置对话框，如图 6-7 所示。

由图 6-7 可看出，Hadamard 序列产生器模块参数设置对话框包含多个参数项，下面分别对各项进行简单的介绍。

Code length：指定序列的长度。

Code index：指定序列的索引。

Sample time：输出序列中每个元素的持续时间。

Samples per frame：该参数用来确定每帧的抽样点的数目。

Output data type：决定模块输出的数据类型，可以是 int8 或 double 类型，默认为 double。

Simulate using：指定使用仿真的方式。

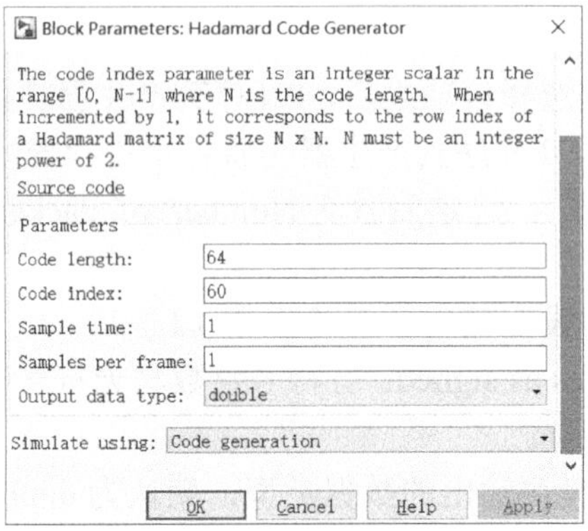

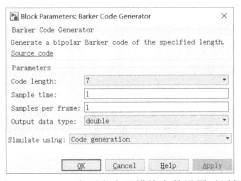

图 6-7 Hadamard 序列产生器模块参数设置对话框

3. Barker 序列产生器

Barker 序列产生器（Barker Code Generator）是 PN 序列产生器的一个子集，具有良好的自相关性。MATLAB 中的 Barker 序列产生器能够产生长度不大于 13 的 Barker 序列。表 6-1 给出了 Barker 序列产生器产生的 Barker 序列。

表 6-1　Barker 序列

码　　长	Barker 序列
1	[−1]
2	[−1 1]
3	[−1 −1 1]
4	[−1 −1 1 −1]
5	[−1 −1 −1 1 −1]
7	[−1 −1 −1 1 1 −1 1]
11	[−1 −1 −1 1 1 1 −1 1 1 −1 1]
13	[−1 −1 −1 −1 −1 1 1 −1 −1 1 1 −1 1 −1]

双击图 6-5 中的 Barker Code Generator 模块，弹出 Barker 序列产生器模块参数设置对话框，如图 6-8 所示。

图 6-8　Barker 序列产生器模块参数设置对话框

由图 6-8 可看出，Barker 序列产生器模块参数设置对话框包含多个参数项，下面分别对各项进行简单的介绍。

Code length：指定序列的长度。

Sample time：输出序列中每个元素的持续时间。

Samples per frame：该参数用来确定每帧的抽样点的数目。

Output data type：决定模块输出的数据类型，可以是 int8 或 double 类型，默认为 double。

Simulate using：指定使用仿真的方式。

4. Kasami 序列产生器

Kasami 序列产生器（Kasami Sequence Generator）生成 Kasami 序列。Kasami 序列的长度 $N = 2^n - 1$（n 为非负偶数），具有良好的互相关性。Kasami 序列可以分成小集合与大集合两种类型。小集合是大集合的子集，但小集合的互相关性更好一些。

假设 u 是一个长度为 N 的二进制序列，那么对 u 每隔 $2^{\frac{n}{2}} + 1$ 个元素抽样，得到序列 w，则 Kasami 序列的小集合可用下式表示：

$$K_s(u,n,m) = \begin{cases} u & m = -1 \\ u \oplus T^m w & m = 0, \cdots, 2^{\frac{n}{2}} - 2 \end{cases}$$

$T^m w$ 表示把序列 w 左移 m 位；$\oplus$ 表示模二加。由上式可以看出，Kasami 序列的小集合共有 $2^{\frac{n}{2}}$ 个序列。

再对序列 u 每隔 $2^{\frac{n}{2}} + 1$ 个元素抽样，得到序列 v。当 $n \equiv 2 \bmod 4$ 时，Kasami 序列的大小集合可用下式表示：

$$K_L(u,n,k,m) = \begin{cases} u & k = -2; m = -1 \\ v & k = m = -1 \\ u \oplus T^k v & k = 0, \cdots, 2^n - 2; m = -1 \\ u \oplus T^m w & k = -2; m = 0, \cdots, 2^n - 2 \\ u \oplus T^m w & k = -1; m = 0, \cdots, 2^n - 2 \\ u \oplus T^k v \oplus T^m w & k, m = 0, \cdots, 2^n - 2 \end{cases}$$

双击图 6-5 中的 Kasami Sequence Generator 模块，弹出 Kasami 序列产生器模块参数设置对话框，如图 6-9 所示。

由图 6-9 可看出，Kasami 序列产生器模块参数设置对话框包含多个参数项，下面分别对各项进行简单的介绍。

Generator polynomial：序列多项式。

Initial states：序列初始化状态。

Sequence index：序列索引。

Shift：序列左移的位。

Output variable-size signals：该复选框为输出信号变量的大小。

Maximum output size source：输出信源的最大值。选中 Output variable-size signals 复选框才显示该项。

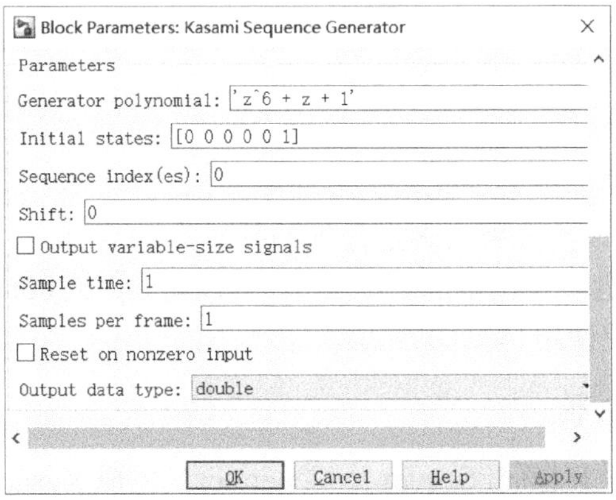

图 6-9　Kasami 序列产生器模块参数设置对话框

Maximum output size：输出的最大值。选中 Output variable-size signals 复选框才显示该项。

Sample time：输出序列中每个元素的持续时间。

Samples per frame：该参数用来确定每帧的抽样点的数目。

Reset on nonzero input：该复选框用于设置是否在非零输入上复位。

Output data type：决定模块输出的数据类型，可以是 boolean 或 double 类型，默认为 double。

5．OVSF 序列产生器

OVSF 序列产生器（OVFS Code Generator）用来生成 OVSF 序列。OVSF 序列最先在 3G 通信系统中引入，用来保持信道间的正交性。

OVSF 序列定义为一个 $N \times N$ 阶矩阵 $\boldsymbol{C}_N$ 的行向量，其中 $N = 2^n$。矩阵 $\boldsymbol{C}_N$ 可以采用递归的方法定义，如下式所示：

$$\boldsymbol{C}_1 = [1]$$

$$\boldsymbol{C}_{2N} = \begin{bmatrix} \boldsymbol{C}_N(0) & \boldsymbol{C}_N(0) \\ \boldsymbol{C}_N(0) & -\boldsymbol{C}_N(1) \\ \boldsymbol{C}_N(1) & \boldsymbol{C}_N(1) \\ \boldsymbol{C}_N(1) & -\boldsymbol{C}_N(1) \\ \vdots & \vdots \\ \boldsymbol{C}_N(N-1) & \boldsymbol{C}_N(N-1) \\ \boldsymbol{C}_N(N-1) & -\boldsymbol{C}_N(N-1) \end{bmatrix}$$

另外，OVSF 序列也可用二叉树来表示，具体可见 MATLAB 帮助文档。

双击图 6-5 中的 OVSF Code Generator 模块，弹出 OVSF 序列产生器模块参数设置对话框，如图 6-10 所示。

由图 6-10 可看出，OVSF 序列产生器模块参数设置对话框包含多个参数项，下面分别对各项进行简单的介绍。

Code length：指定序列的长度。

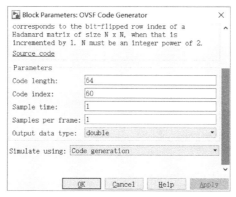

图 6-10　OVSF 序列产生器模块参数设置对话框

Code index：指定序列的索引。

Sample time：输出序列中每个元素的持续时间。

Samples per frame：该参数用来确定每帧的抽样点的数目。

Output data type： 决定模块输出的数据类型，可以是 int8 或 double 类型，默认为 double。

Simulate using：指定使用仿真的方式。

6. Gold 序列产生器

Gold 序列产生器用来产生 Gold 序列。Gold 序列的一个重要的特性是其具有良好的互相关性。Gold 序列产生器根据两个长度为 $N = 2^n - 1$ 的序列 u 和 v 产生一个 Gold 序列 $G(u,v)$，序列 u 和 v 称为一个 "优选对"。但是想要成为 "优选对" 进而产生 Gold 序列，长度 $N = 2^n - 1$ 的序列 u 和 v 必须满足以下几个条件：

① n 不能被 4 整除；

② $v = u[q]$，即序列 v 是通过对序列 u 每隔 q 个元素进行一次采样得到的序列，其中 q 是奇数， $q = 2^k + 1$ 或 $q = 2^{2k} - 2^k + 1$；

③ n 和 k 的最大公约数满足条件 $\gcd(n,k) = \begin{cases} 1 & n \equiv 1 \bmod 2 \\ 2 & n \equiv 2 \bmod 4 \end{cases}$。

由 "优选对" 序列 u 和 v 产生的 Gold 序列 $G(u,v)$ 可用以下公式表示：

$$G(u,v) = \{u, v, u \oplus v, u \oplus Tv, u \oplus T^2 v, \cdots, u \oplus T^{N-1} v\}$$

其中，$T^n x$ 表示将序列 x 以循环移位的方式向左移 n 位。$\oplus$ 代表模二加。值得注意的是，由于长度为 N 的两个序列 u 和 v 产生的 Gold 序列 $G(u,v)$ 中包含了 $N + 2$ 个长度为 N 的序列，Gold 序列产生器可根据设定的参数输出其中的某一个序列。

如果有两个 Gold 序列 X、Y 属于同一个集合 $G(u,v)$，并且长度 $N = 2^n - 1$，那么这两个序列的互相关函数只能有三种可能： $-t(n)$、 -1、 $t(n) - 2$。其中：

$$t(n) = \begin{cases} 1 + 2^{(n+1)/2} & n \text{为偶数} \\ 1 + 2^{(n+2)/2} & n \text{为奇数} \end{cases}$$

Gold 序列实际上是把两个长度相同的 PN 序列产生器产生的 "优选对" 序列进行异或运算后得到的序列。

双击图 6-5 中的 Gold Sequence Generator 模块，弹出 Gold 序列产生器模块参数设置对话框，如图 6-11 所示。

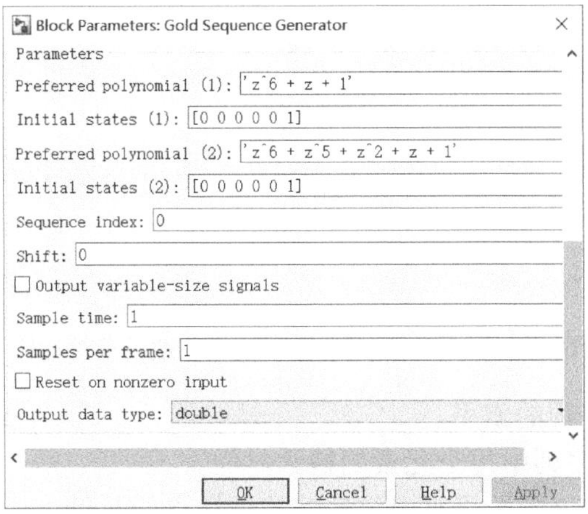

图 6-11　Gold 序列产生器模块参数设置对话框

由图 6-11 可看出，Gold 序列产生器模块参数设置对话框包含多个参数项，下面分别对各项进行简单的介绍。

Preferred polynomial(1)："优选对"序列 1 的生成多项式，可以是二进制向量的形式，也可以是由多项式下标构成的整数向量。

Initial states(1)："优选对"序列 1 的初始状态。它是一个二进制向量，用于表明与优选对序列 1 对应的 PN 序列产生器中每个寄存器的初始状态。

Preferred polynomial(2)："优选对"序列 2 的生成多项式，可以是二进制向量的形式，也可以是由多项式下标构成的整数向量。

Initial states(2)："优选对"序列 2 的初始状态。它是一个二进制向量，用于表明与优选对序列 2 对应的 PN 序列产生器中每个寄存器的初始状态。

Sequence index：用于限定 Gold 序列 G(u,v)的输出，其范围是 $[-2,-1,0,1,2,\cdots,2n-2]$。

Shift：指定 Gold 码发生器的输出序列的时延。该参数是一个整数，表示序列延时 Shift 个抽样周期后输出。

Sample time：输出序列中每个元素的持续时间。

Frame-based outputs：指定 Gold 码发生器是否以帧格式产生输出序列。

Samples per frame：该参数用来确定每帧的抽样点数目。本项只有当 Frame-based outputs 项被选中后才有效。

Output variable-size signals：选择该项后即设定输入单变量的范围。

Maximum output size source：设定输出数据源大小，该项在 Output variable-size signals 项选择后有效。

Maximum output size：设定输出数据的大小，该项在 Output variable-size signals 项选择后有效。

Reset on nonzero input：选择该项之后，Gold 码发生器提供一个输入端口，用于输入复位信号。如果输入不为 0，Gold 码发生器会将各个寄存器恢复到初始状态。

Output data type：决定模块输出的数据类型，可以是 boolean、double、Smallest unsigned integer 等类型，默认为 double。

7．Walsh 序列产生器

Walsh 序列产生器（Walsh Code Generator）产生一个 Walsh 序列。

如果用 W_i 表示第 i 个长度为 N 的 Walsh 序列，其中 $i=0,1,\cdots,N-1$，并且 Walsh 序列的元素是+1 或-1，$W_i[k]$ 表示 Walsh 序列 W_i 的第 k 个元素，那么对于任意的 i，$W_i[0]=0$。

对于任意两个长度为 N 的 Walsh 序列 W_i 和 W_j，有 $W_i W_j^{\mathrm{T}}=\begin{cases}0 & i\neq j\\ N & i=j\end{cases}$。

双击图 6-5 中的 Walsh Code Generator 模块，弹出 Walsh 序列产生器模块参数设置对话框，如图 6-12 所示。

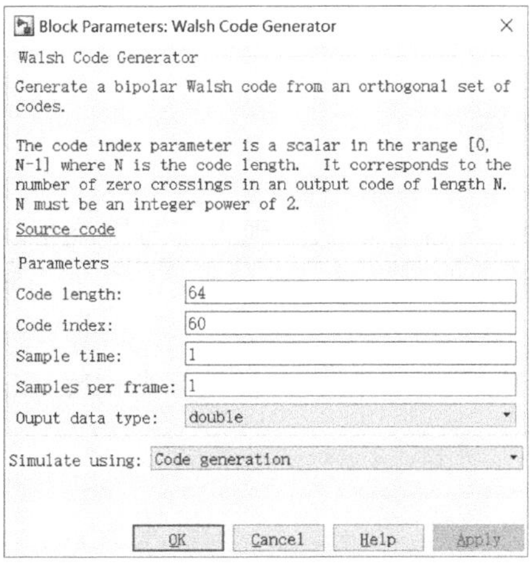

图 6-12　Walsh 序列产生器模块参数设置对话框

由图 6-12 可看出，Walsh 序列产生器模块参数设置对话框包含多个参数项，下面分别对各项进行简单的介绍。

Code length：设定输出 Walsh 码的长度 N，且需满足 $N=2n$，$n=0,1,2,\cdots$。

Code index：Walsh 码的序号，为 $[0,N-1]$ 范围内的整数，表示序列中过零点的数目。

Sample time：输出序列中每个元素的持续时间。

Frame-based outputs：指定 Walsh 码发生器是否以帧格式产生输出序列。

Samples per frame：该参数用来确定每帧的抽样点数目。本项只有当 Frame-based outputs 项被选中后才有效。

Output data type：决定模块输出的数据类型，可以是 double、int8 类型，默认为 double。

Simulate using：指定使用仿真的方式。

6.2　信道模块

在 Simulink 库的通信系统工具（Communications System Toolbox）的通信信道

（Channels）中提供了 5 种信道模块，如图 6-13 所示。

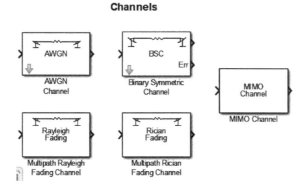

图 6-13　信道模块

6.2.1　高斯白噪声信道

高斯白噪声是最简单的一种噪声，它表现为信号围绕平均值的一种随机波动过程。高斯白噪声的均值为 0，方差表现为噪声功率的大小。高斯白噪声信道模块的作用是在输入信号中加入高斯白噪声。

双击图 6-13 中的 AWGN Channel 模块，弹出高斯白噪声信道模块参数设置对话框，如图 6-14 所示。

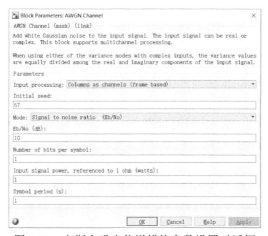

图 6-14　高斯白噪声信道模块参数设置对话框

由图 6-14 可看出，高斯白噪声信道模块参数设置对话框包含多个参数项，下面分别对各项进行简单的介绍。

Input processing：接收信源输入的处理方式。

Initial seed：高斯白噪声信道模块的初始化种子。不同的初始种子值对应不同的输出，相同的值对应相同的输出。因此具有良好的可重复性，便于多次重复仿真。当输入矩阵为信号时，初始种子值可以是向量，向量中的每个元素对应矩阵的一列。

Mode：高斯白噪声信道模块中的模式设定。当设定为 Signal to noise ratio (Eb/No)时，模块根据信噪比 Eb/No 确定高斯噪声功率。当设定为 Signal to noise ratio (Es/No)时，根据信噪比 Es/No 确定高斯噪声功率，此时需要设定三个参量：信噪比 Es/No、输入信号功率和信号周期。当设定为 Signal to noise ratio (SNR)时，模块根据信噪比 SNR 确定高斯噪声功率，此时需要设定两个参量；信噪比 SNR 及信号周期。当设定为 Varianc from mask 时，模块根据方差确定高斯噪声功率，这个方差由"Variance"指定，而且必须为正。当设定为 Variance from port 时，模块有两个输入，一个输入信号，另一个输入确定高斯白噪声的方差。

当输入信号为复数形式时，高斯白噪声信道模块中的 Eb/No、Es/No 和 SNR 之间有特定的关系，如下式所示：

$$E_s / N_o = (T_{sym} / T_{samp}) \cdot SNR$$

$$E_s / N_o = E_b / N_o + 10\log_{10}(K)$$

式中，T_{sym} 表示输入信号的符号周期，T_{samp} 表示输入信号的抽样周期。E_s / N_o 表示比特能量与噪声谱密度比，K 代表每个字符的比特数。高斯白噪声信道模块中复信号的噪声功率谱密度等于 N_o，而在实信号当中，信号噪声的功率谱密度等于 $N_o / 2$，因此对于实信号形式的输入信号，E_s / N_o 和 SNR 之间的关系可以用下式表示：

$$E_s / N_o = 0.5(T_{sym} / T_{samp}) \cdot SNR$$

Eb/No(dB)：高斯白噪声信道模块的信噪比 Eb/No，单位为 dB。本项只有当 Mode 项选定为 Signal to noise ratio(Eb/No)时才有效。

Es/No(dB)：高斯白噪声信道模块的信噪比 Es/No，单位为 dB。本项只有当 Mode 项选定为 Signal to noise ratio(Es/No)时才有效。

SNR(dB)：高斯白噪声信道模块的信噪比 SNR，单位为 dB。本项只有当 Mode 项选定为 Signal to noise ratio(SNR)时才有效。

Number of bits per symbol：高斯白噪声信道模块每个输出字符的比特数，本项只有当 Mode 项选定为 Signal to noise ratio(Eb/No)时才有效。

Input signal power，referenced to 1 ohm(watts)：高斯白噪声信道模块输入信号的平均功率，单位为瓦特。本项只有当 Mode 项选定为 Signal to noise ratio(Eb/No、Es/No、SNR)三种情况下才有效。选定为 Signal to noise ratio(Eb/No、Es/No)时，表示输入符号的均方根功率；选定为 Signal to noise ratio(SNR)时，表示输入抽样信号的均方根功率。

Symbol period(s)：高斯白噪声信道模块每个输入符号的周期，单位为秒。本项只有在参数 Mode 设定为 Signal to noise ratio（Eb/No、Es/No）情况下才有效。

Variance：高斯白噪声信道模块产生的高斯白噪声信号的方差。本项只有在参数 Mode 设定为 Variance from mask 时才有效。

6.2.2 二进制对称信道

二进制对称信道（Binary Symmetric Channel）是离散无记忆信道在 J=K=2 时的特例。它的输入和输出都只有 0 和 1 两种符号，并且发送 0 而接收到 1，以及发送 1 而收到 0（即误码）的概率相同，所以称信道是对称的。此时条件差错概率（conditional probability）由 p 表示。

双击图 6-13 中的 Binary Symmetric Channel 模块，弹出二进制对称信道模块参数设置对话框，如图 6-15 所示。

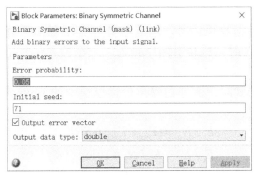

图 6-15　二进制对称信道模块参数设置对话框

由图 6-15 可看出，二进制对称信道模块参数设置对话框包含多个参数项，下面分别对各项进行简单的介绍。

Error probability：该项为设置的错误概率，默认值为 0.05。

Initial seed：二进制对称信道模块的初始化种子。不同的初始种子值对应不同的输出，相同的值对应相同的输出。

Output error vector：二进制对称信道的对称误差矢量。选择该项，即设置误差矢量，不选择则不设置误差矢量。

Output data type：决定模块输出的数据类型，可以是 double、boolean 类型，默认为 double。

6.2.3　多变量控制信道

MIMO（多路进，多路出）是一种用于无线通信的天线技术，在这种技术中，多路天线同时用于源（发射器）和目的地（接收器）。在通信回路每一端的天线都进行了组合以达到最小的误差和最优的数据传输速度。MIMO 是智能天线技术几种形式中的一种，其他的几种是 MISO（多路进，一路出）和 SIMO（一路进，多路出）。

双击图 6-13 中的 MIMO Channel 模块，弹出多变量控制信道模块参数设置对话框，如图 6-16 所示。

由图 6-16 可看出，多变量控制信道模块参数设置对话框包含 3 个选项卡，图 6-16 为"Main"选项卡，主要包括以下参数。

Sample rate (Hz)：多变量控制信道的采样率，默认值为 1，单位为 Hz。

Discrete path delays (s)：该项用于设置多变量控制信道的离散路径延迟，单位为秒，默认值为 0。

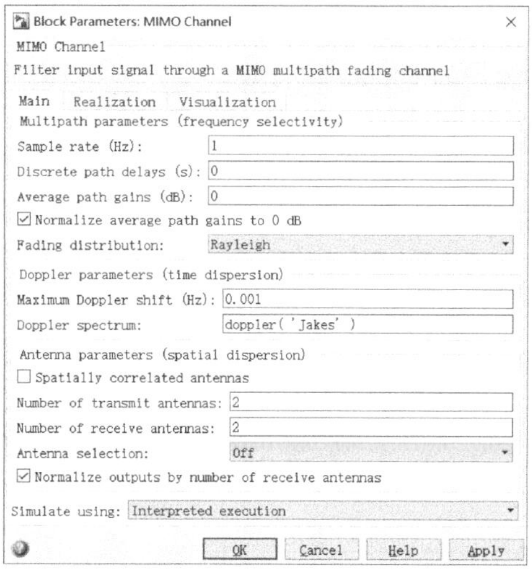

图 6-16　多变量控制信道模块参数设置对话框

　　Average path gains (dB)：该项用于设置多变量控制信道的平均路径增益，默认值为 0，单位为 dB。

　　Normalize average path gains to 0 dB：选择该项，是在多变量控制信道上将平均路径增益标准化为 0 dB。

　　Fading distribution：选择多变量控制信道的衰落分布类型，有 Rayleigh 和 Rician 两种，默认值为 Rayleigh。

　　Maximum Doppler shift (Hz)：多变量控制信道中最大的多普勒频移设定，必须为正数，默认值为 0.001。Fading distribution 项选择为 Rayleigh 时有效。

　　Doppler spectrum：多变量控制信道的多普勒频谱。

　　Spatially correlated antennas：设置多变量控制信道是否有空间相关天线，为复选框。

　　Transmit spatial correlation：设置发送空间相关的矩阵值，Spatially correlated antennas 项选中时有效。

　　Receive spatial correlation：设置复位空间相关的矩阵值，Spatially correlated antennas 项选中时有效。

　　Number of transmit antennals：设置多变量控制信道的发送天线数，默认值为 2。

　　Number of receive antennals：设置多变量控制信道的接收天线数，默认值为 2。

　　Antenna selection：选择多变量控制信道的天线，有 off、Tx、Rx、Tx and Rx 选项，默认为 off。

　　Normalize outputs by number of receive antennas：通过接收天线的数量来标准化输出。

　　Simulate using：指定使用仿真的方式。

　　K-factors：多变量控制信道模块中的 K 因子。它表示传播路径的能量与其他多径信号的能量之间的比值。K 因子越大，表示发送端和接收端之间的传播路径的能量越强，默认值为 3。Fading distribution 项选择为 Rician 时有效。

　　LOS path Doppler shifts (Hz)：设置多变量控制信道为 LOS 路径多普勒频移，单位为 Hz。Fading distribution 项选择为 Rician 时有效。

LOS path initial phases (rad)：设置多变量控制信道为 LOS 路径初始化相位，单位为 rad。Fading distribution 项选择为 Rician 时有效。

图 6-17 为 MIMO Channel 模块的"Realization"选项卡，主要包括以下参数。

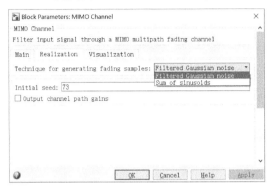

图 6-17 "Realization"选项卡

Technique for generating fading samples：在多变量控制信道中产生衰落样本的技术，有 Filtered Gaussian noise 和 sum of sinusoids 选项，默认为 Filtered Gaussian noise。

Initial seed：多变量控制信道模块的初始化种子。

Output channel path gians：多变量控制信道的输出信道路径的增益。

图 6-18 为 MIMO Channel 模块的"Visualization"选项卡，主要包括以下参数。

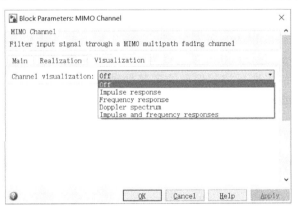

图 6-18 "Visualization"选项卡

Channel visualization：该项为信道的通道可视化，有 off、Impulse response、Frequency response、Doppler spectrum、Impulse and frequency responses 项，默认为 off。

6.2.4 多径瑞利退化信道

瑞利退化是移动通信系统中的一种相当重要的退化信道类型，它在很大程度上影响着移动通信系统的质量。在移动通信系统中，发送端和接收端都可能处在不停的运动状态之中，发送端和接收端之间的这种相对运动将产生多普勒频移。多普勒频移与运动速度和方向有关，它的计算公式为

$$f_d = \frac{vf}{c}\cos\theta$$

其中，v 为发送端和接收端之间的相对运动速度，θ 是运动方向和发送端与接收端连线之间的夹角，c 为光速，f 为频率。

多径瑞利退化信道模块实现基带信号多径瑞利退化信道仿真，其输入为标量或帧格式的复信号。它对无限移动通信系统建模有很重要的意义。

双击图 6-13 中的 Multipath Rayleigh Fading Channel 模块，弹出多径瑞利退化信道模块参数设置对话框，如图 6-19 所示。

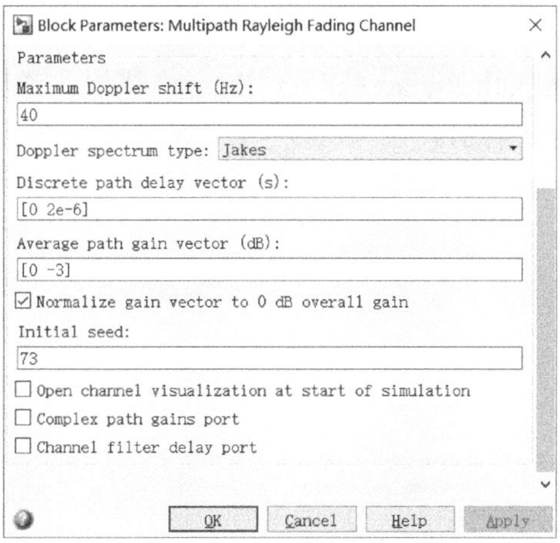

图 6-19　多径瑞利退化信道模块参数设置对话框

由图 6-19 可看出，多径瑞利退化信道模块参数设置对话框包含多个参数项，下面分别对各项进行简单的介绍。

Maximum Doppler shift (Hz)：多径瑞利退化信道模块的最大多普勒频移，单位为 Hz，默认值为 40。

Doppler spectrum type：多径瑞利退化信道模块的多普勒频谱类型，默认为 Jakes。

Discrete path delay vector (s)：多径瑞利退化信道模块的离散路径延迟矢量。

Average path gain vector (dB)：多径瑞利退化信道模块的平均路径增益矢量。

Normalize gain vector to 0 dB overall gain：选定该项后，多径瑞利退化信道模块把参数 Average path gain vector (dB)乘上一个系数作为增益向量，使得所有路径的接收信号强度和等于 0。

Initial seed：多径瑞利退化信道模块的初始化种子。

Open channel visualization at start of simulation：多径瑞利退化信道模块中的通道可视化选项。选定该项，仿真开始时将会打开通道可视化工具。

Complex path gains port：多径瑞利退化信道模块复数的路径增益端口项。选定后，输出每个通道的复数路径增益。这是一个 $N \times M$ 多通道结构，其中 N 为每帧样品数，M 为离散的路径数。

Channel filter delay port：多径瑞利退化信道模块信道滤波延迟端口项。选定后，输出本模块中由于滤波引起的延迟。单路径时，延迟为 0；多路径时，延迟大于 0。

6.2.5　多径莱斯退化信道

在移动通信系统中，如果发送端和接收端之间存在着一条占优势的视距传播路径，这种信号就可以模拟成多径莱斯退化信道。当发送端和接收端之间既存在着视距传播路径，又有多条反射路径时，它们之间的信道可以同时用多径莱斯退化信道模块和多径瑞利退化信道模块来进行仿真。

多径莱斯退化信道模块对基带信号的多径莱斯退化信道进行仿真，其输入为标量或帧格式的复信号。

双击图 6-13 中的 Multipath Rician Fading Channel 模块，弹出多径莱斯退化信道模块参数设置对话框，如图 6-20 所示。

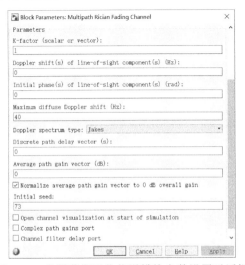

图 6-20　多径莱斯退化信道模块参数设置对话框

由图 6-20 可看出，多径莱斯退化信道模块参数设置对话框包含多个参数项，下面分别对各项进行简单的介绍。

K-factor（scalar or vector）：多径莱斯退化信道模块中的 K 因子。它表示视距传播路径的能量与其他多径信号的能量之间的比值。K 因子越大，表示发送端和接收端之间的视距传播路径的能量越强；当 K 因子等于 0 时，发送端和接收端之间不存在视距传播路径，此时莱斯退化信道就演变成瑞利退化信道。

Doppler shift(s) of line-of-sight component(s) (Hz)：多径莱斯退化信道的视距分量的多普勒频移（多普勒频移），单位为 Hz。

Initial phase(s) of line-of-sight component(s) (rad)：多径莱斯退化信道的视距分量的初始相位，单位为 rad。

Maximum diffuse Doppler shift (Hz)：多径莱斯退化信道模块中最大的扩散多普勒频移设定，必须为正数。

Doppler spectrum type：多径莱斯退化信道模块的多普勒频谱类型，默认为 Jakes。

Discrete path delay vector (s)：多径莱斯退化信道模块的离散路径延迟矢量。

Average path gain vector (dB)：多径莱斯退化信道模块的平均路径增益矢量。

Normalize average path gain vector to 0 dB overall gain：选定该项后，多径莱斯退化信道模块把参数 Average path gain vector (dB)乘上一个系数作为增益向量，使得所有路径的接收信号强度和等于 0。

Initial seed：多径莱斯退化信道模块的初始化种子。

Open channel visualization at start of simulation：多径莱斯退化信道模块中的通道可视化选项。选定该项，仿真开始时将会打开通道可视化工具。

Complex path gains port：多径莱斯退化信道模块复数的路径增益端口项。选定后，输出每个通道的复数路径增益。这是一个 $N \times M$ 多通道结构，其中 N 为每帧样品数，M 为离散的路径数。

Channel filter delay port：多径莱斯退化信道模块信道滤波延迟端口项。选定后，输出本模块中由于滤波引起的延迟。单路径时，延迟为 0；多路径时，延迟大于 0。

6.3　信号观察模块

在 Simulink 库的通信系统工具（Communications System Toolbox）的通信信道（Sinks）中提供了 3 种信号观察模块，如图 6-21 所示。

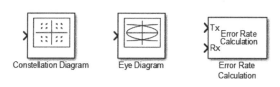

图 6-21　信号观察模块

6.3.1　星座图观测仪

星座图观测仪又称离散时间发散图观测仪，通常用来观测调制信号的特性和信道对调制信号的干扰特性。星座图观测仪模块接收复位信号，并且根据输入信号绘制发散图。星座图观测仪模块只有一个输入端口，输入信号必须为复信号。

双击图 6-21 中的 Constellation Diagram 模块，弹出如图 6-22 所示的星座图。

在图 6-22 中单击"Configuration Properties..."按钮◎，即可弹出如图 6-23 所示的星座图模块的参数设置对话框。

由图 6-23 可看出，星座图模块参数设置对话框中有 3 个选项卡，分别为"Main"、"Display"及"Reference constellation"，图 6-23 为"Main"选项卡，主要包括以下参数。

Samples per symbol：设定星座图中每个符号的抽样点数目。

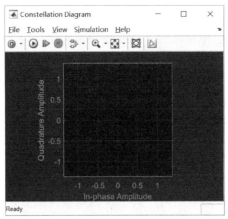

图 6-22　星座图

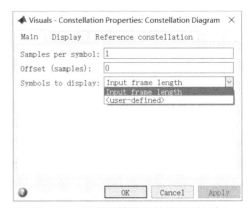

图 6-23　星座图模块参数设置对话框

Offset（samples）：开始绘制星座图之前应该忽略的抽样点个数。该项一定要是小于 Samples per symbol 项的非负整数。

Symbols to display：设定星座图中要显示的符号，有 Input frame length 和 <user-defined>两个选项，默认为 Input frame length 项。

图 6-24 为 Constellation Diagram 模块参数设置对话框的"Display"选项卡，主要包括以下参数。

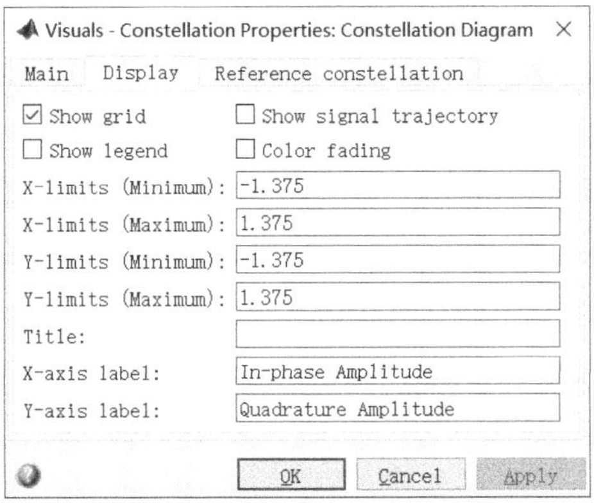

图 6-24　"Display"选项卡

Show grid：显示网格。

Show legend：显示图例。

Color fading：颜色渐变复选框。选定后，眼图中每条轨迹上的点的颜色深度随着仿真时间的推移而逐渐减弱。

Show signal trajectory：显示信号的轨道。

X-limits (Minimum)：设定星座图观测仪横坐标的最小值。

X-limits (Maximum)：设定星座图观测仪横坐标的最大值。

Y-limits (Minimum)：设定星座图观测仪纵坐标的最小值。

Y-limits (Maximum)：设定星座图观测仪纵坐标的最大值。

Title：设置星座图标题。

X-axis label：设置星座图横坐标的标签。

Y-axis label：设置星座图纵坐标的标签。

图 6-25 为 Constellation Diagram 模块参数设置对话框的"Reference constellation"选项卡，主要包括以下参数。

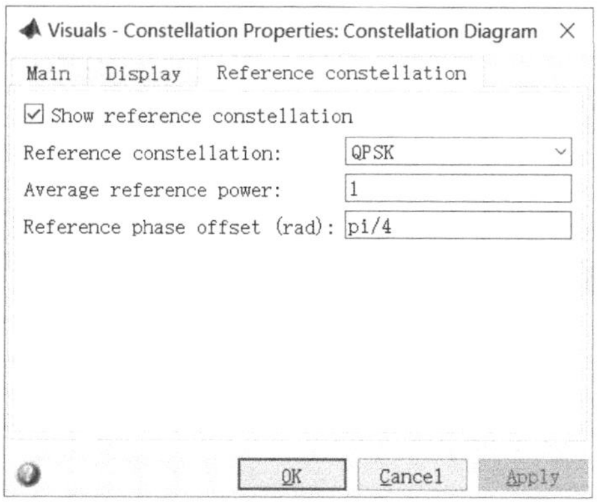

图 6-25　"Reference constellation"选项卡

Show reference constellation：显示星座参考线。

Reference constellation：选择参考线的模型。

Average reference power：指定星座的平均参考功率。

Reference phase offset (rad)：指定星座的参考相位偏移。

6.3.2　眼图示波器

眼图示波器模块只有一个输入端口，用于输入时间信号。这个信号可以是实信号也可以是复信号。

双击图 6-21 中的 Eye Diagram 模块，弹出眼图示波器模块的参数设置对话框，如图 6-26 所示。

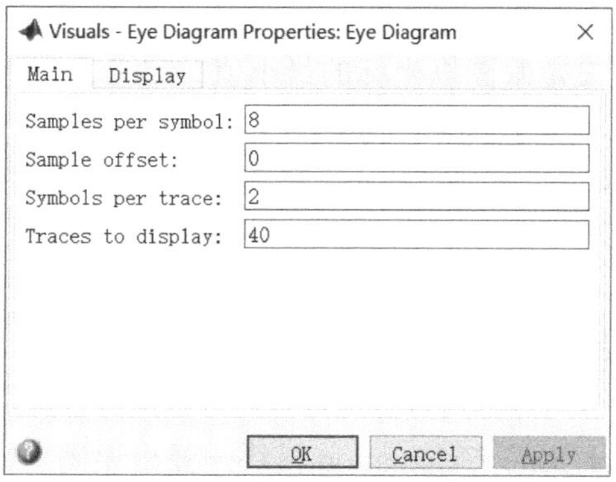

图 6-26　眼图示波器模块参数设置对话框

由图 6-26 可看出，眼图示波器模块参数设置对话框中有两个选项卡，分别为"Main"

及 "Display"，图 6-26 为 "Main" 选项卡，主要包括以下参数。

Samples per symbol：设定每个符号的抽样数。和 Symbols per trace 项共同决定每径的抽样数。

Sample offset：开始绘制眼图之前应该忽略的抽样点的个数。该项一定要是小于 Samples per symbol 和 Symbols per trace 项的非负整数。

Samples per trace：对于每一个输入信号，眼图示波器模块可以同时绘制多条曲线，每条曲线称为一个径，它们在时间上相差一定的时间周期。本项用来设定每径上的抽样周期。

Traces to display：设定模块中显示的径的数目，应该为正整数。

图 6-27 为 Eye Diagram 模块参数设置对话框的 "Display" 选项卡，主要包括以下参数。

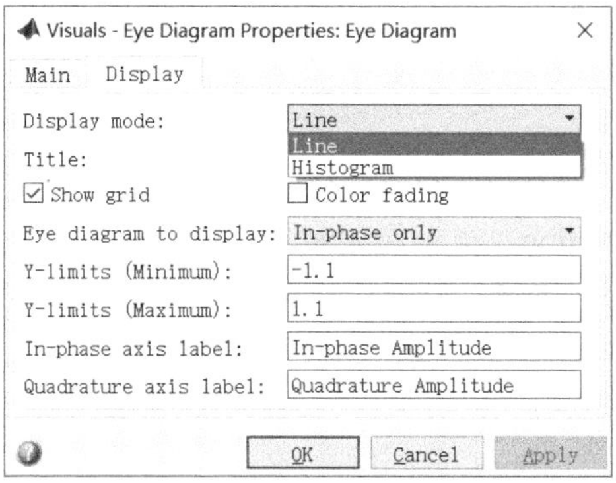

图 6-27 "Display" 选项卡

Display mode：眼图示波器模块的显示模式，主要有 Line、Histogram 项，默认为 Line。

Title：设置眼图示波器的标题。

Show grid：眼图示波器是否显示网格。

Color fading：是否设置眼图示波器的褪色效果。

Eye diagram to display：设置眼图显示的方式，有 In-phase only、In-phase and quadrature 选项，默认为 In-phase only。

Y-limits (Minimum)：设定眼图纵坐标的最小值。

Y-limits (Maximum)：设定眼图纵坐标的最大值。

In-phase axis label：设定是否显示与 I 支路输入信号对应的纵坐标的标签。

Quadrature axis label：设定是否显示与 Q 支路输入信号对应的纵坐标的标签。

6.3.3 误码率计算器模块

双击图 6-21 中的 Error Rate Calculation 模块，弹出误码率计算器模块的参数设置对话框，如图 6-28 所示。

由图 6-28 可看出，误码率计算器模块参数设置对话框包含多个参数项，下面分别对各项进行简单的介绍。

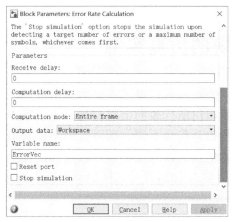

图 6-28　误码率计算器模块参数设置对话框

Receive delay：接收端时延设定项。在通信系统中，接收端需要对接收到的信号进行解调、解码或解交织，这些过程可能会产生一定的时延，使得到达误码率计算器接收端的信号滞后于发送端信号。为了弥补这种时延，误码率计算器模块需要把发送端的输入数据延迟若干输入数据，本参数即表示接收端输入的数据滞后发送端输入数据的大小。

Computation delay：计算时延设定项。在仿真过程中，有时需要忽略初始的若干输入数据，这就可以通过本项设定。

Computation mode：计算模式项。误码率计算器模块有 3 种计算模式，分别为帧计算模式、掩码模式和端口模式。其中，帧计算模式对发送端和接收端的所有输入数据进行统计；在掩码模式下，模块根据掩码指定对特定的输入数据进行统计，掩码的内容可由参数项 Selected samples from frame 设定；在端口模式下，模块会新增一个输入端口 Sel，只有此端口的输入信号有效时才统计错误率。

Selected samples from frame：掩码设定项。本参数用于设定哪些输入数据需要统计。本项只有当 Computation mode 项设定为 Samples from mask 时才有效。

Output data：设定数据输出方式，有 Workspace 和 Port 两种方式。Workspace 是将统计数据输出到 MATLAB 工作区，Port 是将统计数据从端口中输出。

Variable name：指定用于保存统计数据的工作空间变量的名称，本项只有在 Output data 设定为 Workspace 时才有效。

Reset port：复位端口项。选定此项后，模块增加一个输入端口 Rst，当这个信号有效时，模块被复位，统计值重新设定为 0。

Stop simulation：仿真停止项。选定本项后，如果模块检测到指定数目的错误，或数据的比较次数达到了门限，则停止仿真过程。

Target number of symbols：错误门限项。用于设定仿真停止之前允许出现错误的最大个数。本项只有在 Stop simulation 选定后才有效。

Maximum number of symbols：比较门限项。用于设定仿真停止之前允许比较的输入数据的最大个数。本项只有在 Stop simulation 选定后才有效。

6.4　通信系统模块的仿真实例

数字通信系统中，不同信号波形代表了不同的信息符号，接收端收到被噪声污染的信号波形后，对其进行判决得出所代表的信息符号。由于噪声的影响，接收端判决输出的信息符号可能会与发送的信息符号不同，即可能以某种概率出现判决错误。可以将发送信息符号的输出端口视为信道的输入点，而将接收判决输出作为信道的输出点，那么信道输入/输出关系就可以用输入/输出符号之间的错误概率关系来表达。

1．仿真系统模型

简单的数字通信系统如图 6-29 所示。图中 Bernoulli Binary Generator 信源模块产生二进制误码率计算器模块，误码率计算器模块对两路信号进行对比，计算出误码率后输入数字显示器进行显示。

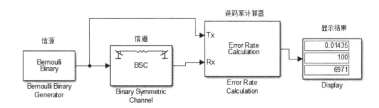

图 6-29　简单的数字通信系统框图

2．主要参数设置

双击图 6-29 中的 Bernoulli Binary Generator 模块，弹出模块参数设置对话框，设置产生的概率为 0.5，即 0 和 1 等概率；Sample time 设为 1/1000，即传输比特率为 1000b/s，效果如图 6-30 所示。

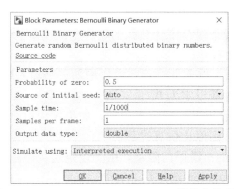

图 6-30　Bernoulli Binary Generator 模块参数设置

双击图 6-29 中的 Binary Symmetric Channel 模块，设置错误概率（Error probability）为 0.013，取消 Output error vector 的选择，效果如图 6-31 所示。

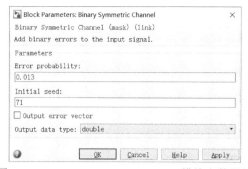

图 6-31　Binary Symmetric Channel 模块参数设置

双击图 6-29 中的 Error Rate Calculation 模块，对 Stop simulation 项进行选择，使该模块有一个输出端口，效果如图 6-32 所示。

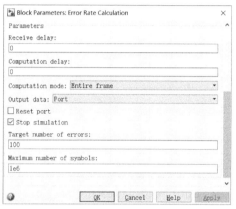

图 6-32　Error Rate Calculation 模块参数设置

3．运行仿真

其他参数采用默认设置，单击图 6-29 中的运行仿真按钮，模型运行过程中，误码率计算器不断比较原始数字信号和信道输出信号，将两者之间的误码率显示在数字显示器上，如图 6-29 所示。图中第 1 行是误码率，第 2 行是错误的码元数，第 3 行是传输总码元数。

当改变 Bernoulli Binary Generator 信道模块的传输错误概率时，误码率计算器的结果也将不同，为了得到输出误码率与信道传输错误概率之间的关系，可利用 MALTAB 变量，系统模型如图 6-33 所示。

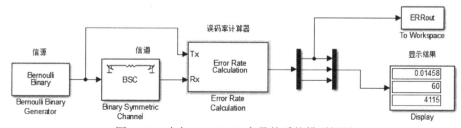

图 6-33　建立 MATLAB 变量的系统模型框图

图 6-33 中，信道模块传输错误概率参数设置成变量 ERR，并将输出误码率传输到 MATLAB 工作空间，变量名设置成 ERRout，然后运行以下代码：

```
>> x=0:0.051:0.1;
y=x;
for i=1:length(x);
    ERR=x(i);
    sim('M6_1');
    y(i)=mean(ERRout);
end
plot(x,y);
grid on;
```

运行程序，效果如图 6-34 所示。

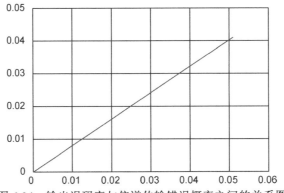

图 6-34　输出误码率与信道传输错误概率之间的关系图

第7章 模拟调制系统

大多数待传输的信号具有较低的频率成分，称为基带信号。如果将基带信号直接传输，称为基带传输，但是，很多信道不适宜进行基带信号的传输，或者说，如果基带信号在其中传输，会产生很大的衰减和失真。因此，需要将基带信号进行调制，变换为适合信道传输的形式，调制是让基带信号 $m(t)$ 去控制载波的某个（或某些）参数，是该参数按照信号 $m(t)$ 的规律变化的过程。载波可以是正弦波，也可以是脉冲序列，以正弦信号作为载波的调制称为连续波（CW）调制。

7.1 模拟调制的基本概念

从信号角度看，调制与解调是通信系统中重要的环节，它使信号发生了本质性的变化。调制系统不仅包括发送端信号的调制，而且包括接收端信号的调制。

7.1.1 模拟调制的概念

我们知道一般对语音、音乐、图像等信息源直接转换得到的电信号，其频率是很低的。这类信号的频谱特点是低频成分非常丰富，有时还包括直流分量，如电话信号的频率范围在 0.3～3.4kHz，通常称这种信号为基带信号。模拟基带信号可以直接通过明线、电缆等有线信道传输，但不可能直接在无线信道中传输。另外，模拟基带信号在有线信道传输时，一对线路只能传输一路信号，信道利用率非常低，很不经济。为了使模拟基带信号能够在无线信道中进行频带传输，同时也为了实现单一信道传输多路模拟基带信号，就需要采用调制解调技术。

在发送端把具有较低频率分量（频谱分布在零频附近）的低通基带信号搬移到信道通带（处在较高频段）内的过程称为调制，而在接收端把已搬到给定信道通带内的频谱还原为基带信号频谱的过程称为解调。调制和解调是通信系统中的一个极为重要的组成部分，采用什么样的调制与解调方式将直接影响通信系统的性能。虽然目前数字通信得到迅速发展，而且有逐步替代模拟通信的趋势，但目前模拟通信仍然非常多，在相当一段时间内还将继续使用，而且模拟调制是其他调制的基础。

7.1.2 模拟调制的功能

调制解调过程从频域角度看是一个频谱搬移过程。它具有以下几个功能。

1）适合信道传输

将基带信号转换成适合于信道传输的已调信号（频带信号）。

2）实现有效辐射

为了充分发挥天线的辐射能力，一般要求天线的尺寸和发送信号的波长在同一数量级。通常天线的长度应为所传信号波长的 1/4。如果把语音基带信号（0.3～3.4kHz）直接通过天线发射，那么天线的长度应为

$$l = \frac{\lambda}{4} = \frac{c}{4f} = \frac{3 \times 10^8}{4 \times 3.4 \times 10^3} \approx 22 \, \text{km}$$

长度（高度）为 22km 的天线显然是不存在的，也是无法实现的。但是如果把语音信号的频率首先进行频谱搬移，搬移到较高频段处，则天线的高度可以降低。因此调制是为了使天线容易辐射。

3）实现频率分配

为使各个天线电台发出的信号互不干扰，每个电台都分配有不同的频率。这样利用调制技术把各种语音、音乐、图像等基带信号调制到不同的载频上，以便用户任意选择各个电台，收听所需节目。

4）实现多路复用

如果传输信道的通带较宽，可以用一个信道同时传输多路基带信号，只要把各个基带信号分别调制到不同的频带内，然后将它们合在一起送入信道传输即可。这种在频域上实行的多路复用称为频分复用（FDM）。

5）提高系统抗噪性能

不同的调制系统会具有不同的抗噪声能力。例如，FM 系统抗噪声性能要优于 AM 系统抗噪声性能。

7.1.3　模拟调制的分类

调制器的模型通常可用一个三端非线性网络来表示，如图 7-1 所示。图中，$m(t)$ 为输入调制信号，即基带信号；$c(t)$ 为载波信号；$s(t)$ 为输出已调信号。调制的本质是进行频谱变换，它把携带消息的基带信号的频谱搬移到较高的频带上。经过调制后的已调信号应该具有两个基本特性：一是仍然携带原来基带信号的消息；二是具有较高的频谱，适合于信道传输。

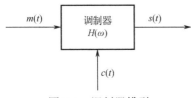

图 7-1　调制器模型

根据不同的 $m(t)$、$c(t)$ 和不同的调制器功能，可将调制分成如下几类。

（1）根据调制信号 $m(t)$ 的不同分类：调制信号 $m(t)$ 有模拟信号和数字信号之分，因此调制可以分为模拟调制和数字调制。

（2）根据载波 $c(t)$ 的不同分类：载波通常有连续波和脉冲波之分，因此调制可以分为连续波调制和脉冲波调制。

- 连续波调制：载波信号 $c(t)$ 为一个连续波形，通常用单频余弦波或正弦波。
- 脉冲波调制：载波信号 $c(t)$ 为一个脉冲序列，通常用矩形周期脉冲序列，此时调制器输出的已调信号为脉冲振幅调制（PAM）信号、脉冲宽度调制（PWM）信号或脉冲相位调制（PPM）信号，其中 PAM 调制最常见。

（3）根据所调载波参数不同分类：载波的参数有幅度、频率和相位，因此调制可以分为幅度调制、频率调制和相位调制。

- 幅度调制：载波信号 $c(t)$ 的振幅随调制信号 $m(t)$ 的大小变化而变化，如调幅（AM）等。
- 频率调制：载波信号 $c(t)$ 的频率随调制信号 $m(t)$ 的大小变化而变化，如调频（FM）等。
- 相位调制：载波信号 $c(t)$ 的相位随调制信号 $m(t)$ 的大小变化而变化，如调幅（PM）等。

（4）根据调制器频谱特性 $H(\omega)$ 的不同分类：调制器的频谱特性 $H(\omega)$ 对调制信号的影响表现在已调信号与调制信号频谱之间的关系，因此根据两者之间的关系可以分为线性调制和非线性调制。

- 线性调制：输出已调信号 $s(t)$ 的频谱和调制信号 $m(t)$ 的频谱之间呈线性搬移关系。即调制信号 $m(t)$ 与已调信号 $s(t)$ 的频谱之间没有发生变化，仅是频率的位置发生了变化，如振幅调制（AM）、双边带（DSB）、单边带（SSB）、残留边带（VSB）等调制方式。
- 非线性调制：输出已调信号 $s(t)$ 的频谱和调制信号 $m(t)$ 的频谱之间呈非线性关系。即输出已调信号的频谱与调制信号频谱相比发生了根本性变化，出现了频率扩展或增生，如 FM、PM 等。

7.2　线性调制

如果输出已调信号的频谱和输入调制信号的频谱之间满足线性搬移关系，则称为线性调制，通常也称为幅度调制。线性调制的主要特征是调制前后的信号频谱从形状上看没有发生根本变化，仅仅是频谱的幅度和位置发生了变化。在线性调制中，余弦载波的幅度参数随输入基带信号的变化而变化。线性调制具体有振幅调制（AM）、双边带调制（DSB）、单边带调制（SSB）和残留边带调制（VSB）4 种。

7.2.1　线性调制的基本原理

线性调制是用调制信号去控制载波的振幅，使其按调制信号的规律而变化的过程。幅度调制器的一般模型如图 7-2 所示。

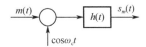

图 7-2　幅度调制器的一般模型

设调制信号 $m(t)$ 的频谱为 $M(\omega)$，滤波器传输特性为 $H(\omega)$，其冲激响应为 $h(t)$，输出已调信号的时域和频域表达式为

$$s_m(t) = [m(t) \cdot \cos \omega_c t] \times h(t)$$

$$s_m(\omega) = \frac{1}{2}[M(\omega + \omega_c) + M(\omega - \omega_c)] \cdot H(\omega)$$

式中，ω_c 为载波角频率，$H(\omega) \Leftrightarrow h(t)$。

由以上表达式可见，对于幅度调制信号，在波形上，它的幅度随基带信号而变化；在频谱结构上，它的频谱完全是基带信号频谱在频域内的简单搬移。由于这种搬移是线性的，因此幅度调制常常称为线性调制。

在图 7-2 所示的一般模型中，适当选择滤波器的特性 $H(\omega)$ 即可得到各种幅度调制信号，如 AM、DSB、SSB 及 VSB 等。

7.2.2　振幅调制

振幅调制（AM）信号产生的原理如图 7-3 所示。

AM 信号调制器由加法器、乘法器和带通滤波器（BPF）组成。图中带通滤波器的作用是让处在该频带范围内的调幅信号顺利通过，同时抑制带外噪声和各次谐波分量进入下级系统。

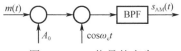

图 7-3　AM 信号的产生

1．AM 时域

AM 信号时域表达式为

$$s_{AM}(t) = [A_0 + m(t)]\cos \omega_c t \tag{7-1}$$

式中，A_0 为外加的直流分量；$m(t)$ 为输入调制信号，它的最高频率为 f_m，无直流分量；ω_c 为载波的频率。为了实现线性调幅，必须要求

$$|m(t)|_{\max} \leqslant A_0$$

否则将会出现过调制现象，在接收端采用包络检波法解调时，会产生严重的失真。

如调制信号为单频信号时，常常定义 $\beta_{AM} = \left(\dfrac{A_m}{A_0}\right) \leqslant 1$ 为调幅指数。

2．AM 频域

对式（7-1）进行傅里叶变换，就可以得到 AM 信号的频域表达式 $S_{AM}(\omega)$ 如下，即

$$S_{AM}(\omega) = \frac{1}{2}[M(\omega + \omega_c) + M(\omega - \omega_c)] + \pi A_0[\delta(\omega + \omega_c) + \delta(\omega - \omega_c)]$$

式中，$M(\omega)$ 为调制信号 $m(t)$ 的频谱。AM 信号的频谱图如图 7-4 所示。

通过 AM 信号的频谱图可以得出以下结论：

（1）调制前后信号的频谱形状没有变化，仅仅是信号频谱的位置发生了变化。

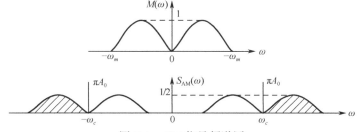

图 7-4　AM 信号频谱图

（2）AM 信号的频谱由位于 $\pm\omega_c$ 处的冲激函数和分布在 $\pm\omega_c$ 处两边的边带频谱组成。

（3）调制前基带信号的频带宽度为 f_m，调制后 AM 信号的频带宽度变为

$$B_{AM} = 2f_m$$

一般把频率的绝对值大于载波频率的信号频谱称为上边带（USB），如图 7-4 中阴影所示，把频率的绝对值小于载波频率的信号频谱称为下边带（LSB）。

3．AM 平均功率

AM 信号在 1Ω 电阻上的平均功率等于 $s_{AM}(t)$ 的均方值。

$$P_{AM} = \overline{s_{AM}^2(t)} = \overline{[A_0 + m(t)]^2 \cos^2 \omega_c t}$$
$$= \overline{A_0^2 \cos^2 \omega_c t} + \overline{m^2(t) \cos^2 \omega_c t} + \overline{2A_0 m(t) \cos^2 \omega_c t}$$

其中，$P_c = \dfrac{A_0^2}{2}$，为载波功率；$P_s = \dfrac{\overline{m^2(t)}}{2}$，为边带功率。

由此可见，AM 信号的总功率包括载波功率和边带功率两部分。其中只有边带功率才与调制信号有关，也就是说，载波分量不携带信息。

4．AM 调制效率

通常把边带功率 P_s 与信号的总功率 P_{AM} 的比值称为调制效率，用符号 η_{AM} 表示，为

$$\eta_{AM} = \frac{P_s}{P_{AM}} = \frac{\overline{m^2(t)}}{A_0^2 + \overline{m^2(t)}}$$

在不出现过调幅的情况下，$\beta = 1$ 时，如果 $m(t)$ 为常数，则最大可能得到 $\eta_{AM} = 0.5$；如果 $m(t)$ 为正弦波，可以得到 $\eta_{AM} = 33.3\%$。一般情况下，β 不一定都能达到 1，因此 η_{AM} 是比较低的，这是振幅调制的最大缺点。

5．AM 的解调

AM 信号的解调一般有两种方法，一种是相干解调法，也叫同步解调法；另一种是非相干解调法，也叫包络检波法。由于包络检波法电路很简单，而且又不需要本地提供同步载波，因此，对 AM 信号的解调大都采用包络检波法。

1）相干解调法

用相干解调法接收 AM 信号的原理方框如图 7-5 所示，它由带通滤波器（BPF）、乘法器和低通滤波器（LPF）组成。

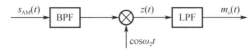

图 7-5　AM 信号的相干解调法

相干解调法的工作原理是：AM 信号经信道传输后，必定叠加有噪声，进入 BPF 后，BPF 一方面使 AM 信号顺序通过，另一方面抑制带外噪声。AM 信号 $s_{AM}(t)$ 通过 BPF 后与本地载波 $\cos\omega_c t$ 相乘，进入 LPF。LPF 的截止频率设定为 ω_c（也可以为 ω_m），它不允许频率大于截止频率 ω_c 的成分通过，因此 LPF 的输出仅为需要的信号。图中各点信息表达式分别为

$$s_{AM}(t) = [A_0 + m(t)]\cos\omega_c t$$

$$z(t) = s_{AM}(t) \cdot \cos\omega_c t = [A_0 + m(t)]\cos\omega_c t \cdot \cos\omega_c t = \frac{1}{2}(1 + \cos 2\omega_c t)[A_0 + m(t)]$$

$$m_o(t) = \frac{1}{2}m(t)$$

式中，$A_0 / 2$ 为直流成分，可以方便地用一个隔直电容除去。

相干解调法中的本地载波 $\cos\omega_c t$ 是通过对接收到的 AM 信号进行同步载波提取而获得的。本地载波必须与发送端的载波保持严格的同频同相。

相干解调法的优点是接收性能好，但要求在接收端提供一个与发送端同频同相的载波。

2）非相干解调法

AM 信号非相干解调法的原理框图如图 7-6 所示，它由 BPF、线性包络检波器（Linear Envelope Detector，LED）和 LPF 组成。图中 BPF 的作用与相干解调法中的 BPF 作用完全相同；LED 把 AM 信号的包络直接提取出来，即把一个高频信号直接变成低频信号；LPF 起平滑作用。

线性包络检波器

图 7-6　AM 信号的非相干解调法

非相干解调法的优点是实现简单，成本低，不需要同步载波，但系统抗噪声性能较差（存在门限效应）。

AM 信号的调制效率低，主要原因是 AM 信号中有一个载波，它消耗了大部分发射功率。

6. AM 信号的 MATLAB 实现

下面通过两个实例来分别演示利用 MATLAB 实现 AM 信号调制与解调。

【例 7-1】　已知某信号 $m(t) = \begin{cases} 1 & 0 \leqslant t \leqslant t_0 / 3 \\ -2 & t_0 / 3 < t \leqslant 2t_0 / 3 \\ 0 & \text{其他} \end{cases}$，对该信号进行常规幅度调制，给

定调制指数 $a = 0.6$，试绘制信号和调制信号的频谱。

```
>> clear all;
t=0.15;                                            %信号保持时间
ts=0.001;
fc=250;                                            %载波频率
fs=1/ts;                                           %采样频率
df=0.3;                                            %频率分辨率
a=0.6;                                             %调制系数
t1=[0:ts:t];                                       %时间矢量
m=[ones(1,t/(3*ts)),−2*ones(1,t/(3*ts)),zeros(1,t/(3*ts)+1)]; %定义信号序列
c=cos(2*pi*fc.*t1);                                %载波信号
m1=m/max(abs(m));                                  %调制信号
u=(1+a*m1).*c;                                     %调制信号载波
[n,m,df1]=fftseq(m,ts,df);                         %傅里叶变换
n=n/fs;
[ub,u,df1]=fftseq(u,ts,df);
ub=ub/fs;
f=[0:df1:df1*(length(m)−1)]−fs/2;                  %频率矢量
subplot(221);
plot(t1,m(1:length(t1)));                          %未解调信号
title('未解调信号');
subplot(222);
plot(t1,u(1:length(t1)));                          %解调信号
title('解调信号');
subplot(223);
plot(f,abs(fftshift(n)));                          %未解调信号频谱
title('未解调信号频谱');
subplot(224);
plot(f,abs(fftshift(ub)));                         %解调信号频谱
title('解调信号频谱');
```

运行程序，效果如图 7-7 所示。

在以上代码中，调用自定义编写的 fftseq.m 函数，该函数用于傅里叶变换功能。函数的源代码为：

```
function [M,m,df]=fftseq(m,tz,df)
fz=1/tz;
if nargin==2                      %判断输入参数的个数是否符合要求
    n1=0;
else
    n1=fz/df;                     %根据参数个数决定是否使用频率缩放
end
n2=length(m);
```

```
n=2^(max(nextpow2(n1),nextpow2(n2)));
M=fft(m,n);                        %进行离散傅里叶变换
m=[m,zeros(1,n−n2)];
df=fz/n;
```

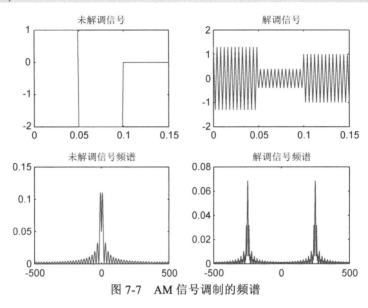

图 7-7　AM 信号调制的频谱

【例 7-2】　原始信号是[−3,3]均匀分布的随机整数，产生的时间间隔为 1/2s，用 AM 方法调制载波 $\cos 2\pi f_c t$。假设 f_c=200，A_0=5，$0 \leqslant t \leqslant 5$，试求：

（1）用包络检波器解调该信号，绘制原始信号和解调信号。

（2）假设调制信号通过 AWGN 信道，信噪比为 24dB，绘制解调后的信号与原始信号。

```
>> clear all;
ts=0.0025;                         %信号抽样时间间隔
t=0:ts:5-ts;                       %时间矢量
fs=1/ts;                           %抽样频率
msg=randint(10,1,[−3,3],123);      %生成原始信号序列，随机数种子为 123
msg1=msg*ones(1,fs/2);             %扩展成取样信号形式
msg2=reshape(msg1.',1,length(t));
subplot(3,1,1);plot(t,msg2);       %绘制原始信号 drc
title('原始信号');
A=4;
fc=200;     %载波频率
Sam=(A+msg2).*cos(2*pi*fc*t);      %已调信号
dems=abs(hilbert(Sam))−A;          %包络检波，并且去掉直流分量
subplot(3,1,2);plot(t,dems);       %绘制解调后的信号
title('无噪声的解调信号');
y=awgn(Sam,24,'measured');         %调制信号通过 AWGN 信道
dems2=abs(hilbert(y))−A;           %包络检波，并且去掉直流分量
```

```
    subplot(3,1,3);plot(t,dems2);              %绘制解调信号
    title('信噪比为 24dB 时的解调信号');
```

运行程序，效果如图 7-8 所示。

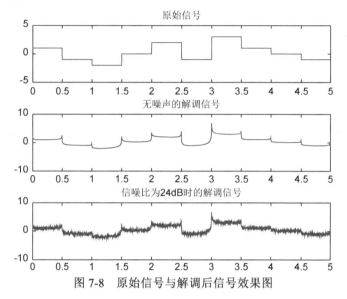

图 7-8　原始信号与解调后信号效果图

从图 7-8 可以看出，信号通过 AWGN 信道后的解调信号与原始信号相比有了较大失真。

7.2.3　载波双边带调制

载波双边带调制（DSB）信号产生的原理图如图 7-9 所示，DSB 信号调制器由乘法器和 BPF 组成。图中 BPF 的中心频率应在 ω_c 处，频率宽度应为 $2f_m$。

图 7-9　DSB 信号产生器

1．DSB 时域

DSB 信号的时域表达式为

$$S_{\mathrm{DSB}}(t) = m(t)\cos\omega_c t \tag{7-2}$$

DSB 信号与 AM 信号波形的区别是：DSB 信号在调制信号极性变化时会出现反向点。

2．DSB 频域

对式（7-2）进行傅里叶变换，可以得到 DSB 信号的频域表达式为

$$S_{\mathrm{DSB}}(\omega) = \frac{1}{2}[M(\omega+\omega_c) + M(\omega-\omega_c)]$$

DSB 信号频谱图如图 7-10 所示。由图可知，DSB 信号的频谱是由位于载频 $\pm\omega_c$ 处两边的边带（上边带和下边带）组成的。

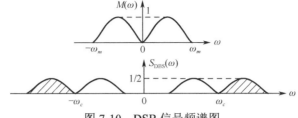

图 7-10　DSB 信号频谱图

DSB 与 AM 信号的频谱区别在于：在载频 $\pm\omega_c$ 处没有冲激函数。DSB 信号的频带宽度为

$$B_{\text{DSB}} = 2f_m$$

3．DSB 信号平均功率

DSB 信号的平均功率 P_{DSB} 可以用下式计算：

$$P_{\text{DSB}} = \overline{s_{\text{DSB}}^2(t)} = \overline{[m(t)\cos\omega_c t]^2} = \frac{1}{2}\overline{m^2(t)} = P_s$$

DSB 信号的平均功率只有边带功率 P_s，没有载波功率 P_c，因此 DSB 调制效率 η_{DSB} 为

$$\eta_{\text{DSB}} = \frac{P_s}{P_{\text{DSB}}} = \frac{\overline{m^2(t)}/2}{\overline{m^2(t)}/2} = 100\%$$

4．DSB 信号的解调

DSB 信号的解调只能采用相干解调法，这是因为包络检波器取出的信号严重失真。相干解调法接收 DSB 信号的原理图与 AM 信号的相干解调法原理图一样，如图 7-5 所示。但此时解调器的输入信号是 DSB 信号，而不再是 AM 信号。

$$s_{\text{DSB}}(t) = m(t) \cdot \cos\omega_c t$$

$$z(t) = s_{\text{DSB}}(t) \cdot \cos\omega_c t = m(t) \cdot \cos\omega_c t \cdot \cos\omega_c t = \frac{1}{2}m(t)(1 + \cos 2\omega_c t)$$

$$m_o(t) = \frac{1}{2}m(t)$$

DSB 调制效率虽然达到了 100%，但 DSB 调制信号的频谱由上、下两个边带组成，而且上、下边带携带的信息完全一样，因此，只需选择其中一个边带传输即可。如果只传输一个边带，则可以节省一半的发射功率。

5．DSB 的 MATLAB 实现

下面通过两个实例来分别演示利用 MATLAB 实现 DSB 信号调制与解调。

【例 7-3】某原始信号 $m(t) = \begin{cases} 1 & 0 \leqslant t \leqslant t_0/3 \\ -2 & t_0/3 < t \leqslant 2t_0/3 \\ 0 & \text{其他} \end{cases}$，用信号 $m(t)$ 以 DSS-AM 方式调制

载波 $c(t) = \cos(2\pi f_c t)$，所得到的已调制信号记为 $u(t)$。设 $t_0 = 0.15\text{s}$，$f_c = 250\text{Hz}$，试比较原始信号与已调信号，并绘制它们的频谱。

```
>> clear all;
t=0.15;                                           %信号保持时间
ts=0.001;                                         %采样时间间隔
fc=250;                                           %载波频率
fs=1/ts;                                          %采样频率
df=0.3;                                           %频率分辨率
t1=[0:ts:t];                                      %时间矢量
m=[ones(1,t/(3*ts)),-2*ones(1,t/(3*ts)),zeros(1,t/(3*ts)+1)];   %定义信号序列
y=cos(2*pi*fc.*t1);                               %载波信号
u=m.*y;                                           %调制信号
[n,m,df1]=fftseq(m,ts,df);                        %傅里叶变换
n=n/fs;
[ub,u,df1]=fftseq(u,ts,df);
ub=ub/fs;
[Y,y,df1]=fftseq(y,ts,df);
f=[0:df1:df1*(length(m)-1)]-fs/2;                 %频率矢量
subplot(221);
plot(t1,m(1:length(t1)));                         %未调制信号
title('未调制信号');
subplot(222);
plot(t1,u(1:length(t1)));                         %调制信号
title('调制信号');
subplot(223);
plot(f,abs(fftshift(n)));                         %未调制信号频谱
title('未调制信号频谱');
subplot(224);
plot(f,abs(fftshift(ub)));                        %调制信号频谱
title('调制信号频谱');
```

运行程序，效果如图 7-11 所示。

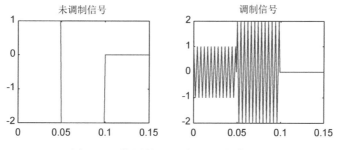

图 7-11 信号的 DSB 解调与频谱图

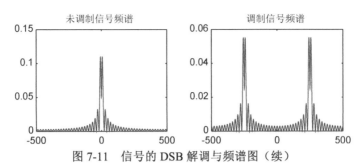

图 7-11 信号的 DSB 解调与频谱图（续）

【例 7-4】 某原始信号 $m(t) = \begin{cases} 1 & 0 \leqslant t \leqslant t_0/3 \\ -2 & t_0/3 < t \leqslant 2t_0/3 \\ 0 & \text{其他} \end{cases}$，对其单边带调制信号进行相干解调，并绘出原始信号的时频域曲线。

```
>>clear all;
t=0.15;                                              %信号保持时间
ts=1/1500;                                           %采样时间间隔
fc=250;                                              %载波频率
fs=1/ts;                                             %采样频率
df=0.3;                                              %频率分辨率
t1=[0:ts:t];                                         %时间矢量
m=[ones(1,t/(3*ts)),-2*ones(1,t/(3*ts)),zeros(1,t/(3*ts)+1)];  %定义信号序列
c=cos(2*pi*fc.*t1);                                  %载波信号
u=m.*c;                                              %调制信号
y=u.*c;                                              %缩放
[n,m,df1]=fftseq(m,ts,df);                           %傅里叶变换
n=n/fs;
[ub,u,df1]=fftseq(u,ts,df);
ub=ub/fs;
[Y,y,df1]=fftseq(y,ts,df);
Y=Y/fs;
f_c_off=150;                                         %滤波器的截止频率
n_c_off=floor(150/df1);                              %设计滤波器
f=[0:df1:df1*(length(m)-1)]-fs/2;                    %频率矢量
h=zeros(size(f));
h(1:n_c_off)=2*ones(1,n_c_off);
h(length(f)-n_c_off+1:length(f))=2*ones(1,n_c_off);
dem1=h.*Y;                                           %滤波器输出的频率
dem=real(ifft(dem1))*fs;                             %滤波器的输出
subplot(221);
plot(t1,m(1:length(t1)));                            %未解调信号
title('未解调信号');
subplot(222);
```

```
    plot(t1,dem(1:length(t1)));                              %解调信号
    title('解调信号');
    subplot(223);
    plot(f,abs(fftshift(n)));                                %未解调信号频谱
    title('未解调信号频谱');
    subplot(224);
    plot(f,abs(fftshift(dem1)));                             %解调信号频谱
    title('解调信号频谱');
```

运行程序，效果如图 7-12 所示。

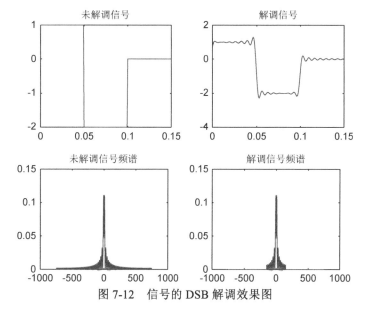

图 7-12　信号的 DSB 解调效果图

6．Simulink 模块

在 Simulink 中也提供了相应的模块实现 DSB 的调制与解调。

1）DSB 调制模块

DSB -AM 调制模块（DSB AM Modulator Passband）对输入信号进行双边带幅度调制，输出为通带表示的调制信号。输入和输出信号都是基于采样的实数标量信号。

模块中，如果输入一个时间函数 $u(t)$，则输出为 $(u(t)+k)\cos(2\pi f_c t+\theta)$。其中，$k$ 为 Input signal offset 参数，f_c 为 Carrier frequency 参数，θ 为 Initial phase 参数。通常设定 k 为输入信号 $u(t)$ 负值部分最小值的绝对值。

在通常情况下，Carrier frequency 参数项要比输入信号的最高频率高很多。根据 Nyquist 采样理论，模型中采样时间的倒数必须大于 Carrier frequency 参数项的两倍。

在 Communications System Toolbox/Modulation/Analog Passband Modulation 中，找到 DSB AM Modulator Passband 模块并双击，弹出如图 7-13 所示的模块参数设置对话框。

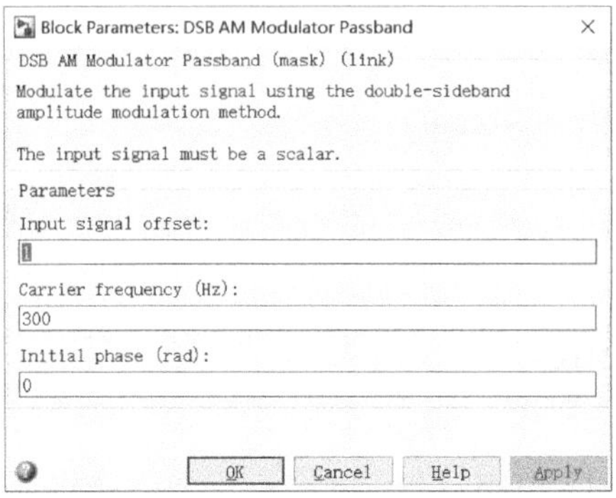

图 7-13　DSB AM Modulator Passband 模块参数设置对话框

由图 7-13 可以看出，DSB AM Modulator Passband 模块参数设置对话框包含多个参数项，下面分别对各项进行简单的介绍。

Input signal offset：设定补偿因子 k，应该大于或等于输入信号最小值的绝对值。

Carrier frequency (Hz)：设定载波频率。

Initial phase (rad)：设定载波初始相位。

2）DSB 解调模块

DSB-AM 解析模块对双边带幅度调制的信号进行解调，输入信号为通带表示的调制信号，且输入和输出信号均为基于采样的实数标量信号。

在解调过程中，DSB-AM 解调模块使用了低通滤波器。在通常情况下，Carrier frequency 参数项要比输入信号的最高频率高很多。根据 Nyquist 采样理论，模型中采样时间的倒数必须大于 Carrier frequency 参数项的两倍。

在 Communications System Toolbox/Modulation/Analog Passband Modulation 中，找到 DSB AM Demodulator Passband 模块并双击，弹出如图 7-14 所示的模块参数设置对话框。

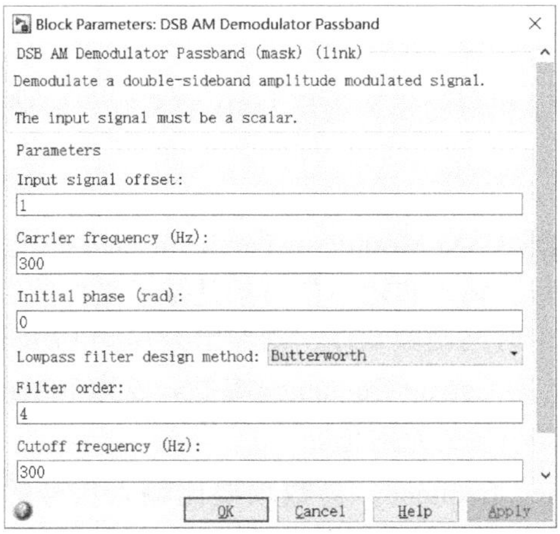

图 7-14　DSB AM Demodulator Passband 模块参数设置对话框

由图 7-14 可以看出，DSB AM Demodulator Passband 模块参数设置对话框包含多个参数项，下面分别对各项进行简单的介绍。

Input signal offset：设定输出信号偏移。模块中的所有解调信号都将减去这个偏移量，从而得到输出数据。

Carrier frequency (Hz)：设定调制信号的载波频率。

Initial phase (rad)：设定发射载波的初始相位。

Lowpass filter design method：滤波器的产生方法，包括 Butterworth、Chebyshev type I、Chebyshev type II、Elliptic 等。

Filter order：设定 Lowpass filter design method 项的滤波阶数。

Cutoff frequency (Hz)：设定 Lowpass filter design method 项的低通滤波器的截止频率。

Passband ripple (dB)：设定通带起伏，为通带中的峰-峰起伏。只有当 Lowpass filter design method 选定为 Chebyshev type I 和 Elliptic 滤波器时，该项才有效。

Stopband ripple (dB)：设定阻带起伏，为阻带中的峰-峰起伏。只有当 Lowpass filter design method 选定为 Chebyshev type I 和 Elliptic 滤波器时，该项才有效。

【例7-5】　已知信源是一个幅度为 0.7、频率为 8Hz 的正弦信号，通过调制和解调模块构成一个通信系统。

（1）根据需要，建立如图 7-15 所示的系统仿真框图。

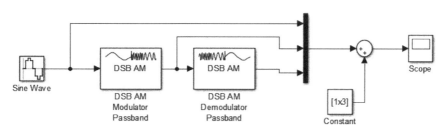

图 7-15　DSB 幅度调制的仿真框图

（2）设置仿真参数。

根据需要，设置模块的对应参数。双击图 7-15 中的 Sine Wave 模块，其仿真参数设置如图 7-16 所示；双击图 7-15 中的 DSB AM Modulator Passband 模块，其仿真参数设置如图 7-17 所示；双击图 7-15 中的 DSB AM Demodulator Passband 模块，其仿真参数设置如图 7-18 所示。对 Constant（常数）赋值为[2 0 2.8]，其所用模块的参数采用默认值。

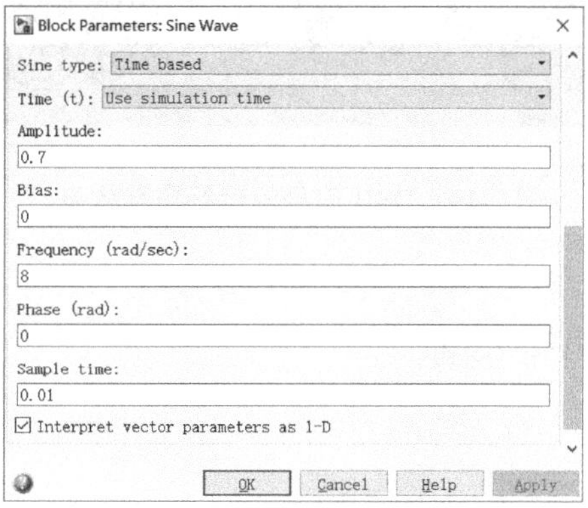

图 7-16　Sine Wave 模块参数设置

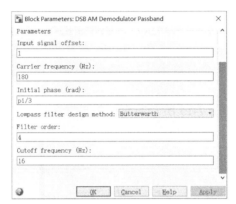

图 7-17　DSB AM Modulator Passband 模块参数设置

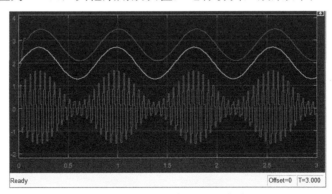

图 7-18　DSB AM Demodulator Passband 模块参数设置

（3）运行仿真。

仿真时间设置为 0～3s，其他采用默认值，运行仿真，效果如图 7-19 所示。

图 7-19　DSB 信号的运行仿真效果

7.2.4　抑制载波双边带调制

1．DSBSC 的调制

在 AM 信号中，载波分量并不携带信息，信息完全由边带传送。如果将载波抑制，只需在图 7-3 中将直流 A_0 去掉，即可输出抑制载波双边带信号，简称为 DSBSC。其时域和频域表示式分别为：

$$S_{\text{DSBSC}}(t) = m(t)\cos\omega_c t$$

$$S_{\text{DSBSC}}(\omega) = \frac{1}{2}[M(\omega + \omega_c) + M(\omega - \omega_c)]$$

其频谱如图 7-20 所示。

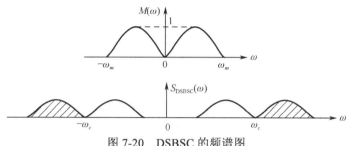

图 7-20 DSBSC 的频谱图

同 AM 信号一样，DSBSC 信号的带宽是基带信号带宽 f_m 的两倍，即 $B_{\text{DSBSC}} = 2f_m$。DSBSC 信号功率为 $P_{\text{DSBSC}} = \frac{1}{2}P_s$，其中，$P_s$ 为边带功率。

2. DSBSC 的解调

DSBSC 信号的包络不再与调制信号的变化规律一致，因而不能采用简单的包络检波来恢复调制信号，需采用相干解调（同步检波）。

在 DSBSC 信号中，已调信号由 $m(t)\cos(2\pi f_c t)$ 给出，当将它乘以 $\cos(2\pi f_c t)$ 或与 $\cos(2\pi f_c t)$ 混频后，得

$$y(t) = m(t)\cos(2\pi f_c t)\cos(2\pi f_c t) = \frac{1}{2}m(t) + \frac{1}{2}m(t)\cos(4\pi f_c t)$$

式中，$y(t)$ 为混频器输出。

它的 Fourier 变换由下式给出，即

$$Y(\omega) = \frac{1}{2}M(\omega) + \frac{1}{4}[M(\omega - 2\omega_c) + M(\omega + 2\omega_c)]$$

由上式可知，混频器输出中有一个低频分量 $\frac{1}{2}m(t)$ 和 $\pm 2f_c$ 附近的高频分量。当 $y(t)$ 通过带宽为 W 的低通滤波器时，高频分量被滤除，而正比于消息信号的低频分量 $\frac{1}{2}m(t)$ 被解调出。

3. DSBSC 的实现

下面通过实例来演示 DSBSC 的 MATLAB 实现。

【例 7-6】 信号是[-3,3]均匀分布的随机整数，产生的时间间隔为 1/10s，用 DSBSC 法调制载波 $\cos 2\pi f_c t$。假设 $f_c = 100$，$0 \leqslant t \leqslant 10$，试求：

（1）原始信号和已调信号的频谱；

（2）已调信号的功率与原始信号的功率。

```
>> clear all;
ts=0.0025;                              %信号抽样时间间隔
t=0:ts:10-ts;                           %时间矢量
fs=1/ts;                                %抽样频率
df=fs/length(t);                        %fft 的频率分辨率
msg=randint(100,1,[-3,3],123);          %生成消息序列，随机数种子为 123
msg1=msg*ones(1,fs/10);                 %扩展成取样信号形式
msg2=reshape(msg1.',1,length(t));
Pm=fft(msg2)/fs;                        %原始信号的频谱
f=-fs/2:df:fs/2-df;
subplot(2,1,1);plot(f,fftshift(abs(Pm)));  %绘制原始信号
title('原始信号频谱');
A=4;
fc=100;                                 %载波频率
Sdsb=msg2.*cos(2*pi*fc*t);              %已调信号
Pdsb=fft(Sdsb)/fs;                      %已调信号频谱
subplot(2,1,2);plot(f,fftshift(abs(Pdsb)));
title('DSBSC 信号频谱');
axis([-200 200 0 2]);
disp('已调信号功率：')
Pc=sum(abs(Sdsb).^2)/length(Sdsb)       %已调信号功率
disp('原始信号功率：')
Ps=sum(abs(msg2).^2)/length(msg2)       %原始信号功率
```

运行程序，输出如下，效果如图 7-21 所示。

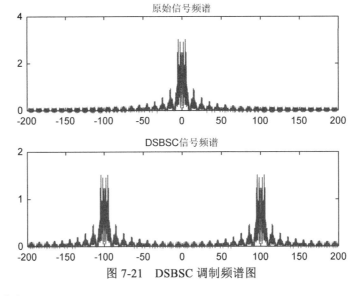

图 7-21　DSBSC 调制频谱图

已调信号功率：

| Pc = |
| 1.4500 |

原始信号功率：

| Ps = |
| 2.9000 |

【例 7-7】 信号是[-3,3]均匀分布的随机整数，产生的时间间隔为 1/2s，用 DSBSC 法调制载波 $\cos 2\pi f_c t$。假设 $f_c =100$，$0 \leqslant t \leqslant 5$，试求：

（1）用同步检波解调该信号，设低通滤波器的截止频率为 200Hz，增益为 2，绘制原始信号和解调信号；

（2）假设调制信号通过 AWGN 信道，信噪比为 24dB，绘制解调后的信号与原始信号。

```
>> clear all;
ts=0.0025;                              %信号抽样时间间隔
t=0:ts:5-ts;                            %时间矢量
fs=1/ts;                                %抽样频率
df=fs/length(t);                        %fft 的频率分辨率
f=-fs/2:df:fs/2-df;
msg=randint(10,1,[-3,3],123);           %生成原始信号序列，随机数种子为 123
msg1=msg*ones(1,fs/2);                  %扩展成取样信号形式
msg2=reshape(msg1.',1,length(t));
subplot(3,1,1);plot(t,msg2);            %绘制原始信号
title('原始信号');

fc=200;                                 %载波频率
Sdsb=msg2.*cos(2*pi*fc*t);              %已调信号
y=Sdsb.*cos(2*pi*fc*t);                 %相干解调
Y=fft(y)./fs;                           %解调后的频谱
f_stop=100;                             %低通滤波器的截止频率
n_stop=floor(f_stop/df);
Hlow=zeros(size(f));                    %设计低通滤波器
Hlow(1:n_stop)=2;
Hlow(length(f)-n_stop+1:end)=2;
DEM=Y.*Hlow;                            %解调信号通过低通滤波器
dem=real(ifft(DEM))*fs;                 %最终得到的解调信号
subplot(3,1,2);plot(t,dem);
title('无噪声的解调信号');
y1=awgn(Sdsb,24,'measured');            %调制信号通过 AWGN 信道
y2=y1.*cos(2*pi*fc*t);                  %相干解调
Y2=fft(y2)./fs;                         %解调信号的频谱
DEM1=Y2.*Hlow;                          %解调信号通过低通滤波器
dem1=real(ifft(DEM1))*fs;              %最终得到的解调信号
```

```
subplot(3,1,3);plot(t,dem1);
title('信噪比为 24dB 时的解调信号');
```

运行程序，效果如图 7-22 所示。

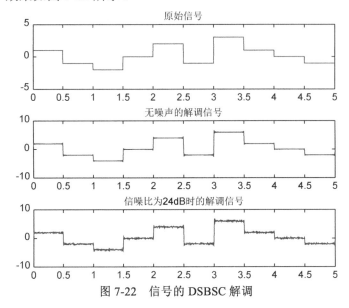

图 7-22　信号的 DSBSC 解调

从图 7-22 可以看出，同 AM 信号一样，DSBSC 信号通过 AWGN 信道后的解调信号与原始信号相比也有了失真。但同样的信噪比下，DSBSC 解调信号的失真程度要小于 AM 解调信号，这是因为 DSBSC 调制的制度增益为 2，而 AM 调制的增益最大为 2/3，因此 DSBSC 调制的抗噪性能要优于 AM。

4．Simulink 模块

在 Simulink 中也提供了相应的模块实现 DSBSC 的调制与解调。

1）DSBSC AM 调制模块

DSBSC AM 调制模块进行双边带一致载波幅度调制，输出信号为通带形式的调制信号。输入和输出均为基于采样的实数标量信号。

模块中，如果输入一个时间函数 $u(t)$，则输出为 $u(t)\cos(f_c t + \theta)$。其中 f_c 为 Carrier frequency 参数，θ 为 Initial phase 参数。

在通常情况下，Carrier frequency 参数项要比输入信号的最高频率高得多。根据 Nyquist 采样理论，模型中采样时间的倒数必须大于 Carrier frequency 参数项的两倍。

在 Communications System Toolbox/Modulation/Analog Passband Modulation 中，找到 DSBSC AM Modulator Passband 模块并双击，弹出如图 7-23 所示的模块参数设置对话框。

由图 7-23 可以看出，DSBSC AM Modulator Passband 模块参数设置对话框包含两个参数项，下面分别对这两个参数进行简单的介绍。

Carrier frequency (Hz)：设定载波频率。

Initial phase (rad)：设定初始相位的载波频率。

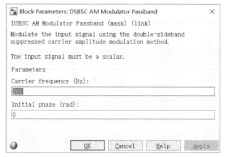

图 7-23　DSBSC AM Modulator Passband 模块参数设置对话框

2）DSBSC AM 解调模块

DSBSC AM 解调模块对双边带抑制载波幅度调制信号进行解调，输入信号为通带形式的调制信号。输入和输出均为基于采样的实数标量信号。

在通常情况下，Carrier frequency 参数项要比输入信号的最高频率高得多。根据 Nyquist 采样理论，模型中采样时间的倒数必须大于 Carrier frequency 参数项的两倍。

在 Communications System Toolbox/Modulation/Analog Passband Modulation 中，找到 DSBSC AM Demodulator Passband 模块并双击，弹出如图 7-24 所示的模块参数设置对话框。

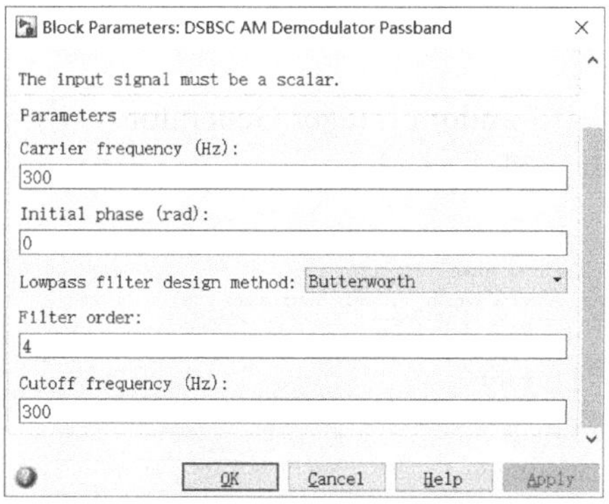

图 7-24　DSBSC AM Demodulator Passband 模块参数设置对话框

由图 7-24 可以看出，DSBSC AM Demodulator Passband 模块参数设置对话框包含多个参数项，下面分别对这些参数进行简单的介绍。

Carrier frequency (Hz)：DSBSC AM 解调模块中调制信号的载波频率。

Initial phase (rad)：设定载波初始相位。

Lowpass filter design method：滤波器的产生方法，包括 Butterworth、Chebyshev type I、Chebyshev type II 及 Elliptic 等。

Filter order：设定 Lowpass filter design method 项中选定的数字低通滤波器的滤波阶数。

Cutoff frequency (Hz)：设定 Lowpass filter design method 项的数字低通滤波器的截止频率。

Passband ripper (dB)：设定通带起伏，为通带中的峰-峰起伏。只有当 Lowpass filter design method 选定为 Chebyshev type I 和 Elliptic 滤波器时，该项才有效。

Stopband ripple (dB)：设定阻带起伏，为阻带中的峰-峰起伏。只有当 Lowpass filter design method 选定为 Chebyshev type II 和 Elliptic 滤波器时，该项才有效。

【例 7-8】 用 Simulink 重新仿真例 7-2。

其实现步骤如下。

（1）根据需要，建立如图 7-25 所示的系统仿真模型框图。

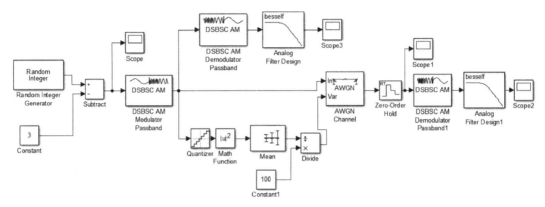

图 7-25　系统仿真模型框图

（2）设置模块参数。

● 随机整数产生器模块（Random Integer Generator），用来产生原始信号，双击该模块，其参数设置效果如图 7-26 所示。

图 7-26　Random Integer Generator 模块参数设置

● 减法器模块（Subtract），因为原始信号产生的信号范围是[0,6]，所以用 Subtract 减去 3，将信号范围转换为[-3,3]。与 Subtract 减法端口相连的常数模块（Constant）的值设为 3。

● 双击图 7-25 中的量化器模块（Quantizer），将 Quantization interval 设为 0.001。

● 双击图 7-25 中的数学函数模块（Math Function），用它来计算已调信号振幅的平方。在它的参数设置中 Function 要选为 magnitude^2。

● 双击图 7-25 中的求均值模块（Mean），在它的参数设置中要选中 Running mean，这样它输出的是整个仿真时间内得到的功率均值。

- 双击图 7-25 中的 AWGN 信道模块（AWGN Channel），其参数设置效果如图 7-27 所示。

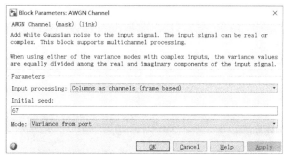

图 7-27　AWGN Channel 模块参数设置效果

- 双击图 7-25 中的模拟滤波器模块（Analog Filter Design1），其参数设置效果如图 7-28 所示。

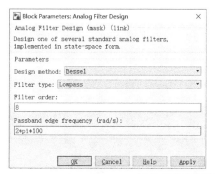

图 7-28　Analog Filter Design 模块参数设置效果

- 双击图 7-25 中的 DSBSC AM 调制模块（DSBSC AM Modulator Passband），将 Carrier frequency (Hz)设置为 180，Initial phase (rad)设置为 pi/3。
- 双击图 7-25 中的 DSBSC AM 解调模块（DSBSC AM Demodulator Passband、DSBSC AM Demodulator Passband1），它们的参数设置相同，效果如图 7-29 所示。

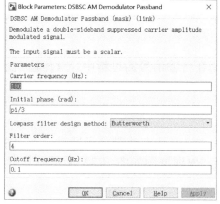

图 7-29　DSBSC AM 解调模块参数设置效果

● 4 个示波器分别用来查看原始信号波形、通过 AWGN 信道后的解调信号波形、通过 AWGN 信道后的调制信号波形和没有通过 AWGN 信道的解调信号波形。

（3）运行仿真。

各个模块参数设置完成后，在仿真参数设置中把 Max step size 设为 0.001，仿真时间为 0～10s。运行仿真，图 7-30 和图 7-31 分别是没有通过 AWGN 信道的解调信号和通过 AWGN 信道后的解调信号。

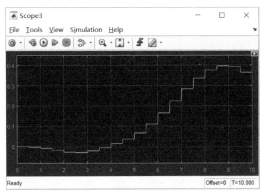

图 7-30　没有通过 AWGN 信道的解调信号

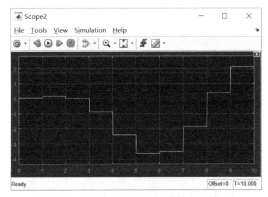

图 7-31　通过 AWGN 信道的解调信号

7.2.5　单边带调制

单边带调制（SSB）是指在传输信号的过程中，只传输上边带或下边带而达到节省发射功率和系统频带的目的。

1. SSB 滤波法产生

产生 SSB 信号最直观的方法是让双边带信号通过一个边带滤波器，保留所需要的一个边带，滤除不需要的边带。原理框图如图 7-32 所示，其中 $H_{SSB}(\omega)$ 是单边带滤波器，其传输特性如图 7-33 所示。

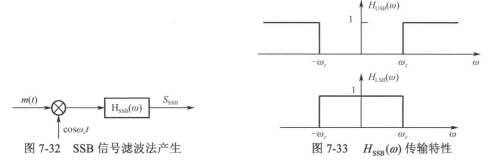

图 7-32　SSB 信号滤波法产生

图 7-33　$H_{SSB}(\omega)$ 传输特性

2．SSB 频域

由 SSB 信号的滤波产生法可得到 SSB 信号的频域表达式为

$$S_{SSB}(\omega) = S_{DSB}(\omega) \cdot H_{SSB}(\omega) = \frac{1}{2}[M(\omega + \omega_c) + M(\omega - \omega_c)] \cdot H_{SSB}(\omega)$$

对上边带调制来讲：

$$H_{SSB}(\omega) = \begin{cases} 1 & |\omega| \geqslant \omega_c \\ 0 & |\omega| < \omega_c \end{cases}$$

对下边带调制来讲：

$$H_{SSB}(\omega) = \begin{cases} 0 & |\omega| \geqslant \omega_c \\ 1 & |\omega| < \omega_c \end{cases}$$

由 SSB 信号的频域表达式可得 SSB 信号的频谱图如图 7-34 所示。

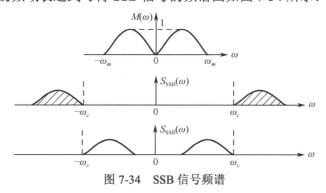

图 7-34　SSB 信号频谱

3．SSB 时域

直接得到一般信号的 SSB 表达式是比较困难的。我们可以先求得单频正弦信号的 SSB 调制信号，然后把一般信号表示成许多正弦信号之和，将所有正弦信号的单边带调制信号相加就是一般信号的单边带调制信号，用此方法就可以求得一般信号的 SSB 信号时域表达式。

设单频信号 $m(t) = A\cos\omega_m t$，其单边带调制信号的时域表达式为

$$S_{SSB}(t) = \frac{A}{2}\cos(\omega_c \pm \omega_m)t = \frac{A}{2}\cos\omega_m t \cdot \cos\omega_c t \mp \frac{A}{2}\sin\omega_m t \cdot \sin\omega_c t$$

式中，上面的符号表示传输上边带信号，下面的符号表示传输下边带信号。进一步得到一般信号的单边带调制信号的时域表达式为

$$S_{\mathrm{SSB}}(t) = \frac{1}{2}m(t) \cdot \cos\omega_c t \mp \frac{1}{2}\hat{m}(t) \cdot \sin\omega_c t$$

式中，$\hat{m}(t)$ 是将 $m(t)$ 中所有频率成分均相移 90° 后得到的结果。实际上 $\hat{m}(t)$ 是调制信号 $m(t)$ 通过一个宽带滤波器的输出，这个宽带滤波器叫作希尔伯特滤波器，即 $\hat{m}(t)$ 是 $m(t)$ 的希尔伯特变换。

4. SSB 相移法产生

根据 SSB 信号的时域表达式，可以构成相移法产生单边带信号的原理方框图，如图 7-35 所示，它由希尔伯特滤波器、乘法器和全路器组成。

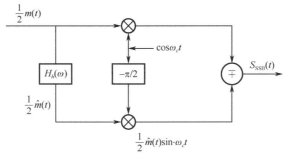

图 7-35　相移法产生单边带信号

单边带滤波器由于其陡峭特性，实际设计难以实现，而相移法产生单边带信号可以不用边带滤波器，因此，可以避免滤波法带来的缺点（其缺点是宽带移相网络比较难实现）。

5. SSB 平均功率和频带宽度

由以上分析可知，单边带信号产生的工作过程是将双边带调制中的一个边带完全抑制掉，所以它的发送功率和传输带宽都应该是双边带调制时的一半，即单边带发送功率为

$$P_{\mathrm{SSB}} = \frac{1}{2}P_{\mathrm{DSB}} = \frac{1}{4}\overline{m^2(t)}$$

频带宽度为

$$B_{\mathrm{SSB}} = f_m$$

6. SSB 的接收

因为 SSB 信号的包络没有直接反映出基带调制信号的波形，所以单边带信号的解调只能用相干解调法。相干解调法原理框图与 DSB 的相干解调法一样，只是现在接收到的是 SSB 信号，而不再是 DSB 信号。

$$S_{\mathrm{SSB}}(t) = \frac{1}{2}[m(t) \cdot \cos\omega_c t \mp \hat{m}(t) \cdot \sin\omega_c t]$$

$$z(t) = S_{SSB}(t) \cdot \cos \omega_c t = \frac{1}{2}[m(t) \cdot \cos \omega_c t \mp \hat{m}(t) \cdot \sin \omega_c t] \cdot \cos \omega_c t$$

$$= \frac{1}{4}m(t)(1 + \cos 2\omega_c t) \mp \frac{1}{4}\hat{m}(t)\sin 2\omega_c t$$

$$m_o(t) = \frac{1}{4}m(t)$$

7. SSB 的 MATLAB 实现

下面通过几个实例来演示 SSB 信号的调制与解调的实现。

【例 7-9】 信号是[−3,3]均匀分布的随机整数，产生的时间间隔为 1/2s，用下边带调制法调制载波 $\cos 2\pi f_c t$。假设 f_c=100，$0 \leqslant t \leqslant 5$，试求：

（1）原始信号和已调信号的频谱；

（2）已调信号的功率和原始信号的功率。

```
>> clear all;
ts=0.0025;                              %信号抽样时间间隔
t=0:ts:5-ts;                            %时间矢量
fs=1/ts;                                %抽样频率
df=fs/length(t);                        %fft 的频率分辨率
f=-fs/2:df:fs/2-df;
msg=randint(10,1,[-3,3],123);           %生成原始信号序列，随机数种子为 123
msg1=msg*ones(1,fs/2);                  %扩展成取样信号形式
msg2=reshape(msg1.',1,length(t));
Pm=fft(msg2)/fs;                        %原始信号的频谱
f=-fs/2:df:fs/2-df;
subplot(2,1,1);plot(t,fftshift(abs(Pm)));  %绘制原始信号频谱
title('原始信号频谱');
fc=100;                                 %载波频率
Sdsb=msg2.*cos(2*pi*fc*t);              %DSB 信号
Pdsb=fft(Sdsb)/fs;                      %DSB 信号频谱
f_stop=100;                             %低通滤波器的截止频率
n_stop=floor(f_stop/df);
Hlow=zeros(size(f));                    %设计低通滤波器
Hlow(1:n_stop)=1;
Hlow(length(f)-n_stop+1:end)=1;
Plssb=Pdsb.*Hlow;
subplot(2,1,2);plot(f,fftshift(abs(Plssb)));  %绘制已调信号频谱
title('已调信号频谱');
Slssb=real(ifft(Plssb))*fs;
disp('已调信号频率');
Pc=sum(abs(Slssb).^2)/length(Slssb)
```

```
disp('原始信号频率');
Ps=sum(abs(msg2).^2)/length(msg2)
```

运行程序，输出如下，效果如图 7-36 所示。

```
已调信号频率
Pc =
      0.5450
原始信号频率
Ps =
      2.2000
```

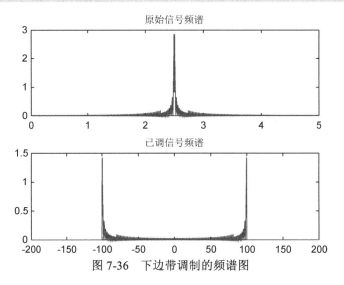

图 7-36　下边带调制的频谱图

【例 7-10】　信号是[-3,3]均匀分布的随机整数，产生的时间间隔为 1/10s，用移相法调制载波 $\cos 2\pi f_c t$，形成上边带调制。假设 $f_c=100$，$0 \leqslant t \leqslant 10$，试求：

（1）原始信号和已调信号的频谱；

（2）已调信号的功率和原始信号的功率。

```
>> clear all;
ts=0.0025;                              %信号抽样时间间隔
t=0:ts:10-ts;                           %时间矢量
fs=1/ts;                                %抽样频率
df=fs/length(t);                        %fft 的频率分辨率
msg=randint(100,1,[-3,3],123);          %生成原始信号序列，随机数种子为 123
msg1=msg*ones(1,fs/10);                 %扩展成取样信号形式
msg2=reshape(msg1.',1,length(t));
Pm=fft(msg2)/fs;                        %原始信号的频谱
f=-fs/2:df:fs/2-df;
subplot(2,1,1);plot(t,fftshift(abs(Pm)));  %绘制原始信号频谱
title('原始信号频谱');
fc=100;                                 %载波频率
```

```
S1=0.5*msg2.*cos(2*pi*fc*t);          %USSB 信号的同相分量
hmsg=imag(hilbert(msg2));             %原始信号的 Hilbert 变换
S2=0.5*hmsg.*sin(2*pi*fc*t);          %USSB 信号的正交分量
Sussb=S1-S2;                          %完整的 USSB 信号
Pussb=fft(Sussb)/fs;                  %USSB 信号频谱
subplot(2,1,2);plot(f,fftshift(abs(Pussb)));    %绘制已调信号频谱
title('已调信号频谱');
axis([-200 200 0 2]);
disp('已调信号频率');
Pc=sum(abs(Sussb).^2)/length(Sussb)
disp('原始信号频率');
Ps=sum(abs(msg2).^2)/length(msg2)
```

运行程序，输出如下，效果如图 7-37 所示。

```
已调信号频率
Pc =
      0.7250
原始信号频率
Ps =
      2.9000
```

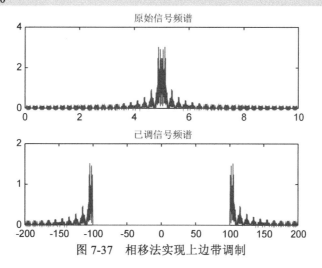

图 7-37　相移法实现上边带调制

【例 7-11】　信号是[-3,3]均匀分布的随机整数，产生的时间间隔为 1/2s，用 USSB 法调制载波 $\cos 2\pi f_c t$。假设 $f_c=300$，$0 \leqslant t \leqslant 5$，试求：

（1）用同步检波解调该信号，设低通滤波器的截止频率为 200Hz，增益为 4，绘制原始信号和解调信号；

（2）假设调制信号通过 AWGN 信道，信噪比为 24dB，绘制解调后的信号与原始信号。

```
>> clear all;
ts=0.0025;                            %信号抽样时间间隔
```

```
t=0:ts:5-ts;                              %时间矢量
fs=1/ts;                                  %抽样频率
df=fs/length(t);                          %fft 的频率分辨率
msg=randint(10,1,[-3,3],123);             %生成原始信号序列，随机数种子为 123
msg1=msg*ones(1,fs/2);                    %扩展成取样信号形式
msg2=reshape(msg1.',1,length(t));
Pm=fft(msg2)/fs;
f=-fs/2:df:fs/2-df;
subplot(3,1,1);plot(t,msg2);             %绘制原始信号
title('原始信号');

fc=300;                                   %载波频率
S1=0.5*msg2.*cos(2*pi*fc*t);             %USSB 信号的同相分量
hmsg=imag(hilbert(msg2));                %原始信号的 Hilbert 变换
S2=0.5*hmsg.*sin(2*pi*fc*t);             %USSB 信号的正交分量
Sussb=S1-S2;                             %完整的 USSB 信号
y=Sussb.*cos(2*pi*fc*t);                 %相干解调
Y=fft(y)./fs;                            %解调后的频谱
f_stop=100;                              %低通滤波器的截止频率
n_stop=floor(f_stop/df);
Hlow=zeros(size(f));                     %设计低通滤波器
Hlow(1:n_stop)=4;
Hlow(length(f)-n_stop+1:end)=4;
DEM=Y.*Hlow;                            %调解信号通过低通滤波器
dem=real(ifft(DEM))*fs;                 %最终得到的解调信号
subplot(3,1,2);plot(t,dem);
title('无噪声的解调信号');
y1=awgn(Sussb,24,'measured');           %调制信号通过 AWGN 信道
y2=y1.*cos(2*pi*fc*t);                   %相干解调
Y2=fft(y2)./fs;                          %解调信号的频谱
DEM1=Y2.*Hlow;                          %解调信号通过低通滤波器
dem1=real(ifft(DEM1))*fs;               %最终得到的解调信号
subplot(3,1,3);plot(t,dem1);
title('信噪比为 24dB 时的解调信号');
```

运行程序，效果如图 7-38 所示。

由图 7-38 可以看出，同 AM、DSBSC 信号一样，SSB 信号通过 AWGN 信道后的解调信号与原始信号相比同样存在失真。SSB 调制的制度增益为 1，因此，它的抗噪声性能优于 AM 调制而差于 DSBSC 调制。

8．SSB 的 Simulink 实现

在 Simulink 中也提供了相应的模块实现 SSB 的调制与解调。

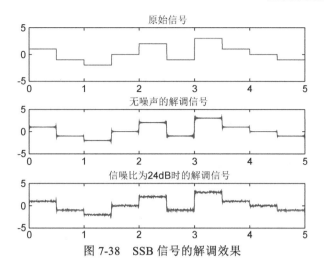

图 7-38　SSB 信号的解调效果

1）SSB AM 调制模块

SSB AM 调制模块使用希尔伯特滤波器进行单边带幅度调制，输出信号为通带形式的调制信号。输入和输出均为基于采样的实数标量信号。

模块中，如果输入一个时间函数 $u(t)$，则输出为 $u(t)\cos(f_c t + \theta) \mp \hat{u}(t)\sin(f_c t + \theta)$。其中，$f_c$ 为 Carrier frequency 参数，θ 为 Initial phase 参数。

在通常情况下，Carrier frequency 参数项要比输入信号的最高频率高得多。根据 Nyquist 采样理论，模型中采样时间的倒数必须大于 Carrier frequency 参数项的两倍。

在 Communications System Toolbox/Modulation/Analog Passband Modulation 中，找到 SSB AM Modulator Passband 模块并双击，弹出如图 7-39 所示的模块参数设置对话框。

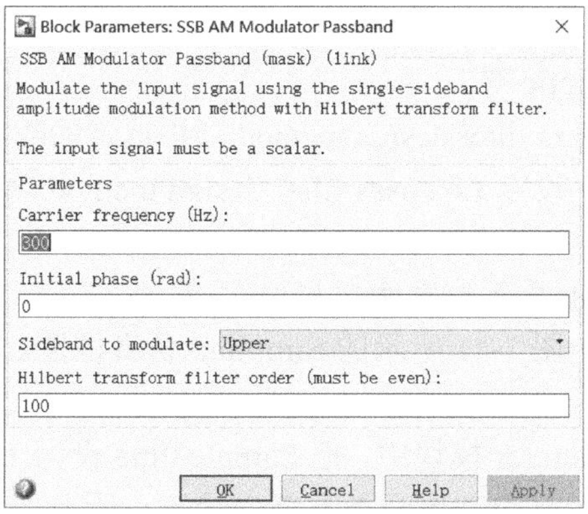

图 7-39　SSB AM Modulator Passband 模块参数设置对话框

由图 7-39 可以看出，SSB AM Modulator Passband 模块参数设置对话框包含多个参数项，下面分别对这几个参数进行简单的介绍。

Carrier frequency (Hz)：设定载波频率。

Initial phase (rad)：设定初始相位的载波频率。

Sideband to modulate：边带调制的方式，分别为 Upper 和 Lower 选项。

Hilbert transform filter order (must be even)：希尔伯特变换滤波器阶数。

2）SSB AM 解调模块

SSB AM 解调模块对双边带抑制载波幅度调制信号进行解调，输入信号为通带形式的调制信号。输入和输出均为基于采样的实数标量信号。

在 Communications System Toolbox/Modulation/Analog Passband Modulation 中，找到 SSB AM Demodulator Passband 模块并双击，弹出如图 7-40 所示的模块参数设置对话框。

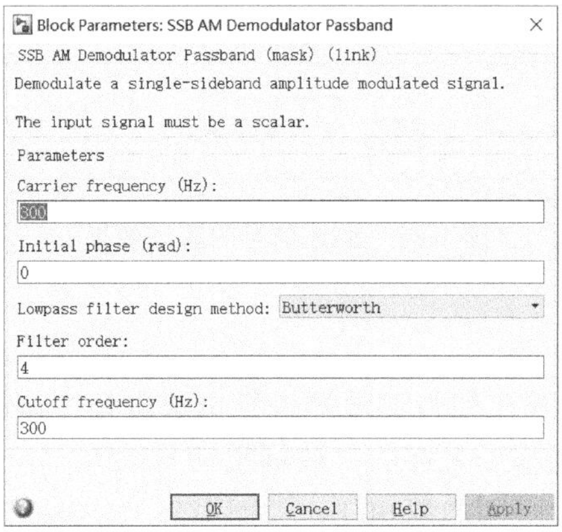

图 7-40　SSB AM Demodulator Passband 模块参数设置对话框

由图 7-40 可以看出，SSB AM Demodulator Passband 模块参数设置对话框包含多个参数项，下面分别对这些参数进行简单的介绍。

Carrier frequency (Hz)：SSB AM 解调模块中调制信号的载波频率。

Initial phase (rad)：设定载波初始相位。

Lowpass filter design method：滤波器的产生方法，包括 Butterworth、Chebyshev type I、Chebyshev type II 及 Elliptic 等。

Filter order：设定 Lowpass filter design method 项中选定的数字低通滤波器的滤波阶数。

Cutoff frequency (Hz)：设定 Lowpass filter design method 项的数字低通滤波器的截止频率。

【例 7-12】 用 Simulink 重新仿真例 7-11。

（1）根据需要，建立如图 7-41 所示的 Simulink 仿真框图。

（2）设置模型参数。

在 Random Integer Generator 模块中，把 Sample time 设为 1/2，其他参数采用默认值。

由于要根据需要调制信号的功率添加高斯白噪声，因此需要计算调制信号的功率。计算出调制信号的功率后，根据信噪比计算出噪声的功率，把噪声的功率输入到 AWGN 信道模块中。在 AWGN 信道模块参数设置中，Mode 要设为 Variance from port，参数设置效果如图 7-42 所示。

在解调出信号后，需要进行低通滤波滤除信号的高频分量，在此采用 Bessel 低通滤波器。在参数设置中，把 Design method 设为 Bessel，Filter type 设为 Lowpass，Filter order 设为 8，Passband edge frequency(rads/sec)设为 2*pi*200。

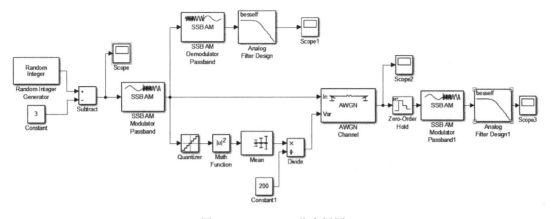

图 7-41　Simulink 仿真框图

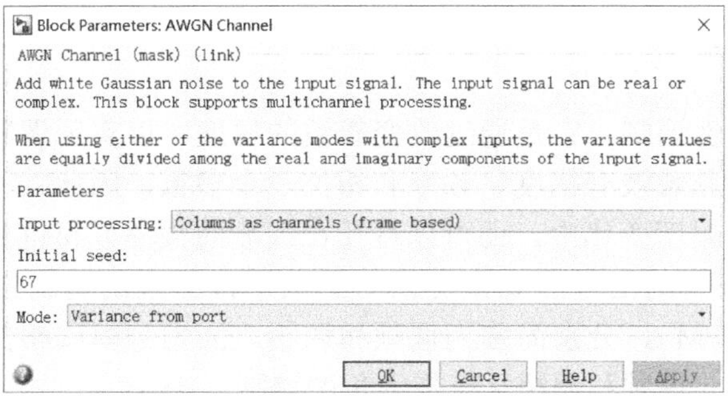

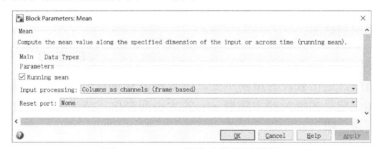

图 7-42　AWGN 信道参数设置

Math Function 模块中的 Function 项设置为 magnitude^2。

Mean 模块的参数设置效果如图 7-43 所示。

图 7-43　Mean 模块参数设置效果

其他模块的参数采用默认值。

（3）运行仿真。

在仿真参数设置中把 Max step size 设为 0.001，Stop time 设为 10 后，即可运行仿真，效果如图 7-44 及图 7-45 所示。

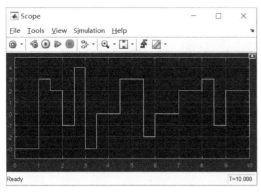

图 7-44　没有 AWGN 信道解调信号

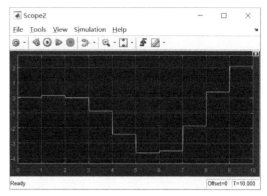

图 7-45　有 AWGN 信道解调信号

7.2.6　角度调制

幅度调制属于线性调制，它是通过改变载波的幅度，以实现调制信号频谱的平移及线性变换的。一个正弦载波有幅度、频率和相位三个参量，因此，不仅可以把调制信号的信息寄托在载波的幅度变化中，还可以寄托在载波的频率或相位变化中。这种使高频载波的频率或相位按调制信号的规律变化而振幅保持恒定的调制方式，称为频率调制（FM）和相位调制（PM），分别简称为调频和调相。因为频率或相位的变化都可以看作载波角度的变化，因此调频和调相又统称为角度调制。

角度调制与线性调制不同，已调信号频谱不再是原调制信号频谱的线性搬移，而是频谱的非线性变换，会产生与频谱搬移不同的新的频率成分，因此又称为非线性调制。由于频率和相位之间存在微分与积分的关系，因此调频与调相之间存在密切的关联，即调频必调相，调相必调频。可见，调频与调相并无本质区别，两者之间可相互转换。在实际应用中多采用调频波。

1．调频

所谓频率调制，是指载波的振幅不变，用基带信号 $m(t)$ 去控制载波的瞬时频率的一种调制方法。调频信号的瞬时频率随着 $m(t)$ 的大小而变化，或者说调频信号的瞬时频偏与 $m(t)$ 成正比关系，即

$$\mathrm{d}\varphi(t)\,/\,\mathrm{d}t = k_f m(t)$$

$$\varphi(t) = k_f \int_{-\infty}^{t} m(\tau)\mathrm{d}\tau$$

式中，k_f 称为调频灵敏度。

调频波的表示式为

$$s_{\mathrm{FM}}(t) = A\cos[\omega_c t + \varphi(t)] = A\cos\left[\omega_c t + k_f \int_{-\infty}^{t} m(\tau)\mathrm{d}\tau\right]$$

式中：

$\omega_c t + k_f \displaystyle\int_{-\infty}^{t} m(\tau)\mathrm{d}\tau$——瞬时相位；　　$\omega_c + k_f m(\tau)$——瞬时频率；

$k_f \int_{-\infty}^{t} m(\tau)\mathrm{d}\tau$——瞬时相偏； $k_f m(\tau)$——瞬时频偏；

$k_f \left| \int_{-\infty}^{t} m(\tau)\mathrm{d}\tau \right|_{\max}$——最大相偏； $k_f \left| m(\tau) \right|_{\max}$——最大频偏。

FM 信号频率的表达式很简单，因为 FM 信号是正弦的，具有变化的瞬时频率和恒定的幅度，它的功率是常数，与信号无关。其信号功率为

$$p_{\mathrm{FM}} = \frac{A^2}{2}$$

为求得调频信号带宽，需求调频信号的频谱，但直接从调频信号的时域表达式求频域表达式比较困难。如果对调频信号的最大相偏加以限制，问题就会简单得多。

调频信号中，当满足以下条件时，调频信号的频谱宽度比较窄，称为窄带调频。

$$\left| \varphi(t) \right|_{\max} = \left| k_f \int m(t)\mathrm{d}t \right|_{\max} \leqslant \frac{\pi}{6} \ （或 0.5）$$

如果最大相位偏移比较大，相应的最大频率偏移也比较大，这时调频信号的频谱比较宽，属于宽带调频。

【例 7-13】 信号是[-3,3]之间均匀分布的随机整数，产生的时间间隔为 1/10s，用 FM 方法调制载波 $\cos(2\pi f_c t)$。假设 $k_f = 50$，$f_c = 300$，$0 \leqslant t \leqslant 10$，信号的带宽 $W = 50\mathrm{Hz}$，试求：

（1）绘制原始信号与已调信号的频谱；

（2）已调信号的功率、原始信号的功率、调制指数及调制信号的带宽。

其实现的 MATLAB 代码为：

```
>> clear all;
ts=0.001;                              %信号抽样时间间隔
t=0:ts:10-ts;                          %时间矢量
fs=1/ts;                               %抽样频率
df=fs/length(t);                       %fft 的频率分辨率
msg=randint(100,1,[-3,3],123);         %生成信号序列，随机数种子为 123
msg1=msg*ones(1,fs/10);                %扩展成取样信号形式
msg2=reshape(msg1.',1,length(t));
Pm=fft(msg2)/fs;                       %信号的频谱
f=-fs/2:df:fs/2-df;
subplot(2,1,1);plot(f,fftshift(abs(Pm)));
title('原始信号频谱');
int_msg(1)=0;                          %原始信号积分
for i=1:length(t)-1;
    int_msg(i+1)=int_msg(i)+msg2(i)*ts;
end
kf=50;
fc=300;                                %载波频率
Sfm=cos(2*pi*fc*t+2*pi*kf*int_msg);
Pfm=fft(Sfm)/fs;                       %FM 信号频谱
subplot(2,1,2);plot(f,fftshift(abs(Pfm)));  %绘制已调信号频谱
```

```
title('FM 信号频谱');
disp('已调信号功率：')
Pc=sum(abs(Sfm).^2)/length(Sfm)              %已调信号功率
disp('原始信号功率:')
Ps=sum(abs(msg2).^2)/length(msg2)            %原始信号功率
fm=50;
disp('调制指数：')
betaf=kf*max(msg)/fm                         %调制指数
disp('调制信号带宽');
W=2*(betaf+1)*fm                             %调制信号带宽
```

运行程序，输出如下，效果如图 7-46 所示。

```
已调信号功率：
Pc =
      0.5000
原始信号功率：
Ps =
      2.9000
调制指数：
betaf =
      3
调制信号带宽
W =
      400
```

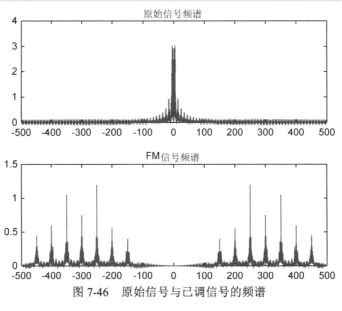

图 7-46 原始信号与已调信号的频谱

【例 7-14】 信号是[-3,3]之间均匀分布的随机整数，产生的时间间隔为 1/2s，信号采用 FM 方法调制载波 $\cos(2\pi f_c t)$。假设 k_f=50，f_c=300，$0 \leqslant t \leqslant 10$，信号的带宽 W=50Hz，

试求：

（1）用鉴频法解调该信号，绘制原始信号和解调信号；

（2）假设调制信号通过 AWGN 信道，信噪比为 25dB，绘制解调后的信号与原始信号。

其实现的 MATLAB 代码为：

```
>> clear all;
ts=0.001;                            %信号抽样时间间隔
t=0:ts:5-ts;                         %时间矢量
fs=1/ts;                             %抽样频率
df=fs/length(t);                     %fft 的频率分辨率
msg=randint(10,1,[-3,3],123);        %生成信号序列，随机数种子为 123
msg1=msg*ones(1,fs/2);               %扩展成取样信号形式
msg2=reshape(msg1.',1,length(t));
Pm=fft(msg2)/fs;                     %信号的频谱
subplot(3,1,1);plot(t,msg2);
title('原始信号频谱');
int_msg(1)=0;                        %原始信号积分
for i=1:length(t)-1;
    int_msg(i+1)=int_msg(i)+msg2(i)*ts;
end
kf=50;
fc=300;                              %载波频率
Sfm=cos(2*pi*fc*t+2*pi*kf*int_msg);
phase=angle(hilbert(Sfm).*exp(-j*2*pi*fc*t));   %FM 调制信号相位
phi=unwrap(phase);
dem=(1/(2*pi*kf)*diff(phi)/ts);      %求相位微分，得到原始信号
dem(length(t))=0;
subplot(3,1,2);plot(t,dem);
title('无噪声的解调信号');
y1=awgn(Sfm,25,'measured');          %调制信号通过 AWGN 信道
y1(find(y1>1))=1;                    %调制信号的限幅
y1(find(y1<-1))=-1;
phase1=angle(hilbert(y1).*exp(-j*2*pi*fc*t));   %信号解调
phi1=unwrap(phase1);
dem1=(1/(2*pi*kf)*diff(phi1)/ts);
dem1(length(t))=0;
subplot(3,1,3);plot(t,dem1);
title('信噪比为 25dB 时的解调信号');
```

运行程序，效果如图 7-47 所示。

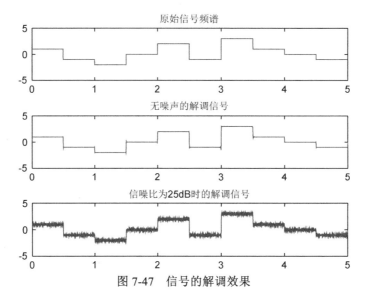

图 7-47　信号的解调效果

2. 相位调制

所谓相位调制（PM），是指载波的振幅不变，载波的瞬时相位随着基带调制信号的大小而变化，或者说载波瞬时相位偏移与调制信号成比例关系。即

$$\varphi(t) = k_p m(t)$$

式中，k_p 为调相灵敏度。调相信号的表达式为

$$s_{\mathrm{PM}}(t) = A\cos[\omega_c t + k_p m(t)]$$

式中：

$\omega_c t + k_p m(t)$——瞬时相位；　　$\omega_c t + k_p[\mathrm{d}m(t)/\mathrm{d}t]$——瞬时频率；

$k_p m(t)$——瞬时相偏；　　　　$k_p[\mathrm{d}m(t)/\mathrm{d}t]$——瞬时频偏；

$k_p|m(t)|_{\max}$——最大相偏；　　$k_p|[\mathrm{d}m(t)/\mathrm{d}t]|_{\max}$——最大频偏。

【例 7-15】 已知信号 $S(t) = \begin{cases} 40t & 0 < t < t_0/4 \\ -40t + 10t_0 & t_0/4 < t < 3t_0/4 \\ 40t - 40t_0 & 3t_0/4 < t < t_0 \end{cases}$，现用调相将其调制到载波

$f(t) = \cos(f_c t)$ 上，其中，$t_0 = 0.25\mathrm{s}$，$f_c = 50\mathrm{Hz}$，绘制波的调相波形及频谱图。

其实现的 MATLAB 代码为：

```
>> clear all;
t0=0.25;                            %信号持续时间
tz=0.0005;                          %抽样时间间隔
fc=200;                             %载波频率
kf=50;                              %调制系数
fz=1/tz;
t=[0:tz:t0];                        %定义时间序列
df=0.25;                            %频率分辨力
```

```
%定义信号序列
m=zeros(1,501);
for i=1:1:125;                              %前 125 个点值为对应标号
    m(i)=i;
end
for i=126:1:375;                            %中央的 250 个点值成下降趋势
    m(i)=m(125)-i+125;
end
for i=367:1:501                             %后 125 个点值又用另一条直线方程
    m(i)=m(375)+i-375;
end
m=m/50;
[M,m,df1]=fftseq(m,tz,df);                  %傅里叶变换
M=M/fz;
f=[0:df1:df1*(length(m)-1)]-fz/2;
for i=1:length(t)                           %便于进行相位调制和作图
    mn(i)=m(i);
end
u=cos(2*pi*fc*t+mn);                        %相位调制
[U,u,df1]=fftseq(u,tz,df);                  %傅里叶变换
U=U/fz;                                     %频率压缩
figure;
subplot(2,1,1);plot(t,m(1:length(t)));
axis([0,0.25,-3,3]);
xlabel('时间');    title('信号波形');
subplot(2,1,2);plot(t,u(1:length(t)));
axis([0,0.15,-2.1,2.1]);
xlabel('时间');title('调相信号的时域波形');
figure;
subplot(2,1,1);plot(f,abs(fftshift(M)));
xlabel('频率');title('信号的频谱');
subplot(2,1,2);plot(f,abs(fftshift(U)));
xlabel('频率');title('调相信号的频谱');
```

运行程序，得到三角波的波形如图 7-48 所示，三角波调相波的频谱图如图 7-49 所示。

3．调频 Simulink 模块

在 Simulink 中也提供了相应的模块实现 FM 的调制与解调。

1）FM 调制模块

FM 调制模块用于频率调制，输出为通带形式的调制信号，输出信号的频率随着输入信号的幅度而变化。输入和输出信号均采用基于采样的实数标量信号。

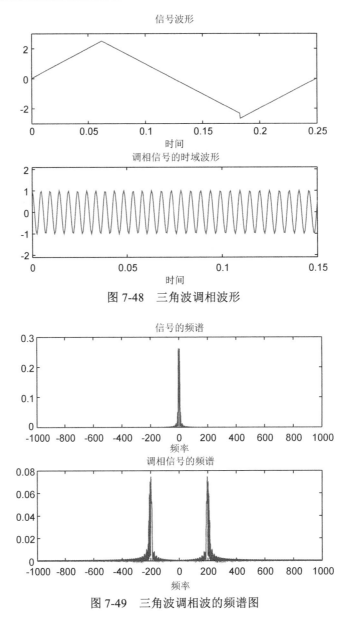

图 7-48　三角波调相波形

图 7-49　三角波调相波的频谱图

模块中，如果输入一个时间函数 $u(t)$，则输出为 $\cos\left(2\pi f_c t + 2\pi K_c \int_0^t u(\tau)\mathrm{d}\tau + \theta\right)$。其中，$f_c$ 为 Carrier frequency 参数，θ 为 Initial phase 参数，K_c 为 Modulation constant 参数。

在通常情况下，Carrier frequency 参数项要比输入信号的最高频率高得多。根据 Nyquist 采样理论，模型中采样时间的倒数必须大于 Carrier frequency 参数项的两倍。

在 Communications System Toolbox/Modulation/Analog Passband Modulation 中，找到 FM Modulator Passband 模块并双击，弹出如图 7-50 所示的模块参数设置对话框。

由图 7-50 可以看出，FM Modulator Passband 模块参数设置对话框包含 3 个参数项，下面分别对这 3 个参数进行简单的介绍。

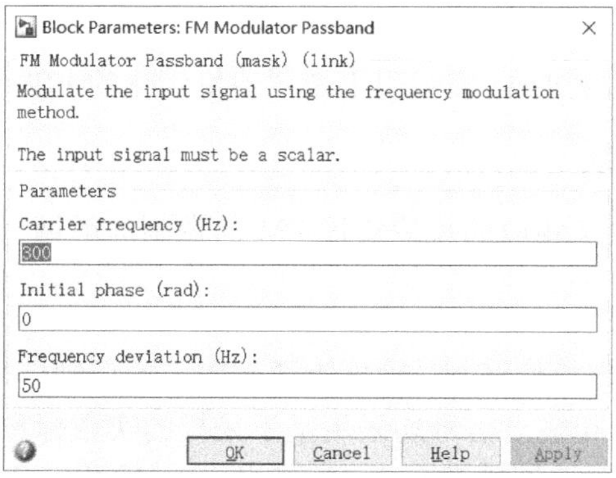

图 7-50　FM Modulator Passband 模块参数设置对话框

Carrier frequency (Hz)：设定载波频率。

Initial phase (rad)：设定初始相位的载波频率。

Frequency deviation (Hz)：表示载波频率的频率偏移。

2）FM 解调模块

FM 解调模块对频率调制信号进行解调，输入为通带形式的信号，输入和输出信号均采用基于采样的实数标量信号。

在解调过程中，模块要使用一个滤波器。为了执行滤波器的希尔伯特转化，载波频率最好大于输入信号采样时间的 10%。

在通常情况下，Carrier frequency 参数项要比输入信号的最高频率高得多。根据 Nyquist 采样理论，模型中采样时间的倒数必须大于 Carrier frequency 参数项的两倍。

在 Communications System Toolbox/Modulation/Analog Passband Modulation 中，找到 FM Demodulator Passband 模块并双击，弹出如图 7-51 所示的模块参数设置对话框。

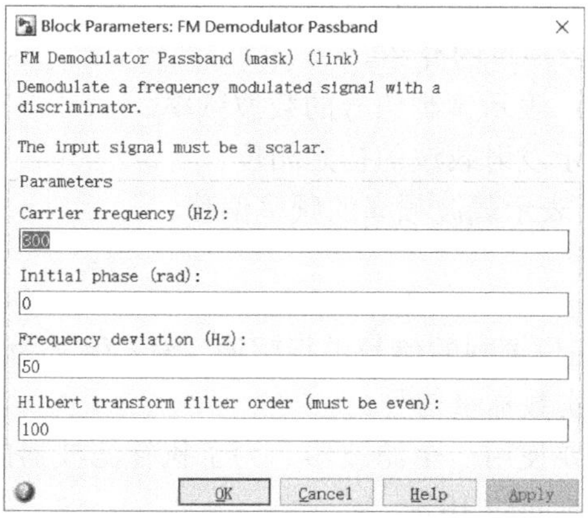

图 7-51　FM Demodulator Passband 模块参数设置对话框

由图 7-51 可以看出，FM Demodulator Passband 模块参数设置对话框包含多个参数项，下面分别对这些参数进行简单的介绍。

Carrier frequency (Hz)：表示调制信号的载波频率。

Initial phase (rad)：表示发射载波的初始相位。

Frequency deviation (Hz)：表示载波频率的频率偏移。

Hilbert transform filter order：表示用于希尔伯特转化的 FIR 滤波器的长度。

4．相位 Simulink 模块

在 Simulink 中也提供了相应的模块实现 PM 的调制与解调。

1）PM 调制模块

PM 调制模块进行通带相位调制，输出为通带表示的调制信号，输出信号的频率随输入幅度变化而变化。输入和输出信号均采用基于采样的实数标量信号。

模块中，如果输入一个时间函数 $u(t)$，则输出为 $\cos(2\pi f_c t + 2\pi K_c u(t) + \theta)$。其中，$f_c$ 为 Carrier frequency 参数，θ 为 Initial phase 参数，K_c 为 Modulation constant 参数。

在 Communications System Toolbox/Modulation/Analog Passband Modulation 中，找到 PM Modulator Passband 模块并双击，弹出如图 7-52 所示的模块参数设置对话框。

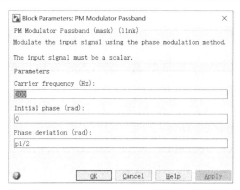

图 7-52　PM Modulator Passband 模块参数设置对话框

由图 7-52 可以看出，PM Modulator Passband 模块参数设置对话框包含 3 个参数项，下面分别对这 3 个参数进行简单的介绍。

Carrier frequency (Hz)：表示调制信号的载波频率。

Initial phase (rad)：表示发射载波的初始相位。

Phase deviation (rad)：表示载波频率的频率偏移。

2）PM 解调模块

PM 解调模块对通带相位调制的信号进行解调，输入信号为通带形式的已调信号，输入和输出均为基于采样的实数标量信号。

在解调过程中，模块要使用一个滤波器。为了执行滤波器的希尔伯特转化，载波频率最好大于输入信号采样时间的 10%。

在通常情况下，Carrier frequency 参数项要比输入信号的最高频率高得多。根据 Nyquist 采样理论，模型中采样时间的倒数必须大于 Carrier frequency 参数项的两倍。

在 Communications System Toolbox/Modulation/Analog Passband Modulation 中，找到 PM Demodulator Passband 模块并双击，弹出如图 7-53 所示的模块参数设置对话框。

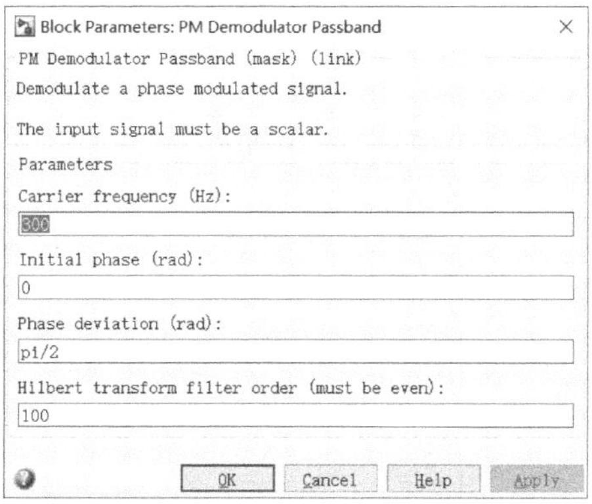

图 7-53　PM Demodulator Passband 模块参数设置对话框

由图 7-53 可以看出，PM Demodulator Passband 模块参数设置对话框包含多个参数项，下面分别对这些参数进行简单的介绍。

Carrier frequency (Hz)：表示调制信号的载波频率。

Initial phase (rad)：表示发射载波的初始相位。

Phase deviation (rad)：表示载波频率的相位偏移。

Hilbert transform filter order：表示用于希尔伯特转化的 FIR 滤波器的长度。

7.3　模拟调制系统性能的比较

7.3.1　有效性比较

模拟通信系统的有效性是用有效传输频带来度量的，而各种模拟调制系统的频带宽度分别为

$$B_{\text{AM}} = 2f_m$$
$$B_{\text{DSB}} = 2f_m$$
$$B_{\text{SSB}} = f_m$$
$$B_{\text{VSB}} = (1\sim2)f_m$$
$$B_{\text{FM}} = 2(m_f + 1)f_m$$

式中，f_m 为基带调制信号的带宽。就有效性来看，SSB 的带宽最窄，其频带利用率最高；其次是 VSB；接着是 DSB 和 AM；FM 的带宽最宽。

7.3.2　可靠性比较

模拟通信系统的可靠性是用接收端最终输出信噪比来度量的。在此我们给出在相同的解调器输入信号功率 S_i、相同噪声功率谱密度 n_0、相同基带信号带宽 f_m 的条件下，各

种模拟调制系统的输出信噪比：

$$\left(\frac{S_o}{N_o}\right)_{AM} = \frac{1}{3} \cdot \frac{S_i}{n_0 f_m}$$

$$\left(\frac{S_o}{N_o}\right)_{DSB} = \frac{S_i}{n_0 f_m}$$

$$\left(\frac{S_o}{N_o}\right)_{SSB} = \frac{S_i}{n_0 f_m}$$

$$\left(\frac{S_o}{N_o}\right)_{VSB} \approx \frac{S_i}{n_0 f_m}$$

$$\left(\frac{S_o}{N_o}\right)_{FM} = \frac{3}{2} m_f^3 \cdot \frac{S_i}{n_0 f_m}$$

就可靠性而言，FM 的输出信噪比最大，抗噪声性能最好；其次是 DSB、SSB 和 VSB；AM 的抗噪声性能最差。

7.3.3　特点及应用

AM 调制的优点是接收设备简单；缺点是功率利用率低，抗干扰能力差，在传输中如果载波受到信道的选择性衰落，则在包络检波时会出现过调失真，信号频带较宽，频带利用率不高。因此，AM 调制方式用于通信质量要求不同的场合，目前主要用于中波和短波的调幅广播中。

DSB 调制的优点功率利用率高，但带宽与 AM 相同，接收要求同步解调，设备较复杂。只用于点对点的专用通信，运用不太广泛。

SSB 调制的优点是功率利用率和频带利用率都较高，抗干扰能力和抗选择性衰落能力均优于 AM，而带宽只有 AM 的一半；缺点是发送和接收设备都较复杂。鉴于这些特点，SSB 调制方式普遍用在频带比较拥挤的场合，如短波波段的无线电广播和频分复用系统中。

VSB 调制的优点在于部分抑制了发送边带，同时又利用平缓滚降滤波器补偿了被抑制部分。VSB 的性能与 SSB 相当。VSB 解调原则上也需要同步解调，但在某些 VSB 系统中，附加一个足够大的载波，就可用包络检波法解调，这种方式综合了 AM、SSB 和 DSB 三者的优点。所有这些特点使 VSB 对商用电视广播系统特别具有吸引力。

宽带 FM 的抗干扰能力强，可以实现带宽与信噪比的互换，因而宽带 FM 广泛应用于长距离、高质量的通信系统中，如空间和卫星通信、调频立体声广播、超短波电台等。窄带 FM 具有良好的抗快衰落能力，对微波中继系统颇有吸引力。宽带 FM 的缺点是频带利用率低，存在门限效应，因此在接收信号弱、干扰大的情况下宜采用窄宽 FM，这就是小型通信机常采用窄带调频的原因。另外，窄带 FM 采用相干解调时不存在门限效应。各种调制方式的用途如表 7-1 所示。

表 7-1 常用调制方式的用途

调 制 方 式		用 途 实 例
线性调制	常规双边带调制 AM	广播
	双边带调制 DSB	立体声广播
	单边带调制 SSB	短波无线电话通信
	残留边带 VSB	电视广播、传真
非线性调制	频率调制 FM	微波中继、卫星通信、广播
	相位调制 PM	中间调制方式

7.4 广播系统的仿真实例

对中波调幅广播传输系统进行仿真，模型参数指数参照实际系统设置。

（1）基带信号：音频，最大幅度为 1。基带测试信号频率在 100～6000Hz 内可调。

（2）载波：给定幅度的正弦波，为简单起见，初相设为 0，频率为 550～1605kHz 可调。

（3）接收机选频滤波器带宽为 12kHz，中心频率为 1000kHz。

（4）在信道中加入噪声。当调制指数为 0.3 时，设计接收机选频滤波器输出信噪比为 20dB，要求计算信道中应该加入噪声的方差，并能够测量接收机选频滤波器的实际输出信噪比。

1. 信道噪声方差的计算

系统工作最高频率为调幅载波频率 1605kHz，设计仿真采样率为最高工作频率的 10 倍左右，因此取仿真步长为

$$t_{step} = \frac{1}{10 f_{max}} = 6.23 \times 10^{-8}\,\text{s}$$

相应的仿真带宽为仿真采样率的一半，即

$$W = \frac{1}{2 t_{step}} = 8025.7\,\text{kHz}$$

设基带信号为 $m(t) = A\cos 2\pi F t$，载波为 $c(t) = \cos 2\pi f_c t$，则调制指数为 m_a 的调制输出信号 $s(t)$ 为

$$s(t) = (1 + m_a \cos 2\pi F t)\cos 2\pi f_c t$$

显然，$s(t)$ 的平均功率为

$$P = \frac{1}{2} + \frac{m_a^2}{4}$$

设信道无衰减，其中加入白噪声功率谱密度为 $\frac{n_0}{2}$，那么仿真带宽 $(-W, W)$ 内噪声样

值的方差为

$$\sigma^2 = \frac{n_0}{2} \times 2W = n_0 W$$

设接收选频滤波器的功率增益为1，带宽为B，则选频滤波器输出噪声功率为

$$N = \frac{n_0}{2} \times 2B = n_0 B$$

因此，接收选频滤波器输出信噪比为

$$SNR_{\text{out}} = \frac{P}{N} = \frac{P}{n_0 B} = \frac{P}{\sigma^2 B / W}$$

因此信道中的噪声方差为

$$\sigma^2 = \frac{P}{SNR_{\text{out}}} \frac{W}{B}$$

代入设计要求的输出信噪比 SNR_{out} 可计算出相应信道中应加入的噪声方差值，计算代码为：

```
>> SNR_dB=20;                %设计要求的输出信噪比（dB）
SNR=10.^(SNR_dB/10);
m_a=0.3;                     %调制度
P=0.5+(m_a^2)/4;             %信号功率
W=8025.7e3;                  %仿真带宽 Hz
B=12e3;                      %接收选频滤波器带宽 Hz
sigma2=P/SNR*W/B             %计算结果：信道噪声方差
```

运行程序，输出如下：

```
sigma2 =
    3.4945
```

2．系统模型

实现系统模型的主要步骤如下。

1）建立仿真框图

根据实际中波调幅广播传输系统设计仿真模型，建立如图 7-54 所示的模型框图。

2）设置模块参数

系统仿真步进以及零阶保持器采样时间间隔、噪声源采样时间间隔均设置为 6.23e-8s，基带信号为幅度是 0.3 的 1000Hz 正弦波，载波为幅度是 1 的 1MHz 正弦波。用加法器和乘法器实现调幅，用 Random Number 模型产生零均值方差等于 3.4945 的噪声样值序列，并用加法器实现 AWGN 信道。接收带通滤波器用 Analog Filter Design 模块实现，可设置为 2 阶带通的，通带为 2*pi*(1e6−6e3)~2*pi*(1e6+6e3)rad/s。为了测量输出信噪比，以参数完全相同的另外两个滤波器模块分别对纯信号和纯噪声滤波，最后利用统计模块计算输出信号功率和噪声功率，继而计算输出信噪比。

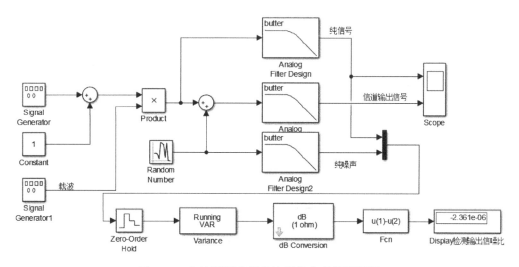

图 7-54 中波调幅广播传输系统仿真模型框图

3）仿真结果

某次仿真执行后，测试信噪比结果，如图 7-54 所示。接收滤波器输出的调幅信号和发送调幅信号的波形仿真结果如图 7-55 所示。

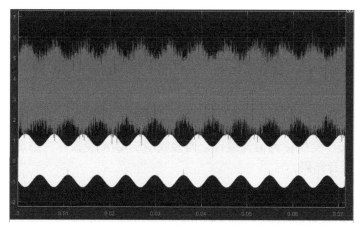

图 7-55 发送调幅信号和输出调幅信号仿真结果图

第 8 章　模拟信号数字化

通信系统可以分为模拟通信系统和数字通信系统。与模拟通信相比，数字通信具有许多优良的特性。随着技术的发展，使得数字通信最大的带宽问题也得到有效解决。若系统的输入是模拟信号，则在数字通信系统的信源编码部分需要对输入模拟信号进行数字化，或称为"模/数"变换，将模拟输入信号变为数字信号，目的是使模拟信号能够在数字通信系统中传输，特别是能够和其他数字信号一起在宽带综合业务数字通信网中同时传输。

8.1　模拟信号数字化概述

8.1.1　模拟信号数字化的实现步骤

实现利用数字通信系统传输模拟信号的步骤主要有：
（1）把模拟信号数字化，即模数转换（A/D）；
（2）进行数字方式传输；
（3）把数字信号还原为模拟信号，即数模转换（D/A）。
把发送端的 A/D 变换称为信源编码，而接收端的 D/A 变换称为信源译码，如语音信号的数字化叫作语音译码。

8.1.2　模拟信号数字传输的优点

当数字信号经过多次转换、中继、远距离传输后信噪比的程度会降低，而模拟信号经过多次中继后会产生比较严重的信噪比恶化，严重降低传输信号的质量。

模拟信号数字化以后可以很方便地进行时分或码分多路传输，从而可有效地提高信道的利用率。

模拟信号的数字传输技术已广泛应用于现代通信的各个领域，从有线的程控交换机到无线的 GSM、CDMA 手机，从卫星数字电视广播到长途光纤通信，到处都有数字化的信号存在。

8.1.3　模拟信号数字传输系统的组成框图

通信系统可以分为模拟通信系统和数字通信系统，其传输信号的方式如图 8-1 所示。

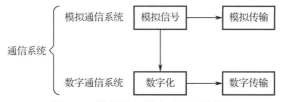

图 8-1　模拟信号数字化组成框图

模拟信号数字化后，用数字通信方式传输，其过程有：

（1）发送端先将模拟消息的信号抽样，使其成为离散的抽样值，然后将抽样值量化为相应的量化值；

（2）经编码变换成数字信号，用数字通信方式传输，在接收端则相应地将接收到的数字信号恢复成模拟消息。

模拟信号的数字传输框图如图 8-2 所示。

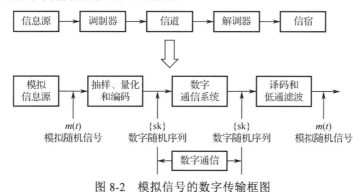

图 8-2　模拟信号的数字传输框图

8.1.4　模拟音频/视频数字化

1. 模拟音频信号数字化过程

模拟音频信号转化为数字音频信号：模拟音频信号是一个在时间上和幅度上都连续的信号，它的数字化过程如下所述。

1）采样

在时间轴上对信号数字化。也就是，按照固定的时间间隔抽取模拟信号的值，这样，采样后就可以使一个时间连续的信息波变为在时间上取值数目有限的离散信号。

2）量化

在幅度轴上对信号数字化。也就是，用有限个幅度值近似还原原来连续变化的幅度值，把模拟信号的连续幅度变为有限数量的有一定间隔的离散值。

3）编码

用二进制数表示每个采样的量化值（十进制数）。

2．模拟视频信号数字化过程

模拟视频信号转化为数字视频信号：模拟视频信号是一个在空间上和灰度上都连续的信号，它的数字化过程与音频信号是有差异的。

1）采样

在空间上对信号数字化。也就是，用空间上部分点的灰度值来表示图像，这些选取的点称为样点（或像素）。采样时，在图像纵向和横向方向上的像素总数将决定数字图像的质量。与音频信号在时域上对幅度值进行采样的方法不同，视频信号是对表示图像的函数进行采样的。采样后图像被分割成空间上离散的像素，但其灰度仍是连续的。

2）量化

在灰度上对信号数字化，将像素灰度转化成离散的整数值。

一幅数字图像中不同灰度值的个数称为灰度级。例如，RGB888（R：red 红，G：green 绿，B：blue 蓝）色彩模式中，每一种颜色的个数为 256，那么灰度级就是 256。$256=2^8$，于是每一种颜色可以用 8 位二进制数表示，这就将图像信息量化成了二进制数（从视觉效果来看，采用大于或等于 6bit 量化的灰度图像，视觉上就能令人满意，因为人眼一般最多可分辨 100 个灰度级）。

8.2 抽样

模拟信号数字化的第一步就是抽样。抽样就是将时间上连续的模拟信号变为时间上离散的抽样值的过程。能否由离散样值序列重建原始模拟信号是抽样定理要回答的问题。抽样定理是任何模拟信号数字化的理论基础。

8.2.1 低通抽样定理

低通抽样定理：一个频带限制在 $(0, f_H)$ 内的时间连续信号 $m(t)$，如果抽样频率 f_s 大于或等于 $2f_H$，则可以由样值序列 $m_s(t)$ 无失真地重建原始信号 $m(t)$。

1. 定理证明

设 $m(t)$ 的频带为 $(0, f_H)$，抽样过程是将时间连续信号 $m(t)$ 和周期性冲激序列 $\delta_T(t)$ 相乘，用 $m_s(t)$ 表示抽样函数，即

$$m_s(t) = m(t)\delta_T(t)$$

假设 $m(t)$、$\delta_T(t)$ 和 $m_s(t)$ 的频谱分别为 $M(\omega)$、$\delta_T(\omega)$ 和 $M_s(\omega)$，按照频域卷积定理可得

$$M_s(\omega) = \frac{1}{2\pi}[M(\omega) * \delta_T(\omega)]$$

因为

$$\delta_T(\omega) = \frac{2\pi}{T} \sum_{n=-\infty}^{\infty} \delta(\omega - n\omega_s)$$

$$\omega_s = \frac{2\pi}{T}$$

所以

$$M_s(\omega) = \frac{1}{T}\left[M(\omega) * \sum_{n=-\infty}^{\infty} \delta(\omega - n\omega_s)\right]$$

由卷积关系，上式可写成

$$M_s(\omega) = \frac{1}{T} \sum_{n=-\infty}^{\infty} M(\omega - n\omega_s) \tag{8-1}$$

式（8-1）表明，已抽样信号 $m_s(t)$ 的频谱 $M_s(\omega)$ 是无穷多个间隔为 ω_s 的 $M(\omega)$ 相叠加而成的，如图 8-3 所示。这表明 $M_s(\omega)$ 包含 $M(\omega)$ 的全部信息。如果 $\omega_s \geq 2\omega_H$（$f_s \geq 2f_H$），即抽样间隔 $T \leq \dfrac{1}{2f_H}$，则抽样后信号的频谱 $M_s(\omega)$ 是 $M(\omega)$ 周期性且不重叠地重复，如图 8-3（b）、（c）所示。如果 $\omega_s < 2\omega_H$，即抽样间隔 $T > \dfrac{1}{2f_H}$，则抽样后信号的频谱在相邻的周期内发生混叠，如图 8-3（d）所示，此时不可能无失真地重建原信号。因此必须满足 $T \leq \dfrac{1}{2f_H}$，$m(t)$ 才能被 $m_s(t)$ 完全确定，这就证明了抽样定理。显然，$T = \dfrac{1}{2f_H}$ 是最大允许抽样间隔，称为奈奎斯特间隔，相对应的最低抽样速率 $f_s = 2f_H$ 称为奈奎斯特速率。

此定理告诉我们：如果 $m(t)$ 的频谱在某一频率 f_H 以上为零，则 $m(t)$ 中的全部信息完全包含在其间隔不大于 $\dfrac{1}{2f_H}$ 秒的均匀抽样序列值里。换言之，在信号最高频率分量的每一个周期内起码应抽样两次。或者说，抽样速率 f_s（每秒内的抽样点数）应不小于 $2f_H$，如果抽样速率 $f_s < 2f_H$，则会产生失真，这种失真叫混叠失真，如图 8-3（d）所示。

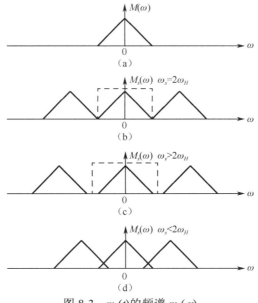

图 8-3　$m_s(t)$ 的频谱 $m_s(\omega)$

2. 恢复低通抽样信号

让抽样信号 $m_s(t)$ 通过一个理想低通滤波器，就能恢复原始模拟信号，频域上的理解如图 8-3（b）、（c）所示。下面从时域上来理解这一点。假定以最小所需速率对信号 $m(t)$ 抽样，即 $\omega_s = 2\omega_H$，由式（8-1）变成

$$M_s(\omega) = \frac{1}{T} \sum_{n=-\infty}^{\infty} M(\omega - 2n\omega_H) \qquad (8\text{-}2)$$

将 $M_s(\omega)$ 通过截止频率为 ω_H 的低通滤波器便可得到频谱 $M(\omega)$，其中滤波器的作用相当于用函数 $D_{2\omega_H}(\omega)$ 去乘 $M_s(\omega)$。因此，由式（8-2）可得

$$M_s(\omega) \cdot D_{2\omega_H}(\omega) = \frac{1}{T} \sum_{n=-\infty}^{\infty} M(\omega - n\omega_H) \cdot D_{2\omega_H}(\omega) = \frac{1}{T} M(\omega)$$

所以

$$M(\omega) = T[M_s(\omega) \cdot D_{2\omega_H}(\omega)]$$

由时间卷积定理可得

$$m(t) = T m_s(t) * \frac{\omega_H}{\pi} S_a(\omega_H t)$$

其中：

$$T = \frac{1}{2f_H} = \frac{\pi}{\omega_H}$$

所以

$$m(t) = m_s(t) \cdot S_a(\omega_H t)$$

而抽样函数

$$m_s(t) = \sum_{n=-\infty}^{\infty} m_n \delta(t - nT)$$

式中，m_n 是 $m(t)$ 的第 n 个抽样。所以

$$m(t) = \sum_{n=-\infty}^{\infty} m_n \delta(t - nT) \cdot S_a(\omega_H t)$$

$$= \sum_{n=-\infty}^{\infty} m_n S_a[\omega_H(t - nT)]$$

$$= \sum_{n=-\infty}^{\infty} m_n S_a[\omega_H t - n\pi]$$

从上式可以看出，将每一个抽样值和抽样函数相乘后得到的所有波形叠加起来便是 $m(t)$。

8.2.2 带通抽样定理

实际中遇到的许多信号是带通信号。如果采用低通抽样定理的抽样速率 $f_s \geq 2f_H$ 对带通信号抽样，肯定能满足频谱不混叠的要求。但这样选择 f_s 太高了，它会使 $0 \sim f_L$ 一大段频谱空隙得不到利用，降低了信道的利用率。为了提高信道利用率，同时又使抽样后的信号频谱不混叠，怎样选择 f_s 呢？

带通抽样定理：一个带通信号 $m(t)$，其频率限制在 f_L 与 f_H 之间，带宽为 $B = f_H - f_L$，则最小抽样速率应满足 $f_s = \dfrac{2f_H}{m}$，其中 m 是一个不超过 $\dfrac{f_H}{B}$ 的最大整数。

下面分两种情况讨论。

（1）如果最高频率 f_H 为带宽的整数倍，即 $f_H = nB$。此时 $\dfrac{f_H}{B} = n$ 是整数，$m = n$，则抽样速率 $f_s = \dfrac{2f_H}{m} = \dfrac{2f_H}{n} = 2B$。图 8-4 给出了 $f_H = 5B$ 时的频谱图，其中 $f_H = 2.5f_s$，$f_L = 2f_s$，$B = 0.5f_s$。

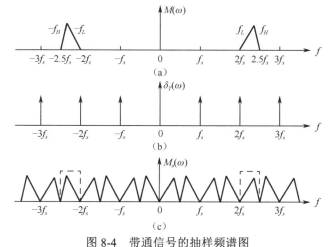

图 8-4　带通信号的抽样频谱图

图 8-4 中，抽样后信号的频谱 $M_s(\omega)$ 既没有混叠也没有留空隙，而且包含有 $m(t)$ 的频谱 $M(\omega)$（图中虚线所框的部分）。这样，采用带通滤波器就能无失真恢复信号，且此时抽样速率 $f_s = 2B$，远低于按低通抽样定理时 $f_s = 10B$ 的要求。显然，如果 $f_s < 2B$ 则必然会出现混叠失真。由此可知：当 $f_H = nB$ 时，能重建原信号 $m(t)$ 的最小抽样频率为 $f_s = 2B$。

（2）如果最高频率 f_H 不是带宽的整数倍，即

$$f_H = nB + kB, \quad 0 < k < 1$$

此时，$\dfrac{f_H}{B} = n + k$，由定理知，m 是一个不超过 $n + k$ 的最大整数，即 $m = n$，因此能恢复出原信号 $m(t)$ 的最小抽样速率为

$$f_s = \frac{2f_H}{m} = \frac{2(nB + kB)}{n} = 2k\left(1 + \frac{k}{n}\right) \tag{8-3}$$

式中，n 是一个不超过 $\dfrac{f_H}{B}$ 的最大整数，$0 < k < 1$。

根据式（8-3），当 $f_L \gg B$ 时，n 很大，因此不论 f_H 是否为带宽的整数倍，式（8-3）都可简化为

$$f_s \approx 2B$$

实际中广泛应用的高频窄带信号就符合这种情况。由于带通信号一般为窄带信号，容易满足 $f_L \gg B$，因此带通信号通常可按 $2B$ 速率抽样。

8.2.3　抽样定理的实现

下面通过实例来对抽样和信号的恢复过程进行仿真验证。

【例 8-1】　利用 Simulink 实现抽样定理。

其实现步骤如下。

（1）建立仿真框图。

根据以上分析建立的系统模型如图 8-5 所示。

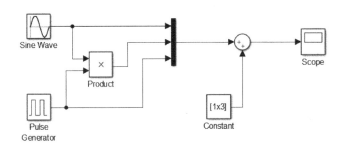

图 8-5　Simulink 仿真框图

（2）设置模块参数。

根据需要，双击图 8-5 中对应的模块，即可设置参数。

图 8-6 为 Sine Wave 模块的参数设置，图 8-7 为 Pulse Generator 模块的参数设置，图 8-8 为 Product 模块的参数设置，图 8-9 为 Sum 模块的参数设置，图 8-10 为 Constant 模块的参数设置。

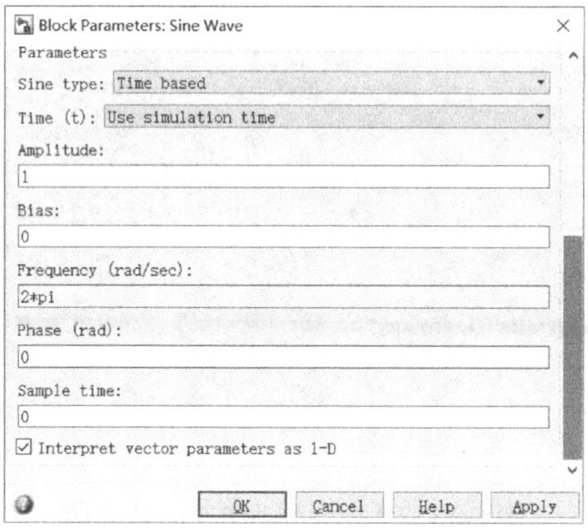

图 8-6　Sine Wave 模块参数设置

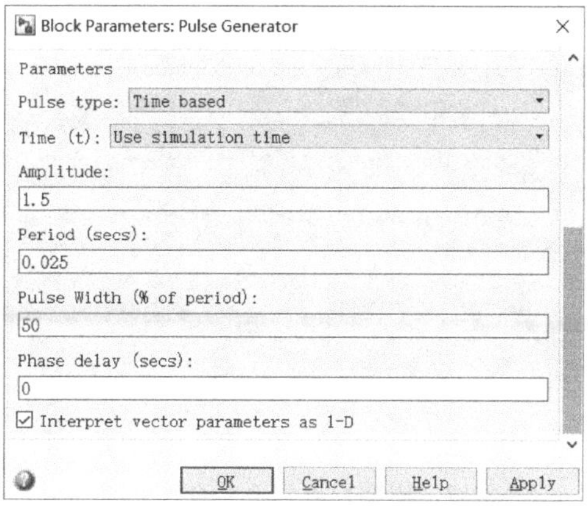

图 8-7　Pulse Generator 模块参数设置

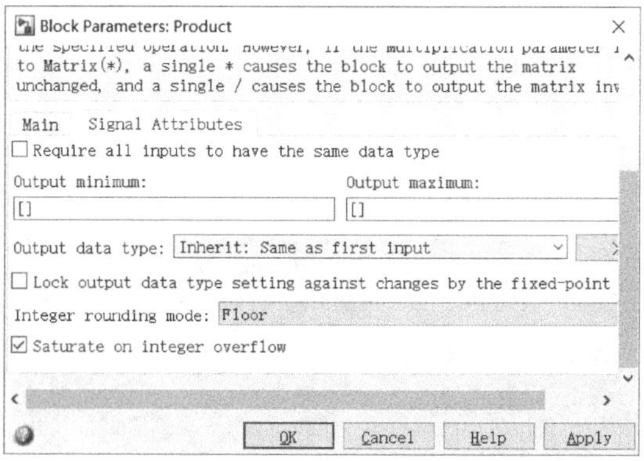

图 8-8　Product 模块参数设置

图 8-9　Sum 模块参数设置

（3）运行仿真。

将仿真时间设置为 0~1s，Max step size 设置为 0.01，其他参数为默认值，运行仿真，效果如图 8-11 所示。

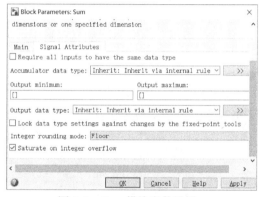

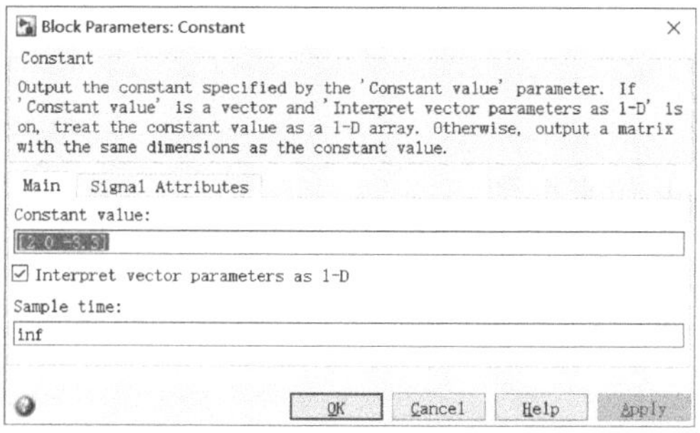

图 8-10　Constant 模块参数设置

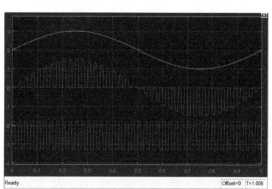

图 8-11　周期设置为 0.025 的效果图

281

在脉冲函数产生模块的参数设置中的周期设置由原来的 0.025 变为 0.1 时的效果如图 8-12 所示。

在脉冲函数产生模块的参数设置中的周期设置由原来的 0.025 变为 0.5 时的效果如图 8-13 所示。

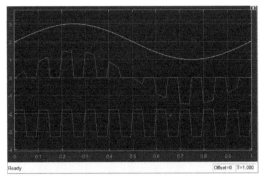

图 8-12　周期设置为 0.1 的效果图

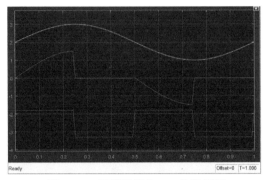

图 8-13　周期设置为 0.5 的效果图

在脉冲函数产生模块的参数设置中的周期设置由原来的 0.025 变为 0.4 时的效果如图 8-14 所示。

在脉冲函数产生模块的参数设置中的周期设置由原来的 0.025 变为 0.01 时的效果如图 8-15 所示。

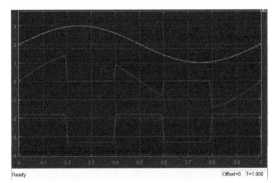

图 8-14　周期设置为 0.4 的效果图

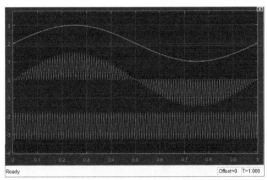

图 8-15　周期设置为 0.01 的效果图

下面通过一个实例来演示低通抽样信号的 Simulink 仿真。

【例 8-2】　输入信号为一频率为 10Hz 的正弦波，观察对于同一输入信号有不同的抽样频率时，恢复信号的不同形态。

分为三种情况讨论。

（1）当抽样频率大于信号频率的两倍时。

① 根据需要，建立如图 8-16 所示的 Simulink 仿真框图。

② 根据需要，模块的参数设置如下。

图 8-17 为 Sine Wave 模块的参数设置，图 8-18 为 Pulse Generator 模块的参数设置，图 8-19 为 Analog filter Design 模块的参数设置。

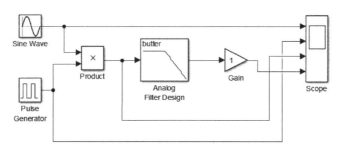

图 8-16 仿真框图

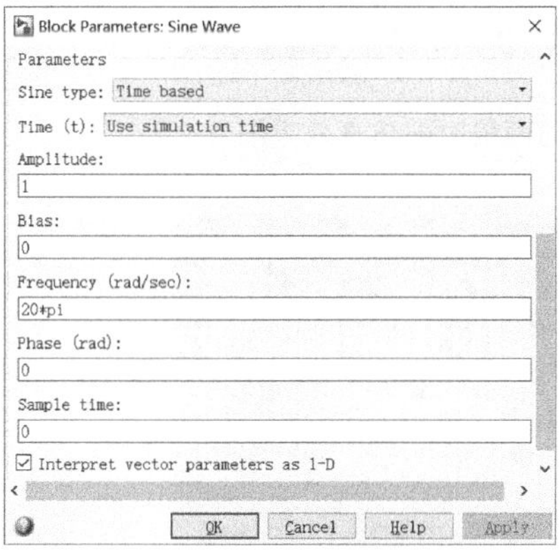

图 8-17 Sine Wave 模块参数设置

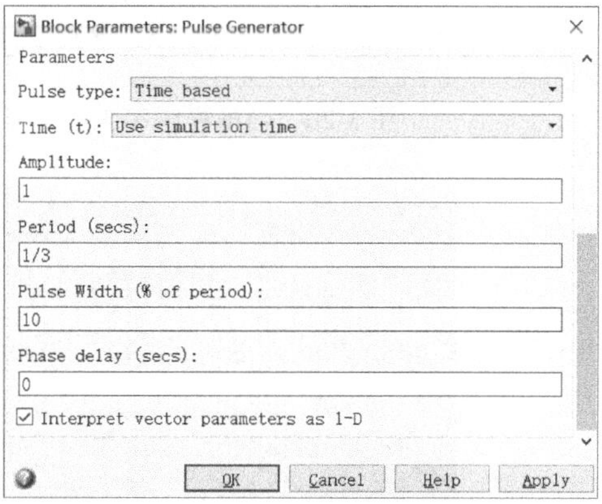

图 8-18 Pulse Generator 模块参数设置

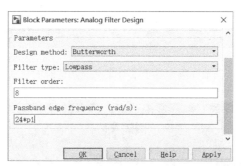

图 8-19 Analog Filter Design 模块参数设置

③ 运行仿真。

将仿真时间设置为 0～5s，其他参数采用默认值，运行仿真，效果如图 8-20 所示。

（2）当抽样频率等于信号频率的两倍时。

当抽样频率等于信号频率的两倍，即抽样频率为 20Hz 时，将 Pulse Generator 模块的 Period 设置为 0.05，其他参数设置不变，得到恢复的信号如图 8-21 所示。

（3）当抽样频率小于信号频率的两倍时。

当抽样频率小于信号频率的两倍，即抽样频率为 5Hz 时，将 Pulse Generator 模块的 Period 设置为 0.2，其他参数设置不变，得到恢复的信号如图 8-22 所示。

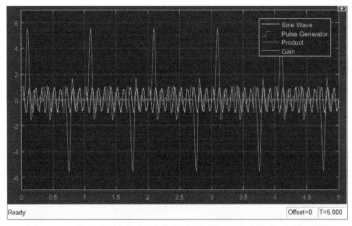

图 8-20　当抽样频率大于信号频率的两倍时的仿真效果图

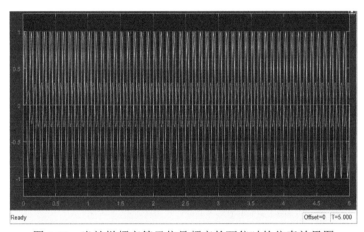

图 8-21　当抽样频率等于信号频率的两倍时的仿真效果图

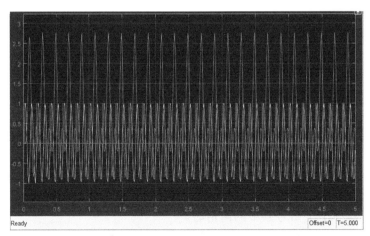

图 8-22　当抽样频率小于信号频率的两倍时的仿真效果图

结论：当抽样频率小于信号频率的两倍时，恢复信号波形出现失真。

8.3 脉冲振幅调制

8.3.1 脉冲调制

脉冲调制就是以时间上离散的脉冲串作为载波，用模拟基带信号 $m(t)$ 去控制脉冲串的某参数，使其按 $m(t)$ 的规律变化的调制方式。通常，按基带信号改变脉冲参量（幅度、宽度和位置）的不同，把脉冲调制分为脉冲调制（PAM）、脉宽调制（PDM）和脉位调制（PPM）。虽然这三种信号在时间上都是离散的，但被调参量的变化是连续的，因此也都属于模拟信号。三种脉冲调制都是基于抽样定理的应用。在数十年前的模拟通信时代，它们都应用广泛。

PAM 信号：PAM 是脉冲载波的幅度随基带信号变化的一种调制方式。满足抽样定理的样值序列就是 PAM 信号。在序列中各样本的幅值 $m(nT_s)$ 构成的包络与 $m(t)$ 成正比。虽然 PAM 不是数字量的信号，但是可以实现多路信号的时间复用（TDM）。

PDM 信号：脉宽调制（PDM）与 PAM 不同，脉冲序列的振幅相等，但脉冲序列的宽度与抽样时刻各 $m(nT_s)$ 的离散值成正比。

PPM 信号：PPM 是脉冲序列的位置在不同方向上的位移大小与信号抽样值 $m(nT_s)$ 成正比。PPM 模拟脉冲信号在光调制和光信号处理技术中有广泛应用。

8.3.2 PAM 原理

按抽样定理进行抽样得到的信号 $m_s(t)$ 就是一个 PAM 信号。但是，用冲激脉冲序列进行抽样是一种理想抽样的情况，是不可能实现的。在实际中通常采用脉冲宽度相对于抽样周期很窄的窄脉冲序列近似代替冲激脉冲序列，从而实现脉冲振幅调制。通常，用窄脉冲序列进行实际抽样的脉冲振幅调制方式有两种：自然抽样的脉冲调幅和平顶抽样的脉冲调幅。

1. 自然抽样的脉冲调幅

自然抽样过程是信号 $m(t)$ 和周期方波脉冲串 $s(t)$ 的乘积，即抽样器的输出为

$$m_s(t) = m(t) \cdot s(t) \tag{8-4}$$

其中

$$s(t) = \sum_{n=-\infty}^{\infty} p(t - nT_s) \tag{8-5}$$

方波脉冲 $p(t)$ 的宽度为 τ，周期为 T_s，幅度为 A。

自然抽样其实是一种脉冲幅度调制（PAM）。其中载波为 $s(t)$，调制信号为 $m(t)$。

由于 $s(t)$ 是周期函数，因此它可以用傅氏级数表示为

$$s(t) = \sum_{n=-\infty}^{\infty} c_n \mathrm{e}^{jn\omega_s t} = c_0 + 2\sum_{n=1}^{\infty} c_n \cos n\omega_s t \tag{8-6}$$

式中，$\omega_s = 2\pi f_s$，f_s 为抽样速率。c_n 为傅氏级数系数，即

$$
\begin{aligned}
c_n &= \frac{1}{T_s} \int_{-\frac{T_s}{2}}^{\frac{T_s}{2}} s(t)\,\mathrm{e}^{-jn\omega_s t}\,\mathrm{d}t \\
&= \frac{1}{T_s} \int_{-\frac{\tau}{2}}^{\frac{\tau}{2}} A \cdot \mathrm{e}^{-jn\omega_s t}\,\mathrm{d}t \\
&= \frac{A\tau}{T_s} \frac{\sin\left(\dfrac{n\omega_s \tau}{2}\right)}{\dfrac{n\omega_s \tau}{2}}
\end{aligned}
$$

随着谐波次数 n 的增加，幅度 c_n 减小。由式（8-4）、式（8-6）得到：

$$m_s(t) = m(t) \cdot \sum_{n=1}^{\infty} c_n \mathrm{e}^{jn\omega_s t} = \sum_{n=1}^{\infty} c_n m(t) \mathrm{e}^{jn\omega_s t}$$

根据傅氏变换的频移性质（调制定理）可知，如果 $m(t)$ 的频谱为 $M(\omega)$，即 $m(t) \leftrightarrow M(\omega)$，则有

$$m(t)\mathrm{e}^{jn\omega_s t} \leftrightarrow M(\omega - n\omega_s)$$

于是有

$$m_s(t) \leftrightarrow M(\omega_s) = \sum_{n=1}^{\infty} c_n M(\omega - n\omega_s) \tag{8-7}$$

由式（8-7）可知，抽样器输出信号的频谱是一个无限频谱，它等于无穷多个原信号频谱平移 $n\omega_s$ 并乘以 c_n 后相加，即 $c_n M(\omega - n\omega_s)(0 = 0, \pm 1, \pm 2, \cdots)$。如果 $m(t)$ 为带限的低通信号，且 $\omega_s \geq 2\omega_H$，则频谱 $c_n M(\omega - n\omega_s)$ 不会重叠。

用一个截止频率为 $\omega_c (\omega_H < \omega_c < \omega_s - \omega_H)$ 的低通滤波器便可以从 $M_s(\omega)$ 提取 $M(\omega)$，恢复原来的模拟信号 $m(t)$。但是，如果 $\omega_s < 2\omega_H$，则频谱就会有混叠。低通滤波器取出信号的频谱和 $M(\omega)$ 就有差别，因此不能无失真地恢复信号 $m(t)$。

比较理想抽样和自然抽样的不同之处是：理想抽样的频谱被常数 $\dfrac{1}{T_s}$ 加权，因而信号带宽为无穷大；自然抽样频谱的包络按 Sa 函数随频率增高而下降，因而带宽是有限的，且带宽与脉宽 τ 有关。τ 越大，带宽越小，这有利于信号的传输，但 τ 大会导致时分复用的路数减小，显然 τ 的大小要兼顾带宽和复用路数这两个互相矛盾的要求。

2. 平顶抽样的脉冲调幅

平顶抽样又叫瞬时抽样，它与自然抽样的不同之处在于它抽样后信号为矩形脉冲信号，矩形脉冲的幅度即为瞬时抽样值。平顶抽样 PAM 信号在原理上可以由理想抽样和脉冲形成电路产生，其原理框图如图 8-23 所示，其中脉冲形成电路的作用就是把冲激脉冲变为矩形脉冲。

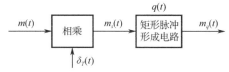

图 8-23 平顶抽样信号原理框图

设基带信号为 $m(t)$，矩形脉冲形成电路的冲激响应为 $q(t)$，$m(t)$ 经过理想抽样后得到的信号 $m_s(t)$ 为 $m_s(t) = \sum_{n=1}^{\infty} m(nT_s)\delta(t - nT_s)$，这就是说，$m_s(t)$ 是由一系列被 $m(nT_s)$ 加权的冲激序列组成的，而 $m(nT_s)$ 就是第 n 个抽样值幅度。经过矩形脉冲形成电路，每当输入一个冲激信号，在其输出端便产生一个幅度为 $m(nT_s)$ 的矩形脉冲 $q(t)$，因此在 $m_s(t)$ 的作用下，输出便产生一系列被 $m(nT_s)$ 加权的矩形脉冲序列，这就是平顶抽样 PAM 信号 $m_q(t)$。它表示为

$$m_q(t) = \sum_{n=1}^{\infty} m(nT_s)q(t - nT_s)$$

设脉冲形成电路的传输函数为 $H(\omega) = Q(\omega)$，则输出的平顶抽样信号频谱 $M_q(\omega)$ 为

$$M_q(\omega) = M_s(\omega)Q(\omega) \tag{8-8}$$

利用式（8-2）取样 $M_s(\omega)$ 的结果，上式变为

$$M_q(\omega) = \frac{1}{T_s}Q(\omega)\sum_{n=1}^{\infty} M(\omega - 2n\omega_H) = \frac{1}{T_s}\sum_{n=1}^{\infty} Q(\omega)M(\omega - 2n\omega_H)$$

由上式可看出，平顶抽样的 PAM 信号的频谱 $M_q(\omega)$ 是由 $Q(\omega)$ 加权后的周期性重复的 $M(\omega)$ 所组成的，由于 $Q(\omega)$ 是 ω 的函数，如果直接用低通滤波器恢复，得到 $\dfrac{Q(\omega)M(\omega)}{T_s}$，它必须存在失真。为了从 $m_q(t)$ 中恢复原始基带信号 $m(t)$，可采用如图 8-24 所示的解调原理方框图。在滤波前先用特性为 $\dfrac{1}{Q(\omega)}$ 的频谱校正网络加以修正，则低通滤波器便能无失真地恢复原始基带信号 $m(t)$。

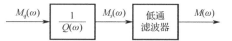

在实际应用中，平顶抽样信号采用抽样保持电路来实现，得到的脉冲为矩形脉冲。在后面章

图 8-24 平顶抽样的解调原理方框图

节介绍的 PCM 系统的编码中，编码器的输入就是经抽样保持电路得到的平顶抽样脉冲。

在实际应用中，恢复信号的低通滤波器也不可能是理想的，因此考虑到实际滤波器可能实现的特性，抽样速率 f_s 要比 $2f_H$ 选得大一些，一般 $f_s = (2.5 \sim 3)f_H$。例如，语音信号频率一般为 $300 \sim 3400\text{Hz}$，抽样速率 f_s 一般取 8000Hz。

以上按自然抽样和平顶抽样均能构成 PAM 通信系统，也就是说可以在信道中直接传输抽样后的信号，但由于它们抗干扰能力差，目前很少用。它已被性能良好的脉冲编码调制（PCM）所取代。

8.4　量化

模拟信号 $m(t)$ 经抽样后得到样值序列 $m_s(t)$，样值序列在时间上是离散的，但在幅度上还是连续的，即有无限多种样值。这种样值无法用有限位数字信号来表示，因为有限位数字信号 n 最多能表示 $M = 2^n$ 种电平。因此，必须对这种样值做进一步处理，使它成为在幅度上是有限种取值的离散样值。对幅度进行离散化处理的过程称为量化，实现量化的器件称为量化器。

下面主要介绍两种常用的量化。

8.4.1　均匀量化

把输入信号的取值域按等距离分割的量化称为均匀量化。在均匀量化中，每个量化区间的量化电平均取在各区间的中点，图 8-25 即是均匀量化的例子，其量化间隔 Δ_i 取决于输入信号的变化范围和量化电平数。

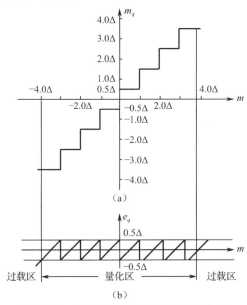

图 8-25　均匀量化特性及量化误差曲线

如果设输入信号的最小值和最大值分别为 a 和 b，量化电平数为 M，则均匀量化时的量化间隔为

$$\Delta_i = \Delta = \frac{b-a}{M}$$

量化器输出 m_q 为

$$m_q = q_i, \quad m_{i-1} < m \leqslant m_i$$

式中，m_i 是第 i 量化区间的终点，可写成 $m_i = a + i\Delta v$；q_i 是第 i 量化区间的量化电平，可表示为 $q_i = \dfrac{m_i + m_{i-1}}{2}, i = 1, 2, \cdots, M$。

量化器的输入与输出关系可用量化特性来表示，语音编码常采用如图 8-25（a）所示输入–输出特性的均匀量化器，当输入 m 在量化区间 $m_{i-1} < m \leqslant m_i$ 变化时，量化电平 q_i 是该区间的中点值。而相应的量化误差 $e_q = m - m_q$ 与输入信号幅度 m 之间的关系曲线如图 8-25（b）所示。从图中可见，当输入信号幅度在 $(-4\Delta, 4\Delta)$ 时，量化误差的绝对值都不会超过 $\dfrac{\Delta}{2}$，这段范围称为量化的未过载区。在未过载区产生的噪声称为未过载量化噪声。当输入电压幅度 $m < -4\Delta$ 或 $m > 4\Delta$ 时，量化误差值线性增大，超过 $\dfrac{\Delta}{2}$，这段范围称为量化的过载区。过载区的误差特性是线性增长的，因而过载误差比量化误差大，对重建信号有很坏的影响。在设计量化器时，应考虑输入信号的幅度范围，使信号幅度不进入过载区，或者只能以极小的概率进入过载区。

上述的量化误差 $e_q = m - m_q$ 通常称为绝对量化误差，它在每一量化间隔内的最大值均为 $\dfrac{\Delta}{2}$。在衡量量化器性能时，单看绝对误差的大小是不够的，因为信号有大有小，同样大的噪声对大信号的影响可能不算什么，但对小信号而言有可能造成严重的后果，因此在衡量系统性能时应看噪声与信号的相对大小，我们把绝对量化误差与信号之比称为相对量化误差。相对量化误差的大小反映了量化器的性能，通常用量化信噪比 $\dfrac{S}{N_q}$ 来衡量，它被定义为信号功率与量化噪声功率之比，即

$$\frac{S}{N_q} = \frac{E[m^2]}{E[(m - m_q)^2]}$$

式中，E 表示求统计平均，S 为信号功率，N_q 为量化噪声功率。显然，$\dfrac{S}{N_q}$ 越大，量化性能越好。

8.4.2　非均匀量化

非均匀量化是根据信号的不同区间来确定量化间隔的。对于信号取值小的区间，其量化间隔也小；反之，量化间隔就大。非均匀量化是一种在整个动态范围内量化间隔不相等的量化。换言之，非均匀量化是根据输入信号的概率密度函数来分量化电平，以改善量化性能。非均匀量化与均匀量化相比，有两个主要的优点：

（1）当输入量化器的信号具有非均匀分布的概率密度时，非均匀量化器的输出端可得较高的平均信号量化噪声功率比；

（2）非均匀量化时，量化噪声功率的均方根值基本上与信号抽样值成比例，因此，量化噪声对大、小信号的影响大致相同，即改善了小信号的量化信噪比。

实际中，非均匀量化的实现方法如图 8-26 所示。在发送端，把抽样值 x 先进行压缩处理，再把压缩后的信号 y 进行均匀量化；在接收端，对信号 y 进行扩张来恢复 x。

图 8-26 非均匀量化的实现

压缩处理就是通过一个非线性变换电路，使得微弱的信号被放大，强的信号被压缩。压缩的输入、输出关系表示为

$$y = f(x)$$

式中，x 为归一化输入，y 为归一化输出。归一化是指信号电压与信号最大电压之比，所以归一化的最大值为 1。

接收端用一个传输特性为

$$x = f^{-x}(y)$$

的扩张器来恢复 x。

通常使用的压缩器中，大多采用对数式压缩，即 $y = \ln x$。广泛应用的两种对数压缩特性是 A 律压缩和 μ 律压缩。

1. A 律压缩

A 律压缩的压缩特性为

$$y = \begin{cases} \dfrac{Ax}{1 + \ln A} & 0 \leqslant x \leqslant \dfrac{1}{A} \\[2mm] \dfrac{1 + \ln Ax}{1 + \ln A} & \dfrac{1}{A} \leqslant x \leqslant 1 \end{cases} \tag{8-9}$$

式（8-9）是 A 律的主要表达式，但它当 $x=0$ 时，$y \to \infty$，这样不满足对压缩特性的要求，所以当 x 很小时应对它加以修正。A 为压缩参数，$A=1$ 时无压缩，A 值越大压缩效果越明显。

2. μ 律压缩

μ 律压缩的压缩特性为

$$y = \frac{\ln(1 + \mu x)}{\ln(1 + \mu)} \quad 0 \leqslant x \leqslant 1$$

其中，μ 是压缩系数，y 是归一化的压缩器输出电压，x 是归一化的压缩器输入电压。

3. 13 折线

实际中，A 律压缩通常采用 13 折线来近似，13 折线法具体的分法为：
（1）将区间[0,1]一分为二，其中点为 1/2，取区间[1/2,1]作为第 8 段；
（2）将剩下的区间[0,1/2]再一分为二，其中点为 1/4，取区间[1/4,1/2]作为第 7 段；
（3）将剩下的区间[0,1/4]再一分为二，其中点为 1/8，取区间[1/8,1/4]作为第 6 段；

（4）将剩下的区间[0,1/8]再一分为二，其中点为 1/16，取区间[1/16,1/8]作为第 5 段；

（5）将剩下的区间[0,1/16]再一分为二，其中点为 1/32，取区间[1/32,1/16]作为第 4 段；

（6）将剩下的区间[0,1/32]再一分为二，其中点为 1/64，取区间[1/64,1/32]作为第 3 段；

（7）将剩下的区间[0,1/64]再一分为二，其中点为 1/128，取区间[1/128,1/64]作为第 2 段；

（8）将最后剩下的区间[0,1/128]作为第 1 段。

然后将 y 轴的[0,1]区间均匀分成 8 段，从第 1 段到第 8 段分别为[0,1/8]，（1/8,2/8），（2/8,3/8），（3/8,4/8），（4/8,5/8），（5/8,6/8），（6/8,7/8），（7/8,1），分别与 x 轴的 8 段一一对应。

13 折线和 A 律压缩近似，下面考察 13 折线与 A 律（A=87.6）压缩特性的近似程度。在 A 律对数特性的小信号区分界点 $x=1/A=1/87.6$，相应的 y 取值为 0.183。13 折线中第 1、2 段起始点 y 取值小于 0.183，所以这两段起始点 x、y 的关系可由式（8-9）求得，即

$$y = \frac{Ax}{1+\ln A} = \frac{87.6}{1+\ln 87.6}x$$

$$x = \frac{1+\ln 87.6}{87.6}y$$

当 $y>0.183$ 时，由式（8-9）求得

$$y-1 = \frac{\ln x}{1+\ln A} = \frac{\ln x}{\ln eA}$$

$$\ln x = (y-1)\ln eA$$

$$x = \frac{1}{(eA)^{1-y}}$$

其余 6 段用 A=87.6 代入式（8-9）计算的 x 值列入表 8-1 中的第 2 行。与按折线分段时的 x 值（第 3 行）进行比较可见，13 折线各段落的分界点与 A=87.6 曲线十分逼近，并且两特性起始段的斜率均为 16，这就说明，13 折线非常逼近 A=87.6 的对数压缩特性。

表 8-1　A=87.6 与 13 折线压缩特性的比较

x	0	1/8	2/8	3/8	4/8	5/8	6/8	7/8	1
y	0	1/128	1/60.6	1/30.6	1/15.4	1/7.79	1/3.93	1/1.98	1
按折线分段时的 x	0	1/128	1/64	1/32	1/16	1/8	1/4	1/2	1

在 A 律特性分析中可看出，取 A=87.6 有两个目的：一是使特性曲线原点附近的斜率凑成 16；二是使 13 折线逼近时，x 的 8 段量化分界点近似为 $\frac{1}{2^n}(n=0,1,2,\cdots,7)$，可以按 2 的幂次递减分割，有利于数字化。

4．15 折线

实际中，μ 律压缩通常采用 15 折线来近似。采用 15 折线逼近 μ 律压缩特性（$\mu=255$）的原理与 A 律 13 折线类似，也是把 y 轴均分 8 段，图中先把 y 轴的[0,1]区间分为 8 个均匀段。对应于 y 轴分界点 $n/8$ 处的 x 轴分界点的值根据式 $y = \dfrac{\ln(1+255x)}{\ln(1+255)}$ 来计算，即

$$x = \frac{256^y - 1}{255} = \frac{256^{n/8} - 1}{255} = \frac{2^n - 1}{255}$$

由于第三象限压缩特性的形状与第一象限压缩特性的形状相同，且它们以原点为奇对称，所以负方向也有 8 段直线，总共有 16 个线段，但由于正向第 1 段和负向第 1 段的斜率相同，所以这两段实际上为一条直线，因此，正、负双向的折线总共由 15 条直线段构成。这就是 15 折线的由来。15 折线的第 1 段到第 8 段斜率分别为 255/8、255/16、255/32、255/64、255/128、255/256、255/512、255/1024。和 13 折线的第 1 段到第 8 段斜率相比较可知，15 折线 μ 律中小信号的量化信噪比比 13 折线 A 律大近一倍，但对于大信号来说，μ 律不如 A 律。

5．非均匀量化的 Simulink 模块

在 Simulink 中也提供了相应的 Simulink 模块实现 A 律压缩与 μ 律压缩，下面分别予以介绍。

1）A 律压缩模块

模块的输入并无限制。如果输入为向量，则向量中的每一个分量将会被单独处理。

在通信系统工具箱中找到 A-Law Compressor 模块，双击即可弹出 A 律压缩模块的参数设置对话框，如图 8-27 所示。

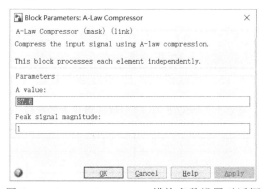

图 8-27　A-Law Compressor 模块参数设置对话框

由图 8-27 可以看出，A-Law Compressor 模块参数设置对话框包含两个参数项，下面分别对这两个参数进行介绍。

A value：用于指定压缩参数 A 的值。

Peak signal magnitude：用于指定输入信号的峰值 V。

2）μ 律压缩模块

模块的输入并无限制。如果输入为向量，则向量中的每一个分量将会被单独处理。

在通信系统工具箱中找到 Mu-Law Compressor 模块，双击即可弹出 μ 律压缩模块的参数设置对话框，如图 8-28 所示。

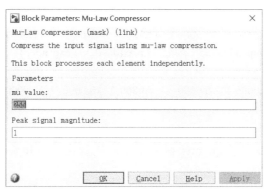

图 8-28   Mu-Law Compressor 模块参数设置对话框

由图 8-28 可以看出，Mu-Law Compressor 模块参数设置对话框包含两个参数项，下面分别对这两个参数进行介绍。

mu value：用于指定 μ 律压缩参数 μ 的值。

Peak signal magnitude：用于指定输入信号的峰值 V，也是输出信号的峰值。

6．量化的 MATLAB 实现

在 MATLAB 中也提供了相应的函数实现量化，下面分别对这些函数进行介绍。

1）compand 函数

在 MATLAB 中，提供了 compand 函数用于实现在信源编码中的 μ 律和 A 律压扩计算函数。函数的调用格式如下。

out=compand(in, param, V)：实现 μ 律压扩，其中 param 为 μ 值，V 为峰值。

out=compand(in, param, V, method)：实现 μ 律或 A 律压扩，其中 param 为 μ 值或 A 值，V 为峰值，压扩方法由 method 指定。

method 方法有以下几种。

（1）'mμ/compressor'：μ 律压缩。

（2）'mμ/expander'：μ 律扩展。

（3）'A/compressor'：A 律压缩。

（4）'A/expander'：A 律扩展。

【例 8-3】 对给定的数据实现 μ 律和 A 律压扩计算。

```
>> clear all;
>> data = 2:2:12;                                            %数据序列
>> compressed = compand(data,87.6,max(data),'a/compressor') %一次 A 律压扩计算
compressed =
```

```
        8.0713      9.5911      10.4802      11.1109      11.6002      12.0000
>> expanded = compand(compressed,87.6,max(data),'a/expander')      %二次 A 律压扩计算
expanded =
        2.0000      4.0000       6.0000       8.0000      10.0000      12.0000
>> compressed = compand(data,255,max(data),'mu/compressor')      %一次 Mu 律压扩计算
compressed =
        8.1644      9.6394      10.5084      11.1268      11.6071      12.0000
>> expanded = compand(compressed,255,max(data),'mu/expander')      %二次 Mu 律压扩计算
expanded =
        2.0000      4.0000       6.0000       8.0000      10.0000      12.0000
```

2）quantiz 函数

在 MATLAB 中，提供了 quantiz 函数用于产生量化索引和量化输出值的函数。函数的调用格式如下。

indx=quantiz(sig, partition)：根据判断向量 partition，对输入信号 sig 产生量化索引 indx，indx 的长度与 sig 矢量的长度相同。向量 partition 则是由若干边界判断点且各边界点的大小严格按升序排列组成的实矢量。若 partition 的矢量长度为 $N-1$，则索引向量 indx 中的每个元素的大小为 $[0, N-1]$。

若信号 sig 小于或等于 partition(1)，则输出 0；若信号 sig 大于 partition(1)，而小于或等于 partition($i+1$)，则输出 i；若信号 sig 大于 partition($N-1$)，则输出 $N-1$。

[indx,quant]=quantiz(sig, partition, codebook)：根据码本 codebook，产生量化索引 indx 和信号的量化值 quant。codebook 存放每个 partition 的量化值，对应 indx=$i-1$ 的值在 codebook(i)，若 partition 的长度为 $N-1$，则 codebook 长度为 N。

[indx,quant,distor]=quantiz(sig, partition, codebook)：产生量化索引 indx、信号量化值 quant 及量化误差 distor。

【例 8-4】 用 quantiz 函数计算给定的数据序列的量化索引和量化输出值。

```
>> clear all;
>> [index,quants] = quantiz([3 34 84 40 23],10:10:90,10:10:100)
```

运行程序，输出如下：

```
index =
    0     3     8     3     2
quants =
    10    40    90    40    30
```

3）lloyds 函数

在 MATLAB 中，提供了 lloyds 函数实现采用训练序列和 Lloyd 算法优化标量算法。函数的调用格式如下。

[partition,codebook]=lloyds(training_set, ini_codebook)：用训练集矢量 training_set 优化标量量化参数 partition 和码本 codebook。ini_codebook 是码本 codebook 的初始值。码

本长度大于或等于 2，输出码本的长度与初始码本长度相同。输出量化参数 partition 的长度较码本长度小于 1。当 ini_codebook 为整数时，该函数以其作为码本的长度。当处理后相对误差小于 10^{-7} 时，停止进行处理。

【例 8-5】　用训练序列和 lloyd 算法，对一个正弦信号数据进行标量量化。

```
>> clear all;
n=2^3;                              %以 3 比特传递信道
t=[0:100]*pi/20;
y=cos(t);
[a,b]=lloyds(y,n);                  %生成分界点矢量和编码手册
[indx,quant,distor]=quantiz(y,a,b); %理化信号
axis([-1 1 0 16]);
plot(t,y,t,quant,'rp');
```

运行程序，效果如图 8-29 所示。

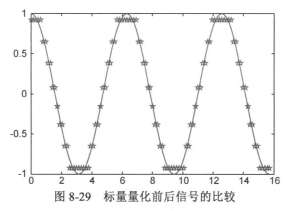

图 8-29　标量量化前后信号的比较

8.4.3　量化的实现

下面通过一个实例来演示量化的实现。

【例 8-6】　A 律压缩扩张曲线的 13 段折线近似的仿真。

压缩系数为 86.7 的 A 律压缩扩张曲线可以用折线来近似。16 段折线点坐标是

$$x = \left[-1, -\frac{1}{2}, -\frac{1}{4}, -\frac{1}{8}, -\frac{1}{16}, -\frac{1}{32}, -\frac{1}{64}, -\frac{1}{128}, 0, \frac{1}{128}, \frac{1}{64}, \frac{1}{32}, \frac{1}{16}, \frac{1}{8}, \frac{1}{4}, \frac{1}{2}, 1\right]$$

$$y = \left[-1, -\frac{7}{8}, -\frac{6}{8}, -\frac{5}{8}, -\frac{4}{8}, -\frac{3}{8}, -\frac{2}{8}, -\frac{1}{8}, 0, \frac{1}{8}, \frac{2}{8}, \frac{3}{8}, \frac{4}{8}, \frac{5}{8}, \frac{6}{8}, \frac{7}{8}, 1\right]$$

其中靠近原点的 4 段折线的斜率相等，可视为一段，因此总的折线数为 13 段，故称 13 段折线近似。用 Simulink 中的 Look-Up Table 查表模块可以实现对 13 段折线的压缩扩张计算的建模，其中，压缩模块的输入值向量设置为

$$\left[-1, -\frac{1}{2}, -\frac{1}{4}, -\frac{1}{8}, -\frac{1}{16}, -\frac{1}{32}, -\frac{1}{64}, -\frac{1}{128}, 0 \cdots \frac{1}{128}, \frac{1}{64}, \frac{1}{32}, \frac{1}{16}, \frac{1}{8}, \frac{1}{4}, \frac{1}{2}, 1\right]$$

输出值向量设置为

$$\left[-1:\frac{1}{8}:1\right]$$

扩张模块的设置与压缩模块的设置相反。根据需要，建立如图 8-30 所示的仿真框图。

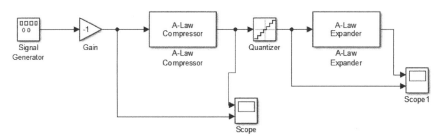

图 8-30　仿真框图

其中，量化器的量化级为 8，A-Law Compressor 模块和 A-Law Expander 模块的 A 律压缩系数为 87.6，输入信号为 0.5Hz 的锯齿波，幅度为 1。仿真输出波形如图 8-31 和图 8-32 所示。

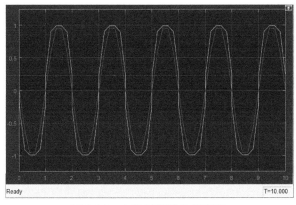

图 8-31　A 律压缩量化仿真图

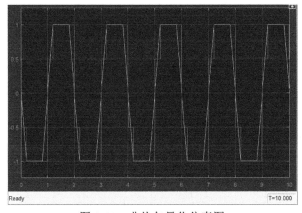

图 8-32　非均匀量化仿真图

8.5 脉冲编码调制

在现代通信系统中，以脉冲编码调制（Pulse Code Modulation，PCM）为代表的编码调制技术已被广泛应用于模拟信号的数字传输中。PCM 是把模拟信号变换为数字信号的一种调制方式，其最大的特点是把连续输入的模拟信号变换为在时域和振幅上都离散的量，然后将其转化为代码形式传输。它在光纤通信、数字微波通信、卫星通信中均获得了极为广泛的应用。

8.5.1 PCM 通信系统框图

PCM 是一种用一组二进制数字代码来代替连续信号的抽样值，从而实现通信的方式。采用 PCM 的模拟信号数字传输系统如图 8-33 所示。首先，对模拟信息源发出的模拟信号进行抽样，使其成为一系列离散的抽样值，然后将这些抽样值进行量化并编码，变换成数字信号，这时信号便可用数字通信方式传输。经信道传送到接收端的译码器，由译码器还原出抽样值，再经低通滤波器滤波出模拟信号。其中，抽样、编码的组合通常称为 A/D 变换；而译码与低通滤波的组合称为 D/A 变换。综上所述，PCM 信号的形成是模拟信号经过"抽样、量化、编码"3 个步骤实现的。

图 8-33 模拟信号的数字传输

1. 常用码型

所谓编码，就是把量化后的信号转换成代码的过程。有多少个量化值就需要多少个代码组，代码组的选择是任意的，只要满足与样值成一一对应关系即可。既可以是二元码组，也可以是多元码组。目前，常用的二进制码有自然二进制码、折叠二进制码和格雷码。表 8-2 中列出了 16 种电平的各种代码，其中 16 个量化级分成两个部分：0～7 的 8 个量化电平对应于负极性的样值脉冲；8～15 的 8 个量化级对应于正极性的样值脉冲。

表 8-2 常用二进制码型

样值脉冲极性	自然二进制码	折叠二进制码	格 雷 码	量化级序号
	1111	1111	1000	15
	1110	1110	1001	14
正极性部分	1101	1101	1011	13
	1100	1100	1010	12
	1011	1011	1110	11

续表

样值脉冲极性	自然二进制码	折叠二进制码	格 雷 码	量化级序号
	1010	1010	1111	10
正极性部分	1001	1001	1101	9
	1000	1000	1100	8
	0111	0000	0100	7
	0110	0001	0101	6
	0101	0010	0111	5
负极性部分	0100	0011	0110	4
	0011	0100	0010	3
	0010	0101	0011	2
	0001	0110	0001	1
	0000	0111	0000	0

（1）自然二进制码就是一般的十进制整数的二进制表示，编码简单、易记，而且译码可以独立进行。

（2）折叠二进制码的特点是正、负两半部分，除去最高位后，是倒影或折叠关系，最高位上半部分全为"1"，下半部分全为"0"。这种码的明显特点是：对于双极性信号，可用最高位表示信号的正、负极性，而用其余的码表示信号的绝对值，即只要正、负极性信号的绝对值相同，就可进行相同的编码。也就是说，用第一位表示极性后，双极性信号可以采用单极性编码方法。因此，采用折叠二进制码可以简化编码的过程。另一特点：对小信号时的误码影响小。如由大信号的 1111→0111，对于自然二进制码解码后的误差为 8 个量化级；而对于折叠二进制码，误差为 15 个量化级。由此可见，大信号误码对折叠码影响很大。但如果是由小信号的 1000→0000，对于自然二进制码误差为 8 个量化级，而对于折叠二进制码误差为 1 个量化级。因为语音信号中小信号出现的概率较大，所以其对于语音信号是十分有利的。

（3）格雷码的特点是任何相邻电平的码组，只有一位码位发生变化，即相邻码字的距离恒为 1。译码时，如果传输或判决有误，量化电平的误差小。另外，这种码除极性码外，当绝对值相等时，其幅度码相同，因此又称反射二进制码。这种码与其所表示的数值之间无直接联系，编码电路比较复杂，一般较少采用。

在 PCM 通信编码时，折叠二进制码是 A 律 13 折线 PCM 30/32 路基群设备中所采用的码型。

2．码位的选择

码位的选择不仅关系到通信质量的好坏，而且还涉及设备的复杂程度。码位数的多少，决定了量化分层的多少；反之，如果信号量化分层数一定，则码位数也被确定。在信号变化范围一定时，用的码位数越多，量化分层越细，量化误差就越小，通信质量当然就越好。但码位数越多，设备越复杂，同时还会使总的传码率增加，传输带宽加大。

PCM 编码采用 8 位折叠二进制码，对应有 $M = 2^8 = 256$ 个量化级，即正、负输入幅度范围内各有 128 个量化级。这需要将 13 折线中的每个折线段再均匀划分 16 个量化级，由于每个段落长度不均匀，因此正或负输入的 8 个段落被划分成 8×16=128 个不均匀的量化级。按折叠二进制码的码型，这 8 位码的安排如下：

极性码	段落码	段内码
C_1	$C_2C_3C_4$	$C_5C_6C_7C_8$

第 1 位码 C_1 的数值"1"或"0"分别表示信号的正、负极值，称为极性码。

第 2 至第 4 位码 $C_2C_3C_4$ 为段落码，表示信号绝对值处在哪个段落，3 位码的 8 种可能状态分别代表 8 个段落的起点电平，如表 8-3 所示。

表 8-3　段落码

段落序号	段落码		
	C_2	C_3	C_4
8	1	1	1
7	1	1	0
6	1	0	1
5	1	0	0
4	0	1	1
3	0	1	0
2	0	0	1
1	0	0	0

第 5 至第 8 位码 $C_5C_6C_7C_8$ 为段内码，这 4 位码的 16 种可能状态分别用来代表每一段落内的 16 个均匀划分的量化级。段内码与 16 个量化级之间的关系如表 8-4 所示。

表 8-4　段内码

电平序号	段内码 $C_5\ C_6\ C_7\ C_8$	电平序号	段内码 $C_5\ C_6\ C_7\ C_8$
15	1　1　1　1	7	0　1　1　1
14	1　1　1　0	6	0　1　1　0
13	1　1　0　1	5	0　1　0　1
12	1　1　0　0	4	0　1　0　0
11	1　0　1　1	3	0　0　1　1
10	1　0　1　0	2	0　0　1　0
9	1　0　0　1	1	0　0　0　1
8	1　0　0　0	0	0　0　0　0

在 13 折线编码方法中，虽然各段内的 16 个量化级是均匀的，但因段落长度不等，所以不同段落的量化级是非均匀的。小信号时，段落短，量化间隔小；反之，量化间隔大。13 折线中的第 1、2 段最短，只有归一化的 1/128，再将它等分 16 小段，每一小段长度为 1/2048。这是最小的量化级间隔，它仅有输入信号归一化值的 1/2048，记为 Δ，代表一个量化单位。第 8 段最长，它是归一化值的 1/2，将它等分 16 小段后，每一小段归一化长度为 1/32，包含 64 个最小量化间隔，记为 64Δ。如果以非均匀量化时的最小量化间隔 Δ=1/2048 作为输入 x 轴的单位，那么各段的起点电平分别是 0、16、32、64、128、256、512、1024 个量化单位。

8.5.2 逐次反馈型编码

编码器的任务是根据输入的样值编码成相应的 8 位二进制代码。PCM 系统编码的实现方法有很多种，如级联逐次比较型编码、级联型编码、逐次反馈型编码、级联反馈混合型编码、脉冲循环编码、脉冲计数型编码等。从编码速度和编码复杂程度来看，这些编码方法各有利弊。在此介绍逐次反馈型编码，在该方法中，除第 1 位极性码外，其他 7 位二进制代码是通过类似于天平称重物的过程来逐次比较确定的。

图 8-34 给出了逐次反馈型编码器的电路框图。整个编码器由抽样保持电路、极性判决、全波整流器、本地解码器和或门组成。

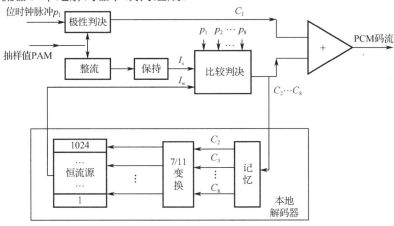

图 8-34　逐次反馈型线性编码器原理图

它的工作原理如下。

（1）保持电路保持一个样值 I_s 在编码期间内不变。

（2）极性判决电路编出极性码 C_1，当信号 $I_s>0$ 时，$C_1=1$；当 $I_s<0$ 时，$C_1=0$。

（3）$p_1, p_2, \cdots, p_8$ 为编码所需的脉冲，p_i 脉冲来时编 C_i 位码。

（4）本地解码器的功能是在反馈码和位脉冲的作用下，经过一系列逻辑操作，用逐步逼近的方法有规律控制标准电流 I_w 去和样值比较，每比较一次出一位码。当 $I_s>I_w$ 时，出"1"码，反之出"0"码，直到 I_w 和抽样值 I_s 逼近为止，完成对输入样值的非线性量化和编码。比较 7 次后，样值与所有码位的解码值之差变得很小。

8.5.3 逐次反馈型译码

译码的作用是把接收端收到的 PCM 信号还原成相应的 PAM 信号，即实现数模变换（D/A 变换）。A 律 13 折线译码器原理框图如图 8-35 所示。与图 8-34 中的本地译码器基本相同，所不同的是增加了极性控制部分和带有寄存读出的 7/12 位码变换电路。

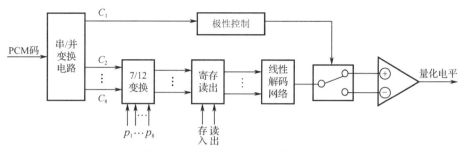

图 8-35 A 律 13 折线译码器原理图

极性控制部分的作用是根据收到的极性码 C_1 是 "1" 还是 "0" 来辨别 PCM 信号的极性，使译码后的 PAM 信号的极性恢复成与发送端相同的极性。

串/并变换记忆电路的作用是将输入的串行 PCM 码变为并行码，并记忆下来，与编码器中译码电路的记忆作用基本相同。

7/12 变换电路是将 7 位非线性码转变为 12 位线性码。在编码器的本地译码电路中采用 7/11 位码变换，使得量化误差有可能大于本段落量化间隔的一半。为使量化误差均小于段落内量化间隔的一半，译码器的 7/12 变换电路使输出的线性码增加一位码，人为地补上半个量化间隔，从而改善量化信噪比。

12 位线性解码电路主要是由恒流源和电阻网络组成的，与编码器中的解码网络类似。它是在寄存读出电路的控制下，输出相应的 PAM 信号。

8.5.4 PCM 抗噪声性能

PCM 系统的噪声主要有两种：量化噪声和加性噪声。PCM 系统的低通滤波器的输出信号为

$$\hat{m}(t) = m(t) + n_q(t) + n_e(t)$$

其中，$m(t)$ 是接收端输出的信号成分；$n_q(t)$ 是由量化引起的输出噪声成分；$n_e(t)$ 是由信道加性噪声引起的输出噪声成分。

在接收端输出信号的总信噪比为

$$\frac{S_o}{N_o} = \frac{E[m^2(t)]}{N_q + N_e} \tag{8-10}$$

其中，N_q 是量化噪声的平均功率；N_e 是信道加性噪声的平均功率。

量化噪声和信道加性噪声是相互独立的，下面先讨论它们单独作用时系统的性能，再分析系统总的抗噪声性能。

1. 量化噪声对系统的影响

假设发送端采用理想冲激抽样，抽样器输出为 $m_s(t) = \sum_{n=-\infty}^{\infty} m(nT_s)\delta(t - nT_s)$，则量化信号可表示为

$$m_{sq}(t) = \sum_{n=-\infty}^{\infty} m_q(nT_s)\delta(t - nT_s)$$

$$= \sum_{n=-\infty}^{\infty} m(nT_s)\delta(t - nT_s) + \sum_{n=-\infty}^{\infty} [m_q(nT_s) - m(nT_s)]\delta(t - nT_s)$$

$$= \sum_{n=-\infty}^{\infty} [m(nT_s)\delta(t - nT_s) + e_q(nT_s)\delta(t - nT_s)]$$

其中，e_q 是由量化引起的误差。其功率谱密度为

$$G_{eq}(\omega) = \frac{1}{T_s} E[e_q^2(kT_s)]$$

设输入信号在区间 $[-a, a]$ 具有均匀分布的概率密度，对其进行均匀量化，量化级数为 M，则量化噪声的功率 N_q 为

$$N_q = E[e_q^2(kT_s)] = \frac{\Delta^2}{12}$$

其中，Δ 是量化间隔。所以量化误差 $e_q(t)$ 的功率谱密度为

$$G_{eq}(\omega) = \frac{1}{T_s} \cdot \frac{\Delta^2}{12}$$

因此，低通滤波器输出的量化噪声成分 $n_q(t)$ 的功率谱密度为

$$G_{nq}(\omega) = G_{eq}(\omega) |H(\omega)|^2$$

式中，$H(\omega)$ 为低通滤波器的传输特性，假设其是带宽为 ω_H 的理想低通滤波器，即

$$H(\omega) = \begin{cases} 1 & |\omega| < \omega_H \\ 0 & \text{其他} \end{cases}$$

则有

$$G_{nq}(\omega) = \begin{cases} G_{eq}(\omega) & |\omega| < \omega_H \\ 0 & \text{其他} \end{cases}$$

因此，低通滤波器输出的量化噪声功率为

$$N_q = E[n_q^2(t)] = \int_{-\omega_H}^{\omega_H} G_{nq}(\omega)\mathrm{d}\omega = \frac{1}{T_s^2} \frac{\Delta^2}{12} \tag{8-11}$$

采用同样的方法，可求得接收端低通滤波器输入端的信号功率谱密度为

$$S_i = G_{sq}(\omega) = \frac{1}{T_s} \cdot \frac{(M^2 - 1)\Delta^2}{12}$$

则低通滤波器输出信号的功率谱密度为

$$G_{so}(\omega) = G_{eq}(\omega) |H(\omega_H)|^2$$

$$G_{so}(\omega) = \begin{cases} G_{sq}(\omega) & |\omega| < \omega_H \\ 0 & \text{其他} \end{cases}$$

所以低通滤波器输出的信号功率为

$$S_o = \frac{1}{T_s^2} \frac{M^2 \Delta^2}{12}$$ （8-12）

根据式（8-11）和式（8-12），可以得到 PCM 系统输出端的量化信号与量化噪声的平均功率比为

$$\frac{S_o}{N_q} = M^2$$ （8-13）

对于二进制编码，设其编码位数为 N，则式（8-13）又可写成

$$\frac{S_o}{N_q} = 2^{2N}$$ （8-14）

由式（8-14）可见，PCM 系统输出端量化信号与量化噪声的平均功率比仅仅依赖于每个编码码组的位数 N，且随 N 按指数增加。众所周知，对于一个带限为 f_H Hz 的信号，按抽样定理，要求每秒最少传输 $2f_H$ 个抽样值。经 N 位编码后，则每秒要传送 $2Nf_H$ 个二进制脉冲。因此，系统的总带宽 B 至少应等于 Nf_H Hz，即 N 应为 $\frac{B}{f_H}$，所以式（8-14）又可写成

$$\frac{S_o}{N_q} = 2^{2\frac{B}{f_H}}$$

这说明，PCM 系统输出的信号量化噪声率比还和系统带宽 B 成指数关系。

2．加性噪声对系统的影响

由于信道中始终存在加性噪声，因而会影响接收端判决器的判决结果，即可能会将二进制的"0"错判为"1"，或把二进制的"1"错判为"0"。由于 PCM 系统中每一码组都代表着一定的抽样量化值，所以只要其中有一位或多位码元发生误码，则译码输出值的大小将会与原抽样值不同。其差值就是加性噪声所造成的失真，并以噪声的形式反映到输出，用信号噪声功率比来衡量它。

在加性噪声为高斯噪声的情况下，每一码组中出现的误码都是彼此独立的，通过图8-36 来计算由于误码而造成的噪声功率。

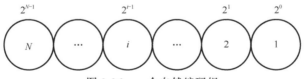

图 8-36　一个自然编码组

对于 N 位自然二进制码组来说，从低位到高位加权值应该是 $2^0, 2^1, \cdots, 2^{i-1}, \cdots, 2^{N-1}$。设量化级之间的间隔为 Δv，则对应第 i 位的抽样值为 $2^{i-1}\Delta v$。如果第 i 位发生错码，则其误差是 $\pm 2^{i-1}\Delta v$。可以看出，最高位发生误码造成的误差最大，是 $\pm 2^{i-1}\Delta v$；最低位发生误码时误差最小，只有 $\pm\Delta v$。因为已假设每一码元发生错误的概率相等，并把每一码组中只有一码元发生错误引起的误差电压设为 Q_Δ，所以一个码组由于误码在译码器输出端造成的平均误差功率为

$$E[Q_\Delta^2] = \frac{1}{N}\sum_{i=1}^{N}(2^{i-1}\Delta)^2 = \frac{\Delta^2}{N}\sum_{i=1}^{N}(2^{i-1})^2 = \frac{2^{2N}-1}{3N}\Delta^2 \approx \frac{2^{2N}}{3N}\Delta^2$$

由于错误码元之间的平均间隔为 $\frac{1}{p_e}$ 个码元，而一个码组又有 N 个码元，所以错误码组之间的平均间隔为 $\frac{1}{Np_e}$ 个码组，其平均间隔时间为

$$\overline{T} = \frac{T_s}{Np_e}$$

由于假定发送端采用理想抽样，因此，接收译码器输出端由误码造成的误差功率谱密度为

$$G_e(\omega) = \frac{1}{\overline{T}}E[Q_\Delta^2] = \frac{Np_e}{T_s}\frac{2^{2N}}{3N}\Delta^2$$

因此在理想低通滤波器输出端，由误码引起的噪声功率谱密度为

$$G_\infty(\omega) = G_e(\omega)|H(\omega)|^2$$

即

$$G_\infty(\omega) = \begin{cases} G_e(\omega) & |\omega| < \omega_H \\ 0 & \text{其他} \end{cases}$$

所以噪声功率为

$$N_e = E[n_e^2(t)] = \int_{\omega_{-H}}^{\omega_H} G_{eo}(\omega)\mathrm{d}\omega = \frac{2^{2N}p_e\Delta^2}{3T_s^2} \tag{8-15}$$

由式（8-12）及式（8-15），得到仅考虑信道加性噪声时 PCM 系统的输出信噪比为

$$\frac{S_o}{N_o} = \frac{1}{4p_e} \tag{8-16}$$

从式（8-16）可以看出，由于误码引起的信噪比与误码率成反比。

3．PCM 系统接收端输出信号的总信噪比

由式（8-11）、式（8-12）及式（8-15）可求得 PCM 系统输出端总的信号噪声功率比为

$$\frac{S_o}{N_o} = \frac{E[m^2(t)]}{N_q + N_e} = \frac{M^2}{1 + 4p_e 2^{2N}} = \frac{2^{2N}}{1 + 4p_e 2^{2N}} \tag{8-17}$$

在接收端输入大信噪比的情况下，误码率 p_e 将极小，于是 $4p_e 2^{2N} \ll 1$，式（8-17）近似为

$$\frac{S_o}{N_o} \approx 2^{2N} \tag{8-18}$$

这与式（8-14）中只考虑量化噪声情况下的系统输出信噪比是相同的。

在接收端输入小信噪比的情况下，有 $4p_e 2^{2N} \gg 1$，则式（8-17）又可近似为

$$\frac{S_o}{N_o} \approx \frac{2^{2N}}{4p_e 2^{2N}} = \frac{1}{4p_e}$$

这与式（8-16）中只考虑噪声干扰时系统的输出信噪比是相同的。由于在基带传输时误码率降到 10^{-6} 以下是不难的，所以此时通常用式（8-18）来估算 PCM 系统的性能。

8.6 差分脉冲

多年来，人们一直从事压缩数字化语音占用频带的研究工作，也即研究怎样在相同质量指标的条件下降低数字化语音的数码率，以提高数字通信系统的频带利用率。

通常把数码率低于 64kb/s 的语音编码方法称为语音压缩编码技术。语音压缩编码方法很多，其中在差分脉冲编码调制（DPCM）的基础上发展起来的自适应差分脉冲编码调制（ADPCM）是语音压缩中复杂度较低的一种编码方法，它可以在 32kb/s 的数码率上达到 64kb/s 的 PCM 数字电话语音质量。近年来，ADPCM 已成为长途传输中一种新型的国际通用的语音编码方法。

8.6.1 差分脉冲编码调制

DPCM 是差分脉冲编码调制的简称，是一种利用信号样值之间的关联特性进行高效率波形编码的方法。当信号样值序列中邻近样值之间存在明显的关联时，样值的差值之差就会比样值本身的方差要小。在 PCM 中直接传输样值本身，而在 DPCM 中，传输数据为样值的差值，在量化误差不变的条件下，就可以用较少的比特数来表示码字，也就提高了波形编码的效率。DPCM 的组成方框如图 8-37 所示。

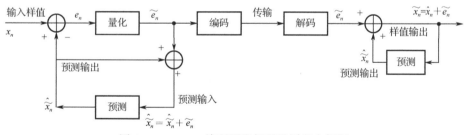

图 8-37 DPCM 编码器和解码器原理方框图

图中，预测器根据过去时刻的信号样值来预测当前时刻的信号样值 $\hat{x}_n$，并与当前输入样值 x_n 相减得出预测误差 e_n，即

$$e_n = x_n - \hat{\hat{x}}_n$$

然后对预测误差进行量化编码后传送。设预测误差的量化结果为 $\tilde{e}_n = e_n + \delta_n$，其中 δ_n 为量化误差。量化结果 $\tilde{e}_n$ 与预测器输出结果 $\hat{x}_n$ 相加后作为预测器新的输入 $\tilde{x}_n$，即

$$\begin{aligned}
\tilde{x}_n &= \tilde{e}_n + \hat{\tilde{x}}_n \\
&= (e_n + \delta_n) + \hat{\tilde{x}}_n \\
&= (x_n - \hat{\tilde{x}}_n) + \delta_n + \hat{\tilde{x}}_n \\
&= x_n + \delta_n
\end{aligned}$$

因此，预测器的输入 $\tilde{x}_n$ 也就是输入样值 x_n 被量化的结果，也称为编码器的本地解码样值输出。在 DPCM 解码器中，以同样的反馈相加方式得出解码样值输出。

常用的预测器是线性 FIR 滤波器，利用过去若干（如 p 个）本地解码样值的线性组合来预测当前样值，即

$$\hat{\tilde{x}}_n = \sum_{k=1}^{p} w_k \tilde{x}_{n-k}$$

其中，w_k 是 FIR 滤波器的抽头系数；p 为 FIR 滤波器的阶数。预测误差序列 e_n 的均方误差（MSE）为

$$\begin{aligned}
e &= E[e_n^2] \\
&= E[(x_n - \hat{\tilde{x}}_n)^2] \\
&= E\left[\left(x_n - \sum_{k=1}^{p} w_k \tilde{x}_{n-k}\right)^2\right]
\end{aligned}$$

最佳预测器将使均方误差（MSE）最小。为此，可使 ε 对抽头系数 w_j 求导并令其为零，得到方程组以求解出最佳抽头系数 w_j，$j = 1, \cdots, p$，即

$$\frac{\partial \varepsilon}{\partial w_j} = 0 , \quad j = 1, \cdots, p$$

也就是

$$-2E\left[\left(x_n - \sum_{k=1}^{p} w_k \tilde{x}_{n-k}\right) \tilde{x}_{n-j}\right] = 0$$

或写为

$$E[x_n \tilde{x}_{n-j}] = \sum_{k=1}^{p} w_k E[\tilde{x}_{n-k} \tilde{x}_{n-j}]$$

当量化间距足够小，量化误差 $\delta \to \infty$，有 $x_n \approx \tilde{x}_n$，上式近似为

$$E[x_n x_{n-j}] = \sum_{k=1}^{p} w_k E[x_{n-k} x_{n-j}]$$

利用序列的归一化自相关函数定义 $r(j) = E[x_n x_{n-j}] / E[x_n^2]$，上式写为

$$r(j) = \sum_{k=1}^{p} w_k r(j-k) , \quad j = 1, \cdots, p$$

或以矩阵形式表达为

$$
\begin{bmatrix} r_1 \\ r_2 \\ \vdots \\ r_p \end{bmatrix} = \begin{bmatrix} 1 & r_1 & \cdots & r_{p-1} \\ r_1 & 1 & \cdots & r_{p-2} \\ \vdots & \cdots & \ddots & \vdots \\ r_{p-1} & r_{p-2} & \cdots & 1 \end{bmatrix} \begin{bmatrix} w_1 \\ w_2 \\ \vdots \\ w_p \end{bmatrix}
$$

简写为

$$
\boldsymbol{R} = \boldsymbol{CW}
$$

其中，$r(j)$ 简写为下角标形式 r_j，$r(0)=1$；矩阵 $\boldsymbol{C}$ 是由归一化自相关函数序列构成的 Toeplitz 矩阵。求解得出预测器的最佳抽头系数矩阵为

$$
\boldsymbol{W} = \boldsymbol{C}^{-1}\boldsymbol{R}
$$

8.6.2 差分脉冲编码的 Simulink 模块

在 Simulink 中提供了相关模块实现差分脉冲编码，下面予以介绍。

1. 差分脉冲模块

在通信系统工具箱中找到 Differential Encoder 模块，双击即可弹出差分编码模块的参数设置对话框，如图 8-38 所示。

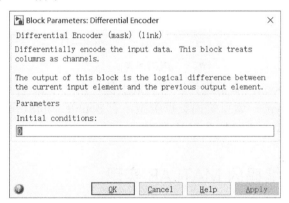

图 8-38　差分编码模块参数设置对话框

由图 8-38 可以看出，差分编码模块参数设置对话框包含一个参数项，其含义如下。

Initial conditions：用于指定信号符号之间的间隔。

2. 预测编码模块

如果知道一些发送信号的先验信息，就可以利用这些信息，根据过去发送的信号来估计下一个将要发送的信号值，这样的过程称为预测量化。

模块的输入信号可以是标量、流向量或矩阵。模块的输入、输出信号长度相同。

在通信系统工具箱中找到 Quantizing Encoder 模块，双击即可弹出预测编码模块的参数设置对话框，如图 8-39 所示。

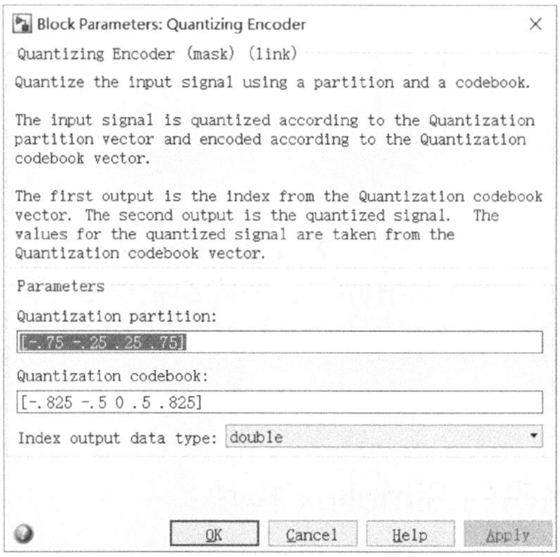

图 8-39　预测编码模块参数设置对话框

由图 8-39 可以看出，预测编码模块参数设置对话框包含三个参数项，其含义分别如下。

Quantization partition：用于指定量化区间，为一个长度为 n 的向量（n 为码元素）。该向量分量严格按照升序排列。如果设该参量为 p，那么模块的输出 y 与输入 x 之间的关系满足

$$y = \begin{cases} 0 & x \leqslant p(1) \\ m & p(m) < x \leqslant p(m+1) \\ n & p(n) \leqslant x \end{cases}$$

Quantization codebook：表示量化区间的最小值，是一个长度为 n+1 的向量。

Index output data type：索引输出数据类型，有 double、int8、uint8、int16、uint16、int32 以及 uint32 等类型，double 为默认类型。

8.6.3　差分脉冲编码的 MATLAB 实现

同样，在 MATLAB 中也提供了相关函数用于实现差分脉冲编码调制，下面予以介绍。

1. dpcmenco 函数

在 MATLAB 系统工具箱中，提供了 dpcmenco 函数用于实现差分脉冲调制编码。函数的调用格式如下。

indx=dpcmenco (sig, codebook, partition, predictor)：返回 DPCM 编码的编码索引 indx。其中参数 sig 为输入信号，predictor 为预测器传递函数，其形式为 $[0, t_1, \cdots, t_m]$。预测误差的量化参数由 partition 和 predictor 指定。

[indx,quant]= dpcmenco (sig, codebook, partition, predictor)：除产生 DPCM 编码的编码索引 indx 外，还产生量化值 quant。输入参数 codebook、partition、predictor 可以由 dpcmopt 函数估计。当预测器为一阶传递函数时，为 DPCM 增量编码调制。

2. dpcmdeco 函数

在 MATLAB 系统工具箱中，提供了 dpcmdeco 函数用于实现信源编码中的 DPCM 解码。函数的调用格式如下。

sig=dpcmdeco(indx, codebook, predictor)：根据 DPCM 信号编码索引 indx 进行解码。predictor 为指定的预测器，codebook 为码本。

[sig,quant]=dpcmdeco(indx, codebook, predictor)：根据 DPCM 信号编码索引 indx 进行解码，同时输出量化的预测误差 quant。输入参数 codebook、predictor 可以由 dpcmopt 函数估计。通常 m 阶预测器传递函数的形式为 $[0, t_1, \cdots, t_m]$。

3. dpcmopt 函数

在 MATLAB 系统工具箱中，提供了 dpcmopt 函数用训练数据优化差分脉冲调制参数。函数的调用格式如下。

predictor=dpcmopt(training_set,ord)：对给定训练集的预测器进行估计，训练集及其顺序由 training_set 和 ord 指定，预测器由 predictor 输出。

[predictor,codebook,partition]=dpcmopt(training_set,ord,ini_codebook)：输出预测器 predictor、优化码本 codebook、预测误差 partition。输入变量 ini_codebook 可以是码本矢量的初值或其长度。

【例 8-7】　用训练数据优化 DPCM 方法，对一个余弦信号数据进行标量量化。

```
>> clear all;
n=2^3;                                          %以 3 比特传递信道
t=[0:100]*pi/20;
y=cos(t);
[predictor,codebook,partition]=dpcmopt(y,1,n);  %优化的预测传递函数
[indx,quant]=dpcmenco(y,codebook,partition,predictor);  %优化 DPCM 编码
[sig,equant]=dpcmdeco(indx,codebook,predictor); %使用 DPCM 解码
axis([-1 1 0 16]);
plot(t,y,t,equant,'rp');
grid on;
```

运行程序，效果如图 8-40 所示。

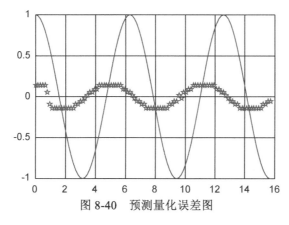

图 8-40　预测量化误差图

8.7 增量调制

增量调制简称 ΔM 或增量脉码调制方式（DM），它是继 PCM 后出现的又一种模拟信号数字化的方法。1946 年由法国工程师 De Loraine 提出，目的在于简化模拟信号的数字化方法。主要在军事通信和卫星通信中广泛使用，有时也作为高速大规模集成电路中的 A/D 转换器使用。

8.7.1 增量调制概述

增量调制是一种把信号上一采样的样值作为预测值的单纯预测编码方式。增量调制是预测编码中最简单的一种。它将信号瞬时值与前一个抽样时刻的量化值之差进行量化，而且只对这个差值的符号进行编码，而不对差值的大小编码。因此量化只限于正和负两个电平，只用一比特传输一个样值。如果差值是正的，就发"1"码，如果差值是负的，就发"0"码。因此数码"1"和"0"只是表示信号相对于前一时刻的增减，不代表信号的绝对值。同样，在接收端，每收到一个"1"码，译码器的输出相对于前一时刻的值上升一个量阶；每收到一个"0"码，就下降一个量阶。当收到连"1"码时，表示信号连续增长，当收到连"0"码时，表示信号连续下降。译码器的输出再经过低通滤波器滤去高频量化噪声，从而恢复原信号，只要抽样频率足够高，量化阶距大小适当，接收端恢复的信号就会与原信号非常接近，量化噪声可以很小。

增量调制与 PCM 比较有如下特点：

（1）在比特率较低时，增量调制的量化信噪比高于 PCM；

（2）增量调制抗误码性能好，可用于比特误码率为 10-2-10-3 的信道，而 PCM 则要求 10-4-10-6；

（3）增量调制通常采用单纯的比较器和积分器做编译码器（预测器），结构比 PCM 简单。

在 DC 中量化过程中存在斜率过载（量化）失真，主要是因为输入信号的斜率较大，调制器跟踪不上而产生的。因为在 DC 中每个抽样间隔内只容许有一个量化电平的变化，所以当输入信号的斜率比抽样周期决定的固定斜率大时，量化阶的大小便跟不上输入信号的变化，因而产生斜率过载失真（或称为斜率过载噪声）。

8.7.2 增量调制的编/解码

增量调制系统框图如图 8-41 所示，其中量化器是一个零值比较器，根据输入的电平极性，输出为 ±δ，预测器是一个单位延迟器，其输出为前一采样时刻的解码样值，编码器也是一个零值比较器，若其输入为负值，则编码输出为 0，否则输出为 1。解码器将输入 1,0 符号转换为 $\pm\delta$，然后与预测值相加后得出解码样值输出，同时也作为预测器的输入。

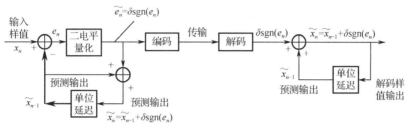

图 8-41　增量调制编码和解码方框图

8.7.3　增量调制的抗噪性能

增量调制系统的信噪比与 PCM 相似，包括两部分。

1. 量化产生的量化信噪比

在分析存在量化噪声的系统性能时，认为信道加性噪声很小，不造成误码。则接收端检测器输出的 $\hat{p}(t)$ 近似为 $p(t)$，接收端积分器的输出即为 $m_q(t)$，而积分器输出端的误差波形正是量化误差波形 $e_q(t)$，因此如果求出 $e_q(t)$ 的平均功率，就可求出系统的量化噪声功率。

只要 DC 系统不发生过载，就有量化误差 $|e_q(t)| < \sigma$，假设 $e_q(t)$ 在区间 $(-\sigma, +\sigma)$ 上均匀分布，则 $e_q(t)$ 的一维概率密度函数可表示为

$$f_q(e) = \frac{1}{2\sigma}, \quad -\sigma \leqslant e \leqslant +\sigma$$

则量化误差波形 $e_q(t)$ 的平均功率为

$$E[e_q^2(t)] = \int_{-\sigma}^{+\sigma} e^2 f_q(e)\mathrm{d}e = \frac{1}{2\sigma}\int_{-\sigma}^{+\sigma} e^2 \mathrm{d}e = \frac{\sigma^2}{3}$$

$e_q(t)$ 的功率谱密度为

$$P_s(f) = \frac{\sigma^2}{3f_s}, \quad 0 < f < f_s$$

$e_q(t)$ 通过低通滤波器后的量化噪声功率为

$$N_q = P_s(f)f_H = \frac{\sigma^2 f_m}{3f_s} \tag{8-19}$$

从式（8-19）中可以看出，DM 系统输出的量化噪声功率与量化台阶 σ 及比值 $\dfrac{f_m}{f_s}$ 有关（ f_m 为低通滤波器的截止频率），而和输入信号的幅度无关。但是，上述条件是在未过载的情况下得到的。

假设输入信号 $m(t) = A\cos\omega_c t$，则

$$\left|\frac{\mathrm{d}m(t)}{\mathrm{d}t}\right| = \omega_c A \sin\omega_c t$$

由上式可见，信号的最大变化率是当 $\sin\omega_c t = 1$ 时，即信号的变化率最大为

$$\left|\frac{\mathrm{d}m(t)}{\mathrm{d}t}\right|_{\max} = \omega_c A$$

在输入信号为正弦情况下，不过载的条件为

$$\omega_c A \leqslant \sigma \cdot f_s$$

所以临界的过载振幅 $A_{\max}$ 为

$$A_{\max} = \frac{\sigma f_s}{\omega_c}$$

在临界条件下，系统输出信号的功率为最大值。此时，信号的功率为

$$S_o = \frac{A_{\max}^2}{2} = \frac{\sigma^2 f_s^2}{2\omega_c^2} = \frac{\sigma^2 f_s^2}{8\pi^2 f_c^2} \qquad (8\text{-}20)$$

由式（8-19）和式（8-20）可求得临界条件下，输出最大的信噪比为

$$\left(\frac{S_o}{N_q}\right)_{\max} = \frac{3}{8\pi^2} \frac{f_s^3}{f_c^2 f_m} \approx 0.04 \frac{f_s^3}{f_c^2 f_m} \qquad (8\text{-}21)$$

式中，f_s 为采样频率，f_c 为信号的频率，f_m 为低通滤波器的截止频率。从式（8-21）可以看出，在临界条件下，量化信噪比与采样频率的 3 次方成正比，与信号频率的平方成反比，与低通滤波器的截止频率成反比。所以，提高采样频率对改善量化信噪比大有好处。

2．加性噪声引起的误码信噪比

加性干扰的影响使数字信号产生误码。在 DM 调制中，不管是将"0"错成"1"，还是将"1"错成"0"，产生的误差绝对值都是一样的，都等于 $|\pm 2E|$。这样，一个码发生错码时所引起的功率误差即 $(2E)^2$。假定每个码的错误是独立的，且误码的可能性均等，总误码率为 p_e，则解码时脉冲调制器输出的误差脉冲的平均功率为

$$N_s = (2E)^2 p_e$$

以上误码率，经过积分器，再经过低通滤波器才输出误差信号。误差信号功率 N_e 可通过图 8-42 所示波形的功率谱密度、积分器的传递函数、低通滤波器的传递函数求得。

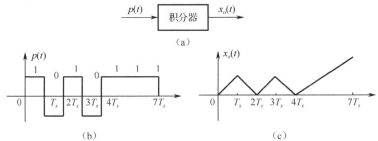

图 8-42 积分器译码原理

误码脉冲的功率谱密度为

$$P_c(\omega) = \left| ET_s \frac{\sin(\pi f_c T_s)}{\pi f_c T_s} \right|^2$$

如图 8-42 中每个脉冲宽度为 T_s，则其单边功率谱主要集中在 0 到第一个零点 $f_s = \dfrac{1}{T_s}$ 之间。当然，整个噪声功率并非均匀的，但整个噪声功率等效带宽为 $\dfrac{f_s}{2}$。因此，等效的噪声功率谱密度为

$$\widehat{P}_c(\omega) = \frac{N_e}{f_s / 2} = \frac{(2E)^2 P_e}{f_s / 2} = \frac{8E^2 P_e}{f_s}, \quad 0 < f < \frac{f_s}{2}$$

为求解积分器输出的功率谱密度，必须先求出积分器的传递函数。积分器的输入信号为 $x_i(t)$，输出信号为 $x_o(t)$，积分器的传输特性为

$$H(\omega) = \frac{X_o(\omega)}{X_i(\omega)} = \frac{\sigma \sin(\pi f_c T_s)}{\pi f_c T_s} e^{-j\omega_c T_s / 2} \left(\frac{1}{j\omega} \right) \bigg/ ET_s \frac{\sin(\pi f_c T_s)}{\pi f_c T_s} e^{-j\omega_c T_s / 2}$$

$$= \frac{\sigma}{ET_s} \left(-j \frac{1}{\omega_c} \right)$$

因此，积分器输出的功率谱为

$$P_o(\omega) = \widehat{P}_c(\omega) |H(\omega)|^2 = \frac{8E^2 P_e}{f_s} \frac{\sigma^2}{E^2 T_s^2 \omega^2} = \frac{2\sigma^2 P_e}{T_s \pi^2 f_c^2}, \quad 0 < f < \frac{f_s}{2}$$

从上式可以看出，在已知信号频率 f、抽样频率 f_s 及低通滤波器截止频率 f_m 时，DM 系统输出的误码信噪比与误码率成反比。

考虑到量化信噪比及误码信噪比，DM 系统输出总信噪比由下式决定：

$$\frac{S_o}{N_q + N_e} = \frac{3 f_1 f_s^3}{8\pi^2 f_1 f_m f^2 + 48 P_e f^2 f_s^2}$$

8.7.4　自适应增量调制

在简单增量调制中，量阶 Δ 是固定不变的，所以量化噪声的平均功率是不变的。量化信噪比可以表示为

$$SNR = \frac{S_o}{N_q} = \frac{S_o}{S_{max}} \frac{S_{max}}{N_q}$$

当信号功率 S 下降时，量化信噪比也随之下降。例如，当抽样频率为 32kHz 时，设信噪比最低限度为 15dB，信号的动态范围只有 11dB 左右，远不能满足通信系统对动态范围（40～50dB）的要求。

为了改进简单 ΔM 的动态范围，类似于 PCM 系统中采用的压扩方法，要采用自适应增量调制的方案，其基本原理是采用自适应方法使量阶 Δ 的大小跟踪输入信号的统计特性而变化。如果量阶能随信号瞬时压扩，则称为瞬时压扩 ΔM，记作 ADM。如果量阶 Δ

随音节时间间隔（5～20ms）中信号平均斜率变化，则称为连续可变斜率增量调制，记作CVSD。

目前已批量生产的增量调制终端机中，通常采用数字检测音节压扩自适应增量调制方式，简称数字压扩增量调制，其功能方框图如图 8-43 所示。

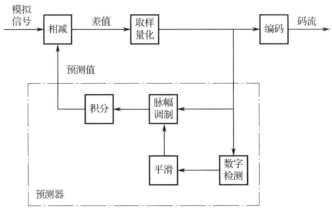

图 8-43　数字压扩增量调制

图 8-43 中，数字检测电路检测输出码流中连 1 码和连 0 码的数目，该数目反映了输入语音信号连续上升或连续下降的趋势，与输入语音信号的强弱相对应。检测电路根据边沿码的数目输出宽度变化的脉冲，平滑电路按音节周期（5～20ms）的时间常数把脉冲平滑为慢变化的控制电压，这样得到的控制电压与语音信号在音节内的平均斜率成正比。控制电压加到脉幅调制电路的控制端，通过改变调制电路的增益以改变输出脉冲的幅度，使脉冲幅度随信号的平均斜率变化，由此得到随信号斜率自动改变的量阶。数字压扩 ΔM 与简单 ΔM 相比，编码器能正常工作的动态范围有很大的改进。

8.7.5　增量调制的 MATLAB 实现

下面通过两个实例来演示增量的调制。

【例 8-8】　已知输入信号 $x(t) = \sin 2\pi 50t + 0.5\sin 2\pi 150t$，增量调制器的采样间隔为 1ms，量化阶距 $\delta = 0.4$，单位延迟器初始值为 0。试用多种不同方法建立仿真模型并求出前 20 个采样点时刻上的编码输出序列以及解码样值波形。

```
>> clear all;
Ts=1e-3;                              %采样间隔
t=0:Ts:20*Ts;                        %仿真时间序列
x=sin(2*pi*50*t)+0.5*sin(2*pi*150*t);   %信号
delta=0.4;                           %量化阶距
D(1+length(t))=0;                    %预测器初始状态
for k=1:length(t)
    e(k)=x(k)-D(k);                  %误差信号
    e_q(k)=delta*(2*(e(k)>=0)-1);    %量化器输出
```

```
        D(k+1)=e_q(k)+D(k);                    %延迟器状态更新
        codeout(k)=(e_q(k)>0);                 %编码输出
end
subplot(3,1,1);plot(t,x,'-p');
axis([0 20*Ts -2 2]);
title('原信号及其离散样值');ylabel('幅度');
hold on;
subplot(3,1,2);stairs(t,codeout);
axis([0 20*Ts -2 2]);
title('编码输出二进制序列的波形');ylabel('幅度');
%解码
Dr(1+length(t))=0;                             %解码端预测的初始状态
for k=1:length(t)
        eq(k)=delta*(2*codeout(k)-1);          %解码
        xr(k)=eq(k)+Dr(k);
        Dr(k+1)=xr(k);                         %延迟器状态更新
end
subplot(3,1,3);stairs(t,xr);                   %解码输出
hold on;
subplot(3,1,3);plot(t,x);                      %原信号
title('解码结果和原信号波形对比');
ylabel('幅度');xlabel('时间/s');
```

运行程序，效果如图 8-44 所示。

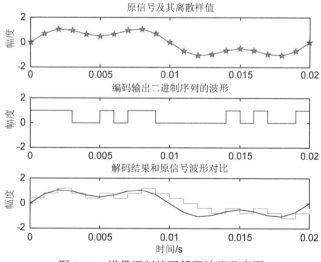

图 8-44　增量调制编码解码波形仿真图

由图 8-44 中的原信号和解码结果对比可看出，在输入信号变化平缓的部分，编码器输出 1、0 交替码，相应的解码结果以正负阶距交替变化，形成颗粒噪声，称空载失真；在输入信号变化过快的部分，解码信号因不能跟踪上信号的变化而引起斜率过载失真。

量化阶距越小，则空载失真就越小，但是容易发生过载失真；反之，量化阶距增大，则斜率过载失真减小，但空载失真增大。如果量化阶距能够根据信号的变化缓急自适应调整，则可以兼顾优化空载失真和过载失真，这就是自适应增量调制的思想。

【例 8-9】 试建立自适应增量调制系统的仿真模型。

自适应增量调制中，量化间距是自适应变化的：如波形斜率陡峭，则连续输出的一串量化误差是同符号的，那么应使量化间距增大以减小斜率失真；如波形平缓，则连续输出的一串量化误差是正负符号交替的，这时减小量化间距就可以减小颗粒噪声。例如，一种较简单的自适应规则是

$$\delta_n = \delta_{n-1} K \operatorname{sgn}(\tilde{e}_n \tilde{e}_{n-1})$$

其中，自适应量化间距调整系数 $K \geq 1$。显然，当一串量化误差是同符号时，$\operatorname{sgn}(\tilde{e}_n \tilde{e}_{n-1}) > 0$，于是 $\delta_n > \delta_{n-1}$，则量化间距增加；反之，量化间距减小。

```matlab
>> clear all;
Ts=1e-3;                                              %采样间隔
t=0:Ts:40*Ts;                                         %仿真时间序列
x=sin(2*pi*50*t)+0.5*sin(2*pi*150*t);                 %信号
x(20:41)=0.2*sin(2*pi*50*t(20:41));
delta=0.4;                                            %量化阶距
D(1+length(t))=0;                                     %预测器初始状态
K=1.3;                                                %自适应量化间距调整系数
for k=1:length(t)
    e(k)=x(k)-D(k);                                   %误差信号
    e_q(k)=delta*(2*(e(k)>=0)-1);                     %量化器输出
    if k>1
        delta=delta*(K.^sign(e_q(k).*e_q(k-1)));      %自适应步长调整
    end
    D(k+1)=e_q(k)+D(k);                               %延迟器状态更新
    codeout(k)=(e_q(k)>0);                            %编码输出
end
%解码
Dr(1+length(t))=0;                                    %解码端预测的初始状态
delta=0.4;
for k=1:length(t)
    eq(k)=delta*(2*codeout(k)-1);                     %解码
    if k>1
        delta=delta*(K.^sign(eq(k).*eq(k-1)));        %自适应步长调整
    end
    xr(k)=eq(k)+Dr(k);
    Dr(k+1)=xr(k);                                    %延迟器状态更新
end
stairs(t,xr);                                         %解码输出
hold on;plot(t,x);                                    %原信号
```

```
ylabel('幅度');xlabel('时间/s');
```

运行程序，效果如图 8-45 所示。

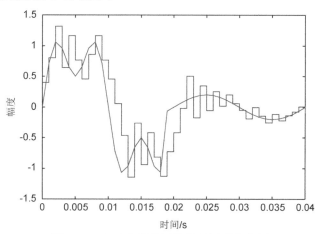

图 8-45 自适应增量调整编码解码仿真图

8.8 PCM 串行传输系统的仿真实例

下面利用 MATLAB/Simulink 方式，实现 PCM 串行传输系统的建模与仿真，让读者进一步了解到 PCM 的应用。

1. PCM 编码器仿真

【例 8-10】 设输入信号抽样值 $I_s = +1200\Delta$（Δ 为一个量化单位，表示输入信号归一化值的 1/2048），采用逐次比较型编码器，按 A 律 13 折线编成 8 位码 $C_1C_2C_3C_4C_5C_6C_7C_8$。

其实现步骤如下。

（1）建立模型。

根据 PCM 编码原理，构造如图 8-46 所示的编码模型进行抽样编码。

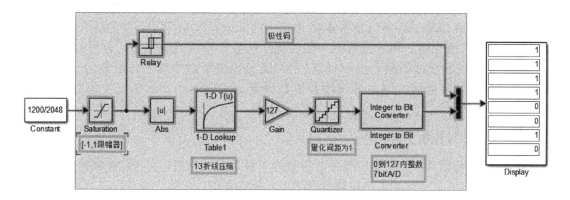

图 8-46 PCM 编码器

图 8-46 中，Saturation 作为限幅器，将输入信号幅度值限制在 PCM 编码的定义范围内，Relay 模块的门限设置为 0，其输出作为 PCM 编码输出的最高位——极性位。样值取绝对值后，用 Lookup Table（查表）模块进行 13 折线近似压缩，并用增益模块将样值范围放大到 0～127，然后调用间距为 1 的 Quantizer 进行四舍五入取整，最后将整数编码为 7 位二进制序列，作为 PCM 编码的低 7 位。将方框选中部分封装为一个 PCM 编码子系统，以备后用。

（2）设置参数。

图 8-46 中的模块参数主要设置如下。

限幅器：上限值为 1，下限值为-1。

Relay：上门限值和下门限值都设置为 eps，大于上门限值时的输出值设置为 1，小于下门限值时的输出值设置为 0。

13 折线近似压缩：输入数组设置为[0,1/128,1/64,1/32,1/16,1/8,1/4,1/2,1]，输出数组设置为[0:1/8:1]，设置效果如图 8-47 所示。

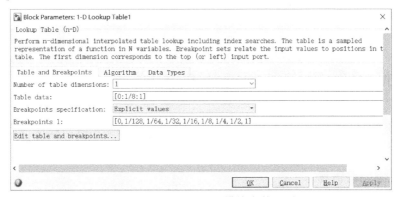

图 8-47　Lookup Table 模块参数设置

（3）仿真结果。

仿真参数采用默认值，单击运行仿真，得到仿真结果为 11110010，如图 8-46 所示。

2．PCM 解码器仿真

PCM 解码是编码的逆过程，因此可根据编码器仿真模型构造如图 8-48 所示的解码器模型，图中 PCM 编码子系统就是图 4-46 中选中的部分。PCM 解码器中首先分离并行数据中的最高位（极性码）和 7 位数据，然后将 7 位数据转换为整数值，再进行归一化、扩张后与双极性的极性码乘得出解码值。可以将该模型中选中的部分封装为一个 PCM 解码子系统，以备后用。图中各模块的参数设置与编码器相反。仿真结果如图 8-48 所示。

3．PCM 串行传输仿真

PCM 串行传输系统先对模拟信号进行抽样，然后对抽样值进行 PCM 编码，编码后的信号以串行形式进行传输，在传输信道中加入随机误码，在接收端首先进行串并转换，后进行 PCM 解码，并输出结果。实现步骤如下。

（1）建立仿真模型。

根据需要，建立如图 8-49 所示的系统仿真模型。

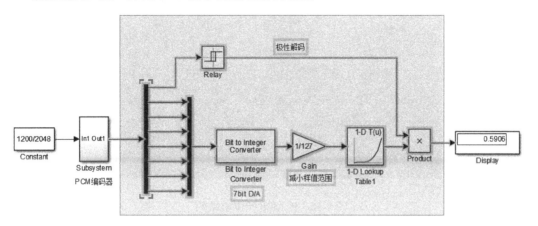

图 8-48　PCM 解码器

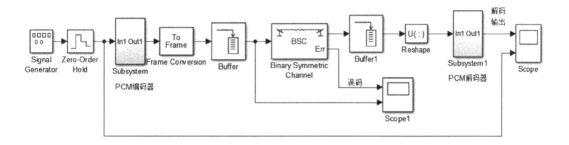

图 8-49　PCM 串行传输系统

（2）设置模块参数。

图 8-49 中，信号发生器产生振幅为 1、频率为 200Hz 的正弦波作为信源。采样速率参考 PCM 数据电话系统设置成 8kHz。PCM 编码器编码后的数据用 Frame Conversion 模块转换为帧存储格式，然后通过 Buffer 模块串行化输出，在此，Buffer 的大小设置为 1。信道错误比特率设为 0.01，以观察信道误码对 PCM 传输的影响。信道后的 Buffer 模块的 Buffer 大小设为 8，以实现 PCM 码（8 比特）的串并转换。用 Reshape 模块转换成一维数组后送给 PCM 解码器。仿真模型中没有对 PCM 解码结果做低通滤波处理，但实际系统中 PCM 解码输出总是经过低通滤波后送入扬声器的。

（3）运行仿真。

仿真采样率必须是仿真模型中最高信号速率的整数倍，在此模型中信道传输速率最高为 64kb/s，因此仿真步进设置为 1/64 000s。运行仿真，效果如图 8-50 和图 8-51 所示。

4．PCM 信噪测试仿真

在上面实例中修改 PCM 编码模型，设信道是无噪的，压缩扩张方式为 μ 律的，参数 μ=255。试研究输入信号电平与 PCM 量化信噪比之间的关系。以正弦波作为测试信号。

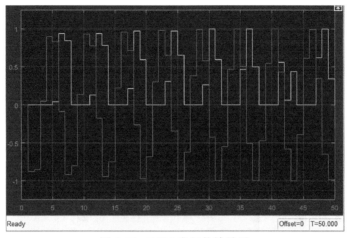

图 8-50　PCM 串行传输效果

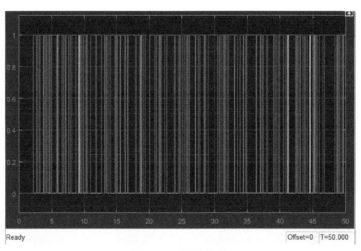

图 8-51　误码效果

设正弦波的幅度为 $x \in [0,1]$，则 N 比特的均匀量化下的量化噪声为

$$SNR_{dB} = 6N + 1.76 + 20\lg x \qquad (8\text{-}22)$$

压缩曲线的斜率就是压缩器的增益，也称为压缩器提供的量化信噪比改善量。设压缩曲线为 $y = f(x)$，则量化信噪比改善量（dB）Q_{dB} 为

$$y = f(x)Q_{dB} = 20\lg \frac{\mathrm{d}}{\mathrm{d}x} f(x)$$

归一化输入电平的 μ 律压缩曲线定义为

$$y = \frac{\mathrm{sgn}(x)}{\ln(1+\mu)} \ln(1 + \mu \mid x \mid)$$

国际数字电话标准规定参数取值 $\mu=255$。当 $\mu=0$ 时，压缩曲线退化为斜率为 1 的直线，无压缩作用。

代入计算量化信噪比改善量，得

$$Q_{dB} = 20\lg\frac{\mu}{\ln(1+\mu)} - 20\lg(1+\mu\,|\,x\,|)$$

因此，N 比特的 μ 律非均匀量化下的量化噪声为

$$SNR_{dB\mu-law} = Q_{dB} + 6N + 1.76 + 20\lg x \qquad (8\text{-}23)$$

（1）根据需要，建立如图 8-52 所示的测试模型，并命名为 M8_14.mdl。

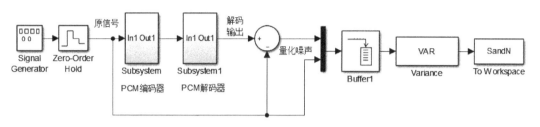

图 8-52　PCM 量化信噪比测试模型图

（2）设置模块参数。

其中压缩扩张参数设置为变量 mu，信号源设置为正弦波类型，振幅和频率分别为变量 sourceAmp 和 freq，这些变量由主程序赋值。PCM 解码输出信号与原信号相减得出量化噪声信号，采用方差统计模块计输出量化噪声以及原信号的功率，再由主程序计算出信噪比。仿真主程序如下，其中参数 mu 设置为 255 和 0.001，以仿真非均匀量化和均匀量化两种情况。仿真中变化输入信号电平，循环调用仿真模型并计算出测量的当前量化信噪比。最后，通过式（8-22）和式（8-23）计算出均匀量化和 $\mu=255$ 的非均匀量化下量化信噪比理论曲线以进行对比。

```
>> clear all;
freq=1;                                      %输入正弦波频率
Adb=-60:1:0;                                  %输入电平（分贝）
A=10.^(Adb./20);
for mu=[0.001,255];
    for k=1:length(A)                        %均匀量化和非均匀量化情况
        sourceAmp=A(k);                      %信号电平赋值
        sim('M8_14.mdl');                    %启动仿真模型
        SNR(k)=10*log10(SandN(:,:,2)./SandN(:,:,3));   %计算量化信噪比
    end
    plot(Adb,SNR,'o');                       %量化信噪比曲线
    hold on;
    drawnow;
end
xlabel('输入信号电平 dB');ylabel('量化信噪比 dB');
%理论计算结果
SNR_dB=6*8+1.76+20*log10(A);
mu=255;
Q_dB=20*log10(mu/(log(1+mu)))-20*log10(1+mu*A);
```

```
SNR_dB_mulaw=SNR_dB+Q_dB;
plot(Adb,SNR_dB,'--',Adb,SNR_dB_mulaw,':');
```

运行程序，得到仿真效果如图 8-53 所示。

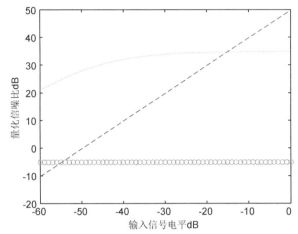

图 8-53   PCM 量化信噪比测试效果图

第9章 数字调制系统

数字调制是现代通信的重要方法，它与模拟调制相比有许多优点。数字调制具有更好的抗干扰性能，更强的抗信道损耗，以及更好的安全性；数字传输系统中可以使用差错控制技术，支持复杂信号条件和处理技术，如信源编码、加密技术以及均衡等。

1. 选择数字调制方案时考虑的因素

在数字通信系统设计中，在选择调制方案时，经常在带宽效率、功率效率、误码率等指标之间进行折中。例如，对信息信号增加差错控制，降低了带宽效率，但是保证了通信的可靠性，它是以带宽效率换取了通信的可靠性；另一方面，多进制的调制方案降低了占用带宽，但增加了所必需的接收功率，以功率效率换取了带宽效率。

除功率效率、带宽效率和误码率以外，还有一些因素也会影响数字调制技术的选择，如对于服务于大用户群的个人通信系统，用户端接收机的费用和复杂度必须降低到最小，因此，经常采用检波简单的调制方式。

无线通信中，在各种不同的信道损耗情况下，如 Rayleigh 和 Rician 衰落及多径时间扩散，对于解调器实现、调制方案的性能是选择一个调制方案的关键因素。在干扰为主要问题的蜂窝系统中，调制方案主要考虑干扰环境中的性能。而时变信道造成的延时抖动检测灵敏度，也是选择调制方案时要考虑的重要因素。

通常，调制、干扰、信道时变效果和解调器详细的性能，必须通过仿真方法来对整个系统进行分析，从而决定相关的性能和最终的选择。

2. 数字调制方法

常见的数字调制方法如下。

ASK：幅移键控调制，把二进制符号 0 和 1 分别用不同的幅度来表示。

FSK：频移键控调制，即用不同的频率来表示不同的符号，如 2kHz 表示 0，3kHz 表示 1。

PSK：相移键控调制，通过二进制符号 0 和 1 来判断信号前后相位，如 1 时用 π 相位，0 时用 0 相位。

GFSK：高斯频移键控，在调制之前通过一个高斯低通滤波器来限制信号的频谱宽度。

GMSK：高斯滤波最小频移键控，GSM 系统所用调制技术。

QAM：正交幅度调制。

DPSK：差分相移键控调制。

MQAM：多电平正交调幅。

MPSK：多相相移键控。

TCM：网格编码调制。

OFDM：正交频分复用调制。

总的来说，数字调制是把数字基带信号变换为数字带通信号。

9.1 数字基带传输概述

数字基带传输系统的基本结构如图 9-1 所示。它主要由信道信号形成器、信道、接收滤波器和抽样判决器组成。为了保证系统可靠有序地工作，还应有同步系统。

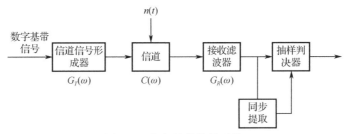

图 9-1 数字基带传输系统

图 9-1 中各部分的作用说明如下。

1）信道信号形成器

基带传输系统的输入是由终端设备或编码器产生的脉冲序列，它往往不适合直接送到信道中传输。信道信号形成器的作用就是把原始基带信号变换成适合于信道传输的基带信号，这种变换主要是通过码型变换和波形变换来实现的，其目的是与信道匹配，便于传输，减小码间串扰，利于同步提取和抽样判决。

2）信道

它是允许基带信号通过的媒质，通常为有线信道，如市话电缆、架空明线等。信道的传输特性通常不满足无失真传输条件，甚至是随机变化的。另外，信道还会进入噪声。在通信系统的分析中，常常把噪声 $n(t)$ 等效，集中在信道中引入。

3）接收滤波器

它的主要作用是滤除带外噪声，对信道特性进行均衡，使输出的基带波形有利于抽样判决。

4）抽样判决器

它是在传输特性不理想及噪声条件下，在规定时刻（由位定时脉冲控制）对接收滤波器的输出波形进行抽样判决，以恢复或再生基带信号。而用来抽样的位定时脉冲则依靠同步提取电路从接收信号中提取，位定时的准确与否将直接影响判决效果。

9.1.1 数字基带信号码型的设计原则

数字基带信号是数字信息的电脉冲表示,电脉冲的形式称为码型。通常把数字信息的电脉冲表示过程称为码型编码或码型变换,由码型还原为数字信息称为码型译码。

不同的码型具有不同的频域特性,合理地设计码型使之适合于给定信道的传输特性,是基带传输首先要考虑的问题。通常,在设计数字基带信号码型时应考虑以下原则。

(1)码型中低频、高频分量尽量少。

(2)码型中应包含定时信息,以便定时提取。

(3)码型变换设备要简单可靠。

(4)码型具有一定检错能力,如果传输码型有一定的规律性,就可根据这一规律性来检测传输质量,以便做到自动检测。

(5)编码方案对发送消息类型不应有任何限制,适合于所有的二进制信号。这种与信源的统计特性无关的特性称为对信源具有透明性。

(6)低误码增殖。误码增殖是指单个数字传输错误在接收端解码时,造成错误码元的平均个数增加。从传输质量要求出发,希望它越小越好。

(7)高的编码效率。

以上几点并不是任何基带传输码型均能完全满足的,常常是根据实际要求满足其中的一部分。数字基带信号的码型种类繁多,在此仅介绍一些常用的码型。

9.1.2 二元码

最简单的二元码基带信号的波形为矩形波,幅度取值只有两种电平,分别对应于二进制码 1 和 0。

1. 单极性非归零码

用电平 1 来表示二元信息中的“1”,用电平 0 来表示二元信息中的“0”,电平在整个码元的时间里不变,记作 NRZ 码。

单极性非归零码的优点是实现简单,但由于含有直流分量,对在带限信道中传输不利,另外当出现连续的 0 或连续的 1 时,电平长时间保持一个值,不利于提取时间信息以便获得同步。它有如下特点。

(1)在信道上占用频带较窄。

(2)存在的直流分量将会导致信号失真和畸变,而且由于直流分量的存在,无法使用一些交流耦合的线路和设备。

(3)不能直接提取位同步信息。

(4)接收单极性 SNR 码时,判决电平一般取“1”码电平的一半。由于信道特性随机变化,容易带来接收信号电平的波动,所以判决门限不能稳定在最佳电平上,使抗噪声性能变差。

由于单极性 NRZ 码的缺点，数字基带信号传输中很少采用这种码型，它只适合用在导线连接的近距离传输。

2. 单极性归零码

它与单极性非归零码的不同之处在于输入二元信息为 1 时，给出的码元前半时间为 1，后半时间为 0，输入 0 则完全相同。

单极性归零码部分解决了传输问题，直流分量减小，但遇到连续长 0 时间同样无法给出定时信息。

3. 双极性非归零码

它与单极性非归零码类似，区别仅在于双极性使用电平-1 来表示信息 0。

4. 双极性归零码

此种码型比较特殊，它使用前半时间 1、后半时间 0 来表示信息 1；采用前半时间-1、后半时间 0 来表示信息 0。因此它具有 3 个电平，严格来说是一种三元码（电平 1，0，-1）。

双极性归零码包含了丰富的时间信息，每一个码元都有一个跳变沿，便于接收方定时。同时对随机信号，信息 1 和 0 出现的概率相同，所以此种码元几乎没有直流分量。

5. 数字双相码

该码型又称为曼彻斯特（Manchester）码，此种码元方法采用一个码元时间的中央时刻从 0 到 1 的跳变来表示信息 1，从 1 到 0 的跳变来表示信息 0。或者说是前半时间用 0、后半时间用 1 来表示信息 0；前半时间用 1、后半时间用 0 来表示信息 1。

数字双相码的好处是含有丰富的定时信息，每一个码元都有跳变沿，遇到连续的 0 或 1 时不会出现长时间维持同一电平的现象。另外，虽然数字双相码有直流，但对每一个码元其直流分量是固定的 0.5，只要叠加-0.5 就转换为没有直流了，实际上是没有直流的，方便传输。

6. 条件双相码

前面介绍的几种码都是只与当前的二元信息 0 或 1 有关，而条件双相码（又称差分曼彻斯特码）却不仅与当前的信息元有关，并且与前一个信息元也有关，确切地说应该是同前一个码元的电平有关。条件双相码也使用中央时刻的电平跳变来表示信息，与数字双相码的不同在于对信息 1，前半时间的电平与前一个码元的后半时刻电平相同，在中央处再跳变，对信息 0，则前半时间的电平与前一个码元的后半时刻电平相反（即遇 0 取 1，遇 1 取 0）。

条件双相码的好处是当遇到传输中电平极性反转的情况时，前面介绍的几种码都会出现译码错误，而条件双相码却不会受极性反转的影响。

7. 密勒码

密勒（Miller）码又称为延迟调制码，它是双相码的一种变形。编码规则如下："1"码用码元持续中心点出现跃变来表示，即用 10 或 01 来表示，如果是连"1"则须交替；"0"码有两种情况，单个"0"时，在码元持续时间内不出现电平跃变，且与相邻码元的边界处也不跃变，连"0"时，在两个"0"码的边界处出现电平跃变，即 00 和 11 交替。密勒码中脉冲最大宽度为 $2T_s$，即两个码元周期，这一性质可用来进行误码检错。

8. 传号反转码

传号反转（Coded Mark Inversion，CMI）码的编码规则是："0"码用 01 表示，"1"码用 00 和 11 交替表示。它的优点是没有直流分量，且有频繁出现的波形跃变，便于定时信息提取，具有误码监测能力。CMI 码同样也有因极性反转而引起的译码错误问题。

9.1.3　三元码

三元码指的是用信号幅度的三种取值表示二进制码，三种幅度的取值为：+1, 0, -1。这种表示方法通常不是由二进制到三进制的转换，而是某种特定取代关系，所以三元码又称为准三元码或伪三元码。三元码的种类很多，被广泛用作脉冲编码调制的线路传输码型。

1. 传号交替反转码

传号交替反转（Alternative Mark Inverse，AMI）码又称双极性方式码、平衡对称码、交替极性码等。在这种码型中，"0"码与零电平对应，"1"码对应极性交替的正、负电平。这种码型把二进制脉冲序列变为三电平的符号序列，其优点有：

（1）在"1"、"0"码不等概情况下，也无直流成分，且零频附近的低频分量小。

（2）即使接收端收到的码元极性与发送端完全相反，也能正确判决。

（3）只要进行全波整流就可以变为单极性码。如果 AMI 码是归零的，变为单极性归零后就可提取同步信息。

2. n 阶高密度双极性码

n 阶高密度双极性码记作 HDB_n（High Density Bipolar）码，可看作 AMI 码的一种改进。使用这种码型的目的是解决原信码中出现连"0"串时所带来的问题。HDB_n 码中应用最广泛的是 HDB_3 码。

HDB_3 码的编码原理是：先把消息变成 AMI 码，然后检查 AMI 的连"0"情况，如果没有 3 个以上的连"0"串，那么这时的 AMI 码与 HDB_3 码完全相同。当出现 4 个或 4 个以上的连"0"时，则将每 4 个连"0"串的第 4 个"0"变换成"1"码。这个由"0"码变换来的"1"码称为破坏脉冲，用符号 V 表示；而原来的二进制码"1"码称为信码，用符号 B 表示。当信码序列中加入破坏脉冲以后，信码 B 和破坏脉冲 V 的正负极性必须满足以下两个条件。

（1）B 码和 V 码各自都应始终保持极性交替变化的规律，以确保输出码中没有直流成分。

（2）V 码必须与前一个信码同极性，以便和正常的 AMI 码区分开来。

但是当两个 V 码之间的信号 B 的数目是偶数时，以上两个条件就无法满足，此时应该把后面那个 V 码所在的连"0"串中的第一个"0"变为补信码 B'，即 4 个连"0"串变为 B'00V，其中 B'的极性与前面相邻的 B 码极性相反，V 码的极性与 B'的极性相同。如果两 V 码之间的 B 码数目是奇数，就不用再加补信码 B'。

3．BNZS 码

BNZS 码是 N 连"0"取代双极性码的缩写。与 HDB_n 码相类似，该码可看作 AMI 码的另一种改进。当连"0"数小于 N 时，遵从传号极性交替规律；但当连"0"数为 N 或超过 N 时，则用带有破坏点的取代节来替代。常用的是 B6ZS 码，它的取代节为 0VB0VB，该码也有与 HDB_n 码相似的特点。

9.1.4　码型的实现

下面通过几个实例来演示上面介绍的几种代码。

【例 9-1】　仿真得出单极性非归零码、双极性非归零码以及单极性归零码的波形。其实现步骤如下。

（1）根据需要，建立如图 9-2 所示的仿真模型。

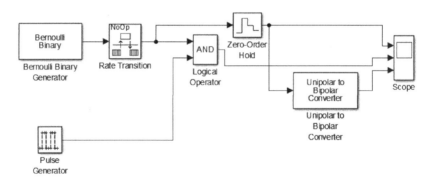

图 9-2　传输码型变换框图

（2）模块参数设置。

单极性到双极性的变换用通信模块库中的 Unipolar to Bipolar Converter 实现，此处也可以用门限为 0.5 的 Relay 模块实现。归零码是非归零码和时钟相乘（数字电路实现时可用与门）得出的；反之，由归零码到不归零码的转换可采用采样保持器完成。信源输出码元时间间隔为 1s，仿真采样时间间隔为 0.1s，这样可以在时钟周期为 1/10 精度上进行仿真。设要求的归零码占空比为 40%，则时钟应设置为脉宽为 4 个样值期间，周期为 10个样值期间。

（3）运行仿真。

仿真参数采用默认值，运行仿真效果如图 9-3 所示。

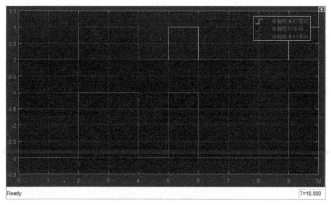

图 9-3 传输码型变换仿真图

【例 9-2】 仿真得出单极性传号差分码、空号差分码的波形，并给出其转换方法。

解析：在差分编码中，以在传输时间开始处的电平跳变与否来表示二进制符号 1 或 0，这样，信息携带在电平的相对变化上，可解决传输中产生相位模糊（即传输中可能产生电平翻转）的问题。

如果以传输时间开始处电平跳变来表示 1，电平不跳变来表示 0，则称为传号差分码；反之，如果以电平不跳变来表示 1，电平跳变来表示 0，则称为空号差分码。差分码是一种有记忆编码，实际中常以 D 触发器和异或门组成的电路来实现差分编码。

根据需要，建立如图 9-4 所示的仿真模型。

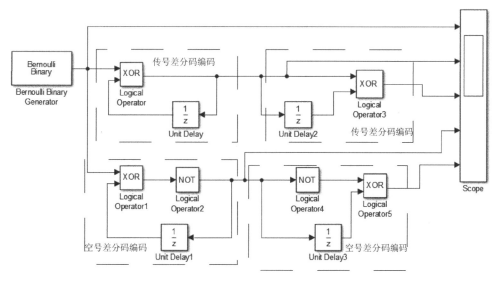

图 9-4 差分码的编解码框图

图 9-4 给出了单极性传号差分码、空号差分码的编码和解码方案，运行仿真，效果如图 9-5 所示。

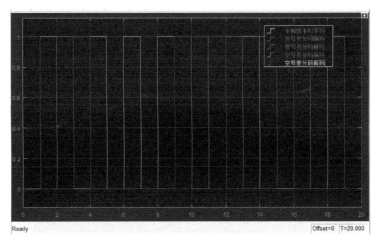

图 9-5　传输码型变换效果图

【例 9-3】　仿真数字双相码（曼彻斯特码）、延迟调制码（密勒码）以及传号反转码（CMI 码）编码输出波形。

解析：数字双相码在一个码元传输时间间隔内用两位双极性不归零脉冲表示 1 和 0，即用"+1，-1"表示 1，用"-1，+1"表示 0，"-1，-1"和"+1，+1"为禁用码。

用数字双相码的下降沿触发一个双稳态电路（即二进制计数器）即可得出密勒码。密勒码的编码规律是，1 用码元传输时间间隔中点出现的波形跳变来表示，0 则分两种情况：出现单个 0 时在码元间隔中点不出现跳变，连 0 时则在两个 0 的分界点处出现跳变。

CMI 码中规定，0 用脉冲"-1，+1"表示，1 则交替用"+1，+1"和"-1，-1"表示。

根据需要，建立如图 9-6 所示的仿真框图。

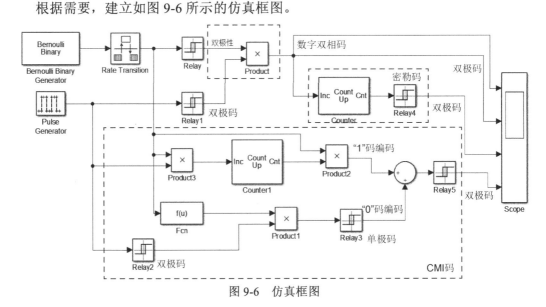

图 9-6　仿真框图

模块参数修改如图 9-6 所示，其他参数采用默认值，运行仿真，效果如图 9-7 所示。

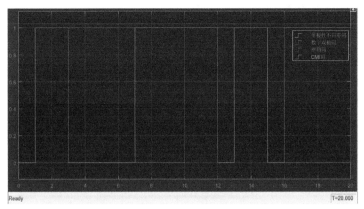

图 9-7　仿真结果

【例 9-4】　试建立 AMI 编码和解码的仿真模型。

解析：AMI 码也称为传号交替反转码，其编码规则是：0 用零电平表示，1 用+A 和 –A 电平交替表示。

根据需要，建立如图 9-8 所示的仿真模型。其中以二进制计数器 Counter 模块进行符号 1 的奇偶统计，Relay 模块将计数值转换为±1 并据此控制传号 1 的脉冲极性。AMI 码的解码很简单，对输入取绝对值后即可还原为二元归零码。运行仿真，效果如图 9-9 所示。

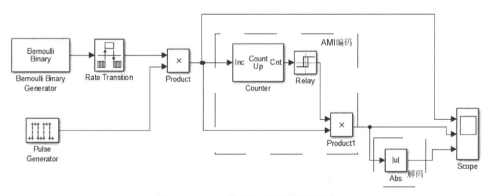

图 9-8　AMI 编码和解码模型框图

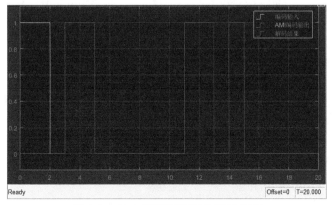

图 9-9　AMI 编码和解码仿真效果图

【例 9-5】 HDB3 编码解码的仿真建模。

下面直接利用 MATLAB 代码实现 HDB3 的编码与解码。

```
>> clear all;
xn=[1 0 1 1 0 0 0 0 0 0 0 1 1 0 0 0 0 0 0 1 0];    %输入单极性码
yn=xn;                                             %输出 yn 初始化
num=0;                                             %计数器初始化
for k=1:length(xn)
    if xn(k)==1
        num=num+1;                                 % "1" 计数器
        if num/2==fix(num/2);                      %奇数个 1 时输出-1，进行极性交替
            yn(k)=1;
        else
            yn(k)= -1;
        end
    end
end
num=0;                                             %HDB3 编码
yh=yn;                                             %连零计数器初始化
sign=0;                                            %极性标志初始化为 0
V=zeros(1,length(yn));                             %V 脉冲位置记录变量
B=zeros(1,length(yn));                             %B 脉冲位置记录变量
for k=1:length(yn)
    if yn(k)==0
        num=num+1;                                 %连 0 个数计数
        if num==4;                                 %如果 4 连 0
            num=0;                                 %计数器清零
    yh(k)=1*yh(k-4);          %让 0000 的最后一个 0 改变为与前一个非零符号相同极性的符号
            V(k)=yh(k);                            %V 脉冲位置记录
            if yh(k)==sign    %如果当前 V 符号与前一个 V 符号的极性相同
    yh(k)= -1*yh(k);          %则让当前 V 符号极性反转，以满足 V 符号间相互极性反转要求
                yh(k-3)=yh(k);                     %添加 B 符号，与 V 符号同极性
                B(k-3)=yh(k);                      %B 脉冲位置记录
                V(k)=yh(k);                        %V 脉冲位置记录
    yh(k+1:length(yn))=-1*yh(k+1:length(yn)); %让后面的非零符号从 V 符号开始再交替变化
            end
            sign=yh(k);                            %记录前一个 V 符号的极性
        end
    else
        num=0;                                     %当前输入为 1，则连 0 计数器清零
    end
end
```

```
re=[xn',yn',yh',V',B'];                        %结果输出:
%HDB3 解码
input=yh;                                      %HDB3 码输入
decode=input;                                  %输出初始化
sign=0;                                        %极性标志初始化
for k=1:length(yh)
    if input(k)~=0
        if sign==yh(k)                         %如果当前码与前一个非零码的极性相同
            decode(k-3:k)=[0 0 0 0];           %则该码判为 V 码并将*00V 清零
        end
        sign=input(k);                         %极性标志
    end
end
decode=abs(decode);                            %整流
error=sum([xn' -decode']);                     %解码的正确性检验
subplot(3,1,1);stairs([0:length(xn)-1],xn);
axis([0 length(xn) -2 2]);
title('输入单极性不归零码');
subplot(3,1,2);stairs([0:length(xn)-1],yn);
axis([0 length(xn) -2 2]);
title('HDB3 码输出，双极性不归零');
subplot(3,1,3);stairs([0:length(xn)-1],decode);
axis([0 length(xn) -2 2]);
title('解码输出');
```

运行程序，效果如图 9-10 所示。

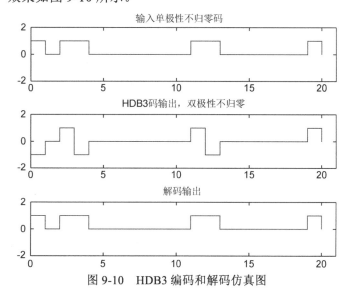

图 9-10　HDB3 编码和解码仿真图

9.2　二进制基带传输

在二进制基带通信系统中，由 0 和 1 的序列组成的二进制数据分别用 $s_0(t)$ 和 $s_1(t)$ 来传输。假设信息速率为 R（b/s），每比特就按照如下规则影射为对应的信号波形，即

$$\begin{cases} 0 \rightarrow s_0(t) & 0 \leqslant t \leqslant T_b \\ 1 \rightarrow s_1(t) & 0 \leqslant t \leqslant T_b \end{cases}$$

式中，$T_b = \dfrac{1}{R}$，定义为比特时间区间。

假设数据比特流中的 0 和 1 是等概率的，而且是相互统计独立的。

传输信号通过加性高斯白噪声信道（AWGN），叠加了噪声 $n(t)$。$n(t)$ 是功率谱密度为 $\dfrac{N_0}{2}$（W/Hz）的白色高斯随机过程的一个样本函数。接收端的信号可以表示为

$$r(t) = s_i(t) + n(t), i = 0,1; 0 \leqslant t \leqslant T_b$$

接收端在接收到信号 $r(t)$ 后，判断在区间 $0 \leqslant t \leqslant T_b$ 内发送的是 0 还是 1。接收机总要设计为使差错概率最小，这样的接收机称为最佳接收机。

9.2.1　二进制传输误码率仿真

设二进制信源输出符号 0 的概率为 P_0，输出符号 1 的概率为 P_1，且分别以在传输时间 T_b 内的电平值 s_0 和 s_1 表示，不失一般性，设 $s_0 < s_1$，则这样的二进制信源模型记为

$$X = \begin{bmatrix} 0 & 1 \\ P_0 & P_1 \end{bmatrix} \tag{9-1}$$

显然，$P_0 + P_1 = 1$。对于二进制等概信源，输出 1 和 0 的概率相等，有 $P_0 = P_1 = 0.5$。

如果通信信道中没有噪声，接收滤波器和解调系统也是理想的，并忽略传输和信号处理的时延，那么在传输时间 T_b 结束时接收机采样输出样值为发送电平值 s_0 和 s_1 之一。如果考虑传输中的噪声影响，并假设噪声是加性的零均值高斯噪声，那么接收机在传输时间 T_b 结束时的输出样值是在相应的发送电平上叠加了一个给定方差的高斯噪声样值的结果。记 T_b 结束时接收机采样输出样值为 ξ，高斯噪声样值为 n，则有

$$\xi = \begin{cases} s_0 + n & \text{发送0时} \\ s_1 + n & \text{发送1时} \end{cases}$$

高斯噪声样值 n 的均值为零，方差为 σ^2，其概率密度函数是

$$f(x) = \frac{1}{\sqrt{2\pi}\sigma} e^{-\frac{(x-s_0)^2}{2\sigma^2}} \tag{9-2}$$

因此，在发送 0 的条件下，接收采样输出 ξ 的条件概率密度函数为

$$p(x\,|\,s_0) = \frac{1}{\sqrt{2\pi}\sigma}\mathrm{e}^{-\frac{(x-s_0)^2}{2\sigma^2}} = f(x-s_0)$$

类似地，在发送 1 的条件下，接收采样输出 ξ 的条件概率密度函数为

$$p(x\,|\,s_1) = \frac{1}{\sqrt{2\pi}\sigma}\mathrm{e}^{-\frac{(x-s_1)^2}{2\sigma^2}} = f(x-s_1)$$

对接收的采样输出 ξ 进行判决，设判决门限为 C，则判决输出 y 为

$$y = \begin{cases} 1 & \xi > C \\ 0 & \xi \leqslant C \end{cases}$$

当发送电平 s_0 时，如果接收样值 $\xi > C$，则发生错误判决；当发送电平 s_1 时，如果接收样值 $\xi \leqslant C$，则也发生错误判决。因此总的平均错误判决概率为

$$P_e = P_0 P(\xi > C\,|\,s_0) + P_1 P(\xi \leqslant C\,|\,s_1) \tag{9-3}$$

其中

$$P(\xi > C\,|\,s_0) = \int_C^\infty p(x\,|\,s_0)\mathrm{d}x = \int_C^\infty f(x-s_0)\mathrm{d}x = \frac{1}{2} - \frac{1}{2}\mathrm{erf}\!\left(\frac{C-s_0}{\sqrt{2}\sigma}\right)$$

$$P(\xi \leqslant C\,|\,s_1) = \int_C^\infty p(x\,|\,s_1)\mathrm{d}x = \int_C^\infty f(x-s_1)\mathrm{d}x = \frac{1}{2} + \frac{1}{2}\mathrm{erf}\!\left(\frac{C-s_1}{\sqrt{2}\sigma}\right)$$

erf 是误差函数，定义为

$$\mathrm{erf}(x) = \frac{2}{\sqrt{\pi}}\int_0^x \mathrm{e}^{-t^2}\mathrm{d}t$$

P_e 是判决门限 C 的函数，最优判决门限将使 P_e 最小化，满足

$$\frac{\partial}{\partial C}P_e(C) = 0$$

将式（9-3）代入并求偏导数得到

$$-P_0 f(C-s_0) + P_1 f(C-s_1) = 0$$

代入式（9-2），移项后两边取自然对数，解得最佳判决门限为

$$C_{\mathrm{opt}} = \frac{s_1 + s_0}{2} + \frac{\sigma^2}{s_1 - s_0}\ln\frac{P_0}{P_1}$$

可见，最佳判决门限是传输电平、噪声方差以及信源输出符号概率的函数。当信源输出 1 和 0 等概时，有 $P_0 = P_1 = 0.5$，最佳门限可简化为

$$C_{\mathrm{opt}} = \frac{s_1 + s_0}{2}$$

上式表明，在高斯噪声下对等概二进制信源的最佳判决门限位于两个传输电平的平均值上。将 C_{opt} 代入式（9-3）可得最佳判决下系统的传输误码率。

【例 9-6】　设二进制信源模型为 $X = \begin{bmatrix} 0 & 1 \\ P_0=0.7 & P_1=1-P_0 \end{bmatrix}$，使用单极性基带波形传输，从判决输入端观察，用电平 $s_0=0$ 传输符号 0，用电平 $s_1=A$ 传输符号 1，加性高斯噪

声是零均值的，方差为 σ^2。试求在最佳判决下传输误码率 P_e 与 $\dfrac{A^2}{\sigma^2}$ 的关系曲线，并进行仿真验证。

```
>> clear all;
s0=0;
s1=5;
P0=0.7;                                              %信源概率
P1=1-P0;
A2_over_sigma2_dB=-5:0.5:20;                         %仿真信噪比范围（dB）
A2_over_sigma2=10.^(A2_over_sigma2_dB./10);
sigma2=s1^2./A2_over_sigma2;                         %噪声方差范围
N=1e5;                                               %信源序列长度
for k=1:length(sigma2)
    X=(rand(1,N)>P0);                                %信源发生
    n=sqrt(sigma2(k)).*randn(1,N);                   %噪声
    xi=s1.*X+n;                                      %接收机判决输入
    C_opt=(s0+s1)/2+sigma2(k)/(s1-s0)*log(P0./P1);   %计算最佳判决门限
    y=(xi>C_opt);                                    %判决输出
    err(k)=(sum(X-y~=0))./N;                         %误码率统计
end
semilogy(A2_over_sigma2_dB,err,'ro');               %仿真结果
hold on;

for k=1:length(sigma2)                              %理论计算
    C_opt=(s0+s1)./2+sigma2(k)./(s1-s0).*log(P0./P1);   %计算最佳判决门限
    Pe0=0.5-0.5*erf((C_opt-s0)/(sqrt(2*sigma2(k))));    %发 0 出错率
    Pe1=0.5+0.5*erf((C_opt-s1)/(sqrt(2*sigma2(k))));    %发 1 出错率
    Pe(k)=P0*Pe0+P1*Pe1;                            %平均错误率
end
semilogy(A2_over_sigma2_dB,Pe);                     %理论曲线
xlabel('A^2/\sigma^2(dB)');
ylabel('错误率 P_e');
legend('仿真结果','理论曲线');
grid on;
```

运行程序，效果如图 9-11 所示。

由图 9-11 可知，误码率为 10^{-4} 以上时，蒙特卡罗仿真统计误码率与理论曲线之间几乎重合，表明仿真精度足够高；而误码率在 10^{-4} 以下时，仿真结果存在偏离，这是由于仿真统计次数不够所致。通常，需要仿真出现 10 个误码以上再进行误码率统计的结果才可以认为是可靠的。

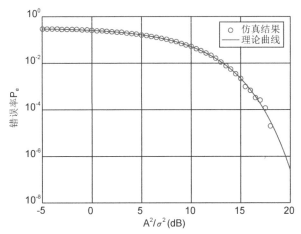

图 9-11　二进制传输的最佳判决误码率仿真和理论效果图

9.2.2　不同极性信号在 AWGN 信道的传输性能

下面讨论几种常用的极性信号在 AWGN 信道下的传输性能，并进行比较。

1. 正交信号的 AWGN 信道传输性能

考虑 $s_0(t)$ 和 $s_1(t)$ 是正交信号的情形，得

$$\begin{cases} s_0(t) = 1 & 0 \leqslant t \leqslant T_b \\ s_1(t) = \begin{cases} 1 & 0 \leqslant t \leqslant T_b / 2 \\ -1 & T_b / 2 \leqslant t \leqslant T_b \end{cases} \end{cases} \tag{9-4}$$

即为一对正交信号。判决器将比较 r_0 和 r_1，并按如下规则判决：当 $r_0 > r_1$ 时，传输的是 0；当 $r_0 < r_1$ 时，传输的是 1。

当 $s_0(t)$ 是发送信号时，差错概率为

$$P_e = P(r_0 < r_1) = P(E_b + n_0 < n_1) = P(n_1 - n_0 > E_b)$$

因为 n_0 和 n_1 是零均值高斯随机变量，它们的差 $w = n_1 - n_0$ 也是零均值高斯随机变量，方差为

$$E(w^2) = E[(n_1 - n_0)^2] = E(n_1^2) + E(n_0^2) - 2E(n_1 n_0)$$

因为 $s_0(t)$ 和 $s_1(t)$ 是正交的，所以 $E(n_1 n_0) = 0$，得

$$E(w^2) = 2\frac{E_b N_0}{2} = E_b N_0$$

所以，差错概率为

$$P_e = \frac{1}{\sqrt{2\pi \sigma_w^2}} \int_{E_b}^{\infty} e^{-\frac{x}{2\sigma_w^2}} dx = \frac{1}{\sqrt{2\pi}} \int_{\sqrt{E_b/N_0}}^{\infty} e^{-\frac{x^2}{2}} dx = Q\left(\sqrt{\frac{E_b}{N_0}}\right)$$

比值 $\dfrac{E_b}{N_0}$ 称为信噪比。

【例 9-7】 仿真二进制正交信号通过 AWGN 信道后的误比特率性能。发送信号如式（9-4），每个信号周期取样 10 次，接收端采用相关器，绘制误比特率随 E_b/N_0 的变化情况，E_b/N_0 的范围是 0～12dB，绘制理论值进行比较。

```matlab
>> clear all;
nsamp=10;                                    %每个脉冲信号的抽样点数
s0=[ones(1,nsamp)];                          %基带脉冲信号
s1=[ones(1,nsamp/2) -ones(1,nsamp/2)];
nsymbol=100000;                              %每种信噪比下的发送符号数
EbN0=0:12;                                   %信噪比，E/N0
msg=randint(1,nsymbol);                      %信号比特
s00=zeros(nsymbol,1);
s11=zeros(nsymbol,1);
indx=find(msg==0);                           %比特 0 在发送消息中的位置
s00(indx)=1;
s00=s00*s0;                                  %比特 0 映射为发送波形 s0
indx1=find(msg==1);
s11(indx1)=1;
s11=s11*s1;                                  %比特 1 映射为发送波形 s1
s= s00+s11;                                  %总的发送波形
s=s.';

for indx=1:length(EbN0)
    decmsg=zeros(1,nsymbol);
    r=awgn(s,EbN0(indx)-7);                  %与 s0 相关
    r00=s0*r;                                %与 s0 相关
    r11=s1*r;                                %与 s1 相关
    indx1=find(r11>=r00);
    decmsg(indx1)=1;                         %判决
    [err,ber(indx)]=biterr(msg,decmsg);
end
semilogy(EbN0,ber,'-ko',EbN0,qfunc(sqrt(10.^(EbN0/10))));
title('二进制正交信号误比特率性能')
xlabel('EbN0');ylabel('误比特率 Pe')
legend('仿真结果','理论结果')
```

运行程序，效果如图 9-12 所示。

从图 9-12 可以看出，仿真结果与理论值吻合。

2. 双极性信号的 AWGN 信道传输性能

在 $s_0(t)$ 和 $s_1(t)$ 是双极性信号时，有 $s_1(t) = -s_0(t)$。此时，接收端只需要一个相关器即可。假设相关器与 $s_0(t)$ 做互相关。当发送的是 $s_0(t)$ 时，相关器的输出 $r = E_b + n$，当发送

的是 $s_1(t)$ 时，相关器的输出 $r = -E_b + n$，噪声分量 n 的方差 $\sigma = \dfrac{E_b N_0}{2}$。最佳判决器与阈值 0 相比较，如果 $r > 0$，则判决 $s_0(t)$ 被发送；如果 $r < 0$，则判决 $s_1(t)$ 被发送。

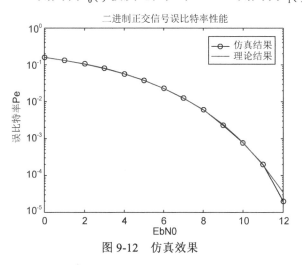

图 9-12 仿真效果

误比特率推导结果为

$$P_e = Q\left(\sqrt{\frac{2E_b}{N_0}}\right)$$

【例 9-8】 仿真双极性信号通过 AWGN 信道后的误比特率性能。发送信号 $s_0(t)$ 与例 9-7 相同，每个信号周期取样 10 次，接收端采用相关器，绘制误比特率随 E_b / N_0 的变化情况，E_b / N_0 的范围是 0～10dB，并与理论值和正交信号误比特率理论值进行比较。

```
>> clear all;
nsamp=10;                          %每个脉冲信号的抽样点数
s0=[ones(1,nsamp)];                %基带脉冲信号
s1=-s0;
nsymbol=100000;                    %每种信噪比下的发送符号数
EbN0=0:10;                         %信噪比，Eb/N0
msg=randint(1,nsymbol);            %信号比特
s00=zeros(nsymbol,1);
s11=zeros(nsymbol,1);
indx=find(msg==0);                 %比特 0 在发送消息中的位置
s00(indx)=1;
s00=s00*s0;                        %比特 0 映射为发送波形 s0
indx1=find(msg==1);
s11(indx1)=1;
s11=s11*s1;                        %比特 1 映射为发送波形 s1
s= s00+s11;                        %总的发送波形
s=s.';
for indx=1:length(EbN0)
```

```
            decmsg=zeros(1,nsymbol);
            r=awgn(s,EbN0(indx)-7);                    %与 s0 相关
            r00=s0*r;                                   %与 s0 相关
            indx1=find(r00<0);
            decmsg(indx1)=1;                            %判决
            [err,ber(indx)]=biterr(msg,decmsg);
        end
        semilogy(EbN0,ber,'-ro',EbN0,qfunc(sqrt(10.^(EbN0/10))),...
                            '-k*',EbN0,qfunc(sqrt(2*10.^(EbN0/10))));
        title('双极性信号误比特率性能')
        xlabel('EbN0');ylabel('误比特率 Pe')
        legend('仿真结果','正交信号理论误比特率','双极性信号理论误比特率')
```

运行程序，效果如图 9-13 所示。

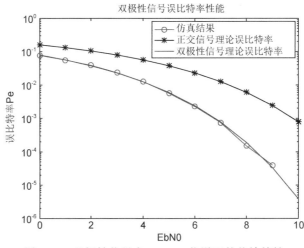

图 9-13 双极性信号在 AWGN 信道下的传输特性

从图 9-13 可以看出，仿真结果与理论值吻合。

3. 单极性信号的 AWGN 信道传输性能

二进制序列也可以用单极性信号来传送。如果信息比特为 0，则不传送任何信号；如果信息比特为 1，则发送信号波形 $s(t)$。因此，接收到的信号波形可以表示为

$$r(t)=\begin{cases}n(t) & \text{发送比特0} \\ s(t)+n(t) & \text{发送比特1}\end{cases}$$

与双极性信号一样，最佳接收机由一个相关器或匹配滤波器、一个判决器组成。它将相关器的采样输出与阈值 $E_b/2$ 进行比较，其中，E_b 是信号波形 $s(t)$ 的能量。如果 $r>E_b/2$，则判决比特 1 被发送；如果 $r<E_b/2$，则判决比特 0 被发送。

理论误比特率为

$$P_e = Q\left(\sqrt{\frac{E_b}{2N_0}}\right)$$

【例 9-9】 仿真单极性信号通过 AWGN 信道后的误比特率性能。发送比特为 1 时，发送信号与例 9-7 中的 $s_0(t)$ 相同，每个信号周期取样 10 次，接收端采用相关器，绘制误比特率随 E_b / N_0 的变化情况，E_b / N_0 =0～10dB，并与理论值和正交信号以及双极性信号误比特率理论值进行比较。

```
>> clear all;
nsamp=10;                               %每个脉冲信号的抽样点数
s0=zeros(1,nsamp);                      %基带脉冲信号
s1=ones(1,nsamp);
nsymbol=100000;                         %每种信噪比下的发送符号数
EbN0=0:10;                              %信噪比，Eb/N0
msg=randint(1,nsymbol);                 %信号比特
s00=zeros(nsymbol,1);
s11=zeros(nsymbol,1);
indx=find(msg==0);                      %比特 0 在发送消息中的位置
s00(indx)=1;
s00=s00*s0;                             %比特 0 映射为发送波形 s0
indx1=find(msg==1);
s11(indx1)=1;
s11=s11*s1;                             %比特 1 映射为发送波形 s1
s=s00+s11;                              %总的发送波形
s=s.';

for indx=1:length(EbN0)
    decmsg=zeros(1,nsymbol);
    r=awgn(s,EbN0(indx)-7);             %与 s0 相关
    r00=s0*r;                           %与 s0 相关
    indx1=find(r00>5);
    decmsg(indx1)=1;                    %判决
    [err,ber(indx)]=biterr(msg,decmsg);
end
semilogy(EbN0,ber,'-ro',EbN0,qfunc(sqrt(10.^(EbN0/10)/2)),'m-v', ...
    EbN0,qfunc(sqrt(10.^(EbN0/10))),'-k*',EbN0,qfunc(sqrt(2*10.^(EbN0/10))));
title('单极性信号误比特率性能')
xlabel('EbN0');ylabel('误比特率 Pe')
legend('单极性信号仿真结果','单极性信号理论误比特率',...
'正交信号理论误比特率','双极性信号理论误比特率')
```

运行程序，效果如图 9-14 所示。

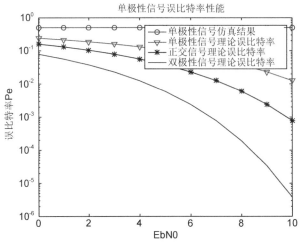

图 9-14 单极性信号在 AWGN 信道下的传输特性

从图 9-14 可以看出，使用单极性信号时的误比特率性能不如双极性信号的好，与双极性信号似乎相差 6dB，与正交信号相差 3dB。但是，值得注意的是，使用单极性信号，其平均发送的能量比双极性信号和正交信号要少 3dB。因此，单极性信号与正交信号性能是相同的，与双极性信号相差 3dB。

9.2.3 基带 PAM 信号传输

在二进制信号波形的情况下，每个信号波形仅传输一比特信息，效率相对较低。本小节讨论采用多个幅度电平的信号波形（基带 PAM）进行传输的情形，在这种情况下，每个信号波形可以传输多比特信息。

1. 基带 4-PAM 的信号波形

考虑一组信号波形形式为

$$s_m(t) = A_m g(t), \quad 0 \leqslant t \leqslant T, \quad m = 0,1,2,3$$

式中，A_m 为第 m 个波形的幅度；$g(t)$ 为矩形脉冲，定义为

$$g(t) = \sqrt{1/T}, \quad 0 \leqslant t \leqslant T$$

因此，脉冲 $g(t)$ 的能量归一化为 1。考虑信号幅度取 4 种可能的等间隔值的情况，即 $\{A_m\} = \{-3d, -d, d, 3d\}$ 或等效为

$$A_m = (2m-3)d, \quad m = 0,1,2,3$$

式中，$2d$ 为两个相邻幅度电平之间的欧几里得距离。称这组信号波形为脉冲幅度调制（PAM）信号。

因为共有 4 种 PAM 信号波形，所以每个波形可用来传输 2 比特的信息，按照 Gray 编码规则把信息比特对映射为 4 种信号波形，即

$$00 \rightarrow s_0(t), \quad 01 \rightarrow s_1(t), \quad 11 \rightarrow s_2(t), \quad 10 \rightarrow s_3(t)$$

每个信息比特对称为一个符号，脉冲持续时间 T 称为符号区间。因此，如果比特率为 $R_b = 1/T_b$，则符号区间就是 $T = 2T_b$。

与二进制信号的情况一样，PAM 信号通过加性高斯白噪声信道（AWGN），叠加了噪声 $n(t)$。$n(t)$ 是功率谱密度为 $N_0/2$（W/Hz）的白色高斯随机过程的一个样本函数。接收端的信号可表示为

$$r(t) = s_i(t) + n(t), \quad i = 0,1,2,3, \quad 0 \le t \le T_b$$

接收端在接收到信号 $r(t)$ 后，判断其是在区间 $0 \le t \le T_b$ 内发送的 4 种信号波形中的哪一个。

2. 4-PAM 信号在 AWGN 信道下的传输性能

在 MATLAB 中，提供了 pammod 和 pamdemod 函数用于实现 PAM 的调制与解调。下面直接通过例子来演示利用 pammod 和 pamdemod 函数实现 4-PAM 信号在 AWGN 信道下的传输性能。

【例 9-10】 仿真 4-PAM 信号通过 AWGN 信道后的误比特率性能。比特映射采用 Gray 编码，接收端采用相关器，绘制误比特率和误符号率随 E_s/N_0 的变化情况，E_s/N_0 的范围是 $0 \sim 15$dB，并与理论值进行比较。

```
>> clear all;
nsymbol=100000;                              %每种信噪比下的发送符号数
nsamp=10;                                    %每个脉冲信号的抽样点数
M=4;                                         %4-PAM
graycode=[0 1 3 2];                          %Gray 编码规则
EsN0=0:15;                                   %信噪比，Es/N0
msg=randint(1,nsymbol,4);                    %消息数据
msg1=graycode(msg+1);                        %Gray 映射
msg2=pammod(msg1,M);                         %4-PAM 调制
s=rectpulse(msg2,nsamp);                     %矩形脉冲成形
for indx=1:length(EsN0)
    decmsg=zeros(1,nsymbol);
    r=awgn(real(s),EsN0(indx)-7,'measured'); %通过 AWGN 信道
    r1=intdump(r,nsamp);                     %相关器输出
    msg_demod=pamdemod(r1,M);                %判决
    decmsg=graycode(msg_demod+1);            %Gray 逆映射
    [err,ber(indx)]=biterr(msg,decmsg,log2(M)); %求误比特率
    [err,ser(indx)]=symerr(msg,decmsg);
end
semilogy(EsN0,ber,'-ro',EsN0,ser,'-+r',EsN0,1.5*qfunc(sqrt(0.4*10.^(EsN0/10))));
title('4-PAM 信号在 AWGN 信道下的性能');
xlabel('Es/N0');ylabel('误比特率和误符号率');
legend('误比特率','误符号率','理论误符号率');
grid on;
```

运行程序，效果如图 9-15 所示。

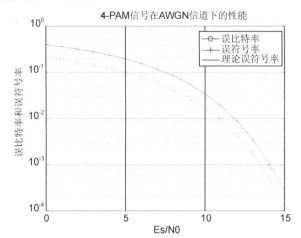

图 9-15　4-PAM 信号在 AWGN 信道下的传输性能

由图 9-15 可看出，仿真结果与理论值是一致的。

同样，在 Simulink 中也提供了基带 PAM 调制（M-PAM Modulator Baseband）和解调（M-PAM Demodulator Baseband）模块。在 Communications System Toolbox/Modulation/Digital Baseband Modulation/AM 中，它们的参数设置对话框是一致的。双击对应的模块，弹出如图 9-16 所示的模块参数设置对话框。

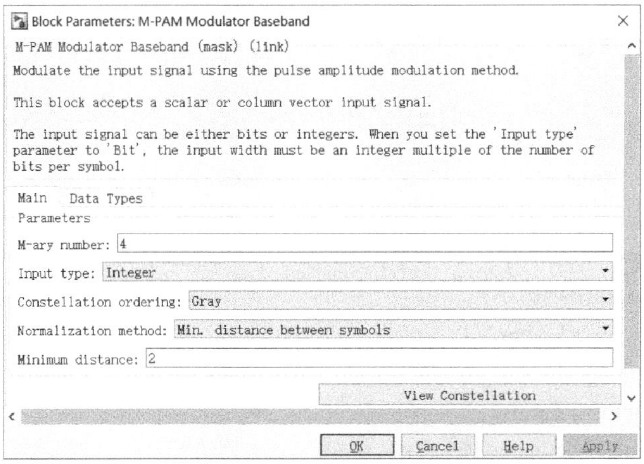

图 9-16　基带 PAM 调制解调模块设置对话框

由图 9-16 可以看出，M-PAM Demodulator Baseband 模块参数设置对话框包含多个参数项，下面分别对各项进行简单的介绍。

M-ary number：信号星座图的点数，该参数必须是偶数。

Input type：输入是比特还是整数。

Constellation ordering：在 Input type 是 Bit 时，该参数决定如何将输入的比特映射成相应的整数。

Normalization method：该参数决定如何测量信号的星座图。

Minimum distance：表示星座图中两个距离最近点之间的距离。本项只有当 Normalization method 选为 Min. distance between symbols 时才有效。

【例 9-11】 用 Simulink 提供的模型重新仿真例 9-10。

其实现步骤如下。

（1）根据需要，建立如图 9-17 所示的系统模型图。

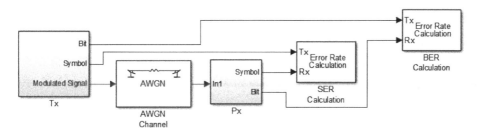

图 9-17　系统框图

其中，发射部分（Tx）和接收部分（Rx）封装成一个子系统，它们的内部结构分别如图 9-18 和图 9-19 所示。

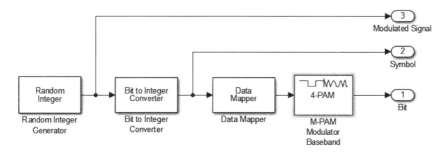

图 9-18　Tx 内部结构图

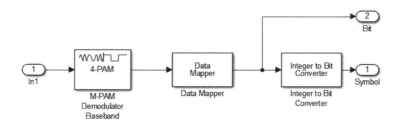

图 9-19　Rx 内部结构图

（2）模块参数设置。

在 Tx 模块中，Random Integer Generator 的 Set Size 设为 2，Sample time 设为 1/200 000，Samples per frame 设为 200 000，其他参数采用默认值。M-PAM Modulator Baseband 模块的 M-ary number 设为 4，其他采用默认值。Bit to Integer Converter 的 Number of bits per integer 设为 2，表示每两比特产生一个相应的符号。Data Mapper 的 Mapping mode 设为 Binary to Gray，表示产生的数据符号根据 Gray 编码生成，Symbol set size(M)设为 4。

在 AWGN 信道模块中，Mode 设为 Signal to noise ratio(Es/No)；Es/No（dB）设为 SNR，表示将从工作空间传递值给它；Input signal power(watts) 设为 5；Symbol period 设为 1/100 000。

在 Rx 模块中，M-PAM Demodulator Baseband 的 M-ary number 设为 4，其他采用默认值。Data Mapper 的 Mapping mode 设为 Gray to Binary，表示根据 Gray 编码映射为原始的数据符号；Symbol set size(M) 设置为 4。Integer to Bit Converter 的 Number of bits per integer 设置为 2，表示每个整数符号对应两比特。

误符号率（SER Calculation）和误比特率（BER Calculation）统计模块中把 Output data 设为 Workspace，Variable name 分别设为 SER 和 BER，其他参数采用默认值。

各模块参数设置完成后，把仿真时间设为 2。

（3）代码实现。

由于程序需要运行多次才能够得到信噪比与误比特率之间的关系，为此需要编写如下程序：

```
>> clear all;
EsN0=0:15;
for i=1:length(EsN0)
    SNR=EsN0(i);
    sim('M9_11');
    ber(i)=BER(1);
    ser(i)=SER(1);
end
semilogy(EsN0,ber,'-ro',EsN0,ser,'-+r',EsN0,1.5*qfunc(sqrt(0.4*10.^(EsN0/10))));
title('4-PAM 信号在 AWGN 信道下的性能');
xlabel('Es/N0');ylabel('误比特率和误符号率');
legend('误比特率','误符号率','理论误符号率');
```

运行程序，得到仿真效果如图 9-20 所示。

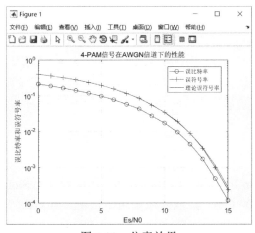

图 9-20　仿真效果

从图 9-20 可以看到，仿真结果与理论值非常吻合。

9.3　数字信号载波

数字调制的种类很多，这里做一个简要分类。正弦载波有振幅、频率和相位三个参量，根据数字基带信号所控制的参量不同，数字调制有数字振幅调制（数字调幅）、数字频率调制（数字调频）和数字相位调制（数字调相）三种基本形式。

数字基带信号可以是二进制，也可以是多进制的，因此，数字调制又有二进制数字调制和多进制数字调制之分。

根据已调信号的频谱结构特点的不同，数字调制也可分为线性调制和非线性调制。在线性调制中，已调信号的频谱结构与基带信号的频谱结构相同，只不过频率位置搬移了，如振幅键控；在非线性调制中，已调信号的频谱结构与基带信号的频谱结构不同，不同于简单的频谱搬移，而是有其他新的频率成分出现，如频率键控。

为了满足某些特定的要求，人们还在一些基本的数字调制方式的基础上，研制出了多种派生的、新型的数字调制方式，如正交振幅调制、最小频移键控等。而且随着通信技术的发展，还会不断地根据需要发展出新的数字调制方式。

9.3.1　载波 PAM 信号

数字 PAM 也称为幅移键控。在数字基带 PAM 中，信号波形具有如下的形式，即

$$s_m(t) = A_m g(t)$$

式中，A_m 是第 m 个波形的幅度；$g(t)$ 是某一种脉冲，它的形状决定了传输信号的频谱特性。假设基带信号的频谱位于频带 $|f| \leqslant W$ 之内，W 是 $|G(f)|^2$ 的带宽。信号幅度取的是离散值，即

$$A_m = (2m - 1 - M)d, \quad m = 1, 2, \cdots, M$$

1. 载波 PAM 信号的产生

为了产生载波 PAM 信号，需要将基带信号波形 $s_m(t)$ 与正弦载波 $\cos 2\pi f_c t$ 相乘。传输信号的波形表示为

$$s(t) = A_m g(t) \cos(2\pi f_c t)$$

在传输的脉冲形状 $g(t)$ 是矩形的特殊情况下，即

$$g(t) = \sqrt{\frac{2}{T}}, \quad 0 \leqslant t \leqslant T$$

在这种情况下，这个 PAM 信号不是带限的。

已调信号的频谱为

$$S(f) = \frac{A_m}{2}[G(f + f_c) + G(f - f_c)]$$

基带信号 $s_m(t) = A_m g(t)$ 的频谱被搬移到载波频率 f_c 上。这个带通信号是一个双边带一只载波（DSBSC）的 AM 信号。

将基带信号 $s_m(t)$ 调制到载波 $\cos 2\pi f_c t$ 上，并没有改变数字 PAM 信号波形的基本几何表示。一般来说，带通 PAM 信号波形可以表示为

$$s(t) = s_m \phi(t)$$

式中，$\phi(t)$ 定义为 $\phi(t) = g(t)\cos 2\pi f_c t$，并且 $s_m = A_m$，代表在实线上取 M 个值的信号星座点。

2. 载波 PAM 信号的解调

带通数字 PAM 信号的多解调可以用相关或匹配滤波器来完成。如接收信号可表示为

$$r(t) = A_m g(t)\cos(2\pi f_c t) + n(t)$$

式中，$n(t)$ 是带通噪声过程，它可表示为

$$n(t) = n_c(t)\cos(2\pi f_c t) - n_s(t)\sin(2\pi f_c t)$$

式中，$n_c(t)$ 和 $n_s(t)$ 是该噪声的同相分量和正交分量。通过将接收信号与 $\varphi(t)$ 做互相关，如图 9-21 所示，可得输出为

$$\int_{-\infty}^{\infty} r(t)\phi(t)\mathrm{d}t = A_m + n = s_m + n \tag{9-5}$$

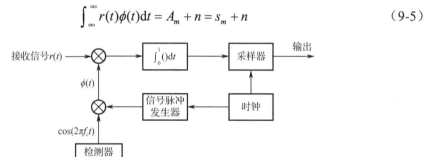

图 9-21　带通数字 PAM 信号的解调

式中，n 代表在相关器重输出的加性噪声分量。它的均值为 0，方差可以表示为

$$\sigma_n^2 = \int_{-\infty}^{\infty} |\Phi(f)|^2 S_n(f)\mathrm{d}f \tag{9-6}$$

式中，$\Phi(f)$ 是 $\phi(t)$ 的 Fourier 变换；$S_n(f)$ 是加性噪声的功率谱密度。可得

$$\Phi(f) = \frac{1}{2}[G(f+f_c) + G(f-f_c)]$$

$$S_n(f) = \frac{N_0}{2}, |f-f_c| \leqslant C \tag{9-7}$$

把式（9-7）代入式（9-6），可得

$$\sigma_n^2 = \frac{N_0}{2}$$

检测器的输入是式（9-5），因此，载波调制的 PAM 信号的最佳检测的差错概率与基带 PAM 的最佳检测器差错概率是一样的，即

$$P_M = \frac{2(M-1)}{M} Q\left(\sqrt{\frac{6E_s}{(M^2-1)N_0}}\right)$$

式中，E_s 为符号的平均能量。

3．ASK 幅度键控的实现

下面通过 MATLAB 的实例来演示 ASK 幅度键控的实现。

【例 9-12】 该实例用于研究、描述频带 ASK 调制的时间、频率的特性。

```
>> clear all;
n=1:8192;
m=1:128;
x(n)=randint(1,8192,2);
x=[x(n)]';
y(n)=zeros(1,8192);
z(m)=zeros(1,128);
for n=1:8192
    for m=1:128
        if n==64*m-63                      %当 m 为 64 的整数倍时对 z 赋值
            z(m)=x(n);
            if m==ceil(n/64);
                y(((64*m-63):(64*m))')=z(m);
            end
        end
    end
end
n=1:8192;
rm2=y(n);
x2=rm2;                                     %产生基带信号，64 为最小长度的随机二进制序列
n=[1:(2^13)];
x1=cos(n.*1e9*2*pi/4e9);                    %载频 1GHz
x=x1.* x2;                                  %ASK 频带调制
b=blackman(2^13);                           %窗函数
X=b'.*x;                                    %ASK 频带调制加窗
x3=[ones(1,64) zeros(1,8128)];             %独个基带信号码元
y1=X(1:(2^13));
y4=x1.*x3;                                  %脉冲信号被调制
Y1=fft(y1,(2^13));
magY1=abs(Y1(1:1:(2^12)+1))/(200);          %求 FFT
Y4=fft(y4,(2^13));
magY4=abs(Y4(1:1:(2^12)+1))/(37);           %求 FFT
k1=0:(2^12);
w1=(2*pi/(2^13))*k1;
u=(2*w1/pi)*1e9;
figure(1);
subplot(2,1,1);plot(u,magY1,'b',u,magY4,'r-.');
grid on;
```

```
title('ASKr');
axis([4e8,1.6e9,0,1.1]);
X2=b'.*x2;                              %基带信号加窗
y2=X2(1:(2^13));
Y2=fft(y2,(2^13));
magY2=abs(Y2(1:1:(2^12)+1))/(200)+eps;   %求 FFT
k1=0:(2^12);
w1=(2*pi/(2^13))*k1;
u=(2*w1/pi)*1e9;
Y3=fft(x3,(2^13));
magY3=abs(Y3(1:1:(2^12)+1))/(35)+eps;    %求 FFT
subplot(2,1,2);semilogy(u,magY2,'b',u,magY3,'r-.');
grid on;
title('ASKr-modulation');
axis([0,1.2e9,3e-2,3]);
figure(2);
subplot(2,1,1);plot(n,x2);
title('ASKr');
axis([0,640, -0.2,1.2]);
grid on;
subplot(2,1,2);plot(n,x);
axis([0,640, -1.2,1.2]);
grid on;
```

运行程序，效果如图 9-22 和图 9-23 所示。

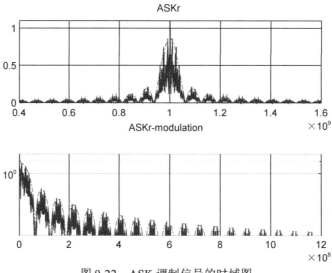

图 9-22　ASK 调制信号的时域图

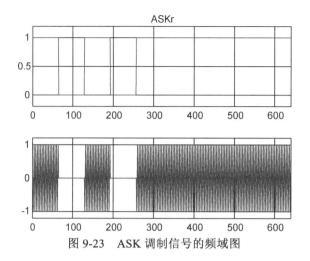

图 9-23 ASK 调制信号的频域图

图 9-22 中，时域图的上图是最小码元宽度为 64 的随机二进制基带信号，时域图的下图是基带信号进行频带（f_c=1GHz）ASK 调制后的波形。图 9-23 中，频域图的上图是基带信号进行频带（f_c=1GHz）ASK 调制后的频谱，包络是用 1 个宽度为 64 的方波信号进行频带（f_c=1GHz）ASK 调制后的频谱；频域图的下图是基带信号的频谱，包络是用 1 个宽度为 64 的方波信号的频谱，它是用于与 ASK 基带调制信号的频谱比较的。由上面两图可见，宽度为 64 的方波信号与最小码元宽度为 64 的随机二进制基带信号的频谱特性吻合性很好。

9.3.2 频移键控

以数字信号控制载波频率变化的调制方式，称为频移键控（FSK）。根据已调波的相位连续与否，频移键控分为两类：相位不连续的频移键控和相位连续的频移键控。频移键控（Frequency-shift keying）是信息传输中使用得较早的一种调制方式，它的主要优点是：实现起来较容易，抗噪声与抗衰减的性能较好。因此频移键控在中低速数据传输中得到了广泛的应用。

1．2FSK 信号的表达式

2FSK 信号可用下式表示：

$$e_{2\text{FSK}}(t) = b(t)\cos\omega_1 t + \overline{b(t)}\cos\omega_2 t$$

式中，$b(t)$ 是单极性 NRZ 码，$\overline{b(t)}$ 是 $b(t)$ 对应的反码。

2．2FSK 信号的产生

2FSK 信号的产生方法（调制方法）也有两种，分别是模拟调频法和键控法，如图 9-24 所示。模拟调频法产生的 2FSK 信号的相位是连续的；而键控法是根据发送比特的取值在两个振荡器之间切换，形成 2FSK 信号，在切换瞬间，两个振荡器产生的信号波形的相位一般是不连续的，因此产生相位不连续的 2FSK 信号。

（a）模拟调频法 （b）键控法

图 9-24 2FSK 信号产生法

3．2FSK 信号的功率谱及带宽

相位不连续的 2FSK 信号的功率谱可视为两个 2ASK 信号的功率谱之和，即

$$P_e(f) = \frac{T_s}{16} S_a^2[\pi(f-f_1)T_s] + \frac{T_s}{16} S_a^2[\pi(f+f_1)T_s] + \frac{T_s}{16} S_a^2[\pi(f-f_2)T_s] + \frac{T_s}{16} S_a^2[\pi(f+f_2)T_s] +$$

$$\frac{1}{16}\delta(f-f_1) + \frac{1}{16}\delta(f+f_1) + \frac{1}{16}\delta(f-f_2) + \frac{1}{16}\delta(f+f_2)$$

设两个载频的频差为 Δf，即

$$\Delta f = |f_2 - f_1|$$

定义调制指数（或移频指数）h 为

$$h = \frac{|f_2 - f_1|}{R_s} = \frac{\Delta f}{R_s}$$

式中，R_s 是数字基带信号的码元速率。

4．2FSK 信号的解调方法

由于一个 2FSK 信号可视为两个 2ASK 信号之和，因此对 2FSK 信号的解调可分解为对两路 2ASK 信号的解调，且同样有非相干解调和相干解调两种方法，如图 9-25 所示。图中应注意两点：

（1）图 9-25 中两个带通滤波器的参数不同，BPF_1 用来通过 $2ASK_1$（对应 f_1）信号，因而其中心频率 $f_0 = f_1$，带宽 $B_{BPF_1} \geq 2R_s$；BPF_2 用来通过 $2ASK_2$（对应 f_2）信号，因而其中心频率 $f_0 = f_2$，带宽 $B_{BPF_2} \geq 2R_s$。

（2）抽样判决器的判决依据是对两路 LPF 输出进行比较，谁大取谁。因而无须另加判决电平，这正是 2FSK 优于 2ASK 之处。

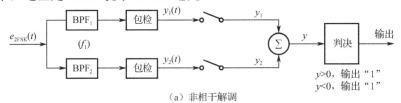

（a）非相干解调

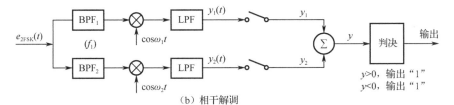

（b）相干解调

图 9-25 2FSK 解调器框图

5．FSK 的 Simulink 模块

在 Simulink 中也提供了相应的模块实现 M-FSK 的调制与解调。

1）频率调制

Simulink 中提供了 M-FSK Modulator Baseband 模块。该模块进行基带 M 元频移键控调制，输出为基带形式的已调信号。

M-ary number 项参数 M 为已调信号频率。参数 Frequency separation 为已调信号连续频率之间的间隔。

模块的输入和输出为离散信号。Input type 项决定模块是接收 0 到 M-1 之间的整数，还是二进制形式的整数。

如果 Input type 项选为 Integer，那么模块接收整数输入。输入可以是标量，也可以是基于帧的列向量。如果 Input type 项选为 Bit，那么模块接收 K 比特的组，称为二进制字。输入可以是长度为 K 的向量或基于帧的列向量（长度为 K 的整数倍）。

在 Communications System Toolbox 中找到 M-FSK Modulator Baseband 模块并双击，即弹出如图 9-26 所示的模块参数设置对话框。

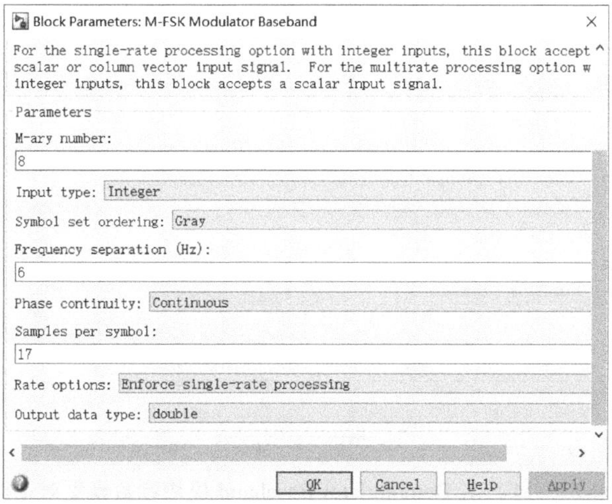

图 9-26 M-FSK Modulator Baseband 模块参数设置对话框

由图 9-26 可以看出，M-FSK Modulator Baseband 模块参数设置对话框包含多个参数项，下面分别对各项进行简单的介绍。

M-ary number：表示信号星座图的点数，M 必须为一个偶数。

Input type：表示输入由整数组成还是由比特组成。如果该项设为 Bit，那么参数 M-ary number 必须为 2^K，K 为正整数。

Symbol set ordering：设定模块如何将每一个输入比特组映射到相应的整数。

Frequency separation(Hz)：表示已调信号中相邻频率之间的间隔。

Phase continuity：决定已调制信号的相位是连续的还是非连续的。如果该项设为 Continuous，那么即使频率发生变化，调制信号的相位依然维持不变；如果该项设为

Discontinuous，那么调制信号由不同频率的 M 正弦曲线部分构成，这样如果输入值发生变化，则调制信号的相位也会发生变化。

Samples per symbol：对应于每个输入的整数或二进制字模块输出的采样个数。

Output data type：设定模块的输出数据类型，可为 double 或 single。默认为 double 类型。

2）频率解调

对应 M-FSK Modulator Baseband 模块，Simulink 提供了 M-FSK Demodulator Baseband 模块，用于基带 M 元频移键控的解调。模块的输入为基带形式的已调制信号。模块的输入和输出均为离散信号。输入可以是标量或基于采样的向量。

M-arynumber 项参数 M 为已调信号频率。参数 Frequency separation 为已调信号连续频率之间的间隔。

如果 Output type 项选为 Integer，那么模块输出 0 到 M-1 范围的整数。如果 Output type 项设为 Bit，那么 M-arynumber 项具有 2^K 的形式，K 为正整数。模块输出 0 到 M-1 之间的二进制形式整数。

在 Communications System Toolbox 中找到 M-FSK Demodulator Baseband 模块并双击，即弹出如图 9-27 所示的模块参数设置对话框。

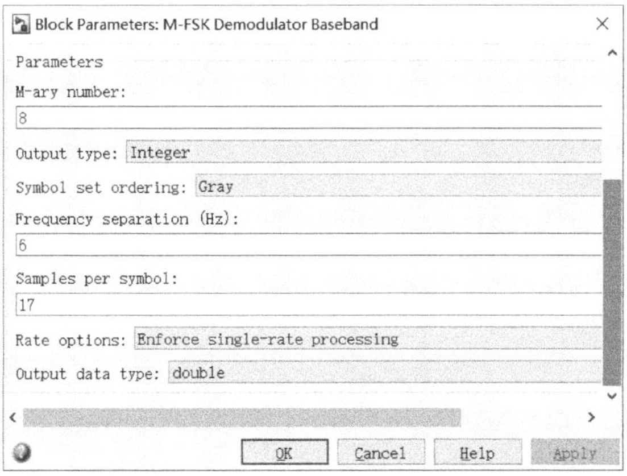

图 9-27　M-FSK Demodulator Baseband 模块参数设置对话框

由图 9-27 可以看出，M-FSK Demodulator Baseband 模块参数设置对话框包含多个参数项，下面分别对各项进行简单的介绍。

M-ary number：表示信号星座图的点数，M 必须为一个偶数。

Output type：表示输出数据由整数组成还是由比特组成。如果该项设为 Bit，那么参数 M-ary number 必须为 2^K，K 为正整数。

Symbol set ordering：设定模块如何将每一个输出比特组映射到相应的整数。

Frequency separation(Hz)：表示已调信号中相邻频率之间的间隔。

Samples per symbol：对应于每个输入的整数或二进制字模块输出的采样个数。

Output data type：设定模块的输出数据类型，可为 boolean、int8、uint8、int16、uint16、int32、uint32 或 double。默认为 double 类型。

6. FSK 的实现

下面通过一个实例来演示 FSK 的实现。

【例 9-13】 FSK 频移键控是一种标准的调制技术，它将数字信号加载到不同频率的正弦载波上。试建立一个用于基带信号的频移键控仿真模型。

其实现步骤如下。

（1）建立仿真模型。

根据需要，建立如图 9-28 所示的频移键控仿真模型。

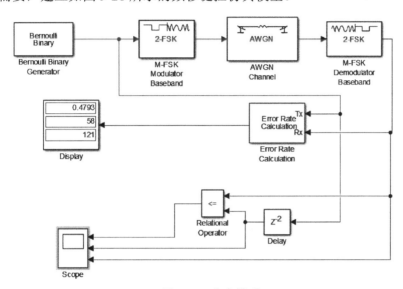

图 9-28　仿真模型

（2）设置模块参数。

双击图 9-28 中的 Bernoulli Binary Generator（伯努利二进制信号发生器）模块，将采样时间设置为 1/1200。

双击图 9-28 中的 M-FSK Modulator Baseband 模块，参数 M-arynumber 设为 2，Frequency separation 设为 1000Hz，Samples per symbol 设为 1200，如图 9-29 所示。

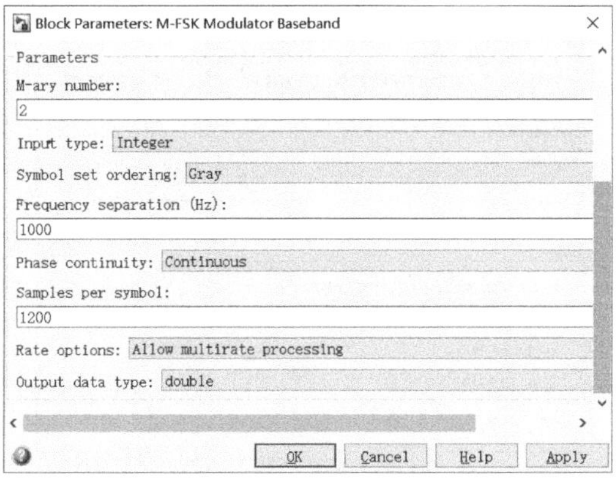

图 9-29　M-FSK Modulator Baseband 模块参数设置

双击图 9-28 中的 M-FSK Demodulator Baseband 模块，参数设置如图 9-30 所示。

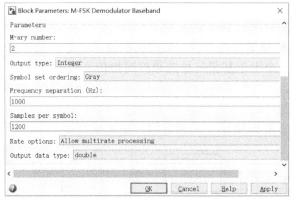

图 9-30　M-FSK Demodulator Baseband 模块参数设置

双击图 9-28 中的 AWGN Channel（高斯白噪声信道）模块，设置其 Es/No 为 10dB，Symbol period 为 1/1200，如图 9-31 所示。

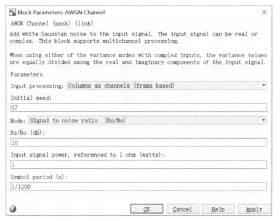

图 9-31　AWGN Channel 模块参数设置

双击图 9-28 中的 Error Rate Calculation（误码计算）模块，设置 Output data 输出数据至 Port 端口，如图 9-32 所示。

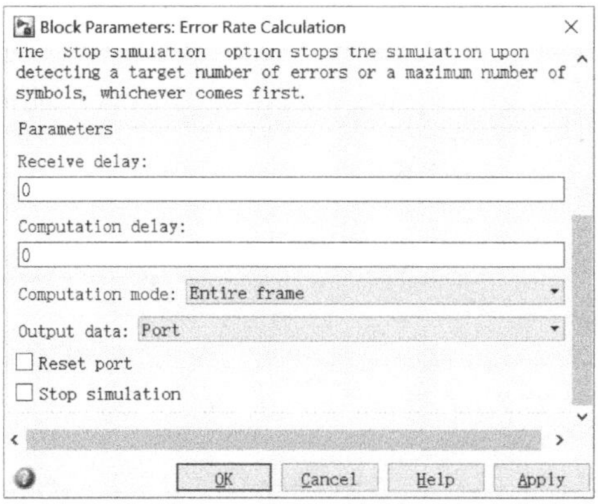

图 9-32　Error Rate Calculation 模块参数设置

双击图 9-28 中的 Delay 模块，将 Delay length 项的 Value 设置为 2。

（3）运行仿真。

设置仿真时间为 0.1s，运行仿真模型，可看到 Display 模块显示了如图 9-28 所示的数据，即误码率为 0.4793，误码数为 58，总码数为 121。仿真结果如图 9-33 所示。

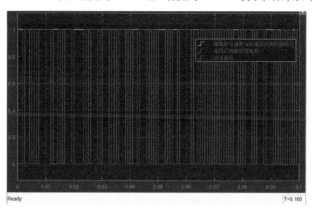

图 9-33　仿真结果

9.3.3　载波相位调制

载波相位调制（PSK）是用已调信号中载波的多种不同相位（或相位差）来代表数字信息的。数字相位调制常称为相移键控。

1. PSK 信号

在信道发送的信息调制在载波的相位上，通常相位的范围是（0, 2），所以通过数字相位调制数字信号的载波相位是：$\theta_m = 2\pi m/M$，$m = 0,1,\cdots,M-1$。对二进制调制，两个载波的相位分别是 0，π。对于 M 进制的相位调制，一般 M 个载波调相信号的波形表达式为

$$u_m(t) = Ag_T(t)\cos\left(2\pi f_c t + \frac{2\pi m}{M}\right), \quad m = 0,1,\cdots,M-1$$

式中，$g_T(t)$ 为发射端的滤波脉冲，决定了信号的频谱特征；A 是信号振幅。

相移键控的能量在调制过程中没有改变：

$$E_m = \int_{-\infty}^{+\infty} u_m^2(t)\mathrm{d}t$$

$$= \int_{-\infty}^{+\infty} A^2 g_T^2(t)\cos^2(c)\mathrm{d}t$$

$$= \frac{1}{2}\int_{-\infty}^{+\infty} A^2 g_T^2(t)\mathrm{d}t + \frac{1}{2}\int_{-\infty}^{+\infty} A^2 g_T^2(t)\cos\left(4\pi f_c t + \frac{4\pi m}{M}\right)\mathrm{d}t$$

$$= \frac{A^2}{2}\int_{-\infty}^{+\infty} g_T^2(t)\mathrm{d}t = E_s$$

E_s 表示发送一个符号的能量，通常选用 $g_T(t)$ 为矩形脉冲，定义为

$$g_T(t) = \sqrt{\frac{2}{T}}, \quad 0 \leqslant t \leqslant T$$

此时发送信号波形在间隔 $0 \leqslant t \leqslant T$ 内表示为

$$u_m(t) = \sqrt{\frac{2E_s}{T}} \cos\left(2\pi f_c t + \frac{2\pi m}{M}\right), \quad m = 0, 1, \cdots, M-1$$

上式给出的发送信号有常数包络，且载波相位在每一个信号间隔的起始位置发生突变。

将 k 比特信息调制到 $M = 2^k$ 个可能相位的方法有多种，常用方法是采用格雷码编码，此种编码方式的相邻相位仅相差一个二进制比特。

在 $M=8$ 时，生成常数包络 PSK 信号波形，为了方便，将信号幅度归一化为 1，取载波频率为 $6/T$。

2．PSK 模块

在 Simulink 中提供了相关模块实现 PSK 仿真。下面介绍相位调制模块。

M-PSK 调制模块进行基带 M 元相移键控调制，输出为基带形式的已调信号。M-ary number 项中的参数 M 表示信号星座图的点数。

在 Communications System Toolbox 中找到 M-PSK Modulator Baseband 模块并双击，弹出如图 9-34 所示的模块参数设置对话框。

由图 9-34 可以看出，M-PSK Modulator Baseband 模块参数设置对话框有两个页面，分别为 Main 及 Data Types。

（1）Main 页面。

Main 页面如图 9-34 所示，其包含多个参数项，含义分别如下。

M-ary number：表示信号星座图的点数，该项必须设为一个偶数。

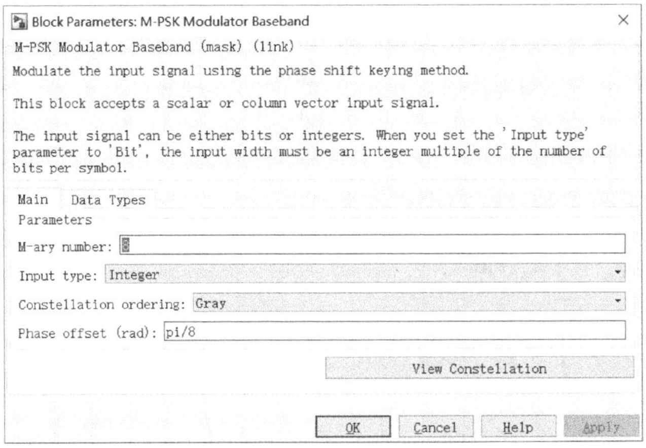

图 9-34　M-PSK Modulator Baseband 模块参数设置对话框

Input type：表示输入是由整数还是比特组组成。如果该项设为 Bit，那么 M-ary number 项必须为 2^K，其中 K 为正整数。此时模块的输入信号是一个长度为 K 的二进制向量，且

有 $K = \log_2 M$。如果该项为 Integer，那么模块接收范围为[0,M-1]的整数输入。输入可以是标量，也可以是基于帧的列向量。

Constellation ordering：星座图编码方式。如果该项设为 Binary，MATLAB 把输入的 K 个二进制符号当作一个自然二进制序列；如果该项设为 Gray，MATLAB 把输入的 K 个二进制符号当作一个 Gray 码。

Constellation mapping：该项只有当 Constellation ordering 项设定为 User-defined 时才有效。该项可以是大小为 M 的行或列向量。其中向量的第一个元素对应图中的 0+Phase offset 角，后面的元素按照逆时针旋转，最后一个元素对应星座图的点-pi/M+Phase offset。

Phase offset：表示信号星座图中的零点相位。

（2）Data Types 页面。

Data Types 页面的参数设置对话框如图 9-35 所示。

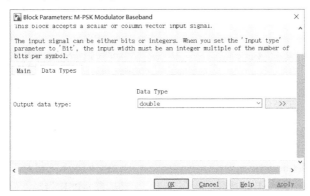

图 9-35　Data Types 页面的参数设置对话框

Data Types 页面参数设置对话框中，根据选择的不同内容，即有对应的参数项，主要参数如下。

Output data type：设定输出数据类型。可以设为 double、single、Fixed-point、User-defined 或 Inherit via back propagation 等多种类型。

Output word length：设定 Fixed-point 输出类型的输出字长。该项只有当 Output data type 设为 Fixed-point 时有效并可见。

User-defined data type：设定带符号的或定点数据类型。该项只有当 Output data type 设为 User-defined 时有效并可见。

Set output fraction length to：设定固定点输出比例。该项只有当 Output data type 设为 Fixed-point 或 User-defined 时有效并可见。

Output fraction length：设定固定点输出数据的分数位数。

3. 载波 PSK 的实现

下面通过两个例子分别利用 MATLAB 及 Simulink 实现 PSK 调制。

【例 9-14】　仿真 8-PSK 载波调制信号在 AWGN 信道下的误码率和误比特率性能，并与理论值相比较。假设符号周期为 1s，载波频率为 10Hz，每个符号周期内采样 100 个点。

其实现的 MATLAB 代码为：

```
>>clear all;
n=10000;                                    %每种信噪比下发送的符号数
T=1;                                        %符号周期
fs=100;                                     %每个符号的采样点数
ts=1/fs;                                    %采样时间间隔
t=0:ts:T-ts;                                %时间矢量
fc=10;                                      %载波频率
c=sqrt(2/T)*exp(j*2*pi*fc*t);              %载波信号，sqrt 平方根计算
subplot(231); plot(c,'g');
title('载波信号')
c1=sqrt(2/T)*cos(2*pi*fc*t);               %同相载波
c2=-sqrt(2/T)*sin(2*pi*fc*t);              %正交载波
M=8;                                        %8—PSK
graycode=[0 1 2 3 6 7 4 5 ];               %编规则 graycode 格雷码
SNR=0:15;                                   %信噪比
snr1=10.^(SNR/10);                          %信噪比转换为线性值
msg=randint(1,n,M);                         %生成消息序列
subplot(232); plot(msg);
title('基带信号')
msg1=graycode(msg+1);                       %绝对码表示为相对码，幅值相位表示
msgmod=pskmod(msg1,M).';                    %基带 8-PSK 调制
subplot(233); plot(msgmod,'r');
title('基带调制')
tx=real(msgmod*c);                          %载波调制
subplot(234); plot(tx);
title('载波调制')
tx1=reshape(tx.',1,length(msgmod)*length(c));  %调整矩阵行数、列数
spow=norm(tx1).^2/n;                        %求每个符号的平均功率
for indx=1:length(SNR)
    sigma=sqrt(spow/(2*snr1(indx)));        %根据符号功率求噪声功率
    rx=tx1+sigma*randn(1,length(tx1));      %加入高斯白噪声
    rx1=reshape(rx,length(c),length(msgmod));
    r1=(c1*rx1)/length(c1);                 %相关运算
    r2=(c2*rx1)/length(c2);
    r=r1+j*r2;
    y=pskdemod(r,M);                        %8PSK 解调
    decmsg=graycode(y+1);
    [err,ber(indx)]=biterr(msg,decmsg,log2(M));  %误比特率
    [err,ser(indx)]=symerr(msg,decmsg);     %误符号率
end;
subplot(235); plot(r,'k');
```

```
title('加噪声后的已调信号');
subplot(236); plot(y);
title('8psk 解调');
figure(2);
ser1=2*qfunc(sqrt(2*snr1)*sin(pi/M));          %理论误符号率
ber1=1/log2(M)*ser1;                           %理论误比特率
semilogy(SNR,ber,'-ko',SNR,ser,'-r*',SNR,ser1,SNR,ber1,'-b.');
title('8-Psk 载波调制信号在 AWGN 信道下的性能');
xlabel('Es/No');ylabel('误比特率和误符号率');
legend('误比特率','误符号率','理论误符号率','理论误比特率');
```

运行程序，效果如图 9-36 和图 9-37 所示。

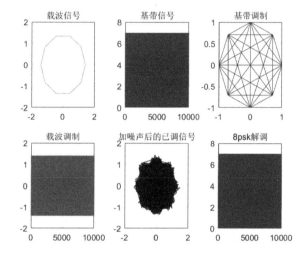

图 9-36 信号的调制与解调图

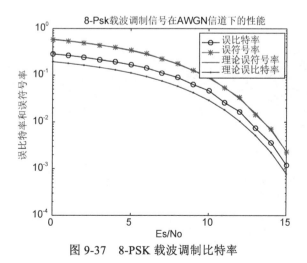

图 9-37 8-PSK 载波调制比特率

361

由图 9-37 可以看出，仿真得到的误符号率与理论近似值吻合，而仿真得到的误比特率与理论也吻合。

【例 9-15】 试建立一个 π/8 相位偏移的 8PSK 传输系统，观察调制输出信号通过加性高斯信道前后的星座图，并比较输入数据以普通二进制映射和格雷码映射两种情况下的误比特率。

其实现步骤如下。

（1）建立仿真模型。

根据需要，建立如图 9-38 所示的测试模型。

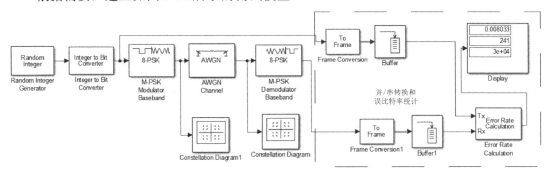

图 9-38　8PSK 传输系统测试框图

（2）设置模块参数。

信源输出的随机整数 0～7 转换为 3 比特二进制组后送入 8PSK 基带调制（用 M-PSK Modulator Baseband 模块实现），调制输出经过高斯信道后送入接收端相应的 8PSK 解调器（用 M-PSK Demodulator Baseband 模块实现）中。调制器和解调器的参数设置必须一致；调制器的输入数据类型为比特，解调器的输出数据类型也为比特，相位偏移量都设置为 π/8，数据映射方式设置为普通二进制或格雷码方式。解调的二进制组经过并/串转换后与发送端数据进行比较得出误比特率统计。当信道中加入的高斯噪声方差为 0.02 时，发送和接收信号的星座图仿真结果如图 9-39 所示。

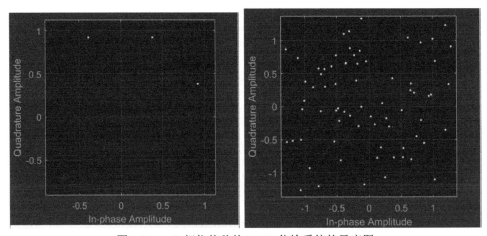

图 9-39　π/8 相位偏移的 8PSK 传输系统的星座图

数据映射方式设置为普通二进制方式，信道噪声方差为 0.05 时，仿真发送 10s 数据，得出错误比特数为 241 个，相应的误比特率为 0.008 033；将数据映射方式修改为格雷码方式，其他参数不变，再次执行仿真得出 10s 内的错误比特数为 141 个，相应的误比特率为 0.0047。显然，格雷码映射优于普通二进制映射。

9.3.4　DPSK 系统的抗噪性能

差分相移键控常称为二相相对调相，记作 2DPSK。它不是利用载波相位的绝对数值传送数字信息，而是用前后码元的相对载波相位值传送数字信息。所谓相对载波相位是指本码元初相与前一码元初相之差。

1. 2DPSK 信号产生原理

2DPSK 是利用前后相邻码元的载波相对相位变化传递数字信息，又称相对相移键控。假设 $\Delta\phi$ 为当前码元与前一码元的载波相位差（并规定 $\Delta\phi=0$ 表示数字信息"0"，$\Delta\phi=\pi$ 表示数字信息"1"），则数字信息序列与 2DPSK 信号的码元相位关系可表示如下。

二进制数字信息：	1	1	0	1	0	0	1	1	0
2DPSK 信号相位：(0)	π	0	0	π	π	π	0	π	π
或　　　　　　　(π)	0	π	π	0	0	0	π	0	0

2. 2DPSK 的调制原理

二进制相对相位调制就是利用二进制数字信息去控制载波相邻两个码元的相位差，使载波相邻两个码元的相位差随二进制数字信息变化。载波相邻码元的相位差定义为

$$\Delta\varphi_n = \varphi_n - \varphi_{n-1}$$

φ_n、φ_{n-1} 分别表示第 n 及 $n-1$ 个码元的载波初相。由于二进制数字信息只有"1"和"0"两个不同的码元，受二进制数字信息控制的载波相位差 $\Delta\varphi_n$ 也只有两个不同的值。通常选用 0°、180° 两个值。"1"码与"0"码和 0° 与 180° 之间有两种一一对应关系，如

"1"码 $\rightarrow \Delta\varphi_n=180°$　　　　　　　　　　　　"1"码 $\rightarrow \Delta\varphi_n=0°$

"0"码 $\rightarrow \Delta\varphi_n=180°$　　　　　　　　　　　　"0"码 $\rightarrow \Delta\varphi_n=0°$

当 2DPSK 都采用以上这种对应关系时，即当第 n 个数字信息为"1"码时，控制相位差 $\Delta\varphi_n=180°$，也就是第 n 个码元的载波初相相对于第 $n-1$ 个码元的载波初相改变 180°；当第 n 个数字信息为"0"码时，控制 $\Delta\varphi_n=0°$，也就是第 n 个码元的载波初相相对于第 $n-1$ 个码元的载波初相没变化，此时对应关系称为"1"变"0"不变规则。2DPSK 信号的产生方法是先对二进制数字基带信号进行差分编码，即把表示数字信息序列的绝对码变成相对码，然后再根据相对码进行绝对调相，从而变成二进制差分相移键控信号。2DPSK 信号调制器原理图如图 9-40 所示。

设绝对码为 $\{a_n\}$，相对码为 $\{b_n\}$，则二相差分编码的逻辑关系为

$$b_n = a_n \oplus b_{n-1}$$

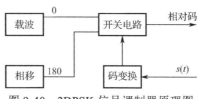

图 9-40　2DPSK 信号调制器原理图

相对（差分）移相方式（2DPSK）的调制系统如图 9-41 所示。

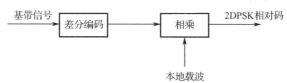

图 9-41　相对移相方式产生 2DPSK 的调制系统框图

3．2DPSK 的解调原理

2DPSK 的解调方法分为两种：一种是极性比较法，另一种是相位比较法。

1）采用极性比较法解调模块

极性比较法是一种根据 2DPSK 信号的产生过程来恢复数字信息的方法，其过程如图 9-42 所示。

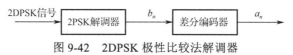

图 9-42　2DPSK 极性比较法解调器

a_n 的 2DPSK 信号经 2PSK 解调可得差分码 b_n，再对差分码进行译码可得原调制信息 a_n。对 2DPSK 信号进行相干解调，恢复出相对码，再经码反变换器得到绝对码，从而恢复出发送的二进制数字信息。在解调过程中，由于载波相位模糊性的影响，使得解调出的相对码也可能是"1"和"0"倒置，但经差分译码得到的绝对码不会发生任何倒置的现象，从而解决了载波相位模糊带来的问题。2DPSK 的相干解调原理图如图 9-43 所示。

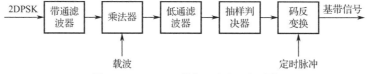

图 9-43　2DPSK 的相干解调原理图

2）采用相位比较法解调模块

用这种方法解调时不需要专门的相干载波，只需由收到的 2DPSK 信号延时一个码元间隔 T，然后与 2DPSK 信号本身相乘。相乘器起着相位比较的作用，相乘结果反映了前后码元的相位差，经低通滤波后再抽样判决，即可直接恢复出原始数字信息，因此解调器不需要码反变换器。

2DPSK 差分相干解调器原理图如图 9-44 所示。

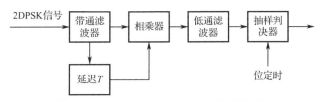

图 9-44 2DPSK 差分相干解调器原理图

如前面所示，采用 π 相位后，如果已接收 2DPSK 序列为 π 0 π π π 0 π π 0，则经过解调和逆码变换后可得基带信号，这一过程如下。

2DPSK 信号：（0）π 0 π π π 0 π π 0　　　　　（π）0 π 0 0 0 π 0 0 π

Δφ：　　　　　 π π π 0 0 π π 0 π　　　　　　　 π π π 0 0 π π 0 π

变换后序列：（0）1 0 1 1 1 0 1 1 0　　　　　（π）0 1 0 0 0 1 0 0 1（相对码）

基带信号：　　 1 1 1 0 0 1 1 0 1　　　　　　　 1 1 1 0 0 1 1 0 1（绝对码）

4．2DPSK 的实现

下面通过两个实例来演示 2DPSK 的实现。

【例 9-16】 用基带等效的方式仿真 2DPSK 载波调制信号在 AWGN 信道下的调制与解调，并绘制相应的波形图。

其实现的 MATLAB 代码为：

```
>> clear all;
bit=1000;
n=16;
p=0.6;
signal=rand(1,n)<=p;                    %产生 n 位随机二进制信号 Y=rand(m,n)
receive=0;                              %或 Y=rand([m,n])，返回一个 m×n 的随机矩阵
j=1;
while j<=n                              %差分编码
    if signal(j)~=receive(j)           %~=不等于
        bi=1;
    else
        bi=0;
    end
    receive=[receive bi];
    j=j+1;
end
difference=receive(2:n+1);             %除去差分码参考位
m=0:1/bit:(n-1)/bit;
figure;
subplot(3,1,1); stairs(m,signal);      %绘制基带原码图
axis([0 n/bit -0.5 1.5]);
title('基带原码');
```

```
xlabel('时间/s');ylabel('幅度');
grid on;
subplot(3,1,2);   stairs(m,difference);          %绘制差分码
axis([0 n/bit -0.5 1.5]);
title('差分码');
xlabel('时间/s');ylabel('幅度');
grid on;
for i=1:n;                                        %将差分码变成双极性差分码 biploar
    if difference(i)==0
        biploar(i)=-1;
    else
        biploar(i)=1;
    end
end
t=linspace(0,16/1000,3200);                       %载波时间切片在 0 到 16/1000 平均分为 3200 点
carrier=sin(2*pi*1500*t);                         %载波频率为 1500
biploar=repmat(biploar,200,1);                    %复制平铺
biploar=reshape(biploar,1,numel(biploar));        %reshape 重新调整行数、列数
modulate=biploar.*carrier;            %numel 计算矩阵元素个数，模拟调制，产生 2DPSK 调制波
subplot(3,1,3);plot(t,modulate);
axis([0,n/bit, -1.5,1.5]);
title('2DPSK 调制波');
xlabel('时间/s');ylabel('幅度');
grid on;
figure;
%模拟信道传输
channel=awgn(modulate,10);                        %awgn 随机无线噪声信噪比为 10dB
subplot(3,1,1);plot(t,channel);
axis([0,n/bit, -1.5,1.5]);
title('信道输出');
xlabel('时间/s');ylabel('幅度');
grid on;
%相干解调
coherent=channel.*carrier;
subplot(3,1,2);plot(t,coherent);
axis([0,n/bit, -1.5,1.5]);
title('相乘输出');
xlabel('时间/s');ylabel('幅度');
grid on;
%低通椭圆滤波器
fp=60;
fs=180; Fs=4200;
```

```
rp=3.5;    rs=70;
wp=fp/Fs;
ws=fs/Fs;
[N,Wn]=buttord(wp,ws,rp,rs);              %计算滤波器阶数和截止频率
[bz,az]=butter(N,Wn);                     %计算数字滤波器系统函数的分子分母多项式系数
LP=filter(bz,az,coherent);                %b/a 为滤波器系数，b 为分子，a 为分母
subplot(3,1,3);plot(t,LP);
axis([0,n/bit, -1.5,1.5]);
title('低通输出');
xlabel('时间/s');ylabel('幅度');
grid on;
%抽样判决
judge=[]; bridge=[];
for b=0:200:3000;
    if b==0,
        c=1;
        judge=(1&&LP(c)~=0);
    else
        bridge=1&&(LP(b)>0);
    end
    judge=[judge,bridge];
end
m=0:1/bit:(n-1)/bit;
%绘制输入/输出码型图以比较
figure;
subplot(4,1,1);stairs(m,signal,'k');
axis([0,n/bit, -1.5,1.5]);
title('基带原码');
xlabel('时间/s');ylabel('幅度');
grid on;
subplot(4,1,2);stairs(m,difference,'k');
axis([0,n/bit, -1.5,1.5]);
title('差分码');
xlabel('时间/s');ylabel('幅度');
grid on;
subplot(4,1,3);stairs(m,judge,'k');
axis([0,n/bit, -1.5,1.5]);
title('抽样判决');
xlabel('时间/s');ylabel('幅度');
grid on;
%码型差分逆变换
change=0;
```

```
brid=[];
for k=2:16
    if judge(k)~=judge(k-1);
        brid=1;
    else
        brid=0;
    end
    change=[change,brid];
end
subplot(4,1,4);stairs(m,change,'k');
axis([0,n/bit, -2,2]);
title('解调输出');
xlabel('时间/s');ylabel('幅度');
grid on;
```

运行程序，得到效果如图 9-45～图 9-47 所示。

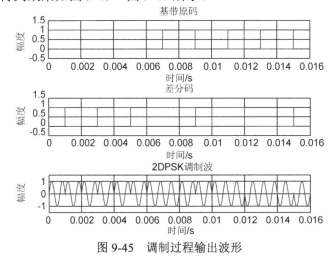

图 9-45　调制过程输出波形

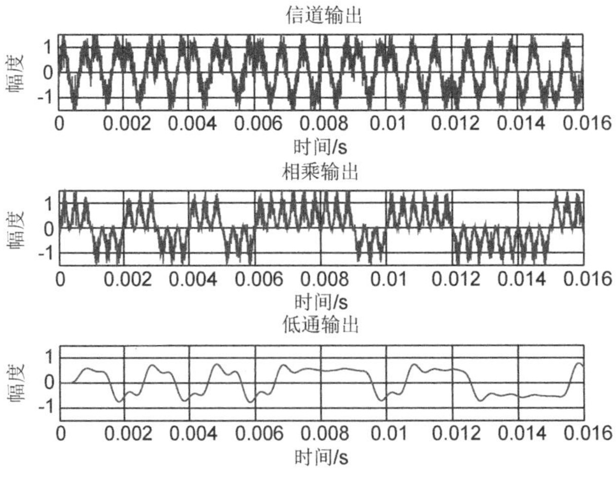

图 9-46　信道及解调过程输出波形

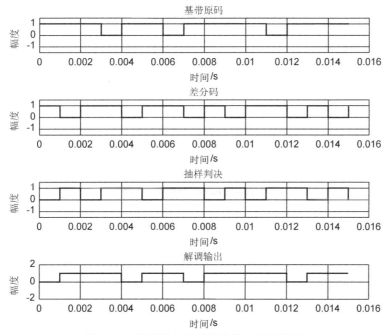

图 9-47 基带输入波形系统输出波形比较

图 9-45 所示波形从上到下分别是基带信号波形、差分码波形和 2DPSK 信号波形。

图 9-46 所示波形从上到下分别是信道输出波形、相乘器输出波形和低通滤波器输出波形。

图 9-47 所示波形从上到下分别是基带信号波形、差分码波形、逆差分码波形和输出波形。

在 Simulink 中也提供相应的模块实现 DPSK 仿真，此处不再对模块展开介绍，直接通过实例来演示。

【例 9-17】用 Simulink 仿真 4-DPSK 信号在 AWGN 信道下的误码率和误比特率性能，并与理论值相比较。

其实现步骤如下。

（1）建立仿真模型。

在此采用基带仿真方式，建立如图 9-48 所示的系统模型。

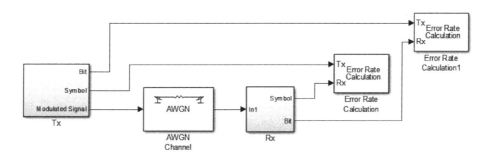

图 9-48 系统模型框图

其中，Tx 和 Rx 子系统的模型框图如图 9-49 和图 9-50 所示。

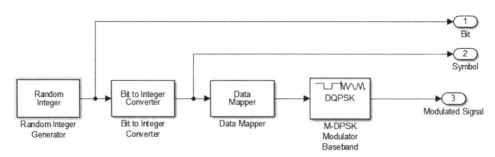

图 9-49　Tx 子系统模型框图

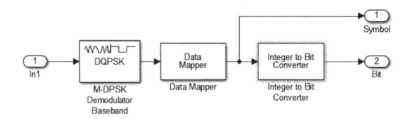

图 9-50　Rx 子系统模型框图

（2）设置模型参数。

在 Tx 模块中，Set size 设为 2，Sample time 设为 1/(2*SymbolRate)，Samples per frame 设为 2*SymbolRate，其他参数采用默认值。Bit to Integer Converter 的 Number of bits per integer 设为 2，其他参数采用默认值。Data Mapper 的 Mapping mode 设为 Binary to Gray，Symbol set size(M)设为 4。在 M-DPSK Modulator Baseband 模块的参数设置中，把 M-ary number 设为 4，Phase rotation(rad)设为 0。

在 Rx 模块中，M-DPSK Demodulator Baseband 模块的 M-ary number 设为 4，Phase rotation(rad)设为 0。Data Mapper 的 Mapping mode 设为 Gray to Binary，Symbol set size(M)设为 4。Integer to Bit Converter 的 Number of bits per integer 设为 4。

在 AWGN 信道模块中，Symbol period(s)设为 1/SymbolRate，Input signal power(watts)设为 1，其他参数采用默认值。

误符号率和误比特率统计模块把 Variable name 分别设置为 SER 和 BER，其他采用默认值。

（3）运行仿真。

各模块参数设置完成后，把仿真时间设为 50 000。设置完成后，保存文件为 M9_17.mdl。在此还需编写如下代码：

```
>> clear all;
M=4;
EsN0=0:15;
EsN01=10.^(EsN0/10);
SymbolRate=2;
```

```
for i=1:length(EsN0)
    SNR=EsN0(i);
    sim('M9_17');
    ber(i)=BER(1);
    ser(i)=SER(1);
end
ser1=2*qfunc(sqrt(EsN01)*sin(pi/M));
ber1=1/log2(M)*ser1;
semilogy(EsN0,ber,'-ro',EsN0,ser,'-r+',EsN0,ser1,EsN0,ber1,'-r.');
title('4-DPSK 载波调制信号在 AWGN 信道下的性能');
xlabel('Es/N0');ylabel('误比特率和误符号率');
legend('误比特率','误符号率','理论误符号率','理论误比特率');
```

运行程序，得到仿真效果如图 9-51 所示。

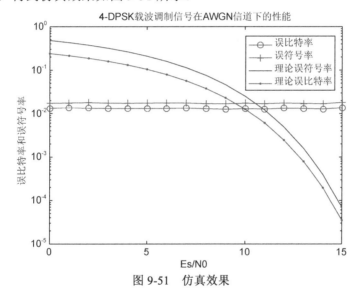

图 9-51　仿真效果

9.3.5　正交幅度调制

正交幅度调制（Quadrature Amplitude Modulation，QAM）是一种在两个正交载波上进行幅度调制的调制方式。这两个载波通常是相位差为 90°（$\pi/2$）的正弦波，因此被称作正交载波。

正交幅度调制就是用两个独立的多电平基带信号分别对两个正交载波进行 ASK 调制，然后叠加，即可得到 QAM 信号。

1．16QAM 星座图

16QAM 星座图有 16 个信号矢量端点，它们在信号平面上的位置可以有不同的安排方案。如图 9-52 所示是方形安排的星座图，是一种常用的星座图案。

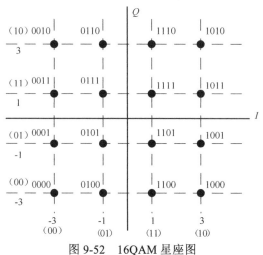

图 9-52　16QAM 星座图

2．表达式

由图 9-52 可看出，16QAM 任意一个信号可以分解成两个正交分量，如图 9-53 所示。其一般表达式为

$$e_{16QAM}(t) = A_n \cos(\omega_c t + \phi_n) = I_n \cos \omega_c t - Q_n \sin \omega_c t, n = 1, 2, \cdots, 16 \ (0 \leqslant t \leqslant T_s)$$

式中，I_n 和 Q_n 各有 $\sqrt{M} = \sqrt{16} = 4$ 个电平，分别为 ± 1 和 ± 3。

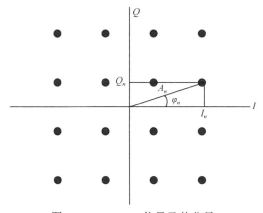

图 9-53　16QAM 信号及其分量

3．16QAM 信号的产生

上式表明，16QAM 信号可以用两个正交载波经 4ASK 调制后相加得到，其原理图如图 9-54 所示。

串行的二进制序列，经过串/并变换分成两路，每一路的双比特码元经过 2/4 电平转换得到 4PAM 数字基带信号，然后分别和两个正交载波相乘得到两个 4ASK 信号，把它们相加便得到 16QAM 信号。

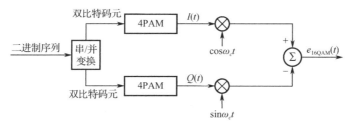

图 9-54 16QAM 信号调制法

4．16QAM 信号解调

16QAM 信号的解调可以采用 MASK 信号的解调方法，如图 9-55 所示。用相干解调法解调两路 ASK 信号后，进行 4/2 电平转换，经并/串变换恢复为原来的二进制序列。

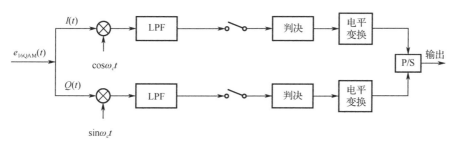

图 9-55 16QAM 信号相干解调法

16QAM 信号是由两路 4ASK 信号叠加而成的，所以其功率谱形状和 ASK、PSK 功率谱形状是一样的。

5．QAM 的实现

下面通过一个实例来演示 QAM 的实现。

【例 9-18】 根据给定的随机序列，利用 Gray 编码，绘制它们的 16QAM 载波调制在 AWGN 信道下的信号波形和星座图。

```
>> clear all;
M=16;
k=log2(M);
n=100000;                    %比特序列长度
samp=1;                      %过采样率
x=randint(n,1);              %生成随机二进制比特流
stem(x(1:50),'filled');      %画出相应的二进制比特流信号
title('二进制随机比特流');
xlabel('比特序列');ylabel('信号幅度');
%将原始的二进制比特序列每四个一组分组，并排列成 k 行 length(x)/k 列的矩阵
x4=reshape(x,k,length(x)/k);
```

```
xsym=bi2de(x4.','left-msb');              %将矩阵转化为相应的十六进制信号序列
figure;
stem(xsym(1:50));                          %画出相应的十六进制信号序列
title('十六进制随机信号');
xlabel('信号序列');ylabel('信号幅度');
y=modulate(modem.qammod(M),xsym);          %用 16QAM 调制器对信号进行调制
scatterplot(y);                            %画出 16QAM 信号的星座图
text(real(y)+0.1,imag(y),dec2bin(xsym));
axis([-5 5 -5 5]);
EbNo=15;
snr=EbNo+10*log10(k)-10*log10(samp);       %信噪比
yn=awgn(y,snr,'measured');                 %加入高斯白噪声
h=scatterplot(yn,samp,0,'b.');             %经过信道后接收到的含白噪声的信号
hold on;
scatterplot(y,1,0,'k+',h);                 %加入不含白噪声的信号星座图
title('接收信号星座图');
legend('含噪声接收信号','不含噪声信号');
axis([-5 5 -5 5]);
hold on;
eyediagram(yn,2);                          %眼图
yd=demodulate(modem.qamdemod(M),yn);       %此时解调出来的是十六进制信号
z=de2bi(yd,'left-msb');                    %转化为对应的二进制比特流
z=reshape(z.',numel(z),1');
[number_of_errors,bit_error_rate]=biterr(x,z)
```

运行程序，得到效果如图 9-56～图 9-60 所示。

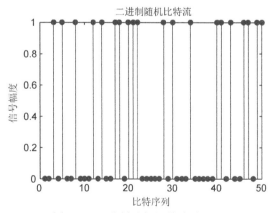

图 9-56 二进制随机比特流波形图

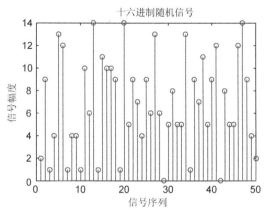

图 9-57 十六进制随机信号波形

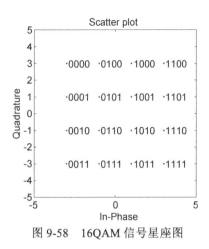

图 9-58 16QAM 信号星座图

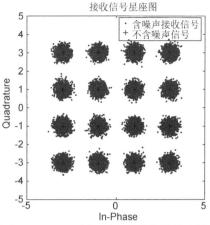

图 9-59 含噪声与不含噪声信号星座图

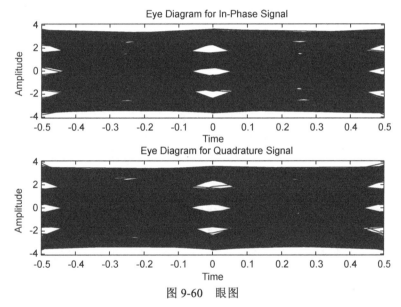

图 9-60 眼图

第 10 章 编码与系统仿真

信道编码又称差错控制编码、可靠性编码、抗干扰编码，它是提高数字信号传输可靠性的有效方法之一。它产生于 20 世纪 50 年代，发展到 20 世纪 70 年代趋向成熟。

10.1 编码概述

信道编码之所以能够检出和校正接收比特流中的差错，是因为加入一些冗余比特，把几个比特上携带的信息扩散到更多的比特上。为此付出的代价是必须传送比该信息所需要的更多的比特。

1. 信道编码的作用

数字信号在传输中往往由于各种原因，使得在传送的数据流中产生误码，从而使接收端产生图像跳跃、不连续、出现马赛克等现象。所以通过信道编码这一环节，对数码流进行相应的处理，使系统具有一定的纠错能力和抗干扰能力，可极大地避免码流传送中误码的发生。误码的处理技术有纠错、交织、线性内插等。

提高数据传输效率，降低误码率是信道编码的任务。信道编码的本质是增加通信的可靠性。但信道编码会使有用的信息数据传输减少，信道编码的过程是在源数据码流中加插一些码元，从而达到在接收端进行判错和纠错的目的，这就是我们常说的开销。这就好像我们运送一批玻璃杯一样，为了保证运送途中不出现打烂玻璃杯的情况，我们通常都用一些泡沫或海绵等物将玻璃杯包装起来，这种包装使玻璃杯所占的容积变大，原来一部车能装 5000 个玻璃杯，包装后就只能装 4000 个了，显然包装的代价使运送玻璃杯的有效个数减少了。同样，在带宽固定的信道中，总的传送码率也是固定的，由于信道编码增加了数据量，其结果只能是以降低传送有用信息码率为代价了。将有用比特数除以总比特数就等于编码效率，不同的编码方式，其编码效率有所不同。

2. 纠错编码

数字电视中常用的纠错编码，通常采用两次附加纠错码的前向纠错（FEC）编码。RS 编码属于第一个 FEC，188 字节后附加 16 字节 RS 码，构成（204，188）RS 码，这也可以称为外编码。第二个附加纠错码的 FEC 一般采用卷积编码，又称为内编码。外编码和内编码结合在一起，称为级联编码。级联编码后得到的数据流再按规定的调制方式对载频进行调制。

前向纠错码（FEC）的码字是具有一定纠错能力的码型，它在接收端解码后，不仅可以发现错误，而且能够判断错误码元所在的位置，并自动纠错。这种纠错码信息不需要储存，不需要反馈，实时性好。所以在广播系统（单向传输系统）中都采用这种信道编码方式。

3. 纠错编码的分类

按照不同的分类，纠错码可以分为线性码与非线性码、分组码与卷积码、检错码与纠错码等。

1）线性码与非线性码

根据纠错码各码组信息和监督元的函数关系，可分为线性码和非线性码。如果函数关系是线性的，即满足一组线性方程式，则称为线性码，否则为非线性码。线性码集合中的所有码字在加法和乘法运算时是封闭的，而非线性码则不封闭。换言之，线性码实际上就是 n 维线性空间的一个 $k(k < n)$ 维子空间。目前大量使用的均为线性码。

2）分组码与卷积码

根据码组中监督元与信息码元相互关联的长度，可分为分组码和卷积码。分组码的各码元仅与本组的信息元有关；卷积码中的码元不仅与本组的信息元有关，而且还与前面若干组的信息元有关。

分组码把信息序列以 k 个码元分组，通过编码器将每组的 k 元信息按一定规律产生 r 个多余码元（称为检验元或监督元），输出长为 $n = k + r$ 的一个码字（码组）。因此，每一码组的 r 个校验元仅与本组的信息元有关而与别组无关。分组码用 (n, k) 表示，n 为码长，k 表示信息位数目。

在分组码中，非零码元数目称为码字的汉明（Hamming）重量，简称码重。例如，码字 10110，码重 $w = 3$。两个等长码组之间相应位取值不同的数目称为这两个码组的汉明（Hamming）距离，简称码距。例如，11000 与 10011 之间的距离 $d = 3$。码组集合中任意两个码字之间距离的最小值称为码的最小距离，用 d_{min} 表示。最小码距离是码的一个重要参数，它是衡量码检错、纠错能力的依据。任一 (n, k) 分组码，如果要在码字内检测 e 个随机错误，则要求码的最小距离 $d_{min} \geq e + 1$。要纠正 t 个随机错误，则要求码的最小距离 $d_{min} \geq 2t + 1$。要纠正 t 个错误同时检测 e 个错误（$e \geq t$），则要求码的最小距离 $d_{min} \geq t + e + 1$。

卷积码将信息序列以 k_0 个码元分段，通过编码器输出长为 n_0 的一段码组。但是该码的 $n_0 - k_0$ 个检验元不仅与本段信息元有关，而且也与其前 m_0 段的信息元有关，因此卷积码用 (n_0, k_0, m_0) 表示。

3）检错码与纠错码

根据码的用途，可将其分为检错码和纠错码。检错码以检错为目的，不一定能纠错；而纠错码以纠错为目的，一定能检错。

另外，在分组码中按照码的结构特点来分，可以分为循环码和非循环码；根据纠（检）错误的类型来分，可以分为纠正随机错误的码、纠正突发错误的码和纠正同步错误的码；根据码元取值的进制来分，可分为二进制码和多进制码等。

10.2 线性分组码

既是线性码又是分组码的码称为线性分组码。监督码元仅与本组信息码元有关的码称为分组码。监督码元与信息码元之间的关系可以用线性方程表示的码称为线性码。因此，一个码字中的监督码元只与本码字中的信息码元有关，而且这种关系可以用线性方程来表示的就是线性分组码，通常表示为 (n,k)。

下面以 $(7,3)$ 分组码为例，讨论线性分组码的编码方法。$(7,3)$ 分组码码字长度为 7，一个码字内的信息码元数为 3，用 $\boldsymbol{m}=[m_2 m_1 m_0]$ 表示，监督码元数为 4，用 $\boldsymbol{b}=[b_3 b_2 b_1 b_0]$ 表示。编码器的工作是根据收到的信息码元，按编码规则计算监督码元，然后将信息码元和监督码元构成的码字输出。假定编码规则为

$$
\begin{aligned}
b_3 &= m_2 + m_0 \\
b_2 &= m_2 + m_1 + m_0 \\
b_1 &= m_2 + m_1 \\
b_0 &= m_1 + m_0
\end{aligned}
$$
（10-1）

式中的 + 是模 2 加。当 3 位信息码元 $m_2 m_1 m_0$ 给定，根据式（10-1）可计算出 4 位监督码元 $b_3 b_2 b_1 b_0$，然后由这 7 位构成一个码字输出。

将式（10-1）改写成矩阵的形式为

$$
\begin{bmatrix} b_3 \\ b_2 \\ b_1 \\ b_0 \end{bmatrix} = \begin{bmatrix} 1 & 0 & 1 \\ 1 & 1 & 1 \\ 1 & 1 & 0 \\ 0 & 1 & 1 \end{bmatrix} \begin{bmatrix} m_2 \\ m_1 \\ m_0 \end{bmatrix} \xrightarrow{\text{或}} \boldsymbol{b}^{\mathrm{T}} = \boldsymbol{Q}^{\mathrm{T}} \boldsymbol{m}^{\mathrm{T}} \xrightarrow{\text{或}} \boldsymbol{b} = \boldsymbol{m}\boldsymbol{Q}
$$

式中，上标 T 表示矩阵的转置（即矩阵的行转换为列，列转换为行），$\boldsymbol{Q}$ 或 $\boldsymbol{Q}^{\mathrm{T}}$ 为方程的系数矩阵，即

$$
\boldsymbol{Q}^{\mathrm{T}} = \begin{bmatrix} 1 & 0 & 1 \\ 1 & 1 & 1 \\ 1 & 1 & 0 \\ 0 & 1 & 1 \end{bmatrix}, \boldsymbol{Q} = \begin{bmatrix} 1 & 1 & 1 & 0 \\ 0 & 1 & 1 & 1 \\ 1 & 1 & 0 & 1 \end{bmatrix}
$$

可以把信息组置于监督码元的前面，也可以置于后面，这种结构的码均称作系统码；也可以把它们分散开交错排列，这样的码称为非系统码。系统码和非系统码在检（纠）错能力上是一样的，一般采用前者，于是得到一个系统码码字，即

$$
\boldsymbol{C} = [m_2 m_1 m_0 : b_3 b_2 b_1 b_0] = [\boldsymbol{m} : \boldsymbol{b}] = [\boldsymbol{m} : \boldsymbol{m}\boldsymbol{Q}] = \boldsymbol{m}[\boldsymbol{I}_3 : \boldsymbol{Q}]
$$
（10-2）

式中，$\boldsymbol{I}_3$ 为 3 阶单位矩阵。令

$$G = [I_3 \vdots Q] = \begin{bmatrix} 1 & 0 & 0 & \vdots & 1 & 1 & 1 & 0 \\ 0 & 1 & 0 & \vdots & 0 & 1 & 1 & 1 \\ 0 & 0 & 1 & \vdots & 1 & 1 & 0 & 1 \end{bmatrix}$$

式（10-2）可表示为

$$C = m[I_3 \vdots Q] = mG \qquad (10\text{-}3)$$

式中，G 称为生成矩阵。当给定 G，对应一个输入信息组 m，编码器输出一个码字。利用式（10-3）可以计算出 $2^3 = 8$ 个信息组的（7,3）分组码码字。

线性分组码有一个重要的特点：封装性，即码组中任意两个码字对应位模 2 加后，得到的码字仍然是该码组中的一个码字。由于两个码字模 2 加所得的码字的码重等于这两个码字的距离，因此 (n,k) 线性分组码中两个码字之间的码距一定等于该分组码中某一非全 0 码字的重量。所以线性分组码的最小距必等于码组中非全 0 码字的最小码重。利用这一特点可以方便地求出线性分组码的最小码距，进而可确定线性分组码的检（纠）错能力。

10.2.1　Hamming 码

Hamming 码具有的共同特性是：

$$(n, k) = (2^m - 1, 2^m - 1 - m)$$

式中，m 是大于或等于 3 的正整数。例如，$m = 3$ 时，有（7,4）Hamming 码。

MATLAB 提供了生成 Hamming 码的函数 hammgen，以及用 Hamming 码进行编码、解码的 edcode 和 decode 函数。它们的调用格式分别如下。

h=hammgen(m)：产生一个 m×n 的 Hamming 检验矩阵 h，其中，$n = 2^m - 1$。值得注意的是，产生的检验矩阵是 h=[I,P] 的形式，其中，I 是 m×m 。

[h,g]=hammgen(m)：产生一个 m×n 的 Hamming 校验矩阵 h 和与 h 相对应的生成矩阵 g。其中，$n = 2^m - 1$。h=[I,P]，I 是 m×m 的单位矩阵。而 g=[P,I]，其中，I 是 $(n - m) \times (n - m)$ 的单位矩阵。

code=encode(msg,n,k,'type/fmt') 或 code=encode(msg,n,k)

可以进行一般的线性分组编码、循环编码和 Hamming 编码。所选用的编码方式由 type 指定。它的值可以是 linear、cyclic 或 hamming，分别对应上面提到的 3 种编码方式，fmt 参数取值可以是 binary 或 decimal，分别用来说明输入待编码数据是二进制还是十进制。当使用 code=encode(msg,n,k) 时，默认是使用 Hamming 编码。

【例 10-1】　仿真未编码和进行（7,4）Hamming 编码的 QPSK 调制通过 AWGN 信道后的误比特率性能。

```
>> clear all;
N=1000000;                      %信息比特行数
M=4;                            %QPSK 调制
n=7;                            %Hamming 编码码组长度
m=3;                            %Hamming 码监督位长度
```

```
graycode=[0 1 3 2];
msg=randint(N,n-m);                              %信息比特
msg1=reshape(msg.',log2(M),N*(n-m)/log2(M)).';
msg1_de=bi2de(msg1,'left-msb');                  %信息比特转换为十进制形式
msg1=graycode(msg1_de+1);                        %Gray 编码
msg1=pskmod(msg1,M);                             %QPSK 调制
Eb1=norm(msg1).^2/(N*(n-m));                     %计算比特能量
msg2=encode(msg,n,n-m);                          %Hamming 编码
msg2=reshape(msg2.',log2(M),N*n/log2(M)).';
msg2=bi2de(msg2,'left-msb');
msg2=graycode(msg2+1);                           %Hamming 编码后的比特序列转换
msg2=pskmod(msg2,M);                             %Hamming 编码数据进行 QPSK 调制
Eb2=norm(msg2).^2/(N*(n-m));                     %计算比特能量
EbN0=0:10;                                       %信噪比
EbN0_lin=10.^(EbN0/10);                          %信道比的线性值
for indx=1:length(EbN0_lin)
    sigma1=sqrt(Eb1/(2*EbN0_lin(indx)));         %未编码的噪声标准差
    %加入高斯白噪声
    rx1=msg1+sigma1*(randn(1,length(msg1))+j*randn(1,length(msg1)));
    y1=pskdemod(rx1,M);                          %未编码 QPSK 解调
    y1_de=graycode(y1+1);                        %未编码的 Gray 逆映射
    [err,ber1(indx)]=biterr(msg1_de.',y1_de,log2(M));      %未编码的误比特率
    sigma2=sqrt(Eb2/(2*EbN0_lin(indx)));         %编码的噪声标准类
    %加入高斯白噪声
    rx2=msg2+sigma2*(randn(1,length(msg2))+j*randn(1,length(msg2)));
    y2=pskdemod(rx2,M);                          %编码 QPSK 解调
    y2=graycode(y2+1);                           %编码 Gray 逆映射
    y2=de2bi(y2,'left-msb');                     %转换为二进制形式
    y2=reshape(y2.',n,N).';
    y2=decode(y2,n,n-m);                         %译码
    [err,ber2(indx)]=biterr(msg,y2);             %编码的误比特率
end
semilogy(EbN0,ber1,'ro-',EbN0,ber2,'r-+');
legend('未编码','Hamming(7,4)编码');
title('未编码和 Hamming(7,4)编码的 QPSK 在 AWGN 下的性能');
grid on;
```

运行程序，效果如图 10-1 所示。

同时也可以利用 Simulink 提供的模块实现该仿真。实现步骤如下。

（1）建立系统模型。

根据需要，建立如图 10-2 所示的仿真模型。

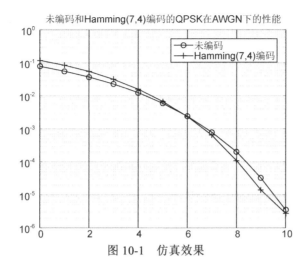

图 10-1　仿真效果

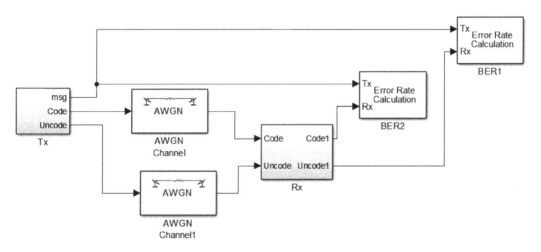

图 10-2　仿真模型

其中，Tx 和 Rx 系统模型框图分别如图 10-3 和图 10-4 所示。

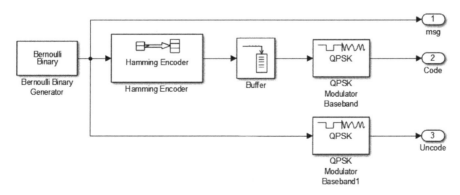

图 10-3　Tx 子系统结构

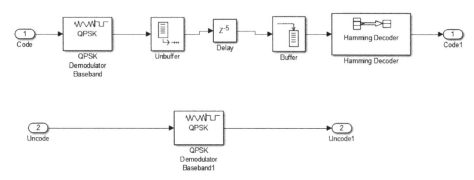

图 10-4　Rx 子系统结构

（2）设置参数。

在 Tx 子系统中，Bernoulli Binary Generator 的 Sample time 设为 1/(2*SymbolRate)，其中，SymbolRate 代表符号速率，它将从工作空间赋值，将 Sample per frame 设为 4，因为后面的 Hamming Encode 编码模块要求以 4 比特为一帧作为输入。Hamming Encode 模块的参数采用默认值。Buffer 模块的 Output buffer size(per channel)设为 2，其他参数采用默认值。在 Q　　PSK Modulator Baseband 模块的参数设置中，Input type 设为 Bit，Constellation ordering 设为 Gray，这样可以不用经过比特到整数的映射模块，直接根据输入的比特进行调制。

在 Rx 子系统中，QPSK Demodulator Baseband 模块参数设置与 Tx 模块中的一致。因为经过 Hamming 编码后，一帧数据由原来的 4 个变为 7 个。而 QPSK 调制时，是以 2 比特为一组进行调制的，所以，进行译码时要重新恢复 7 比特为一帧数据。这个功率是通过 Unbuffer、Delay 和 Buffer 三个模块共同完成的。Unbuffer 模块的功能是把 QPSK 模块的输出数据由帧形式转换为抽样数据形式。Delay 模块的 Delay length 的 Value 设为 5。Buffer 模块的 Out buffer size(per channel)设为 7。Hamming Decoder 模块的参数采用默认值。

在 AWGN 信道模块中，Mode 设为 Signal to noise ration(Eb/No)，Eb/No(dB)设为 SNR，Number of bits per symbol 设为 2，Input signal power(watts)设为 1。Symbol period(s)设为 1/SymboRate。与 Rx 子系统 Code1 相连的误比特率统计模块中把 Receive delay 设为 8，Variable name 设为 BER2，与 Uncode1 相连的误比特率统计模块中，Variable name 设为 BER1，其他参数采用默认值。

各模块参数设置完成后，把仿真时间设为 10。设置完成后保存模块，命名为 M10_1.mdl。

（3）运行仿真。

通过下面的代码实现模块的赋值：

```
>> clear all;
EbN0=0:10;
SymbolRate=50000;
for i=1:length(EbN0)
    SNR=EbN0(i);
```

```
        sim('M10_1');
        ber1(i)=BER1(1);
        ber2(i)=BER2(1);
end
semilogy(EbN0,ber1,'ro-',EbN0,ber2,'r-+');
legend('未编码','Hamming(7,4)编码');
title('未编码和 Hamming(7,4)编码的 QPSK 在 AWGN 下的性能');
xlabel('Eb/N0');ylabel('误比特率')
```

运行程序，效果如图 10-5 所示。

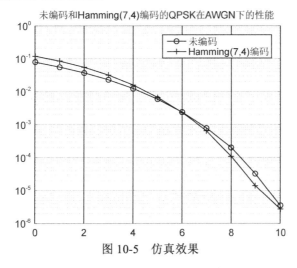

图 10-5　仿真效果

从图 10-5 可以看出，得到的结果与图 10-1 相同。

10.2.2　循环码

循环码是线性码的一个重要的子类，是目前研究得比较成熟的一类码。循环码具有许多特殊的代数性质，这些性质有助于按照要求的纠错能力系统地构造这类码，并且简化译码算法，而且目前发现的大部分线性码都与循环码有密切关系。循环码还有易于实现的特点，很容易用带反馈的移位寄存器实现其硬件。正是由于循环码具有码的代数结构清晰、性能较好、编码简单和易于实现的特点，因此在目前的计算纠错系统中所使用的线性分组码几乎都是循环码。它不仅可以用于纠正独立的随机错误，而且也可以用于纠正突发错误。

1．循环码基本概念

一个线性 (n,k) 分组码，如果它的任一码字经过循环移位（左移或右移）后，仍然是该码的一个码字，则称该码为循环码。

在代数编码理论中，常用多项式
$$C(x) = c_{n-1}x^{n-1} + c_{n-2}x^{n-2} + \cdots + c_1 x + c_0$$

来描述一个码字。即（7,3）码中任一码组可以表示为

$$C(x) = c_6x^6 + c_5x^5 + c_4x^4 + c_3x^3 + c_2x^2 + c_1x^1 + c_0$$

这种多项式中，x 仅是码元位置的标记，因此我们并不关心 x 的取值，这种多项式称为码多项式。例如，码字（0100111）可以表示为

$$C(x) = 0x^6 + 1x^5 + 0x^4 + 0x^3 + 1x^2 + 1x^1 + 1 = x^5 + x^2 + x + 1$$

左移一位后 C 为（1001110），其码字多项式 $C^1(x)$ 为

$$C^1(x) = 1x^6 + 0x^5 + 0x^4 + 1x^3 + 1x^2 + 1x^1 + 0 = x^6 + x^3 + x^2 + x$$

值得注意的是，码字多项式和一般实数域或复数域的多项式有所不同，码字多项式的运算基本都是模 2 运算。

（1）码多项式相加，是同幂次的系数模 2 加，不难理解，两个相同的多项式相加，结果系数全为 0。例如：

$$(x^6 + x^5 + x^4 + x^2) + (x^4 + x^3 + x^2 + 1) = x^6 + x^5 + x^3 + 1$$

（2）码多项式相乘，对相乘结果多项式作模 2 加运算。例如：

$$(x^3 + x^2 + 1) \times (x + 1) = (x^4 + x^3 + x) + (x^3 + x^2 + 1) = x^4 + x^2 + x + 1$$

（3）码多项式相除，除法过程中多项式相减按模 2 加方法进行。当被除式 $N(x)$ 的幂次高于或等于除式 $D(x)$ 的幂次时，就可表示为一个商式 $q(x)$ 和一个分式之和，即

$$\frac{N(x)}{D(x)} = q(x) + \frac{r(x)}{D(x)}$$

其中余式 $r(x)$ 的幂次低于 $D(x)$ 的幂次。把 $r(x)$ 称作对 $N(x)$ 取模 $D(x)$ 的运算结果，并表示为

$$r(x) = N(x), \bmod\{D(x)\}$$

有了这个运算规则，就可以很方便地表示一个移位后码字多项式。可证明，字长为 n 的码字多项式 $C(x)$ 和经过 i 次左移位后的码字多项式 $C^{(i)}(x)$ 的关系为

$$C^{(i)} = x^i C(x) \bmod (x^n + 1)$$

2．循环码生成多项式

（7,3）循环码的非 0 码字多项式是由一个多项式 $g(x) = x^4 + x^3 + x^2 + 1$ 分别乘以 $x^i (i = 1, 2, \cdots, 6)$ 得到的。一般地，循环码是由一个常数项不为 0 的 $r = n - k$ 次多项式确定的，$g(x)$ 就称为该码的生成多项式。其形式为

$$g(x) = x^r + g_{r-1}x^{r-1} + \cdots + g_1x + 1$$

码的生成多项式一旦确定，则码也确定了。因此，循环码的关键是寻求一个合适的生成多项式。编码理论已证明，(n, k) 循环码的生成多项式是多项式 $x^n + 1$ 的一个 $n - k$ 次因式。例如：

$$x^7 + 1 = (x + 1)(x^3 + x^2 + 1)(x^3 + x + 1)$$

在式中可找到两个 $(n - k) = (7 - 3) = 4$ 次因式：

$$g_1(x) = (x + 1)(x^3 + x^2 + 1) = x^4 + x^2 + x + 1$$

和

$$g_2(x) = (x + 1)(x^3 + x + 1) = x^4 + x^3 + x^2 + 1$$

它们都可以作为（7,3）循环码的生成多项式，而

$$g_3(x) = (x^3 + x + 1)$$

和

$$g_4(x) = (x^3 + x^2 + 1)$$

可以作为（7,4）循环码的生成多项式。

一般来说，要对多项式做因式分解不是容易的事，特别是当 n 比较大的时候，需用计算机搜索。

3．循环码的实现

在 MATLAB 中，提供了 cyclpoly 函数和 cycgen 函数进行循环编码。在应用时首先需要使用 cyclpoly 生成循环码的生成多项式，然后再调用 cycgen 生成循环码的生成矩阵和校验矩阵。函数的调用格式如下。

pol = cyclpoly(n,k)：用来生成（n,k）循环码的生成多项式。

[h,g]=cyclgen(n,pol)：用 pol 生成多项式生成循环码的生成矩阵 g 和校验矩阵 h。

此外，也可以使用 encode 直接进行循环码的编码。只要把 encode 的"type"参数指定为"cyclic"即可。在使用 decode 进行循环码的译码时，也需要指定 decode 的"type"参数为"cyclic"。

【例 10-2】　分别使用 cyclgen 和 encode 实现（3,2）循环码编码，并加入噪声，使用 decode 对二者进行解码，比较结果。

```
>> clear all;
n=3; k=2;                                %A(3,2)循环码
N=10000;                                  %消息比特的行数
msg=randint(N,k);                         %消息比特共 N*k 行
pol=cyclpoly(n,k);                        %循环码的生成多项式
[h,g]=cyclgen(n,pol);                     %生成循环码
code1=encode(msg,n,k,'cyclic/binary');    %循环码编码
code2=mod(msg*g,2);
noisy=randerr(N,n,[0 1;0.7 0.3]);         %噪声
noisycode1=mod(code1+noisy,2);            %加入噪声
noisycode2=mod(code2+noisy,2);
newmsg1=decode(noisycode1,n,k,'cyclic');  %译码
newmsg2=decode(noisycode2,n,k,'cyclic');
[number,ratio1]=biterr(newmsg1,msg);      %误比特率
[number,ratio2]=biterr(newmsg2,msg);
disp(['The bit error rate1 is', num2str(ratio1)])
disp(['The bit error rate2 is', num2str(ratio2)])
```

运行程序，输出如下：

```
The bit error rate1 is 0.10095
The bit error rate2 is 0.10095
```

以上结果表明，用 cyclgen 函数和 encode 函数产生的循环码完全一致。

10.2.3　BCH 码

BCH（Bose-Chaudhuri-Hocquenghem）码是一类重要的纠错码，它把信源待发的信息序列按固定的 k 位一组划分成消息组，再将每一消息组独立变换成长为 n（$n > k$）的二进制数字组，称为码字。如果消息组的数目为 M（显然 $M \geq 2$），由此所获得的 M 个码字的全体便称为码长为 n、信息数目为 M 的分组码，记为 n,M。把消息组变换成码字的过程称为编码，其逆过程称为译码。

同时，BCH 码是循环码中的一个大类，它可以是二进制码，也可以是非二进制码。二进制 BCH 码的构造可具有下列参数，即

$$n = 2^{m-1}$$

$$n - k \leq mt$$

$$d_{\min} = 2t + 1$$

式中，$m(m \geq 3)$ 和 t 是任意正整数。

在 MATLAB 中，也提供了与 BCH 编码相关的函数 bchgenpoly、bchenc 和 bchdec。它们的调用格式如下。

[genpoly,t]=bchgenpoly(n,k)：用来生成（n,k）BCH 码的生成多项式 genpoly 及纠错能力 t。

code=bchenc(msg,n,k)：将消息 msg 以（n,k）的 BCH 码结构进行编码，其中 msg 是一个二进制 Galois 数组。msg 的每行代表一个消息字。

decoded=bchdec(code,n,k)：用来对 BCH 编码的码字进行译码。

【例 10-3】　使用 gchgenploy 得到（15,5）BCH 码的纠错能力，并用（15,5）BCH 码来进行编码和译码。

```
>> clear all;
m=4;
n=2^m-1;                              %码字长度
k=5;                                 %消息长度
N=100;                               %消息比特行数
msg=randint(N,k);                    %消息比特
[genpoly,t]=bchgenpoly(n,k);         %(15,5)BCH 码的纠错能力
code=bchenc(gf(msg),n,k);            %BCH 编码

noisycode=code+randerr(N,n,1:t);     %BCH 编码
[newmsg,err,ccode]=bchdec(noisycode,n,k);  %BCH 译码
if ccode==code
    disp('所有错误比特都被纠正。');
end
if newmsg==msg
```

```
        disp('译码消息与原消息相同。');
    end
```

运行程序，输出如下：

```
    所有错误比特都被纠正。
    译码消息与原消息相同。
```

10.2.4　RS 码

RS 码又称里所码，即 Reed-solomon codes，是一种前向纠错的信道编码，对由校正过采样数据所产生的多项式有效。当接收器正确地收到足够的点后，它就可以恢复原来的多项式，即使接收到的多项式上有很多点被噪声干扰失真。

RS(n,k) 码可以由 m、n 和 k 这 3 个参数表示，其中 m 表示码元符号取自域 GF(2^m)，n 为码字长度，k 为信息段长度。对于一个可以纠正 t 个符号错误的 RS 码，有如下参数。

（1）码字长度：$n = 2^m - 1$ 个符号或 $m(2^m - 1)$ 比特。

（2）信息段：k（$k = 1, 2, \cdots, n-1$）个符号或 km 比特。

（3）监督位：$2t = n - k$ 个符号或 $2mt = m(n-k)$ 比特。

（4）最小码矩：$d_{\min} = 2t + 1$ 个符号，或 $md_{\min} = m(2t+1)$ 比特。

例如，对 RS$(204,188)$ 码来说，源数据被分割为 188 个符号一组，经过编码变换后，成为 204 个符号长度的码字。长度为 16 个符号的监督位可以保证纠正码字中出现的最多 8 个符号错误。

RS 码的基本思想就是选择一个合适的生成多项式 $g(x)$，并且使得对每个信息段计算得到的码字多项式都是 $g(x)$ 的倍式，即使得码字多项式除以 $g(x)$ 的余式为 0。这样，如果接收到的码字多项式除以 $g(x)$ 的余式不是 0，则可以知道接收的码字中存在错误；而且通过进一步的计算可以纠正最多 $t = (n-k)/2$ 个错误。

RS 码生成多项式一般按如下公式选择，即

$$g(x) = (x-a)(x-a^2)\cdots(x-a^{2t}) = \prod_{i=1}^{2t}(x-a^i)$$

式中，a^i 是 GF(2^m) 中的一个元素。如果用 $d(x)$ 表示信息段多项式，则可以按如下方式构造码字多项式 $c(x)$。首先计算商式 $h(x)$ 和余式 $r(x)$，得

$$x^{n-k}\frac{d(x)}{g(x)} = h(x)g(x) + r(x)$$

取余式 $r(x)$ 作为校验字，然后令

$$c(x) = x^{n-k}d(x) + r(x)$$

即将信息位放置于码字的前半部分，监督位放置于码字的后半部分，则

$$\frac{c(x)}{g(x)} = x^{n-k}\frac{d(x)}{g(x)} + \frac{r(x)}{g(x)} = h(x)g(x) + r(x) + r(x) = h(x)g(x)$$

因此，码字多项式 $c(x)$ 必可被生成多项式 $g(x)$ 整除。如果在接收端检测到余式不为 0，则可判断接收到的码字有错误。由于这种 RS 码能够纠正 t 个 m 进制的错误码字，所以，RS 码特别适用于有突发错误的信道。

在 MATLAB 中，也提供了相关函数用于实现 RS 码，分别为编码函数 rsenc 和译码函数 rsdec。函数的调用格式如下。

code=rsenc(msg,n,k)：将消息以（n,k）的 RS 码结构进行编码，其中 msg 是一个 Galois 数组的符号，每个符号都有 m 比特。msg 的每行代表一个消息字。

code=rsenc(msg,n,k,genpoly)：参数 genpoly 用于指定 RS 码的生成多项式，以 Galois 的行矢量形式给出系数。

decoded=rsdec(code,n,k)、decoded=rsdec(code,n,k,genpoly)

它们分别是对于上面两个编码的译码，其参数与 RS 码函数一致。

【例 10-4】 使用 MATLAB 函数仿真（15,11）RS 码通过二进制对称信道后的性能。假设每个符号的比特数是 4，二进制对称信道的误比特率为 0.01。

```
>> clear all;
m=4;                                       %每个信息符号包含的比特数
n=15;                                      %码字长度
k=11;                                      %码字中的信息符号数
t=(n-k)/2;                                 %码的能力
N=1000;                                    %信息符号的行数
msg=randint(N,k,2^m);                      %信息符号
msg1=gf(msg,m);
msg1=rsenc(msg1,n,k).';                    %（15,11）RS 编码
msg2=de2bi(double(msg1.x),'left-msb');     %转换为二进制
y=bsc(msg2,0.01);                          %通过二进制对称信道
y=bi2de(y,'left-msb');                     %转换为十进制
y=reshape(y,n,N).';
msg3=gf(y,4);
dec_x=rsdec(msg3,n,k);                     %RS 解码
[err,ber]=biterr(msg,double(dec_x.x),m)    %解码后的误比特率
```

运行程序，输出如下：

```
err =
    56
ber =
    0.0013
```

从输出结果可以看出，RS 译码的误比特率为 0.0013，相比译码前的误比特率 0.01 下降了一个数量级。

10.2.5　CRC 校验码

CRC 即循环冗余校验码（Cyclic Redundancy Check），是数据通信领域中最常用的一种查错校验码，其特征是信息字段和校验字段的长度可以任意选定。循环冗余检查（CRC）是一种数据传输检错功能，对数据进行多项式计算，并将得到的结果附在帧的后面，接收设备也执行类似的算法，以保证数据传输的正确性和完整性。

1. CRC 校验码原理

CRC 校验码其根本思想是先在要发送的帧后面附加一个数（这个就是用来校验的校验码，但要注意，这里的数也是二进制序列的），生成一个新帧发送给接收端。并且这个附加的数不是随意的，它要使所生成的新帧能与发送端和接收端共同选定的某个特定数整除（注意，这里不是直接采用二进制除法，而是采用一种"模 2 除法"）。到达接收端后，再把接收到的新帧除以（同样采用"模 2 除法"）这个选定的除数。因为在发送端发送数据帧之前就已通过附加一个数，做了"去余"处理（也就已经能整除了），所以结果应该是没有余数。如果有余数，则表明该帧在传输过程中出现了差错。

具体来说，CRC 校验原理分为以下几个步骤。

（1）选择（可以随机选择，也可按标准选择）一个用于在接收端进行校验时，对接收的帧进行除法运算的除数（是二进制比特串，通常是以多项方式表示，所以 CRC 又称多项式编码方法，这个多项式也称为"生成多项式"）。

（2）看所选定的除数二进制位数（假设为 k 位），然后在要发送的数据帧（假设为 m 位）后面加上 $k-1$ 位 "0"，之后用这个加了 $k-1$ 个 "0" 的新帧（一共是 $m+k-1$ 位）以 "模 2 除法" 方式除以上面这个除数，所得到的余数（也是二进制的比特串）就是该帧的 CRC 校验码，也称为 FCS（帧校验序列）。要注意的是，余数的位数一定要是比除数位数只能少一位，哪怕前面位是 0，甚至全是 0（附带好整除时）也不能省略。

（3）把这个校验码附加在原数据帧（就是 m 位的帧，注意不是在后面形成的 $m+k-1$ 位的帧）后面，构建一个新帧发送到接收端，最后在接收端再把这个新帧以 "模 2 除法" 方式除以前面选择的除数，如果没有余数，则表明该帧在传输过程中没有出错，否则就是出现了差错。

从上面可以看出，CRC 校验中有两个关键点：一是要预先确定一个发送端和接收端都用来作为除数的二进制比特串（或多项式）；二是把原始帧与上面选定的除数进行二进制除法运算，计算出 FCS。前者可以随机选择，也可按国际上通行的标准选择，但最高位和最低位必须均为 "1"，如在 IBM 的 SDLC（同步数据链路控制）规程中使用的 CRC-16（也就是这个除数一共是 17 位）生成多项式 $g(x)=x^{16}+x^{15}+x^2+1$（对应的二进制比特串为 11000000000000101）；而在 ISO HDLC（高级数据链路控制）规程、ITU 的 SDLC、X.25、V.34、V.41、V.42 等中使用 CCITT-16 生成多项式 $g(x)=x^{16}+x^{15}+x^5+1$（对应的二进制比特串为 11000000000100001）。

2．CRC 校验码的实现

下面通过实例来演示使用 CRC 码进行检错。

【例 10-5】 使用 MATLAB 仿真 CRC-8 校验码在二进制对称信道中的检错性能。其中，CRC 生成多项式为 $g(x) = x^8 + x^7 + x^6 + x^5 + x^4 + x^3 + x^2 + 1$，每一帧中含有的消息比特数为 16，假设二进制对称信道采用 16-QAM 调制，E_b / E_0 的范围是 0～10dB。

```
>>clear all;
N=100000;                              %发送的帧数
L=16;                                  %一帧中的消息比特数
poly=[1 1 1 0 1 0 1 0 1];              %CRC 生成多项式
N1=length(poly) −1;                    %CRC 码的长度
EbN0=0:10;                             %SNR 范围
ber=berawgn(EbN0,'qam',16);            %16-QAM 理论误比特率
for indx=1:length(ber)
    pe=ber(indx);                      %BSC 信道错误概率
    for iter=1:N
        msg=randint(1,L);              %消息比特
        msg1=[msg,zeros(1,N1)];        %消息比特左移
        [q,r]=deconv(msg1,poly);       %用多项式除法求 CRC 校验码，q 为商，r 为余数
        r=mod(abs(r),2);               %进行模 2 处理
        crc=r(L+1:end);                %CRC 校验码
        frame=[msg,crc];               %发送帧
        x=bsc(frame,pe);               %通过二进制对称信道
        [q1,r1]=deconv(x,poly);        %接收序列除以多项式
        r1=mod(abs(r1),2);             %模 2 处理
        err(iter)=biterr(frame,x);     %统计本帧是否产生误码
        err1(iter)=sum(r1);            %通过 CRC 统计本帧是否产生误码
    end
    fer1(indx)=sum(err~=0);            %误帧率
    fer2(indx)=sum(err1~=0);           %通过 CRC 计算误帧率
end
pmissed=(fer1-fer2)/N;                 %CRC 漏检的概率
semilogy(EbN0,pmissed);
title('CRC-8 检错性能 ');
xlabel('Eb/N0');ylabel('漏检概率');
grid on;
```

运行程序，效果如图 10-6 所示。

从图 10-6 可以看出，CRC-8 的检测性能随着信噪比的增加而提高。在 $E_b / E_0 > 5\text{dB}$ 时，CRC 检测器发生错误判决的比例小于 10^{-4}，即每 10 000 个数据帧中只有一个帧在发生传输错误时未能被 CRC 检测器检查出来。

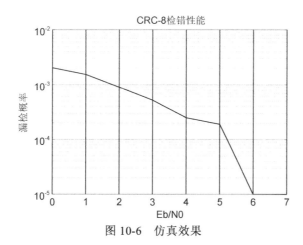

图 10-6 仿真效果

Simulink 中提供的 CRC 编码器有两种，即通过 CRC 编码器和 CRC-N 编码器，这两个 CRC 编码器比较接近，它们之间的区别在于，后者提供了 6 个常用的 CRC 生成多项式，使用起来比较方便。

【例 10-6】 使用 Simulink 仿真 CRC-16 检验码在二进制对称信道中的检错性能并与例 10-5 进行比较。每一帧含有的消息比特数为 64，二进制对称信道采用 16-QAM 调制，E_b / E_0 的范围为 0～10dB。

其实现步骤如下。

（1）建立仿真模型。

根据需要，建立如图 10-7 所示的仿真模型。

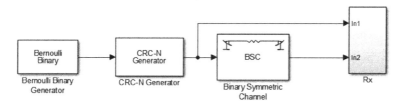

图 10-7 仿真模型图

其中，Rx 子系统结构如图 10-8 所示。

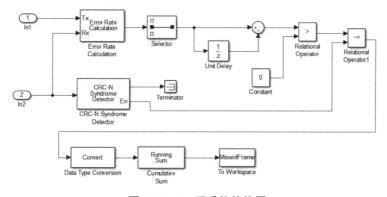

图 10-8 Rx 子系统结构图

（2）设置模块参数。

Bernoulli Binary Generator 的 Sample time 设为 1/64 000 000，Sample per frame 设为 64，其他采用默认值。在 CRC-N Generator 模块的参数设置中，CRC method 设为 CRC-16，其他采用默认值。Binary Symmetric Channel 的 Error probability 设为 BER，将从工作空间中赋值。

在 Rx 子系统中，通过 Binary Symmetric Channel 的信号分为两路，其中一路与 CRC 编码后的数据帧通过 Error Rate Calculation 模块进行比较，然后通过 Selector 模块选择第 2 个输出信号，即误比特的个数作为输出。为了判断本帧中是否出现漏洞传输错误，把 Selector 模块的输出信号与它的一个单位延迟信号相减，如果它们的差为 0，说明在本帧比较的过程中误比特数没有增加，因此本帧没有错误；否则，它们的差值就是本帧中的错误比特数。由于只需要知道本帧是否有错，通过 Relational Operator 模块后，如果数据帧没有错误，模块的输出信号等于 0；否则，输出信号等于 1。另一路数据通过 CRC-N Syndrome Detector 模块进行 CRC 检验。CRC-N Syndrome Detector 有两个输出信号，其中第 1 个输出端口的信号是除去了 CRC 的信息序列，第 2 个输出端口的信号表示对接收信号的 CRC 进行校验的结果。如果根据信息位重新计算得到的 CRC 与接收到的 CRC 相等，则输出信号等于 0；否则，输出信号等于 1。CRC-N Syndrome Detector 第 2 个端口的输出信号与通过 Relational Operator 模块后的信号再进行比较，如果结果相同，说明 CRC 检验是正确的；否则，CRC 检验发生了错误的判决。Cumulative Sum 模块对这两个信号的比较过程中结果不吻合的次数进行统计，通过 To Workspace 模块保存到 MATLAB 工作区中，该模块的 Variable name 设为 MissedFrame，Save format 为 Array，其他参数采用默认值。CRC-N Syndrome Detector 的参数设置与 CRC-C Generator 模块一致。Error Rate Calculation 模块的 Output data 设为 Port，其他参数采用默认值。Selector 模块的参数设置如图 10-9 所示。Unit Delay 模块的 Sample time 设为-1。Relational Operator 的 Relational Operator 参数设为>。Relational Operator1 的 Relational Operator 参数设为~=。

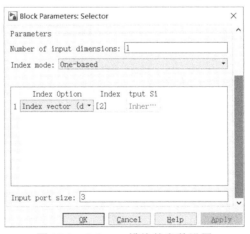

图 10-9　Selector 模块的参数设置

各模块参数设置完成后，把仿真时间设为 1s。设置完成后，将模块命名为 M10_6.mdl，并运行以下程序代码：

```
>> clear all;
EbN0=0:10;
ber=berawgn(EbN0,'qam',16);
for i=1:length(EbN0)
    BER=ber(i);
    sim('M10_6');
    pmissed(i)=MissedFrame(end)/length(MissedFrame);
end
semilogy(EbN0,pmissed,'-ko');
title('CRC-16 检错性能 ');
xlabel('Eb/N0');ylabel('漏检概率');
axis([0 8 10.^( -6) 10.^( -3)])
grid on;
```

运行程序，效果如图 10-10 所示。

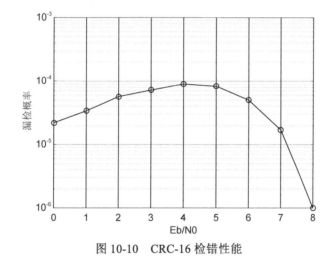

图 10-10　CRC-16 检错性能

从图 10-10 可看出，与 CRC-8 相比，CRC-16 的检测性能要更好一些，不管信道的 SNR 怎样变化，CRC 检测器发生错误判决的比例都小于 10^{-4}。因此，CRC 编码广泛地应用于移动通信系统中，用于实现自动请求重传（ARQ）功能。

10.2.6　卷积码

在信道编码研究的初期，人们探索、研究出各种各样的编码构造方法，其中包括卷积码。早在 1955 年，P.Elias 首先提出了卷积码。但是它又经历了十几年的研究以后，才开始具备应用价值。在这十几年期间，J.M.Wozencraft 提出了适合大编码约束度的卷积码的序列译码，J.L.Massey 提出了实现简单的门限译码，A.J.Viterbi 提出了适合小编码约束度的卷积码 Viterbi 算法。20 年后，即 1974 年，L.R.Bahl 等人又提出一种支持软输入软输出（SISO，Soft-Input Soft-Output）的最大后验概率（MAP，Maximum A Posteriori）译码——BCJR 算法。其中，Viterbi 算法有力地推动了卷积码的广泛应用，BCJR 算法为后续 Turbo 码的发现奠定了基础。

1．卷积编码

（2,1,2）卷积编码电路如图 10-11 所示。此电路由二级移位寄存器、两个模 2 加法器及开关电路组成。编码前，各寄存器清 0，信息码元按 $m_1, m_2, \cdots, m_{i-2}, m_{i-1}, m_i \cdots$ 的顺序输入编码器。每输入一个信息码元 m_i，开关 K 依次打到 $c_i^{(1)}$、$c_i^{(2)}$ 端点各一次，输出一个子码 $c_i^{(1)} c_i^{(2)}$。子码中的两个码元与输入信息码元间的关系为

$$\begin{cases} c_i^{(1)} = m_i + m_{i-1} + m_{i-2} \\ c_i^{(2)} = m_i + m_{i-2} \end{cases}$$

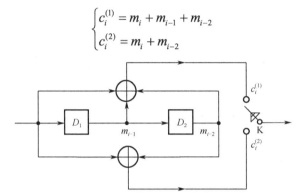

图 10-11 （2,1,2）卷积编码电路图

由此可见，第 i 个子码中的两个码元不仅与本子码信息码元 m_i 有关，而且还与前面两个子码中的信息码元 m_{i-1}、m_{i-2} 有关，因此，该卷积码的编码存储 $m=2$，约束度 $N=m+1=3$，约束长度 $nN=6$。

2．卷积码维特比译码

卷积码的译码分代数译码和概率译码两类。代数译码由于没有充分利用卷积码的特性，目前很少应用。维特比译码和译码都属于概率译码，维特比译码适用于约束长度不太大的卷积码的译码，当约束长度较大时，采用序列译码能大大降低运算量，但其性能要比维特比译码差些。维特比译码方法在通信领域有着广泛的应用，市场上已有实现维特比译码的超大规模集成电路。

维特比译码是一种最大依然译码。其基本思想是：将已经接收到的码字序列与所有可能的发送序列进行比较，选择其中码距最小的一个序列作为发送序列（即译码后的输出序列）。具体的译码方法为：

（1）计算从起始状态（$j=0$ 时刻）开始，到达 $j=m$ 时刻的每个状态的所有可能路径上的码字序列与接收到的头 m 个码字之间的码距，保存这些路径及码距。

（2）从 $j=m$ 到 $j=m+1$ 共有 $2^k 2^m$ 条路径（状态数为 2^m 个，每个状态往下走各有 2^k 个分支），计算每个分支上的码字与相应时间段内接收码字间的码距，分别与前面保留路径的码距相加，得到 $2^k 2^m$ 个路径的累计码距，对到达 $j=m+1$ 时刻各状态的路径进行比较，每个状态保留一条最小码距的路径及相应的码距值。

（3）按（2）的方法继续下去，直到比较完所有接收码字。

（4）全部接收码字比较完成后，剩下 2^m 个路径（每个状态剩下一条路径），选择最小码距的路径，此路径上的发送码字序列即是译码后的输出序列。

3．卷积码实现

在 MATLAB 中，同样提供相应的函数实现卷积码，编码由 convenc 函数实现，Viterbi 译码由 vitdec 函数实现。相关函数的调用格式如下。

code=convenc(msg,trellis)：完成输入信号 msg 的卷积编码，其中 trellis 代表编码多项式，但其必须是 MATLAB 的网格结果，需要利用 poly2trellis 函数将多项式转化为网格表达式。msg 的比特数必须为 log2(trellis.numInputSymbols)。

code=convenc(msg,trellis,puncpat)：puncpat 为定义凿孔模式。

code = convenc(msg,trellis,...,init_state)：init_state 指定编码寄存器的初始状态。

decoded=vitdec(code,trellis,tblen,opmode,dectype)：对码字 code 进行 Viterbi 译码。trellis 表示产生码字的卷积编码器，tblen 表示回溯的深度，opmode 指明译码器的操作模式，dectype 则给出译码器判决的类型，如软判决和硬判决。

【例 10-7】 估计 AWGN 中硬判决和软判决维特比解码器的误码率（BER）性能。将性能与未编码的 64-QAM 链路的性能进行比较。

```
>> clear all;
%设置仿真参数
rng default
M = 64;                              %调制顺序
k = log2(M);                         %每个符号的位
EbNoVec = (4:10)';                   %Eb/No(dB)值
numSymPerFrame = 1000;               %消息比较个数
%初始化 BER 结果向量
berEstSoft = zeros(size(EbNoVec));
berEstHard = zeros(size(EbNoVec));
%卷积码设置网格结构和回溯长度，速率为1/2，约束长度为7
trellis = poly2trellis(7,[171 133]);
tbl = 32;
rate = 1/2;
%while 循环继续处理数据，直到遇到 100 个错误或传输 1e7 位
for n = 1:length(EbNoVec)
    %将 Eb/No 转换为 SNR
    snrdB = EbNoVec(n) + 10*log10(k*rate);
    %复位错误和位计数器
    [numErrsSoft,numErrsHard,numBits] = deal(0);
    while numErrsSoft < 100 && numBits < 1e7
        %生成二进制数据并转换为符号
dataIn = randi([0 1],numSymPerFrame*k,1);
        %卷积编码数据
        dataEnc = convenc(dataIn,trellis);
        %QAM 调制
```

```
                    txSig = qammod(dataEnc,M,'InputType','bit');
                    %通过 AWGN 信道
                    rxSig = awgn(txSig,snrdB,'measured');
                    %使用硬判决（位）和解调制噪声信号
                    %近似 LLR 方法
                    rxDataHard = qamdemod(rxSig,M,'OutputType','bit');
                    rxDataSoft = qamdemod(rxSig,M,'OutputType','approxllr',...
                                'NoiseVariance',10.^(snrdB/10));
                    %维特比解码解调数据
                    dataHard = vitdec(rxDataHard,trellis,tbl,'cont','hard');
                    dataSoft = vitdec(rxDataSoft,trellis,tbl,'cont','unquant');
                    %计算帧中的位错误数，调整解码延迟，等于追溯深度
                    numErrsInFrameHard = biterr(dataIn(1:end-tbl),dataHard(tbl+1:end));
                    numErrsInFrameSoft = biterr(dataIn(1:end-tbl),dataSoft(tbl+1:end));
                    %增加错误和位计数器
                    numErrsHard = numErrsHard + numErrsInFrameHard;
                    numErrsSoft = numErrsSoft + numErrsInFrameSoft;
                    numBits = numBits + numSymPerFrame*k;
                end
                %BER 两种估计方法
                berEstSoft(n) = numErrsSoft/numBits;
                berEstHard(n) = numErrsHard/numBits;
        end
        %绘制估计的硬/软 BER 数据和绘制未编码的 64-QAM 信道的理论性能
        semilogy(EbNoVec,[berEstSoft berEstHard],'-*')
        hold on
        semilogy(EbNoVec,berawgn(EbNoVec,'qam',M))
        legend('软判决','硬判决','未编码的 64-QAM 链路','location','best')
        grid on;
        xlabel('Eb/No');ylabel('误码率');
```

运行程序，效果如图 10-12 所示。

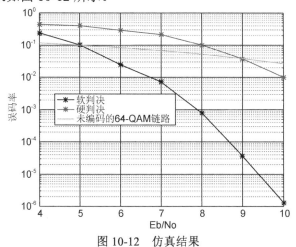

图 10-12　仿真结果

10.3 扩频通信

扩展频谱通信简称扩频通信，是一种信息传输方式，其信号所占有的频带宽度远大于所传信息必需的最小带宽；频带的扩展是通过一个独立的码序列（一般是伪随机码）来完成，用编码及调制的方法实现的，与所传信息数据无关；在接收端则用同样的码进行相关同步接收、解扩及恢复所传信息数据。

10.3.1 扩频概述

扩展频谱通信与光纤通信、卫星通信一同被誉为进入信息时代的三大高技术通信传输方式。

1. 扩频工作原理

在发送端输入的信息先经信息调制形成数字信号，然后由扩频码发生器产生的扩频码序列去调制数字信号以展宽信号的频谱。展宽后的信号再调制到射频发送出去。在接收端收到的宽带射频信号，变频至中频，然后由本地产生的与发送端相同的扩频码序列去相关解扩。最后经信息解调、恢复成原始信息输出。

由此可见，一般的扩频通信系统都要进行三次调制和相应的解调。一次调制为信息调制，二次调制为扩频调制，三次调制为射频调制，以及相应的信息解调、解扩和射频解调。与一般通信系统比较，扩频通信就是多了扩频调制和解扩部分。图 10-13 为扩频工作原理框图。其包含各部分含义如下。

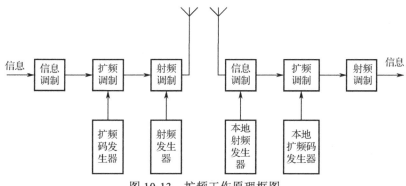

图 10-13 扩频工作原理框图

（1）发送端。
① 发送端输入的信息经过信息调制形成数字信号。
② 由扩频码发生器产生的扩频码序列对数字信号进行扩展频谱。
③ 射频发生器数字信号转换成模拟信号，并通过射频信号发送出去。
（2）接收端。

① 在接收端，将收到的射频信号由高频变频至电子器件可以处理的中频，并把模拟信号转化成数字信号。

② 由扩频码发生器产生的和发送端相同的扩频码对数字信号进行解扩。

③ 将数字信号解调成原始信息输出。

2．扩频主要特点

扩频的原理是使用与被传输数据无关的码进行传输信号的频谱扩展，使得传输带宽远大于被传输数据所需的最小带宽，因此经过扩频的信号具有三个特点：

- 扩频信号是不可预测的随机的信号；
- 扩频信号带宽远大于欲传输数据（信息）带宽；
- 扩频信号具有更强的抗干扰能力、更强的码分多址能力，以及更强的高速可扩展能力。

10.3.2　扩频的分类

在技术实现上，扩频通常分成以下几种方法：直接序列（DS）扩频、跳频（FH）扩频、跳时（TH）扩频和线性调频（Chirp）扩频四种。无论哪种方法，其本质都是对于与被传输数据无关的码，使用某种方式进行调制。比如直接序列就是扩展部分的码用信号的相位来表示，跳频则是用不同的频率表示无关的码，跳时则是用不同的时间片来对应扩展码，而线性调频则是用一个周期内线性的频率来表示扩展码。

1．直接序列扩频

直接序列扩频简称 DS（Direct Sequence），就是用高码率的扩频码序列在发送端直接扩展信号的频谱，在接收端直接使用相同的扩频码序列对扩展的信号频谱进行解调，还原出原始的信息。直接序列扩频信号由于将信息信号扩展成很宽的频带，它的功率频谱密度比噪声还要低，使它能隐蔽在噪声之中，不容易被检测出来。对于干扰信号，收信机的码序列将对它进行非相关处理，使干扰电平显著下降而被抑制。这种方式的运用最为普遍，已成为行业领域研究的热点。

2．跳频扩频

跳频简称 FH（Frequency Hopping），所谓跳频，比较确切的意思是：用一定码序列进行选择的多频率频移键控。也就是说，用扩频码序列去进行频移键控调制，使载波频率不断地跳变，所以称为跳频。频率跳变系统又称为"多频、码选、频移键控"系统，主要由码产生器和频率合成器两部分组成。一般选取的频率数为十几个至几百个，频率跳变的速率为 10～105 跳/秒。信号在许多随机选取的频率上迅速跳频，可以避开跟踪干扰或有干扰的频率点。

3．跳时扩频

跳时扩频简称 TH（Time Hopping），与跳频相似，跳时是使发射信号在时间轴上跳变。首先把时间轴分成许多时片，在一帧内哪个时片发射信号由扩频码序列进行控制。

可以把跳时理解为：用一定码序列进行选择的多时片的时移键控。跳时扩频系统主要通过扩频码控制发射机的通断，可以减少时分复用系统之间的干扰。

4．宽带线性调频

宽带线性调频简称 Chirp（Chirp Modulation）。如果发射的射频脉冲信号在一个周期内，其载频的频率作线性变化，则称为线性调频。因为其频率在较宽的频带内变化，信号的频带也被展宽了。这种扩频调制方式主要用在雷达中，但在通信中也有应用。

5．混合方式

上述几种基本扩频系统各有优缺点，单独使用一种系统有时难以满足要求，将以上几种扩频方法结合就构成了混合扩频系统，常见的有 FH/DS、TH/DS、FH/TH 等。

10.3.3 扩频的应用范围

扩频通信技术的发展是从测距开始的，20 世纪 80 年代以来广泛应用于军事中，近年来在现代科技的许多领域中得到了非常广泛的应用，并且应用范围不断扩大。

1）军事通信中的应用

在军事通信中，扩频通信是通信系统最重要的技术手段，它广泛应用于各种通信、信息系统，武器系统和 C3I（通信、控制、指挥及情报）系统。在地面、海、空战术通信中，通常采用扩频技术来提高通信电台的抗干扰能力，提高抗干扰性能和数字化将是战术电台发展的主流。实践应用充分证明了扩频技术在军事通信系统中的重要性。

2）移动通信中的应用

在民用通信中，新一代数字蜂房移动通信系统已广泛采用扩频技术，其目的是提高频谱利用率及减少共信道干扰的影响。利用扩频技术的码分多址系统，对每个移动台都分配一个特有的、随机的码序列，且彼此都不相关，以此来区分各个移动台的信号。因此，在一个信道中能容纳更多的用户，其频谱利用率是频分多址通信系统的 20 倍左右，每一小区容纳的用户数可达 2500 个。此外，在移动通信中多径效应产生的衰落较为严重，而采用扩展频谱技术可以有效地克服多径效应对移动通信的影响。

3）卫星通信中的应用

在军事卫星通信中直接序列扩频技术和跳频技术已经得到了广泛应用。由于扩频码分多址系统组网灵活，以及当网内同时工作的用户数增多并超过设计的载荷时，具有承受过载的能力，所以在民用卫星通信中也得到了应用。民用卫星通信采用扩频码分多址技术和伪随机序列直接扩展频谱的方法，对信号进行能量扩散，以减少卫星系统的干扰。

4）测距定位中的应用

GPS（全球卫星定位系统）是多星共用两个载波频率发送导航定位信号的系统，需要采用扩频码分多址方式来区分各个卫星的地址。每颗卫星分配有一个伪随机序列码型，伪随机序列的码片宽度越窄，测距精度就越高。同时，采用直接序列扩频使得测距抗干扰能力大为增强。又由于它采用无源定位方式，即在定位过程中不需要用户终端发出应答信号，所以该系统可容纳的用户数目没有限制，这正像一个广播电台对收听节目的用户收音机数目没有限制一样。中国军事和民用部门已广泛使用 GPS 接收设备，利用 GPS 定位系统进行定位工作。

10.3.4　扩频的序列

扩频码中应用最多的是 m 序列，又称最大长度序列，还有 Gold 序列、Walsh 码序列等，下面对前两种序列进行介绍。

1. m 序列

m 序列是最大长度线性反馈移位寄存器序列的简称。它是带线性反馈的移位寄存器产生周期最长的一种序列，考虑图 10-14 所示的二进制序列产生器，它由线性反馈移位寄存器构成，式中 c_i 为 1 表示连接，为 0 表示断开。加湿器应用的是模 2 加法，公式（10-4）称为线性反馈逻辑式，它全面描述了线性反馈移位寄存器的反馈逻辑连接。

$$a_n = c_1 a_{n-1} + c_2 a_{n-2} + \cdots + c_r a_{n-r} = \sum_{i=1}^{r} c_i a_{n-i} \qquad (10\text{-}4)$$

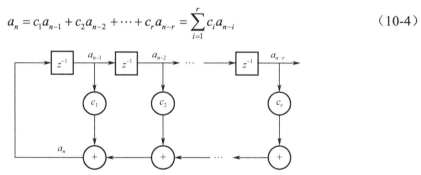

图 10-14　反馈移位寄存器原理框图

序列生成函数（亦称序列多项式）可以表示为如下形式：

$$G(x) = a_0 + a_1 x^1 + a_2 x^2 + \cdots = \sum_{i=0}^{\infty} a_i x^i$$

将线性反馈逻辑代入后，选择初始状态为

$$\begin{cases} a_{-r} = 1 \\ a_{-r+1} = a_{-r+2} = \cdots = a_{-1} = 0 \end{cases}$$

可以得到

$$\left. \begin{aligned} G(x) &= \frac{1}{F(x)} \\ F(x) &= \sum_{i=0}^{r} c_i x_i \end{aligned} \right\} \qquad (10\text{-}5)$$

式（10-5）中的 $F(x)$ 是关于 c_i 的多项式，因此是表示序列生成器的反馈连线的特征，称为移位寄存器序列生成器的特征多项式。

由于 r 位二进制移位寄存器最多可以取 2^r 个不同状态，所以每个移位寄存器序列 $\{s(t)\}$ 最终都是周期序列，并且周期 $n \leqslant 2^r$，有

$$s(t) = s(t+n), \quad t \geqslant n$$

式中 n 是某个整数。事实上，一个线性移位寄存器序列的最大周期为 $2^r - 1$，因为一个进入全零状态的移位寄存器将会终止于该状态。m 序列就是具有最大周期的二进制移位寄存器序列。现已证明，对任何一个 $r > 1$，m 序列都存在。在扩频通信中 m 序列被广泛地应用。其有两个重要的结论：

（1）m 序列具有可以担任扩频通信相关要求的特性，即具有很强的自相关特性和很弱的互相关特性，周期为 $2^r - 1$ 的 m 序列可以提供 $2^r - 1$ 个扩频地址码；

（2）只有反馈连线满足特定要求的序列生成器才能够产生 m 序列，而这个特定要求可以用特征多项式是本原多项式来描述。

下面是关于本原多项式的定义。

如果一个 n 次多项式 $f(x)$ 满足下列条件：

（1）$f(x)$ 为不可约的；

（2）$f(x)$ 可整除 $x^m + 1$，$m = 2^n - 1$；

（3）$f(x)$ 除不尽 $x^q + 1$，$q < m$。

则称多项式 $f(x)$ 为本原多项式。本原多项式的级次和本原多项式系数之间的关系如表 10-1 所示。

表 10-1　部分本原多项式系数表

多项式级数 n	本原多项式系数（八进制）
3	13
4	23
5	45 67 75
6	103 147 155
7	211 217 235 277 313 325 345 367

因此，构建一个 m 序列的主要工作，就变成了求解一个本原多项式的特征多项式的问题。

寻找本原多项式的计算较复杂，在 MATLAB 通信工具箱中提供了计算和判别本原多项式的函数，可计算的多项式次数 r 在 2～16 范围内。

1）primpoly 函数

primpoly 函数用于根据次数为 r 的多项式求取本原多项式。其调用格式如下。

pr = primpoly(r)：得出所有 r 次本原多项式。

pr = primpoly(r,'min')：得出反馈抽头数量少（多项式非零系数最少）的 r 次本原多项式。

pr = primpoly(r...,'max')：得出反馈抽头数量最大的 r 次本原多项式。

pr = primpoly(r...,'all')：得出反馈所有抽头的 r 次本原多项式。

2）dec2base 函数

以上得出的多项式结果 pr 的值都是用十进制表示的。如果需要用八进制或二进制表示，可用函数 dec2base 实现。函数的调用格式如下。

str = dec2base(d, base)：base 参数为指定进制数，d 为指定的参数。

3）isprimitive 函数

如果给定多项式整数表示，判别对应的是否为本原多项式，可使用 isprimitive 函数。其调用格式如下。

isprimitive(a)：a 为指定的多项式十进制系数表示，如果返回 1，表明判断的多项式 a 为本原多项式；如果返回 0，则表明判断的多项式 a 非本原多项式。

【例 10-8】 计算 r=6 时本原多项式 97 和 115（八进制表示）对应的两个 m 序列的互相关函数序列。

八进制 97 和 115 转换为二进制分别为 1100001 和 1110011，对应 m 序列的特征多项式以向量形式表示为：

[1,1,0,0,0,0,1]和[1,1,1,0,0,1,1]

其实现的 MATLAB 代码为：

```matlab
>> clear all;
reg=ones(1,6);                              %寄存器初始状态：全 1，寄存器级数为 9
coeff=[1,1,0,0,0,0,1];                      %抽头系数 cr,...,c1,c0，取决于特征多项式
N=2^length(reg)-1;                          %周期
for k=1:N                                   %计算一个周期的 m 序列输出
    a1=mod(sum(reg.*coeff(1:length(coeff)-1)),2);    %反馈系数
    reg=[reg(2:length(reg)),a1];            %寄存器位移
    out1(k)=2*reg(1)-1;                     %寄存器最低位输出，转换为双极性序列
end
reg=ones(1,6);
coeff=[1,1,1,0,0,1,1];                      %抽头系数
for k=1:N                                   %计算一个周期的 m 序列输出
    a1=mod(sum(reg.*coeff(1:length(coeff)-1)),2);    %反馈系数
    reg=[reg(2:length(reg)),a1];            %寄存器位移
    out2(k)=2*reg(1)-1;                     %寄存器最低位输出，转换为双极性序列
end
%得出两个双极性电平的 m 序列
for j=0:N-1
    R(j+1)=sum(out1.*[out2(1+j:N),out2(1:j)]);   %相关指数计算
end
j=-N+1:N-1;                                 %相关系数自变量
R=[fliplr(R(2:N)),R];                       %自用相关系数的偶函数特性计算 j 为负值的情况
```

```
plot(j,R);
axis([-N N -20 20]);
xlabel('j'); ylabel('R(j)')
max(abs(R))                        %计算相关函数绝对值的最大值
grid on;
```

运行程序，效果如图 10-15 所示。

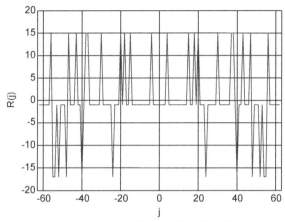

图 10-15　两个 m 序列的互相关函数计算波形图

相同周期的不同 m 序列间的互相关函数绝对值的最大值 $|R_{ab}|_{max}$ 是不同的，互相关值越小越好。如果一对同周期的 m 序列的互相关值满足如下不等式，则称这对 m 序列构成一优选对：

$$|R_{ab}(j)|_{max} \leqslant \begin{cases} 2^{\frac{r+1}{2}}+1 & r\text{为奇数} \\ 2^{\frac{r+2}{2}}+1 & r\text{为偶数，但不能被4整除} \end{cases}$$

2. Gold 序列

m 序列虽然性能优良，但同样长度的 m 序列个数不多，且 m 序列之间的互相关函数值不理想。Gold 序列是 1967 年 R.Gold 在 m 序列基础上提出并分析的一种特性较好的伪随机序列，它是由两个码长相等、码时钟速率相同的 m 序列优选对通过模 2 相加而构成的。

Gold 码序列是用一对周期和速率均相同，但码字不同的 m 序列优选对模 2 加后得到的。优选对是指在 m 序列集中，其互相关函数最大值的绝对值小于某个值的两个 m 序列。Gold 码序列构成原理如图 10-16 所示。

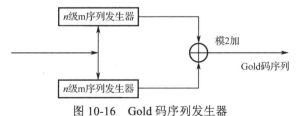

图 10-16　Gold 码序列发生器

图 10-16 中，两个 m 序列发生器的级数相同，它们构成一对优选对，如果一个序列保持不动，第 2 个序列随时钟进行移位，再将两者进行模 2 加，即可得到相应的 Gold 码序列。对 n 级 m 序列，共有 $2^n - 1$ 个不同相位，所以通过模 2 加后可得到 $2^n - 1$ 个 Gold 码序列，加上原来的 2 个 m 序列，共可以产生 $2^n + 1$ 个不同的 Gold 码序列，这些码序列的周期均为 $2^n - 1$。值得说明的是，除了 2 个原始序列外，其余的 $2^n - 1$ 个序列不是 m 序列，也不具有 m 序列的性质。

在优选对产生的 Gold 码末尾加一个 0，使序列长度为偶数，就生成正交 Gold 码。

下面的程序可以根据两个优选对 m 序列生成 Gold 序列：

```
function [gout]=goldseq(m1,m2,num)
%m1 为 m 序列 1，m2 为 m 序列 2，n 为生成的 Gold 序列个数，gout 为生成的 Gold 序列输出

if nargin<3                        %如果没有指定生成的 Gold 序列个数，默认为 1
    num=1;
end
gout=zeros(n,length(m1));
for i=1:n                          %根据 Gold 序列生成方法生成 Gold 序列
    gout(i,:)=xor(m1,m2);
    m2=shift(m2,1,0);
end
```

10.4　扩频通信系统

下面介绍几种常用的扩频通信系统。

10.4.1　直接序列扩频系统

直接序列扩频（Direct Sequence Spread Spectrum）工作方式，简称直扩方式（DS 方式），就是用高速率的扩频序列在发射端扩展信号的频谱，而在接收端用相同的扩频码序列进行解扩，把展开的扩频信号还原成原来的信号。直接序列扩频方式是直接用伪噪声序列对载波进行调制，要传送的数据信息经过信道编码后，与伪噪声序列进行模 2 和生成复合码去调制载波。

假设采用 BPSK 方式发送二进制信息序列的扩频通信。设信息速率为 Rb/s，码元间隔为 $T_b = 1/R_s$，传输信道的有效带宽为 $B_c(B_c \gg R)$，在调制器中，将信息序列的带宽扩展为 $W = B_c$，载波相位以每秒 W 次的速率按伪随机序列发生器序列改变载波相位。这就是直接序列扩频，具体实现如下。

信息序列的基带信号表示为

$$v(t) = \sum_{n=-\infty}^{\infty} a_n g_T(t - nT_b)$$

其中，$\{a_n = \pm 1, -\infty < n < \infty\}$，$g_T(t)$ 为宽度为 T_b 的矩形脉冲。该信号与 PN 序列发生器输出的信号相乘，得到：

$$c(t) = \sum_{n=-\infty}^{\infty} c_n p(t - nT_c)$$

$\{c_n\}$ 表示取值为 ± 1 的二进制 PN 序列，$p(t)$ 为宽度为 T_c 的矩形脉冲。

直扩信号的解调方框图如图 10-17 所示。接收信号先与接收端的 PN 序列发生器产生的与之同步的 PN 序列相乘，此过程称为解扩，相乘的结果可表示为

$$A_c v(t) c^2(t) \cos 2\pi f_c t = A_c v(t) \cos 2\pi f_c t$$

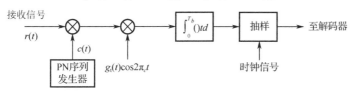

图 10-17　二进制信息序列扩频通信的解调

由于 $c^2(t) = 1$，因此解扩处理后的信号 $A_c v(t) \cos 2\pi f_c t$ 的带宽约为 R，与发送前信息序列的带宽相同。由于传统的解调器与解扩信号有相同的带宽，这样落在接收信息序列信号带宽的噪声成为加性噪声干扰解调输出。因此，解扩后的解调处理可采用传统的互相关器或匹配滤波器。

实现直接序列扩频通信系统的主函数代码为：

```
function [p]= dscdmar(snr_in_dB,Lc,A,w0)
%运算得出的误码率
snr=10^(snr_in_dB/10);
sgma=1;                          %噪声的标准方差设置为固定值
Eb=2*sgma^2*snr;                 %达到设定信噪比所需要的信号幅度
E_c=Eb/Lc;                       %每码片的能量
N=10000;                         %传送的比特数目
num_of_err=0;
for i=1:N
    temp=rand;
    if(temp<0.5),
        data=-1;
    else
        data=1;
    end
    for j=1:Lc                   %将其重复 Lc 次
        repeated_data(j)=data;
    end
    for j=1:Lc                   %产生比特传输使用的 PN 序列
        temp=rand;
        if(temp<0.5)
```

```
                pn_seq(j)= -1;
            else
                pn_seq(j)=1;
            end
        end
        trans_sig=sqrt(E_c)*repeated_data.*pn_seq;  %发送信号
        noise=sgma*randn(1,Lc);                      %方差为 sgma^2 的高斯白噪声
        n=(i-1)*Lc+1:i*Lc;                           %干扰
        interference=A*cos(w0*n);
        rec_sig=trans_sig+noise+interference;        %接收信号
        temp=rec_sig.*pn_seq;
        decision_variable=sum(temp);
        if(decision_variable<0)                      %进行判决
            decision=-1;
        else
            decision=1;
        end
        if(decision~=data)                           %如果存在传输中的错误，计数器累加操作
            num_of_err=num_of_err+1;
        end;
    end;
    p=num_of_err/N;
```

【例 10-9】 利用 MATLAB 仿真演示直接扩频信号抑制余弦干扰的效果。

其实现步骤如下。

（1）建立仿真框图。

根据直扩原理，采用如图 10-18 所示的系统进行仿真。

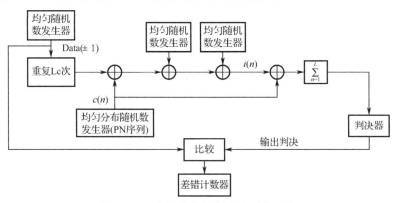

图 10-18 直扩信号抑制正弦干扰系统

首先由随机数发生器产生一系列二进制信息数据（±1），每个信息比特重复 L_c 次，L_c 对应每个信息比特所包含的伪码片数，包含每一比特 L_c 次重复的序列与另一个随机数发生器产生的 PN 序列 $c(n)$ 相乘。然后在该序列上叠加方差 $\delta^2 = N_0 / 2$ 的高斯白噪声和形式

为 $i(n) = A\cos\omega_0 n$ 的余弦干扰，其中 $0 < \omega_0 < \pi$，且余弦干扰信号的振幅满足条件 $A < L_c$。在解调器中进行与 PN 序列的互相关运算，并且将组成各信息比特的 L_c 个样本进行求和（积分运算）。加法器的输出送到判决器，将信号与门限值 0 进行比较，确定传送的数据为 +1 还是 -1，计数器用来记录判决器的错判数目。

（2）编写 MATLAB 代码。

调用主程序 dscdmar.m 函数实现直接扩频信号抑制余弦干扰的效果，代码为：

```
>> clear all;
Lc=20;                          %每比特码片数目
A1=3;                           %第一个余弦干扰信号的幅度
A2=7;                           %第二个余弦干扰信号的幅度
A3=12;                          %第三个余弦干扰信号的幅度
A4=0;                           %第四种情况，无干扰
w0=1;                           %以弧度表达的余弦干扰信号频率
SNRindB=1:2:30;
for i=1:length(SNRindB)         %计算误码率
    s_er_prb1(i)=dscdmar(SNRindB(i),Lc,A1,w0);
    s_er_prb2(i)= dscdmar(SNRindB(i),Lc,A2,w0);
    s_er_prb3(i)= dscdmar(SNRindB(i),Lc,A3,w0);
end
SNRindB4=0:1:8;
for i=1:length(SNRindB4)            %计算无干扰情况下的误码率
    s_er_prb4(i)=fun(SNRindB4(i),Lc,A4,w0);
end
semilogy(SNRindB,s_er_prb1,'p-',SNRindB,s_er_prb2,'o-');
hold on;
semilogy(SNRindB,s_er_prb3,'v-',SNRindB4,s_er_prb4,'+-');
grid on;
legend('第一个余弦干扰信号的幅度','第二个余弦干扰信号的幅度',...
    '第三个余弦干扰信号的幅度','第四种情况，无干扰');
```

运行程序，效果如图 10-19 所示。

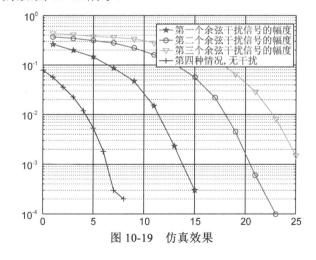

图 10-19　仿真效果

10.4.2 跳频扩频系统

跳频扩频系统采用码序列控制信号的载波，使之在多个频率上跳变而产生扩频信号。接收端产生一个与信号载波频率变化相同的频移信号，用它作为变频参考，再把信号恢复到原来的频带。跳频系统可随机选取的频率数通常是几百或更多。

跳频系统的载频受一个伪随机码控制，不断地、随机地跳变，因此跳频系统可视作载频按照一定规律变化的多频频移键控（MFSK）。与直扩系统不同，跳频系统中的伪随机序列并不直接传输，而是用来选择信道。跳频系统主要由 PN 码产生器和频率合成器两部分组成，快速响应的频率合成器是频率跳变系统的关键部件。频率跳变系统的发射机在一个预定的频率集中，由 PN 码序列控制频率合成器，使发射频率能随机地由一个跳到另一个。接收机中的频率合成器也按相同的顺序跳变，产生一个与发射频率只差一个中频的本振频率，经混频后得到固定的中频信号，该中频信号经放大后送到解调器，恢复传送的信息。此处，混频器实际上担当了解调器角色，只要收发双方同步，就可将频率跳变信号转换为一个固定频率的信号。

跳频系统发射和接收部分方框图如图 10-20 所示。跳频系统的数字调制方式可选用 BFSK 或 MFSK。如果采用 BFSK 调制方式，调制器在某一时刻选择 f_0 和 f_1 这一对频率中的一个表示"0"、"1"进行传输。合成出的 BFSK 信号发生器输出的载波频率为 f_c。然后再将这个频率变化的载波调制信号送入信道。从 PN 序列发生器中得到 m 比特就可以通过频率合成器产生 $2^m - 1$ 个不同频率载波。

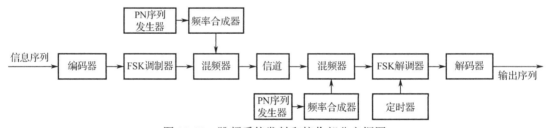

图 10-20　跳频系统发射和接收部分方框图

在接收机有一个与发射部分相同的 PN 序列发生器，用于控制频率合成器输出的跳变载波与接收信号的载波同步。在混频器中将信号进行下变频完成跳频的解跳处理。中频信号通过 FSK 解调器解调输出信息序列。在无线信道情况下，要保持跳频频率合成器的频率同步和信道中产生的信号在跳变时的线性相位是很困难的。因此，跳频系统中通常选用非相干解调的 FSK 调制。

对于跳频通信系统的有效干扰之一是部分边带干扰，设干扰占据信道带宽的比值为 α，干扰机制可以选取一个 α 值以实现最佳干扰，即误码率最大化。对于 BFSK/FH 通信系统，最佳的干扰方案为

$$\alpha^* = \begin{cases} 2/\rho_b & \rho_b \geq 2 \\ 1 & \rho_b < 2 \end{cases}$$

相应的误码率为

$$P = \begin{cases} e^{-1}/\rho_b & \rho_b \geq 2 \\ 0.5e^{-1}/\rho_b & \rho_b < 2 \end{cases}$$

式中，$\rho_b = E_b / J_0$，E_b 为每比特能量，J_0 为干扰的功率谱密度。

实现跳频扩频系统的主程序函数代码为：

```
function p=Frespread(rho_in_dB)
%程序得出运算误码率，用 dB 值表示的信噪比为子程序的输入变量
rho=10^(rho_in_dB/10);
Eb=rho;                              %每比特能量
if(rho>2)                            %如果 rho>2 优化 alpha
    alpha=2/rho;
else                                 %如果 rho<2 优化 alpha 结束
    alpha=1;
end
sgma=sqrt(1/(2*alpha));              %噪声标准方差
N=10000;                             %传输的比特数
for i=1:N                            %产生数据序列
    temp=rand;
    if(temp<0.5)
        data(i)=1;
    else
        data(i)=0;
    end
end
for i=1:N                            %查找接收信号
    if(data(i)==0)                   %传输信号
        r1c(i)=sqrt(Eb);r1s(i)=0;
        r2c(i)=0;r2s(i)=0;
    else
        r1c(i)=0;r1s(i)=0;
        r2c(i)=sqrt(Eb);r2s(i)=0;
    end
    if(rand<alpha)                   %以概率 alpha 加入噪声并确定接收信号
        r1c(i)=r1c(i)+gngauss(sgma);
        r1s(i)=r1s(i)+gngauss(sgma);
        r2c(i)=r2c(i)+gngauss(sgma);
        r2s(i)=r2s(i)+gngauss(sgma);
    end
end
    num_of_err=0;                    %进行判决并计算错误数目
    for i=1:N
        r1=r1c(i)^2+r1s(i)^2;        %第一判决变量
```

```
        r2=r2c(i)^2+r2s(i)^2;              %第二判决变量
        if(r1>r2)
            decis=0;
        else
            decis=1;
        end
        if(decis~=data(i))                 %如果存在错误，计数器计数
            num_of_err=num_of_err+1;
        end
    end
    p=num_of_err/N;                        %计算误码率
```

【例 10-10】 采用非相干扰解调，平方律判决器（即包络判决器），利用 MATLAB 测试 BFSK/FH 系统在最严重的部分边带干扰下的性能。

（1）建立仿真框图。

根据跳频通信系统原理及部分边带干扰机制，BFSK/FH 系统在最严重的部分边带干扰下的性能仿真方框图如图 10-21 所示。

首先由一个均匀随机数发生器产生二元（"0"、"1"）信息序列作为 FSK 调制的输入。FSK 调制器的输出以概率 $\alpha(0 < \alpha < 1)$ 被加性高斯噪声干扰，第二个均匀随机数发生器用来确定何时有噪声干扰信号，何时无干扰信号。

当噪声出现时，检测器的输出为（假设发送 0）

$$r_1 = (\sqrt{E_b}\cos\varphi + n_{1c})^2 + (\sqrt{E_b}\sin\varphi + n_{1s})^2$$
$$r_2 = n_{2c}^2 + n_{2s}^2$$

式中，φ 表示信道相移，E_b 为每比特能量，n_{1c}、n_{1s}、n_{2c}、n_{2c} 表示加性噪声分量。当噪声出现时，有

$$r_1 = E_b, \quad r_2 = 0$$

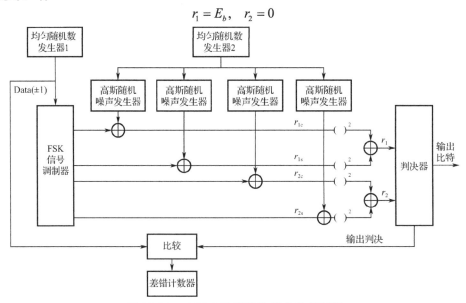

图 10-21　BFSK/FH 系统性能仿真方框图

因此，在检测器中无差错产生，每一个噪声分量的方差为 $\delta^2 = J_0 / 2\alpha$。为了处理方便，可以设 $\varphi = 0$ 并将 J_0 归一化为 $J_0 = 1$，从而 $\rho_b = E_b / J_0 = E_b$。

（2）MATLAB 实现。

调用主函数 Frespread 实现测试性能，代码为：

```
>> clear all;
rho_b1=0:5:35;                      %rho in dB 代表仿真的误码率
rho_b2=0:0.1:35;                    %rho in dB 代表理论计算得出的误码率
for i=1:length(rho_b1)
    s_err_prb(i)=Frespread(rho_b1(i));   %仿真误码率
end;
for i=1:length(rho_b2)
    temp=10^(rho_b2(i)/10);
    if(temp>2)
        t_err_rate(i)=1/(exp(1)*temp);     %如果 rho>2 的理论误码率
    else
        t_err_rate(i)=(1/2)*exp(-temp/2);  %如果 rho<2 的理论误码率
    end
end
semilogy(rho_b1,s_err_prb,'rp',rho_b2,t_err_rate,'-');
grid on;
```

运行程序，效果如图 10-22 所示。

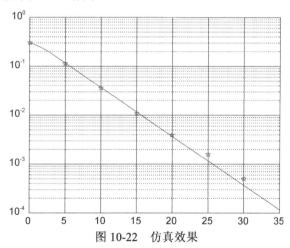

图 10-22 仿真效果

在程序代码中，调用到实现生成两个独立的高斯随机分布的函数 gngauss，函数的代码为：

```
function [g1,g2]=gngauss(m,sgma)
%函数生成两个统计独立的高斯分布的随机数，以 m 为均值，sgma 为方差
%默认时 m=0,sgma=1
if (nargin==0),
```

```
        m=0;sgma=1;
    elseif nargin==1
        sgma=m;m=0;
    end
    u=rand;                              %产生一个(0,1)间均匀分布的随机数 u
    z=sgma*(sqrt(2*log(1/(1-u))));       %利用上面的 u 产生一个瑞利分布随机数
    u=rand;                              %重新产生(0,1)间均匀分布的随机数 u
    g1=m+z*cos(2*pi*u);
    g2=m+z*sin(2*pi*u);
```

10.5 波达方向估计的仿真实例

为了降低第三代移动通信系统中的多址干扰、降低发射功率和提高系统容量，智能天线成为目前研究的热点。它引入了空分多址的概念，通过用户空间位置的差异对其进行分离。因此，各用户的波达方向（Direction of Arrival，DOA）作为反映用户空间位置的重要参量在智能天线中扮演着非常重要的角色，而如何准确地估计各个用户的 DOA 是非常值得研究的领域。

DOA 算法的研究多是出于下面各种应用的考虑。

（1）下行发送。

长期以来，对智能天线的研究（此处主要讨论基站）多集中于对上行方向（从移动台到基站），相应地对算法的研究也多集中在直接对信号应用某一准则进行自适应加权。由于存在移动环境和蜂窝系统的一些特点，使得上行、下行方向并不存在互易关系，从而在一些条件满足的情况下，某些参数相对缓变（与信息的处理能力相比），如信号来波方向，则可在下行方向利用这一个估计参数作为先验知识进行信号发送，而且在下行方向上也可实现天线技术。

（2）TOA 估计。

波达时间（TOA）是另一个重要的信道参数，即在 DOA 估计算法的思想上推广到TOA 估计。

（3）天线定位功能。

随着无线通信的发展，网络运营商希望系统能够提供更多的增值服务。无线定位功能无疑在紧急呼叫、交通管制等服务中有着潜在的应用前景。无线定位可分为两大类：基于波达方向估计的定位系统和基于距离估计的定位系统。从理论上，基于波达方向估计的定位系统仅需要两个接收阵列即可定义用户，但由于无线定位的多径效应、阵列有限的角度精度、噪声等因素，实际中需要更多的阵列进行联合估计。

基于阵列的 DOA 估计技术可分为四类：

（1）传统技术基于经典的波束形成算法，但需要大量的阵元（即大的阵列孔径）来获得更高的分辨率。

（2）基于子空间技术是一种利用输入数据矩阵特征结构的次优高分辨技术。

（3）最大似然技术是一种即使在低信噪比也工作良好的技术，但其计算量巨大且需大量的先验知识而无法实际应用。

（4）综合技术使用参数恢复技术分享信源，并使用子空间技术估计其空域特征，从中确定波达方向。

10.5.1 DOA 估计阵列数学模型

DOA 空间谱估计问题中的数学模型，可作如下理想状态的假设：

（1）各待测信号源具有相同的极化，且互不相关。一般考虑信号源为窄带的，且各信号源具有相同的中心频率 ω_0，待测信号源的个数为 D。

（2）天线阵是由 M（$M > D$）个阵元组成的等间距直线阵，各阵元特性相同，各向同性，阵元间距为 d，并且阵元间距不大于最高频率信号波长的一半。

（3）天线阵列处于各信号源的远场中，即天线阵列接收从各信号源传来的信号为平面波。

（4）处理器的噪声是方差为 σ^2 的零均值高斯白噪声 $n_m(t)$，不同阵元间噪声均为平稳随机过程，且相互独立。

（5）各接收支路具有完全相同的特性。

图 10-23 为 DOA 估计的一般模型图。

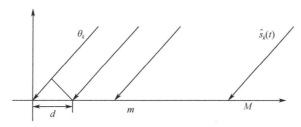

图 10-23 DOA 估计的一般模型图

设由第 $k(k=1,2,\cdots,N)$ 个信号源辐射到天线阵列的波前信号为 $\tilde{s}_k(t)$，前面已假设 $\tilde{s}_k(t)$ 为窄带信号，则 $\tilde{s}_k(t)$ 可以表示为

$$\tilde{s}_k(t) = s_k(t)\exp(j\omega_k t)$$

式中，$s_k(t)$ 是信号 $\tilde{s}_k(t)$ 的复包络；ω_k 是信号 $\tilde{s}_k(t)$ 的角频率。前面已经假设 D 个信号具有相同的中心频率，即有

$$\omega_k = \omega_0 = \frac{2\pi c}{\lambda}$$

式中，c 为光速；λ 为信号波长。

设电磁波通过天线阵列尺寸所需的时间为 t_1，则根据窄带假设，有如下近似：

$$s_k(t - t_1) \approx s_k(t)$$

因此延迟后的波前信号如下所示：

$$\tilde{s}_k(t - t_1) \approx s_k(t - t_1)\exp(j\omega_0(t - t_1)) \approx s_k(t)\exp(j\omega_0(t - t_1))$$

所以，如果以第一个阵元为参考点，则 t 时刻等间距直线阵中的第 $m(m=1,2,\cdots,M)$ 个阵元对第 k 个信号源的感应信号为

$$a_k s_k(t)\exp\left[-\mathrm{j}(m-1)\frac{2\pi d\sin\theta_k}{\lambda}\right]+n_m(t)$$

式中，a_k 是第 m 个阵元对第 k 个信号源的影响，已假设各阵元无方向性，所以取 $a_k=1$；θ_k 为第 k 个信号源的方位角；$(m-1)\dfrac{d\sin\theta_k}{\lambda}$ 表示由第 m 个阵元与第 1 个阵元间的波程差所引起的信号相位差。

测量噪声和所有信号源来波，第 m 个阵元的输出信号为

$$x_m(t)=\sum_{k=1}^{D}s_k(t)\exp\left[-\mathrm{j}(m-1)\frac{2\pi d\sin\theta_k}{\lambda}\right]+n_m(t)$$

式中，$n_m(t)$ 为测量噪声。所有标号为 m 的表示该量属于第 m 个阵元，所有标号为 k 的表示该量属于第 k 个信号源。

设

$$a_m(\theta_k)=\exp\left[-\mathrm{j}(m-1)\frac{2\pi d\sin\theta_k}{\lambda}\right]$$

表示第 m 个阵元对第 k 个信号源的响应函数。

因此第 m 个阵元的输出信号为

$$x_m(t)=\sum_{k=1}^{D}a_m(\theta_k)s_k(t)+n_m(t)$$

式中，$s_k(t)$ 是第 k 个信号源在阵元上的信号强度。

运用矩阵的定义，可以得到更为简洁的表达式：

$$X=AS+N$$

式中，$X=[x_1(t)\quad x_2(t)\quad\cdots\quad x_m(t)]^{\mathrm{T}}$

$S=[s_1(t)\quad s_2(t)\quad\cdots\quad s_D(t)]^{\mathrm{T}}$

$$A=[a(\theta_1)\quad a(\theta_2)\quad\cdots\quad a(\theta_D)]^{\mathrm{T}}=\begin{bmatrix}1&1&\cdots&1\\e^{-\mathrm{j}\varphi_1}&e^{-\mathrm{j}\varphi_2}&\cdots&e^{-\mathrm{j}\varphi_D}\\\vdots&\vdots&\vdots&\vdots\\e^{-\mathrm{j}(M-1)\varphi_1}&e^{-\mathrm{j}(M-1)\varphi_2}&\cdots&e^{-\mathrm{j}(M-1)\varphi_D}\end{bmatrix}$$

$$\varphi_k=\frac{2\pi d}{\lambda}\sin\theta_k$$

$$N=[n_1(t)\quad n_2(t)\quad\cdots\quad n_M(t)]^{\mathrm{T}}$$

对 $x_m(t)$ 进行 N 点采样，要处理的问题就变成了通过输出信号 $x_m(t)$ 的采样 $\{x_m(i),i=1,2,\cdots,M\}$ 估计出信号源的 DOA 值 $\theta_1,\theta_2,\cdots,\theta_D$。

由此，可以很自然地将阵列信号看成噪声干扰的若干空间谐波的叠加，从而将 DOA 估计问题与谱估计联系起来。对阵列输出 X 做相关处理，得到其协方差矩阵 R_X，即

$$R_X=E[XX^{\mathrm{H}}]$$

式中，H 表示矩阵共轭转置。

已假设信号与噪声互不相关，且噪声为零均值的白噪声，因此可得到

$$\boldsymbol{R}_x = E[(\boldsymbol{AS} + \boldsymbol{N})(\boldsymbol{AS} + \boldsymbol{N})^H] = \boldsymbol{A}E[\boldsymbol{SS}^H]\boldsymbol{A}^H + E[\boldsymbol{NN}^H] = \boldsymbol{AR}_S\boldsymbol{A}^H + \boldsymbol{R}_N$$

式中：

$$\boldsymbol{R}_S = E[\boldsymbol{SS}^H]$$

称为信号的相关矩阵。

$$\boldsymbol{R}_N = \sigma^2 \boldsymbol{I}$$

称为噪声的相关矩阵。σ^2 为噪声功率，$\boldsymbol{I}$ 为 $M \times M$ 阶的单位矩阵。

当所有信号互不相关时，有

$$E[S_i(t)S_i^*] = \begin{cases} 0 & i \neq j \\ p & i = j \end{cases}$$

式中，p_i 为第 i 个信号源的功率。此时信号相关矩阵为

$$\boldsymbol{R}_S = \text{diag}(p_1, p_2, \cdots, p_D)$$

为一对角阵，其秩为

$$\text{rank}(\boldsymbol{R}_S) = D$$

对于信号部分相关的情况，$\boldsymbol{R}_S$ 不是一个对角阵，但其秩仍为

$$\text{rank}(\boldsymbol{R}_S) = D$$

对角元素仍为信号功率。第 i 行、第 j 列的元素 r_{ij} 表示第 i 个信源与第 j 个信源之间的相关程度。

对于信号部分相干的情况，$\boldsymbol{R}_S$ 不是一个对角阵，其秩为

$$\text{rank}(\boldsymbol{R}_S) < D$$

实际应用中，通常无法直接得到 $\boldsymbol{R}_X$，能使用的只有样本的协方差矩阵 $\hat{\boldsymbol{R}}_X$，即

$$\hat{\boldsymbol{R}}_X = \frac{1}{N}\sum_{i=1}^{N}\boldsymbol{X}(t)\boldsymbol{X}^H(t)$$

可以证明，$\hat{\boldsymbol{R}}_X$ 是 $\boldsymbol{R}_X$ 的最大似然估计，当采样数 $N \to \infty$ 时，它们是一致的，但实际情况中将因样本数有限而产生误差。

10.5.2　DOA 估计方法

DOA 估计的传统方法基于波束形成和电子导引的概念，并未利用接收信号向量 $\boldsymbol{u}(m)$ 的模型或信号和噪声的统计模型。阵列流已知后，阵列就可以进行电子导引。传统的 DOA 估计法可以利用电子导引把波束调节到任意方向，寻找输出功率的峰值。

下面讨论传统方法中的延迟-相加法和 Capon 最小方差法。

1. 延迟-相加法

延迟-相加法又称经典波束形成器法或傅里叶法，是 DOA 估计最简单的方法之一。图 10-24 给出了经典窄带波束形成器的结构。

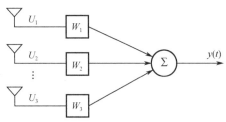

图 10-24　典窄带波束形成器的结构

输出信号 $y(t)$ 是传感器阵元输出的线性加权之和，即

$$y(t) = \omega^H u(t)$$

式中，$u(t)$ 中已包含了入射信号和阵列结构方面的信息。

传统波束形成器总的输出功率可以表示为

$$P_{cbf} = E[| y(t) |^2] = E[| \omega^H u(t) |^2] = \omega^H R_{uu} \omega$$

式中，R_{uu} 是阵列输入数据的自相关矩阵，它包含了阵列响应向量和信号的有用信息。

考察一个以角度 θ_0 入射到阵列上的信号 $s(t)$。根据窄带输入数据模型，波束形成器的输出功率可以表示为

$$P_{cbf}(\theta_0) = E[| \omega^H u(t) |^2] = E[| \omega^H(a(\theta_0))s(t) + n(t) |^2] = | \omega^H a(\theta_0) |^2 (\sigma_s^2 + \sigma_n^2)$$

式中，$a(\theta_0)$ 是关于 θ 的导引向量；$n(t)$ 是阵列输入端的噪声向量；$\sigma_s = E[s(t)^2]$ 和 $\sigma_n = E[n(t)^2]$ 分别是信号和噪声的功率。可以看出，当 $\omega = a(\theta_0)$ 时，输出功率最大。这是由于 $\omega = a(\theta_0)$ 在传感元处将来自 θ_0 的信号分量的相位对齐，使它们良性合并。

在 DOA 估计的经典波束形成方法中，波束离散地在感兴趣的扇区扫描，对不同的 θ 形成不同的权值 $\omega = a(\theta)$，并测量输出功率。经典波束形成器的输出功率与 DOA 的关系可由下式给出：

$$P_{cbf}(\theta) = \omega^H R_{uu} a(\theta)$$

因此，如果对输入自相关矩阵进行估计，那么通过校准和分析计算知道所有感兴趣 θ 的导引向量 $a(\theta)$，就可能知道输出功率关于 θ 的函数。输出功率关于 DOA 的函数通常称为空间谱。很明显，通过锁定空间谱的峰值就可以估计出 DOA。

延迟-相加法基于这样一个假设，即如果把最强的波束指向某个方向，将获得来自该方向功率的最优估计。换句话说，阵列所有可利用的自由度都用来在所需的观测方向上形成一个波束。显然延迟-相加法有很多缺点，当只有一个信号存在时，该方法是可行的。但存在不止一个信号时，阵列输出功率将包括期望信号和来自其他方向非期望信号的贡献，即当来自多个方向和（或）信源的信号时，此方法要受到波束宽度和旁瓣高度的限制，因为大角度范围的信号会影响观测方向的平均功率。因此，这种方法的分辨率较低。尽管可以通过额外增加传感元来提高分辨率，但增加传感元的同时也增加了接收机和校准数据（即 $a(\theta)$）的存储需求。

2. Capon 最小方差法

Capon 最小方差法试图克服延迟-相加法分辨率低的缺点。此方法使用部分（不是全部）自由度在期望观测方向形成一个波束，同时利用剩余的自由度在干扰信号方向形成

零陷。此方法使输出功率最小，达到使非期望干扰的贡献最小的目的，同时增益在观测方向保持为零数，通常为 1，即

$$\min E[|y(t)|^2] = \min \boldsymbol{\omega}^{\mathrm{H}} \boldsymbol{R}_{uu} \boldsymbol{\omega}$$

其约束条件为 $\boldsymbol{\omega}^{\mathrm{H}} \boldsymbol{a}(\theta_0) = 1$。

求解上式得到的权向量通常称为最小方差无畸变响应（MinimumVariance Distortionless Response，MVDR）波束形成器权值，因为对于某个观测方向，它可使输出信号的方差（平均功率）最小，又能使来自观测方向的信号无畸变地通过（增益为 1，相移为 0）。这是个约束优化问题，可以利用拉格朗日乘子法求解。这样可将约束优化问题转化为非约束问题，因此可使用最小二乘法求解。利用拉格朗日乘子，权向量解为

$$\boldsymbol{\omega} = \frac{\boldsymbol{R}_{uu}^{-1} \boldsymbol{a}(\theta)}{\boldsymbol{a}^{\mathrm{H}}(\theta) \boldsymbol{R}_{uu}^{-1} \boldsymbol{a}(\theta)}$$

利用 Capon 波束形成方法，阵列输出功率关于 DOA 的函数可由 Capon 空间谱得到，即

$$P_{\mathrm{capon}}(\theta) = \frac{1}{\boldsymbol{a}^{\mathrm{H}}(\theta) \boldsymbol{R}_{uu}^{-1} \boldsymbol{a}(\theta)}$$

计算和绘制在全部 θ 范围的 Capon 谱，就可以通过寻找谱上的峰值来估计出 DOA。

3．DOA 估计法的实现

下面通过实例来演示延迟-相加法和 Capon 算法的仿真对比。

【例 10-11】　理想条件下的仿真条件是阵元数 $m=8$，阵元间距 $d=\lambda/2$，为四信号入射，入射角度分别为 30°、45°、60°、135°，信号之间互不相关，采样数为 1 024。

其实现的 MATLAB 代码为：

```
>> clear all;
d=1;                                    %天线阵元的间距
lma=2;                                  %信号中心波长
q1=1*pi/4;
q2=pi/3;
q3=pi/6;
q4=3*pi/4;                              %四个输入信号的方向
A1=[exp(-2*pi*j*d*[0:6]*cos(q1)/lma)]';
A2=[exp(-2*pi*j*d*[0:6]*cos(q2)/lma)]';
A3=[exp(-2*pi*j*d*[0:6]*cos(q3)/lma)]';
A4=[exp(-2*pi*j*d*[0:6]*cos(q4)/lma)]';
A=[A1,A2,A3,A4];                        %得出 A 矩阵
n=1:1900;                               %四信号的频率
v1=0.015;
v2=0.05;
v3=0.02;
v4=0.035;
d=[1.3*cos(v1*n);1*sin(v2*n);1*sin(v3*n);1*sin(v4*n)];
```

```
%输入信号矢量
U=A*d;                                          %总的输入信号
U1=(U)';
c=cov(U*U1);                                    %总的输入信号的协方差矩阵
ci=inv(c);                                       %求协方差矩阵的逆矩阵
qlb=[pi/180:pi/180:pi];
for n=1:length(qlb)
    qla(n)=qlb(n);
    Ala=[exp(-2*pi*j*1*[0:6]*cos(qla(n))/lma)]';
    Pyan(n)=(Ala)'*c*Ala;                        %应用延迟-相加法估计输出
    Pcap(n)=inv((Ala)'*ci*(Ala));                %应用 Capon 法估计输出
    T(n)=qla(n);
    P1=abs(Pyan);
    P2=abs(Pcap);
end
figure;                                          %绘制延迟-相加法估计的波达方向图
T1=T*180/pi;
semilogy(T1,P1);
xlabel('角度(deg)');ylabel('波谱');
grid on;
figure;                                          %绘制 Gapon 法估计的波达方向图
T1=T*180/pi;
semilogy(T1,P2);
xlabel('角度(deg)');ylabel('波谱');
grid on;
```

运行程序，得到效果如图 10-25 和图 10-26 所示。

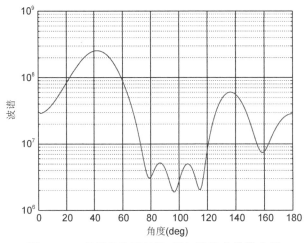

图 10-25　理想条件下延迟-相加法的分辨能力图

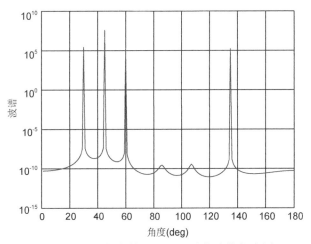

图 10-26　理想条件下 Capon 法的分辨能力图

【例 10-12】　非理想条件下的仿真条件是阵元数 $m=8$，阵元间距 $d=\lambda/2$，为单信号入射，入射角度为 30°，信号之间互不相关，信噪比为 10dB，采样数为 1024。

其实现的 MATLAB 代码为：

```
>> clear all;
i=sqrt(-1); j=i;
m=8; p=3;
th=30; lma=2;                                    %信号中心波长
d=lma/2;n=1024;
sn=10;
degrad=pi/180;
%构造信号和噪声（高斯白噪声）
t=1:n;
v1=0.015;
S=[1.3*cos(v1*t)];
nr=randn(m,n);
ni=randn(m,n);
U=nr+j*ni;
Ps=S*S'/n;
ps=diag(Ps);
refp=2*10.^(sn/10);
tmp=sqrt(refp./ps);
S2=diag(tmp)*S;
%计算协方差矩阵并进行特征值分解
tmp=-i*2*pi*d*sin(th'*degrad)/lma;
tmp2=[0:m-1]';
a2=tmp2*tmp;
A=exp(a2);
```

```
X=A*S2+U;
Rxx=X*X'/n;
%求空间谱函数
th2=[-90:1:90];
for n1=1:length(th2)
    tmp=-i*2*pi*d*sin(th2(n1)*degrad)/lma;
    tpm2=[0:m-1]';
    a2=tmp2*tmp;
    A2=exp(a2);
    doa(n1)=A2'*Rxx*A2;
end
%绘制谱图
semilogy(th2,doa);
axis([-90 90 0.1 1e5]);
xlabel('角度(deg)');ylabel('波谱');
grid on;
```

运行程序，效果如图 10-27 所示。

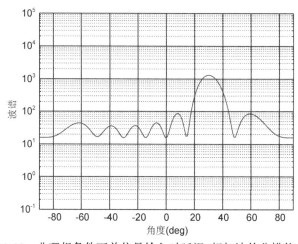

图 10-27　非理想条件下单信号输入时延迟-相加法的分辨能力图

【例 10-13】　非理想条件下的仿真条件是阵元数 $m=8$，阵元间距 $d=\lambda/2$，为三信号入射，入射角度分别为-60°、30°、45°，信号之间互不相关，信噪比为 10dB，采样数为 1 024。

其实现的 MATLAB 代码为：

```
>> clear all;
i=sqrt(-1); j=i;
m=8; p=3;
angle1=30;
angle2=-60;
angle3=45;
```

```
th=[angle1;angle2;angle3];
lma=2;                                          %信号中心波长
d=lma/2;   n=1024;
sn1=10; sn2=10; sn3=10;
sn=[sn1;sn2;sn3];
degrad=pi/180;
%构造信号和噪声（高斯白噪声）
t=1:n;
v1=0.015;
v2=0.05;
v3=0.02;
S=[1.3*cos(v1*t);1*sin(v2*t);1*sin(v3*t)];
nr=randn(m,n);
ni=randn(m,n);
U=nr+j*ni;
Ps=S*S'/n;
ps=diag(Ps);
refp=2*10.^(sn/10);
tmp=sqrt(refp./ps);
S2=diag(tmp)*S;
%计算协方差矩阵并进行特征值分解
tmp=-i*2*pi*d*sin(th'*degrad)/lma;
tmp2=[0:m-1]';
a2=tmp2*tmp;
A=exp(a2);
X=A*S2+U;
Rxx=X*X'/n;
%求空间谱函数
th2=[-90:1:90];
for n1=1:length(th2)
    tmp=-i*2*pi*d*sin(th2(n1)*degrad)/lma;
    tpm2=[0:m-1]';
    a2=tmp2*tmp;
    A2=exp(a2);
    doa(n1)=A2'*Rxx*A2;
end
%绘制谱图
figure;semilogy(th2,doa);
axis([-90 90 0.1 1e5]);
xlabel('角度(deg)');ylabel('波谱');
grid on;
%多信号
C=inv(Rxx);
%求空间谱函数
```

```
th2=[-90:1:90];
for n1=1:length(th2)
    tmp=-i*2*pi*d*sin(th2(n1)*degrad)/lma;
    tpm2=[0:m-1]';
    a2=tmp2*tmp;
    A2=exp(a2);
    den=A2'*C*A2;
    doa(n1)=1/den;
end
%绘制谱图
figure;semilogy(th2,doa);
axis([-90 90 0.1 1e2]);
xlabel('角度(deg)');ylabel('波谱');
grid on;
```

运行程序，效果如图 10-28 和图 10-29 所示。

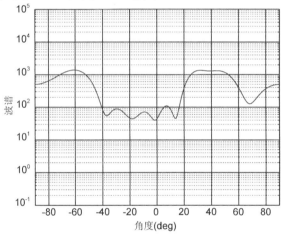

图 10-28　非理想条件下角度相差较大时延迟-相加法的分辨能力图

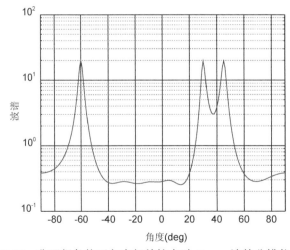

图 10-29　非理想条件下角度相差较大时 Capon 法的分辨能力图

【例 10-14】 非理想条件下的仿真条件是阵元数 $m=8$，阵元间距 $d=\lambda/2$，为三信号入射，入射角度分别为 $0°$、$10°$、$60°$，信号之间互不相关，信噪比为 10dB，采样数为 1 024。

其实现的 MATLAB 代码为：

```
>> clear all;
i=sqrt(-1); j=i;
m=8; p=3;
angle1=0;
angle2=10;
angle3=60;
th=[angle1;angle2;angle3];
lma=2;                          %信号中心波长
d=lma/2;    n=1024;
sn1=10; sn2=10; sn3=10;
sn=[sn1;sn2;sn3];
degrad=pi/180;
%构造信号和噪声（高斯白噪声）
t=1:n;
v1=0.015;
v2=0.05;
v3=0.02;
S=[1.3*cos(v1*t);1*sin(v2*t);1*sin(v3*t)];
nr=randn(m,n);
ni=randn(m,n);
U=nr+j*ni;
Ps=S*S'/n;
ps=diag(Ps);
refp=2*10.^(sn/10);
tmp=sqrt(refp./ps);
S2=diag(tmp)*S;
%计算协方差矩阵并进行特征值分解
tmp=-i*2*pi*d*sin(th'*degrad)/lma;
tmp2=[0:m-1]';
a2=tmp2*tmp;
A=exp(a2);
X=A*S2+U;
Rxx=X*X'/n;
%求空间谱函数
th2=[-90:1:90];
for n1=1:length(th2)
    tmp=-i*2*pi*d*sin(th2(n1)*degrad)/lma;
    tpm2=[0:m-1]';
```

```
        a2=tmp2*tmp;
        A2=exp(a2);
        doa(n1)=A2'*Rxx*A2;
    end
    %绘制谱图
    figure;semilogy(th2,doa);
    axis([-90 90 0.1 1e5]);
    xlabel('角度(deg)');ylabel('波谱');
    grid on;
    %多信号
    C=inv(Rxx);
    %求空间谱函数
    th2=[-90:1:90];
    for n1=1:length(th2)
        tmp=-i*2*pi*d*sin(th2(n1)*degrad)/lma;
        tpm2=[0:m-1]';
        a2=tmp2*tmp;
        A2=exp(a2);
        den=A2'*C*A2;
        doa(n1)=1/den;
    end
    %绘制谱图
    figure;semilogy(th2,doa);
    axis([-90 90 0.1 1e2]);
    xlabel('角度(deg)');ylabel('波谱');
    grid on;
```

运行程序，效果如图 10-30 和图 10-31 所示。

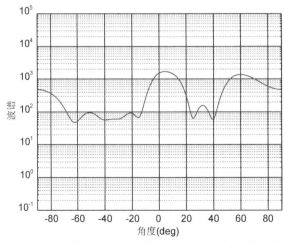

图 10-30　非理想条件下角度相差较小时延迟-相加法的分辨能力图

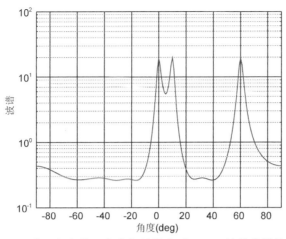

图 10-31　非理想条件下角度相差较小时 Capon 法的分辨能力图

【例 10-15】 非理想条件下的仿真条件是阵元数 $m=8$，阵元间距 $d=\lambda/2$，为三信号入射，入射角度分别为-60°、30°、45°，30° 与 45° 信号间为强相关，信噪比为 10dB，采样数为 1024。

其实现的 MATLAB 代码为：

```
>> clear all;
i=sqrt(-1); j=i;
m=8; p=3;
angle1=-60;
angle2=30;
angle3=45;
th=[angle1;angle2;angle3];
lma=2;                          %信号中心波长
d=lma/2;   n=1024;
sn1=10; sn2=10; sn3=10;
sn=[sn1;sn2;sn3];
degrad=pi/180;
%构造信号和噪声（高斯白噪声）
t=1:n;
v1=0.015;
v2=0.05;
v3=0.02;
xg1=1*sin(v2*t)+1*sin(v3*t);
xg2=1.13*(1*sin(v2*t))+1.15*(1*sin(v3*t));
xgu=abs((xg1*xg2')/(xg2*xg2'));
xg3=1.3*cos(v1*t);
S=[0.9*cos(v1*t);1*sin(v2*t);1*sin(v3*t)];
S=[xg3;xg1;xg2];
```

```
nr=randn(m,n);
ni=randn(m,n);
U=nr+j*ni;
Ps=S*S'/n;
ps=diag(Ps);
refp=2*10.^(sn/10);
tmp=sqrt(refp./ps);
S2=diag(tmp)*S;
%计算协方差矩阵并进行特征值分解
tmp=-i*2*pi*d*sin(th'*degrad)/lma;
tmp2=[0:m-1]';
a2=tmp2*tmp;
A=exp(a2);
X=A*S2+U;
Rxx=X*X'/n;
C=inv(Rxx);
%求空间谱函数
th2=[-90:1:90];
for n1=1:length(th2)
    tmp=-i*2*pi*d*sin(th2(n1)*degrad)/lma;
    tpm2=[0:m-1]';
    a2=tmp2*tmp;
    A2=exp(a2);
    den=A2'*C*A2;
    doa(n1)=1/den;
end
%绘制谱图
figure;semilogy(th2,doa);
axis([-90 90 0.1 1e2]);
xlabel('角度(deg)');ylabel('波谱');
grid on;
```

运行程序，效果如图 10-32 所示。

由以上几例的仿真结果可得出：单信号输入时延迟-相加法和 Capon 最小方差法的分辨率都可以；延迟-相加法对于多信号输入的分辨能力较差；延迟-相加法和 Capon 法在入射角度相差比较大时都可以正确估计 DOA，但当入射角度相差比较小时，延迟-相加法已经不能正确估计 DOA，而 Capon 法仍然可以识别。虽然 Capon 法比延迟-相加法有更好的分辨率，但 Capon 法也有一些缺点：如果存在与感兴趣信号相关的其他信号，则 Capon 法就不再起作用，如图 10-32 所示。因为它在减小处理器输出功率时无意中利用了这种相关性，而没有为其形成零陷。也就是说，在使用功率达到最小的过程中，相关分量可能会恶性合作。而且 Capon 法需要对矩阵求逆运算，这对大型阵而言列是巨大的耗费。

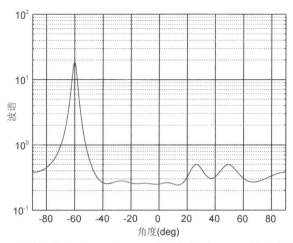

图 10-32 非理想条件下 30°与 45°为强相关时 Capon 法的分辨能力图

参考文献

[1] 赵谦. 通信系统中 MATLAB 基础与仿真应用. 西安：西安电子科技大学出版社，2010

[2] 刘鸣，袁超伟，贾宁，等. 智能天线技术与应用[M]. 北京：机械工业出版社，2006

[3] 曾兴雯，刘乃安，孙献璞. 扩展频谱通信及其多址技术. 西安：西安电子科技大学出版社，2004

[4] 王华，李有军，刘建存. MATLAB 电子仿真与应用教程. 北京：国防工业出版社，2006

[5] 劭玉斌. MATLAB/Simulink 通信系统建模与仿真实例分析. 北京：清华大学出版社，2008

[6] 徐明远，邵玉斌. MATLAB 仿真在通信与电子工程中的应用（第二版）. 西安：西安电子科技大学出版社，2010

[7] MATLAB 技术联盟，石良臣. MATLAB/Simulink 系统仿真超级学习手册. 北京：人民邮电出版社，2014

[8] 刘学勇. MATLAB/Simulink 通信系统建模与仿真. 北京：电子工业出版社，2011

[9] 张水英，徐伟强. 通信原理及 MATLAB/Simulink 仿真. 北京：电子工业出版社，2008

[10] 邵佳，董辰辉. MATLAB/Simulink 通信系统建模与仿真实例精讲. 北京：电子工业出版社，2009

[11] 姚俊，马松辉. Simulink 建模与仿真. 西安：西安电子科技大学出版社，2008

[12] 李献，骆志伟. MATLAB/Simulink 系统仿真. 北京：清华大学出版社，2015

[13] MATLAB R2016a 联机帮助文档

[14] http://baike.baidu.com/link?url=IZsski60-oZFThy8ebZXPU4268E-9CS0uwe7XdTdBVU06b7_AGxszXgYMYLvq2MTyTmKg2J5a0OFXrFioCd4dWPqco-AehCKf0jUbz_FByXoJ4VQOYWx3E5Ue9RiiLUd

[15] http://baike.baidu.com/link?url=5XAxyLhqi4cbKI-QwcIm-3bC8oFWiDMFy-x0YKv0GdMni4Wivo3z4a5NdVT9SHNZ_L66okpi7y0oEGq8BzaI3CzmdFQ82v01vbJy2Ue3q0u

[16] http://wenku.baidu.com/link?url=fMoKb04nXctiIDMoQsB18eJDgSEqRDgTwhuNUdk10aWBp6VBRq2JIYbxWqnoe15yZ2dY23jBXtA9j3m93z2EYpbczynXseUqTZ2KFtlKjJu

[17] http://www.doc88.com/p-4922250175488.html

[18] http://wenku.baidu.com/link?url=qBJT9JRp0eWBkkEnNGpH4_WRGkxz1iuamNKvS6G4gOZq8auIw47OUbtV1ZRMkKZ40rvJmQO2t8wx7fRnJY4ri4DQDP0Voz-Dp6I4KIlHNOi

[19] http://wenku.baidu.com/link?url=1D1i5iF8Lxbp4fizVG8YMx7QE07XJ8t2leFrUdu KXVVOa9yi4ll3U4kFgjT3RnIk2lJ-VYVdiDoBP2N5Zehzxz7fkwLlTb4V4jbfWGOD0-i

[20] http://www.doc88.com/p-6061500139965.html

[21] http://blog.csdn.net/kingbeful/article/details/428329

[22] http://baike.baidu.com/link?url=PSEpz4Rmod8dkWbVSagbg5J6Rwm8DYt1B8UM QohTrzFDYR26mLnWL2l1t7LRpUZh9eke2lLK1tKkwMImnhAYrRciHr15BZwhfz4_JedC25 CCA5oBSaCXwkkFHP3Z6UL1

[23] http://www.niubb.net/a/2016/01-22/376714.html

[24] http://wenku.baidu.com/link?url=1DK2UUCBrJsnnDLrFiIC_xdlF8NnZLfyhxL5_S BAU01n59UaSzIFyysR6TIsY11atf4zjiYUNWQaXI6SsrhCp1tnhTn0onkJ4p3iIfwldj7

[25] http://baike.baidu.com/view/141313.htm

[26] http://baike.baidu.com/view/141313.htm

[27] http://baike.baidu.com/link?url=mGaRmaai4ZUSqFcx9wi6hKYhMPKwiPat9cWFa TYaxBrlc-dX0gtZWOL6XlYQC4dqSahATURDglkqmQWziKKZ2VwaACrlyv5QX0bdfk64q H6Xd1yN1DGpuR8Wb9LP8hKf

[28] http://baike.baidu.com/link?url=EvmPyRsIQz8AsGyTaYlBBNU4KxXw

[29] http://blog.sciencenet.cn/blog-412206-655295.html

[30] http://blog.sina.com.cn/s/blog_6163bdeb0102dvwb.html

[31] https://zhidao.baidu.com/question/304664919.html

[32] http://jingyan.baidu.com/article/e75057f2a4f488ebc91a89eb.html

[33] http://blog.csdn.net/magang255/article/details/51206439

[34] http://wenku.baidu.com/link?url=qlQFfNHPPOdfqqp3joUtP2u7g5NsbBlb0k_5_-53 EGEQLTF-saVVfn5noIkZlNp-TpOeo4a7q5y4ShWqsEez8V_tBmeEUQd6zkSVMy-LOnm

[35] http://wenku.baidu.com/view/10dd700f312b3169a451a459.html?from=search###

[36] http://baike.baidu.com/link?url=TvKEFjP0GNQ5fRXpzhCbxr0mAX6Hg5jkpk-41I R7KopQuSwdA2Jbx6N9Fv3ELhkDBngV62N3ec-iL5-Ggi3T0-vyYgb8TjLs3fOLr8iw34AUrP 9qMS5Q6rcD_2B3Bfp5bT7CEkQe6UCwBXAL0BBSkMbITDiaf-kJ1iXhSyd-IO0vbAK8HS W1i95EUJ4n6pZw

[37] http://baike.baidu.com/link?url=Kw_AwfJxL5DLPOtwyq4BmPefuhUG8eDXcQW8 2wkHwCQFhyyVLnA8mfrY0lRTIDKUeKKeiau13HZr1kfTQrnuGEfXQVhSoRKo21zypQg9 C2JUBwjoaYow5A6PdwMspgls29hlJPj4KzOPrk_ksnsbh-084hd5zfYUpHOVVBWypuu